**지구의
정복자**

THE SOCIAL CONQUEST OF EARTH
by Edward O. Wilson

사이언스 클래식 23

우리는 어디서 왔는가,
우리는 무엇인가,
우리는 어디로 가는가?

지구의 정복자

THE SOCIAL CONQUEST OF
EARTH

에드워드 윌슨

이한음 옮김
최재천 감수 · 해설

사이언스
SCIENCE
BOOKS 북스

고갱의 그림 앞에서

인간 조건(human condition)을 이해할 수 있게 해 줄 열쇠야말로 우리의 정신이 갈망하는 가장 찾기 어려운 혹은 가장 귀중한 성배라 할 수 있다. 그것을 찾아 나선 이들은 너 나 할 것 없이 신화라는 미로를 탐험하는 쪽으로 나아갔다. 종교에서는 창조 신화와 예언자들의 꿈을, 철학자들은 신화를 토대로 한 내성과 추론을 통한 깨달음을, 창작 예술가들은 감각의 유희를 토대로 한 작품을 추구해 왔다.

특히 위대한 시각 예술 작품은, 인간 조건의 이해라는 탐색에 나선 한 개인의 여정을 담은 표현물이자 말로는 표현할 수 없는 느낌을 환기시키는 대상이다. 더 심층적이고 더 본질적인 의미가 그 안에 숨겨져 있을 수도 있다. 비밀 사냥꾼이자 유명한 신화 창조자(Maker of Myth, 그의 별

명이다.)인 폴 고갱(Paul Gauguin, 1848~1903년)도 그 탐색을 시도했다. 그의 이야기는 현재의 탐색 활동이 찾게 될 현대적인 해답에 어울리는 배경 역할을 한다.

1897년 말, 타히티의 파페에테(Papeete) 항구에서 약 5킬로미터 떨어진 푸나아우이아(Puna'auia)에서 고갱은 커다란 캔버스에 그의 예술 인생에서 가장 중요한 그림을 그리고 있었다. 그는 매독과 잦아지는 급성 심근 경색증 때문에 점점 기력이 쇠하고 있었다. 돈은 거의 다 떨어졌고, 얼마 전 딸 알린이 프랑스에서 폐렴으로 사망했다는 소식을 들은 터라 그는 몹시 침울했다.

고갱은 자신에게 남은 시간이 얼마 없다는 것을 알았다. 그것은 이 그림이 마지막 작품이라는 뜻이었다. 작품을 완성한 후 고갱은 파페에테 뒤쪽에 솟아 있는 산줄기로 올라갔다. 자살하기 위해서였다. 미리 준비해 둔 비소도 한 병 챙겨 갔다. 비소를 삼켰을 때 얼마나 고통스러운 죽음을 맞이해야 하는지 몰랐기에 그랬을 것이다. 그는 아무도 모르는 곳에서 죽고 싶었다. 시신이 발견되지 않고 개미들에게 뜯어 먹히기를 원했다.

하지만 도중에 마음이 약해져서 그는 그냥 푸나아우이아로 돌아왔다. 그는 얼마 남지 않은 삶이라도 꿋꿋하게 살기로 결심했다. 살아남기 위해 그는 파페에테에서 일당 6프랑을 받고 공공 사업 측량국의 서기로 일했다. 1901년 그는 더욱 외진 곳을 찾아 멀리 마르키즈 제도의 히바 오아(Hiva Oa)라는 작은 섬으로 이사했다. 그리고 2년 뒤 폴 고갱은 법적 분쟁에 휘말려 씨름하다가, 매독으로 인한 심장 마비로 사망했다. 그는 히바 오아 섬의 가톨릭 묘지에 묻혔다.

"저는 야만인입니다." 그는 죽기 며칠 전 치안 판사에게 편지를 썼다. "문명인들도 어렴풋이 짐작하고 있을 겁니다. 제 작품에서 이 '무심결에

드러나는 야만적인' 측면만큼 경악과 당혹감을 불러일으키는 것은 없으니까요."

고갱은 평화와 예술적 표현의 최전선을 찾아, 세계의 끝(더 외진 곳은 핏케언 섬과 이스터 섬뿐이었다.)이라 할 현실감이 거의 없는 프랑스령 폴리네시아로 왔다. 그는 두 번째 목적은 달성했지만, 첫 번째 목적은 이루지 못했다.

고갱의 육체적, 정신적 여행은 당대의 주요 예술가들에게서 찾아보기 힘든 유별난 것이었다. 그는 1848년 파리에서 태어나, 페루의 리마에서 페루 인의 피가 절반 섞인 어머니의 손에서 크다가 프랑스 오를레앙으로 와서 자랐다. 이 혼혈 인종적 특성은 그의 인생 행로를 짐작하게 해 줄 한 가지 단서가 된다. 젊을 때 그는 프랑스 상선에 취직하여 6년 동안 세계를 돌아다녔다. 이무렵인 1870~1871년에 그는 지중해와 북해에서 프로이센-프랑스 전쟁을 목격했다. 파리로 돌아온 고갱은 처음에는 예술 쪽으로 진출할까 잠시 생각했지만, 마음을 바꿔 부유한 후견인인 구스타브 아로사(Gustave Arosa) 밑에서 주식 중개인으로 일했다. 애초에 그가 예술에 흥미를 갖게 되고 계속 관심을 기울였던 것도 사실 아로사 때문이었다. 아로사는 인상파의 최신 작품까지 포함하여 프랑스 미술품을 수집하는 큰손이었다. 1882년 1월 프랑스 주식 시장이 붕괴하면서 아로사의 은행도 파산했다. 고갱은 미술 쪽으로 돌아섰고 상당한 재능을 발휘하기 시작했다. 그는 피사로, 세잔, 반 고흐, 마네, 쇠라, 드가 같은 누구도 의심할 수 없는 위대한 인상파 화가들의 지도를 받으면서 그들과 같은 반열에 들기 위해 애썼다. 그는 퐁투아즈에서 루앙으로, 퐁타방에서 파리로 옮겨 다니면서 초상화, 정물화, 풍경화를 그렸다. 서서히 그의 작품은 몽환적인 양상을 띠어 갔다. 훗날의 고갱의 출현을 알리는 전조였다.

하지만 고갱은 세상의 반응에 낙심했고, 눈부신 대가들과의 관계는 짧게 끝나고 말았다. 나중에 선언했듯이, 그는 자신이 위대한 화가임을 알았지만, 아무리 애써도 부유해지지도 유명해지지도 않았다. 그는 위대한 화가라는 운명을 충족시킬 더 단순하고 수월한 삶을 갈망했다. 1886년 그는 파리가 "가난한 이들에게 어울리는 황폐한 땅이다."라고 썼다. "나는 원주민의 삶을 살기 위해 파나마로 갈 것이다. …… 화구를 가져가서 사람들과 동떨어진 곳에서 새롭게 활력을 얻으련다."

고갱을 문명 세계 바깥으로 내몬 것이 가난만은 아니었다. 그는 본래 자신이 사는 곳 너머에 있는 무언가를 찾으려는 열망을 늘 품고 있었다. 그는 머물지 못하는 영혼, 타고난 모험가였다. 예술에 있어서는 실험가였다. 방황하던 그는 비서구 문화의 이국적 정서에 끌렸고, 새로운 시각 표현 양식을 찾기 위해 그런 문화에 깊이 몰입하고자 했다. 그는 파나마에 얼마간 머물다가 마르티니크 섬으로 옮겼다. 귀국하는 길에 그는 현재의 베트남 북부인 프랑스령 통킹 지역에서 한 일자리에 지원했다. 취직이 안 되자, 그는 마침내 프랑스령 폴리네시아로 향했다. 최종 낙원으로 말이다.

1891년 6월 9일 고갱은 파페에테에 도착했고, 토착 문화에 푹 빠졌다. 시간이 흐르면서 그는 원주민 권리를 옹호하는 편에 섰고, 따라서 식민지 당국의 눈엣가시가 되었다. 더욱 중요한 점은 '원시주의(primitivism)'라는 새로운 양식을 개척했다는 점이다. 평면적이고 목가적이며 때로는 몹시 다채롭고, 단순하면서 직접적이며 진실한 양식 말이다.

하지만 여기서 우리는 고갱이 이 새로운 양식 이상의 무언가를 추구했다는 결론을 피할 수 없다. 그는 인간의 조건에도 깊은 관심을 보였다. 그것이 진정으로 무엇인지, 그리고 그것을 어떻게 화폭에 담을 수 있을지 고심했다. 프랑스의 대도시, 특히 파리는 서로 주의를 끌기 위해 저마다 자신의 목소리를 높이는 곳이자, 각자 나름의 자그마한 전문 분야에서 인정받은 권위자들이 지적 및 예술적 삶을 좌지우지하는 곳이었다. 고갱은 그런 불협화음 속에서 새로운 통일을 이끌어 낼 수 있는 사람은 아무도 없다고 느꼈다.

하지만 타히티라는, 훨씬 더 단순하면서도 사회의 모두 구성 요소들이 갖추어진 세계에서는 그런 통일이 가능할지도 몰랐다. 인간 조건의 토대까지 뚫고 들어갈 수 있을지도 몰랐다. 이 점에서 고갱은 헨리 데이비드 소로(Henry David Thoreau, 1817~1862년)와 같은 부류였다. 소로는 고갱보다 앞서 "삶의 본질적인 사실들만을 마주하고, 삶이 가르치는 것을 내가 과연 배울 수 있는지 알아보기 위해서 …… 넓게 바짝 깎아 내고, 삶을 구석까지 내몰고, 가장 낮은 수준으로 환원시키기 위해서" 월든 호숫가의 작은 오두막에 은거했다.

고갱이 얻은 깨달음은 그의 폭 3.65미터짜리 걸작에 가장 잘 표현되어 있다. 자세히 살펴보자. 흐릿하게 뒤섞인 산과 바다 같은 타히티 경관을 배경으로 인물들이 그려져 있다. 인물은 대부분 여성(고갱이 즐겨 그린 타히티 여성들)이다. 그들은 여러 가지 현실적이거나 초현실적인 모습으로 인간 삶의 주기를 나타낸다. 화가는 우리가 오른쪽에서 왼쪽으로 훑기를 원한다. 맨 오른쪽의 아기는 출생을 뜻한다. 중앙에는 성별이 모호한 어른이 양팔을 치켜들고 있다. 개인의 자아 인식을 상징한다. 그 왼쪽에는 사과를 따먹는 젊은 쌍이 그려져 있다. 지식을 추구하는 아담과 이브의 원형이다. 왼쪽 끝에는 죽음을 상징하는 늙은 여인이 고통과 절망에 찌든 모습으로 웅크리고 있다. (알브레히트 뒤러(Albrecht Dürer, 1471~1528년)의 1514년 판화 「멜랑콜리아(Melancholia)」에서 영감을 받았다고 여겨진다.)

왼쪽 배경에는 파란색을 띤 우상이 종교 의례를 연상시키는 자세로 양손을 든 채 우리를 응시한다. 자애로운 자세일 수도 있고 악의를 품은 자세일 수도 있다. 고갱 자신은 모호한 시적인 어투로 이 형상의 의미를 이렇게 기술한다.

이 우상은 문학적인 설명 장치가 아니라네. 하나의 조각상이지. 아니 조각상 이라기보다는 아마도 동물의 형상이라는 게 맞겠지. 동물이 아닐 수도 있어. 내 꿈속에 나타난 그 형상은 내 오두막 앞에 있었지. 자연 전체를 품은 그것 은 **우리의 원시적 영혼**을 지배하며, 우리의 기원과 미래라는 수수께끼 앞에 서 이해하지 못해 괴로워하는 우리의 고통을 위로하는 형상이자 그 고통이 가진 가치를 시각적으로 상징하는 것이라네. (강조는 고갱 자신의 것이다.)

캔버스의 왼쪽 위 구석에 그는 유명한 제목을 적어 놓았다.

우리는 어디서 왔는가, 우리는 무엇인가, 우리는 어디로 가는가

(D'où Venons Nous / Que Sommes Nous / Où Allons Nous)

그림은 답이 아니다. 질문이다.

차례

1부

'사회성'이라는 수수께끼

1장

인간 조건

'우리는 어디서 왔는가? 우리는 무엇인가? 우리는 어디로 가는가?' 폴 고갱이 타히티에서 완성한 걸작의 캔버스에 극도로 단순화시킨 이 질문들은 사실 종교와 철학의 핵심 문제들이다. 우리가 언젠가 이 질문들에 답을 할 수 있을까? 불가능해 보일 때도 종종 있다. 하지만 아마도 우리는 답을 할 수 있을 것이다.

오늘날의 인류는 꿈속의 환상과 현실 세계의 혼돈 사이에 사로잡힌 깨어 있는 몽상가 같다. 마음은 찾아다니지만 정확한 장소와 시간을 찾지 못한다. 우리는 석기 시대의 정서, 중세의 제도, 신과 같은 기술을 지닌 채 스타 워즈(Star Wars) 문명을 구축해 왔다. 우리는 좌충우돌한다. 우리는 자신의 존재 자체, 그리고 자신과 나머지 생물들에게 가해질 위험을 생각하면서 몹시 혼란스러워한다.

종교는 이 거대한 수수께끼를 결코 풀지 못할 것이다. 석기 시대 이래로 무수히 많은 부족이 각각 나름의 창조 신화를 창안했다. 우리 선조들이 거쳐 온 이 기나긴 꿈의 시대에 초자연적 존재들은 샤먼과 예언자에게 말을 건넸다. 그들은 스스로를 유일신, 신들의 일족, 신성한 가문, 위대한 영(靈), 태양, 선조들의 유령, 위대한 뱀, 온갖 동물들의 잡종, 인간과 동물의 키메라(chimera), 전능한 날거미 등으로 소개했다. 꿈, 환각제, 영적 지도자의 왕성한 상상력이 빚어낼 수 있는 온갖 것들이 다 있었다. 그들의 모습은 자신을 창안한 사람들의 환경에 어느 정도 영향을 받았다. 폴리네시아에서는 신들이 하늘을 땅과 바다에서 떼어놓은 뒤에 생물들과 인류를 창조했다. 놀랄 일도 아니겠지만, 사막에서 가부장제를 이룬 유대교, 기독교, 이슬람교 사회들의 예언자들은 경전을 통해 부족민들에게 말을 하는 신성하면서 전능한 족장을 상상했다.

창조 신화는 각 부족민에게 자신의 존재 이유를 설명해 주었다. 부족민들은 창조 신화를 통해 다른 모든 부족들보다 자신들이 더 사랑받고 보호받는다고 느꼈다. 그 보답으로 신은 절대적인 믿음과 복종을 요구했다. 부족민들은 당연히 그렇게 했다. 창조 신화는 부족을 하나로 묶는 핵심 고리였다. 그것은 신자들에게 고유의 정체성을 제공했고, 신의를 요구했으며, 질서를 강화했고, 법률을 하사했고, 용맹과 희생을 장려했으며, 삶과 죽음의 주기에 의미를 부여했다. 창조 신화를 통해 존재의 의미를 부여받지 않고서는 어떤 부족도 오래 생존할 수 없었다. 쇠퇴하여 해체되어 사멸하는 수밖에 없었다. 따라서 각 부족은 초창기에 창조 신화를 영구히 새겨 놓아야 했다.

창조 신화는 생존을 위한 다윈주의적 장치이다. 부족 간의 충돌, 즉 내부의 신자들이 외부의 불신자들과 맞붙는 싸움은 생물학적 인간 본성을 빚어낸 주요 원동력 중 하나였다. 각 신화의 진실은 이성적인 머리가 아니라 가슴에 들어 있었다. 신화 창조만으로는 인류의 기원과 의미를 결코 밝혀낼 수 없다. 하지만 그 반대는 가능하다. 인류의 기원과 의미를 밝혀내면, 신화의 기원과 의미를, 따라서 조직화된 종교의 핵심을 설명할 수 있다.

신화가 인류의 기원과 의미를 해명할 수 있다는 세계관과 그렇지 않다는 세계관을 서로 화해시킬 수 있을까? 솔직하게, 그리고 짧게 대답하자면, 아니다. 둘은 화해시킬 수 없다. 둘의 대립은 과학과 종교, 경험주의적 태도와 초자연적 존재를 믿는 태도의 차이를 정의한다.

인간 조건이라는 크나큰 수수께끼를 종교의 신화적 토대에 기대어 풀 수 없다면, 내면의 성찰이라는 방식을 통해서도 풀 수 없을 것이다. 합리적인 탐구의 도움 없이는 어떻게 풀어야 할지조차 도저히 떠올릴 수 없다. 또 뇌의 활동은 대부분 의식적인 마음이 지각조차 못 하는 것들이다. 찰스 로버트 다윈(Charles Robert Darwin, 1809~1882년)의 말마따나, 뇌는 직접 공략해서는 함락시킬 수 없는 성채이다.

생각에 관한 생각(thinking about thinking)은 창작 예술의 핵심 과정이지만, 우리가 **어떻게** 생각하는지에 대해 거의 말해 주지 못하며, 애초에 창작 예술이 **왜** 기원했는지도 전혀 설명하지 못한다. 의식(consciousness)은 수백만 년에 걸친 삶과 죽음의 투쟁을 통해 진화했고, 그 투쟁을 수행하기 위해 설계되었지 자기 점검을 위해 고안된 것이 아니었다. 뇌는 생존과 번식을 위해 설계되었다. 의식적 사고를 조종하는 것은 감정(emotion)이다. 의식적 사고는 궁극적으로 생존과 번식이라는 목적에 철저하게 매진한다. 창작 예술은 마음의 복잡하게 뒤틀린 양상을 세밀하게 표현할 수 있지만, 인간 본성이 결코 진화 역사를 지니고 있지 않은 양 대한다. 예술의 강력한 은유도 고대 그리스의 연극이나 문학과 마찬가지로 그 수수께끼의 해답에 가까이 다가가지 못했다.

과학자들은 성채의 둘레를 훑으면서 성벽을 뚫고 들어갈 만한 곳이 있는지 탐색한다. 현재 과학자들은 그 목적을 위해 고안된 기술로 성벽을 뚫고 들어가서 유전 암호를 읽고 신경 세포 수십억 개로 이루어진 회로망을 추적한다. 과학은 앞으로 한 세대 안에 의식의 물리적 토대를 설명할 수 있을 만큼 발전할 가능성이 높다.

하지만 의식의 본질을 규명하면, 우리가 무엇이며 어디서 왔는지도 알게 될까? 아니, 그렇지 않을 것이다. 뇌 활동의 물리적 토대를 이해할 수 있다면, 성배에 좀 더 가까이 다가갈 수는 있을 것이다. 하지만 성배를 찾으려면, 과학과 인문학 양쪽에서 훨씬 더 많은 지식을 모아야 한다. 뇌가 어떻게 지금처럼 진화했으며, 왜 그렇게 진화했는지를 이해할 필요가 있다.

게다가 우리는 그 크나큰 수수께끼의 답을 얻겠다고 철학으로 눈을 돌리는 헛된 노력을 한다. 순수 철학은 고상한 목적과 역사를 지녔지만, 인간 존재에 관한 근본적인 질문들을 포기한 지 오래이다. 그것을 탐구하는 일 자체가 명성을 깎아 먹는 짓이기 때문이다. 그것은 철학자들에게 고르곤(Gorgon, 그 얼굴을 쳐다보는 사람은 모두 돌로 변한다는 그리스 신화의 괴물 — 옮긴이)이었다. 최고의 사상가들조차 응시하기 두려워하는 얼굴이다. 그들이 회피할 만한 이유가 있다. 철학사의 대부분은 실패한 마음 모형들로 이루어져 있다. 이 분야의 담론은 의식 이론들의 잔해로 가득하다. 20세기 중반에 과학과 논리학을 하나의 닫힌 체계로 융합하려고 한 논리 실증주의의 시도가 쇠퇴한 이후, 철학자들은 산산이 흩어져서 일종의 지적 디아스포라(diaspora)가 되었다. 그들은 과학이 아직 진출하지 않은, 더 다루기 쉬운 분야들로 이주했다. 지성사, 의미론, 논리학, 수학 기초론, 윤리학, 신학, 그리고 가장 돈벌이가 되는 개인의 생활 적응 문제에 이르기까지 다양하다.

철학계는 이러한 다양한 시도를 통해 번창하고 있다. 그러나 크나큰 수수께끼를 해결하는 과제는 과학에 내맡겼다. 그들이 그 과제에서 서서히 배제되어 온 탓도 있다. 과학이 약속하는 것, 그리고 이미 일부 제공한 것은 다음과 같다. 인류의 진정한 창조 이야기가 있는데, 그것은 단하나이며, 신화가 아니라는 것이다. 그 이야기는 단계적으로 밝혀지고 있으며, 검증을 거치면서 풍성해지고 강화되고 있다.

이 책에서 나는 과학의 발전, 특히 지난 20년 동안에 이루어진 발전에 힘입어 이제는 우리가 어디서 왔으며 무엇인가 하는 질문들을 일관성 있게 다룰 수 있게 되었다고 주장할 것이다. 하지만 그러려면 먼저 더욱 근본적인 두 가지 질문에 답할 필요가 있다. 그 두 문제는 우리의 탐구를 야기한 것과 관련된 것이다. 첫 번째는 고도의 사회성이 대체 왜 존재하며, 생명의 역사에서 왜 그토록 드물게 출현했는가 하는 질문이다. 두 번째는 고도의 사회성을 존재하게 한 원동력의 정체가 무엇이냐는 물음이다.

이 의문들은 분자 유전학, 신경 과학, 진화 생물학에서 고고학, 생태학, 사회 심리학, 역사학에 이르기까지 다양한 분야들에서 얻은 정보들을 종합해야만 해결할 수 있다.

그런 복잡한 과정을 설명하는 이론을 검증하려면, 지구의 다른 사회적 정복자들, 즉 고도로 사회적인 개미, 꿀벌, 말벌, 흰개미를 살펴봐야 한다. 그것이 유용하기 때문이다. 그들은 사회성 진화의 이론을 개발하는 입장에서 필요하다. 곤충을 인간 옆에 나란히 놓는 것이 오해를 일으키기 쉽다는 것을 안다. 이렇게 말할지도 모르겠다. 유인원도 마뜩잖은데, 곤충이라니? 하지만 인간 생물학에서 그런 병치는 늘 유익한 결과를 낳았다. 인간을 훨씬 미미한 생물들과 비교해 유익한 결과를 얻은 선례들이 있다. 생물학자들은 세균과 효모에 눈을 돌림으로써 인간 분자 유전학의 원리들을 배우는 큰 성과를 올렸다. 또 환형동물과 연체동물을 통해 인간의 신경 체계와 기억의 토대를 배웠다. 그리고 초파리는 인간 배아의 발달에 관해 많은 것을 가르쳐 주었다. 사회성 곤충으로부터도 그에 못지않은 것을 배울 수 있다. 그들은 인류의 기원과 의미에 관한 배경 지식을 제공한다.

2 부

우리는 어디서 왔는가

2장
정복의 두 경로

인간은 유연한 언어를 통해 문화를 창조한다. 우리는 같은 인간을 이해하기 위해 기호를 창안하고, 그럼으로써 어느 동물보다도 광대한 의사 소통의 망을 만들었다. 인간은 생명의 역사에 출현한 다른 어떤 종과도 달리 생물권을 정복하면서 황폐화시켜 왔다. 인간이 해 온 짓을 볼 때, 인간은 정말로 독특하다.

하지만 감정 및 정서 측면에서는 독특하지 않다. 우리의 해부 구조와 얼굴 표정에는 다윈이 인간이 동물 조상에서 유래했음을 보여 주는 지울 수 없는 각인이라고 말한 것이 드러나 있다. 우리는 동물적 본능의 요구에 좌지우지되는 지능에 의존해 살아가는 진화적 키메라이다. 이것이 바로 우리가 분별없이 생물권을 파괴하고, 그와 함께 우리 자신의 영속 가능성까지 없애고 있는 이유이다.

인간성 또는 인간다움은 장엄하지만 허약한 성취물이다. 아니, 그것보다 우리 종 자체가 더 인상적이다. 우리는 늘 위태로웠던 상황에서 계속된 진화적 사건들이 쌓인 결과물이기 때문이다. 우리 조상 집단들은 대부분 매우 작은 규모였다. 포유동물의 역사를 볼 때 일찍 멸종할 가능성을 늘 안고 있던 규모였다. 선행 인류(prehuman) 집단들은 모두 합쳐도 기껏해야 수만 명에 불과한 수준이었다. 아주 이른 시기에 우리의 조상인 선행 인류는 한 시대에 둘 이상의 계통으로 나뉘었다. 이 시기에 포유동물 종의 평균 수명은 50만 년에 불과했다. 이 원리에 부응하듯이, 선행 인류의 방계 혈통들은 대부분 사라졌다. 현생 인류를 낳을 운명을 지닌 집단도 적어도 한 번은 거의 멸종할 뻔했으며, 아마 50만 년을 통틀어서 보면 그런 일이 훨씬 더 많았을 것이다. 인류 진화의 서사시는 그런 위축 시기에 언제든 쉽게 끝날 수도 있었다. 선행 인류는 지질학적으로 눈 깜짝할 사이에 영구히 사라졌을 수도 있었다. 특정한 시기, 특정한 장소에 심한 가뭄이 들거나, 주변 동물로부터 낯선 질병이 전파되거나, 더 경쟁력 있는 다른 영장류의 압력에 시달림으로써 그런 일이 벌어질 수도 있었다. 그랬다면 생물권에는 아무 일도 벌어지지 않았을 것이다. 생물권의 진화는 원래 상태로 돌아갔을 것이고, 우리가 될 존재는 두 번 다시 출현하지 않았을 것이다.

현재 육상 무척추동물 세계의 지배자인 사회성 곤충은 대부분 1억 년 전에 진화했다. 전문가들은 흰개미가 트라이아스기 중반, 즉 2억 2000만 년 전에 출현했다고 추정한다. 그리고 개미는 쥐라기 말과 백악기 초 사이, 즉 약 1억 5000만 년 전에 진화했고, 뒤영벌과 꿀벌은 백악기 말인 8000만~7000만 년 전에 진화했다. 그 후 중생대 내내 이 몇몇 진화하는 계통에 속한 종들의 다양성은 속씨식물의 출현과 확산에 발맞추어 증가해 왔다. 하지만 개미와 흰개미가 육상 무척추동물 중에서 지금처럼 독보적으로 우위에 서게 된 것은 훨씬 더 오랜 시간이 흐른 뒤였다. 그들은 한 번에 하나씩 혁신을 이루면서 서서히 힘을 축적했고, 6500만~5000만 년 전에 현재의 수준에 이르렀다.

개미와 흰개미 무리가 전 세계로 퍼질 때, 다른 육상 무척추동물들도 그들과 공진화하면서 단순히 살아남는 차원을 넘어서 번성했다. 식물과 동물은 개미와 흰개미의 약탈 행위에 맞서 방어 체계를 진화시켰다. 많은 동식물이 개미, 흰개미, 벌을 먹이로 삼는 쪽으로 분화했다. 낭상엽식물, 끈끈이주걱처럼 곤충들을 잡아 소화하여 흙에서 얻지 못하는 부족한 양분을 보충하는 식물도 나타났다. 또 사회성 곤충을 동반자로 받아들여 긴밀한 공생 관계를 형성하는 동식물도 생겼다. 상당히 높은 비율의 동식물들이 먹이, 공생체, 청소 동물, 꽃가루 매개자, 토양 개량자 같은 사회성 곤충의 다양한 역할에 전적으로 의지해서 살아가게 되었다.

전체적으로 볼 때, 개미와 흰개미의 진화 속도가 느렸기에 다른 생물들은 대항 수단을 진화시킬 수 있었고, 결국 생태계는 균형을 이룰 수 있었다. 그 결과 개미들과 흰개미들은 수적 우위를 앞세워 나머지 육상 생물권을 초토화하는 대신에, 그 생물권의 핵심 요소가 되었다. 오늘날 그들이 지배하는 생태계는 지속 가능할 뿐만 아니라 그들에게 의존하고 있다.

정반대로 호모 사피엔스(*Homo Sapiens*)라는 한 종으로 이루어진 인류는 겨우 수십만 년 전에 출현하여 지난 6만 년간 전 세계로 퍼졌다. 인류는 나머지 생물권과 공진화할 시간이 없었다. 다른 종들 역시 인류의 대량 학살에 대비할 시간이 없었다. 이 부족한 시간 때문에 인류를 제외한 나머지 생물들은 곧 끔찍한 종말을 맞이했다.

처음에 구대륙 전체에 흩어진 우리 직계 조상 집단들은 종 형성 과정이 진행되기에 알맞은 온화한 환경에서 살았다. 하지만 형성된 종들은 대부분 멸종했고 따라서 계통학적으로 막다른 골목이 되었다. 생명의 나무에서 성장을 멈춘 잔가지였다. 동물학자라면 이 생물 지리학적 패턴에 특별한 점은 전혀 없다고 말할 것이다. 자바 동쪽의 소순다 열도에는 '호빗 족'이라는 별명이 붙은 기이한 소형 인류인 호모 플로레시엔시스(Homo floresiensis)가 살았다. 이들은 침팬지보다 별로 크지 않은 뇌를 지니고 있었음에도 석기를 개발했다. 그것 말고는 그들이 어떻게 살았는지 우리는 거의 알지 못한다. 유럽과 지중해 동부 연안에는 호모 사피엔스의 자매종인 네안데르탈인, 즉 호모 네안데르탈렌시스(Homo neanderthalensis)가 살았다. 네안데르탈인은 우리 직계 조상들처럼 잡식성이었고, 현생 호모 사피엔스보다 뼈가 더 굵고 뇌가 더 컸다. 그들은 엉성하지만 그래도 용도별로 다르게 만들어진 석기를 썼다. 그들 집단의 대부분은 대륙 빙하의 가장자리에 놓인 추운 초원인 '매머드 스텝(mammoth steppe)'의 혹독한 기후에 적응했다. 시간이 더 있었다면 그들은 독자적으로 발전한 인류로 진화했을지도 모른다. 그러나 그들은 더 이상 발전하지 않고 쇠퇴했고, 결국 멸종했다. 인류의 목록을 채울 마지막 집단은 북아시아에 살았던 '데니소바인(Denisovan)'으로서, 이 글을 쓰는 현재 뼛조각 몇 개밖에 발견되지 않았지만 극동까지 진출했던 네안데르탈인의 자매종임이 분명하다.

이 사람속의 종들(관대하게 그 종들 모두를 인류에 포함시키자.) 중 어떤 것도 현재까지 살아남지 못했다. 그들이 살아남았다면, 현대에 어떤 도덕적, 종교적 쟁점을 낳았을지 생각만 해도 골치가 아프다. (네안데르탈인의 인권은? 호빗 족을 위한 특수 교육은? 모든 인류 종을 위한 구원과 천국은?) 비록 직접적인 증거는 부족하지만, 지브롤터에서 발견된 유물들로부터 판단할 때, 늦어도 3만 년 전까지는 이루어진 네안데르탈인의 멸종이 무엇 때문인지는 거의 명백하다. 식량과 공간을 차지하기 위한 경쟁이든 노골적인 살육이든, 아니면 양쪽 다였든 간에, 사람속이 적응 방산 과정을 거치던 시기에 우리 조상들은 이런저런 수단을 통해 네안데르탈인과 다른 종들을 절멸시켰다. 네안데르탈인이 아직 지상에 살고 있을 때 호모 사피엔스의 고대 혈통은 아프리카에 고립되어 있었지만, 그들의 후손은 아프리카 대륙 바깥으로 뻗어 나가 폭발적으로 팽창했다. 그들은 구대륙 전체로 퍼지면서 오스트레일리아까지 진출했고, 이윽고 멀리 신대륙과 오세아니아의 먼 섬들까지 뻗어 나갔다. 이 과정에서 맞닥뜨린 다른 모든 인류 종들은 짓밟히고 제거되었다.

농경은 겨우 1만 년 전에야 발명되었으며, 구대륙과 신대륙 전체에서 적어도 여덟 차례 독립적으로 발명되었다. 농경의 시작과 함께 식량 공급량은 획기적으로 늘어났고, 그것과 더불어 해당 지역의 인구 밀도도 급상승했다. 이 결정적인 발전으로 인구는 기하 급수적으로 늘어났고 자연 환경의 대부분은 극도로 단순해진 생태계로 바뀌었다. 야생에서 인간이 가득 차는 곳마다 생물 다양성은 육상 생물이 처음 지상에 등장했던 5억 년 전으로 돌아갔다. 나머지 생물 세계는 불현듯 나타난 이 경이로운 정복자의 학살에 대처할 만큼 충분히 빨리 공진화할 수 없었기에, 그 압력에 짓눌려 파괴되기 시작했다.

동물에게 적용되는 엄밀한 학술적 정의에 따른다고 해도, 호모 사피엔스는 생물학자들이 **진사회성 동물**(eusociality animal)이라고 부르는 것에 속한다. 집단의 구성원들이 여러 세대로 이루어져 있고 분업의 일부로서 이타적 행동을 하는 경향을 가진 동물이라는 의미이다. 이 점에서 인류는 학술적으로 볼 때 개미와 흰개미 같은 사회성 곤충에 비견할 만하다. 하지만 여기서 곧바로 덧붙일 말이 있다. 인류만이 문화, 언어, 고도의 지능을 지닌다는 점을 논외로 치더라도 인간과 곤충 사이에는 큰 차이점들이 있다는 점 말이다. 가장 근본적인 차이점은 인간 사회의 모든 정상적인 구성원들이 번식할 능력을 지니며, 번식하기 위해 대개 서로 경쟁한다는 것이다. 또 인간 집단은 가족 구성원들과만이 아니라, 가족, 성별, 계급, 부족 사이에도 매우 유연한 동맹을 형성한다. 유대(紐帶) 형성 또는 동맹 형성은 서로를 아는 개인들이나 집단들 사이의 협력을 토대로 하며, 개인 차원에서 소유권과 지위를 분산시킬 수 있다.

동맹을 형성하려면 서로를 자세히 평가할 능력을 갖추어야 하며, 그 것은 선행 인류 조상들이 본능에 이끌리는 곤충들과는 전혀 다른 방식으로 진사회성을 획득했어야 한다는 의미이다. 진사회성으로 향하는 경로는 '집단 내 개인들의 상대적인 성공을 토대로 한 선택' 대 '집단들 사이의 상대적인 성공을 토대로 한 선택' 사이의 경쟁을 통해 도출되었다. 이 게임의 전략들은 세밀하게 조정되는 이타성, 협력, 경쟁, 지배, 호혜성, 변절, 기만의 복잡한 혼합물이었다.

인간의 방식으로 이 게임을 하기 위해서, 진화하는 인류 집단들은 보다 높은 수준의 지능을 획득할 필요가 있었다. 그들은 서로에게 공감하고, 친구의 감정을 헤아리듯이 적의 감정을 헤아리고, 그들 모두의 의도를 판단하며, 나름의 사회적 상호 작용 전략을 짜야 했다. 그 결과 인간의 뇌는 고도의 지능을 갖춘 장치가 되는 동시에 고도로 사회적인 장치가 되었다. 뇌는 대인 관계의 단기적, 장기적 예상 시나리오들을 마음속으로 재빨리 짜야 했다. 뇌의 기억 체계들은 멀리 과거로 거슬러 올라가서 옛 시나리오들을 불러내고 멀리 미래로 나아가서 모든 관계의 결과들을 상상해야 했다. 다양한 행동 계획들을 놓고 판단하는 역할은 편도를 비롯한 뇌의 감정 통제 중추들과 자율 신경계가 맡았다.

그리하여 때로는 이기적이고 때로는 비이기적인 모습을 띠는, 서로 종종 충돌하는 두 충동을 함께 지닌 **인간 조건**이 탄생했다. 진화라는 거대한 미로를 헤치고 나아가던 호모 사피엔스는 어떻게 이 독특한 지점에 이르게 되었을까? 답은 먼 조상들이 지녔던 두 가지 생물학적 특성이 우리의 운명을 미리 예정해 놓았다는 것이다. 커다란 몸집과 제한된 이동성이 바로 그것이다.

중생대에 출현한 최초의 포유류는 주위에 있던 거대한 공룡들에 비해 왜소했다. 하지만 오늘날도 그렇지만, 당시에도 그들은 곤충이나 주로 무척추동물들이었던 다른 동물들에 비하면 거대했다. 공룡이 사라진 뒤, 그리고 파충류의 시대가 가고 포유류의 시대가 왔을 때, 포유류는 수천 종으로 불어났고, 공중에서 날아다니는 곤충을 잡아먹는 박쥐에서 남극에서 북극까지 푸른 바다를 오가면서 플랑크톤을 먹어치우는 거대한 고래에 이르기까지 다양한 **생태적 지위**(niche)들을 채웠다. 가장 작은 박쥐는 뒤영벌만 하며, 흰긴수염고래는 몸길이 24미터에 몸무게 120톤까지 자라는 지구 역사상 가장 큰 동물이다.

육지에서 포유류들의 적응 방산이 이루어지던 시기에, 사슴을 비롯한 일부 초식 동물들과, 그들을 잡아먹는 대형 고양이류를 비롯한 몇몇 육식 동물들처럼 몸무게가 10킬로그램을 넘는 포유동물들도 출현했다. 어느 한 시점에 전 세계 포유류 종의 수는 5,000종과 1만 종 사이였을 가능성이 높다. 그 가운데에서 구대륙 영장류들이 출현했고, 이어서 약 3500만 년 전인 에오세 말에 현생 구대륙 원숭이, 유인원, 인류의 공통 조상인 최초의 협비원류(Catarrhini)가 나타났다. 약 3000만 년 전, 구대륙 원숭이의 조상은 현생 유인원 및 인류의 조상과 진화적으로 갈라졌다. 후자에 속한 종들 중에는 식물을 먹는 쪽으로 분화한 종류도 있었고, 사냥을 통해 잡은 동물이나 죽은 동물에서 얻은 고기에 의지하는 종류도 있었다. 양쪽을 다 먹는 종들도 소수 있었다. 포유류의 적응 방산 과정에서 생긴 가지들 중 하나에서 초기 선행 인류 계통이 출현했다.

몸집뿐만 아니라 다른 이유들에서도, 선행 인류는 근본적으로 새로운 형태의 진사회성 후보자였다. 곤충은 4억 년 전 데본기 초에 육지에 처음 올라온 식생에 처음 모습을 드러낸 이래 현재에 이르기까지 기사의 갑옷 같은 키틴질 외골격을 몸에 두르고 있다. 각 성장 기간이 끝나면, 곤충은 더 커진 새 갑옷을 만들고, 낡은 갑옷은 벗어야 한다. 포유류와 다른 척추동물의 근육이 뼈 바깥에 있으면서 뼈의 바깥 표면을 잡아당기는 반면, 곤충의 근육은 키틴질 외골격에 둘러싸여 있고 안에서 잡아당긴다. 이 생체 구조 때문에 곤충은 포유동물만 한 크기로 자랄 수 없다. 세계에서 가장 큰 곤충은 사람의 주먹만 한 아프리카의 골리앗꽃무지(goliath beetle)와 골리앗꽃무지 못지않은 크기를 한 뉴질랜드의 웨타(weta)이다. 웨타는 토착 생쥐 종이 없는 뉴질랜드라는 동떨어진 군도에서 생쥐의 생태적 역할을 맡는 쪽으로 진화한 귀뚜라미처럼 생긴 곤충이다.

진사회성 종이 개체수로 보면 곤충 세계의 우점종이라고는 해도, 그들은 작은 뇌와 순수한 본능에 의존해서 정복에 나서야 했다. 게다가 그들은 근본적으로 너무 작아서 **불**을 붙이고 다스리는 일을 할 수 없었다. 얼마나 긴 세월이 흐르든 간에, 그들은 인간적인 방식의 진사회성을 결코 획득할 수 없을 것이다.

하지만 진사회성을 향해 이리저리 굽은 길을 헤쳐 나가는 곤충들에게도 유리한 점이 있었다. 그들에게는 포유동물보다 훨씬 더 먼 거리를 여행할 수 있는 날개가 있었다. 몸 크기에 따른 상대적인 이동 거리를 따지면 그 차이가 뚜렷해진다. 새로운 집단을 만들기 위해 떠나는 인간 무리(band)는 무리하지 않으면 하루에 10킬로미터씩 이 야영지에서 저 야영지로 옮겨 다니면서 나아갈 수 있다. 반면에 개미 수천 종 가운데 전형적인 사례인, 열마디개미(fire ant)의 여왕개미는 같은 거리를 몇 시간 안에 날아가서 새 군체를 만들기 시작할 수 있다. 여왕개미는 땅에 내리면 날개를 떼어낸다. 날개는 죽은 조직으로 이루어져 있다(사람의 머리카락과 손톱처럼). 여왕개미는 땅을 파서 작은 집을 만들고, 그 안에서 자신의 몸에 저장된 지방과 근육을 이용해서 일개미들을 낳아 기른다. 사람은 열마디개미 여왕보다 몸이 약 200배 더 길다. 따라서 개미가 10킬로미터를 비행하는 것은 사람이 약 2,000킬로미터를 걷는 것과 같다. 개미가 원래 집을 떠나 30초 동안 100미터를 날아서 새 집터를 마련하는 것은, 땅을 걷는 사람이 20킬로미터를 걷는 것과 같다.

따라서 비행 규모를 볼 때, 각 세대의 여왕개미는 인간 무리보다 몸집에 비해 상대적으로 더 멀리까지 흩어진다. 단독 생활을 한 개미의 조상인 말벌이나 단독 생활을 한 흰개미의 조상인 원바퀴류도 마찬가지였을 것이다.

개미의 비행하는 조상은 다음 세대의 각 개체가 스스로 떠난 반면, 터벅터벅 걷는 인류의 포유류 조상은 서로 가까이에 머물러야 했다. 이 차이를 언뜻 생각하면 고도의 사회적 행동이 곤충에게서 진화했을 가능성이 훨씬 낮아 보일 수 있다. 하지만 사실은 정반대이다. 끊임없이 변하는 환경에서는 날아다니는 개미가 걸어 다니는 포유동물보다 착륙했을 때 임자 없는 무주공산(無主空山)을 찾을 가능성이 훨씬 더 높다. 게다가 생존하는 데 필요한 세력권(territory, 영역)이 포유동물보다 훨씬 작고, 같은 종의 개체들이 이미 점유한 세력권과 겹칠 가능성이 더 적다.

사회성 곤충은 또 한 가지 이점이 있다. 암컷 이주자가 수컷을 데려갈 필요가 전혀 없다는 것이다. 일단 짝짓기 비행 때 수정이 되면, 암컷은 자신이 받은 정자를 뱃속의 작은 주머니(정낭)에 저장한다. 그 정자를 하나씩 꺼내 난자를 수정시키면서 여러 해에 걸쳐 수많은 일개미를 만들 수 있다. 최고 기록을 지닌 것은 잎꾼개미(leafcutter ant)이다. 잎꾼개미의 여왕개미 한 마리는 12년 정도 되는 생애에 1억 5000마리의 일개미를 낳을 수 있다. 어느 한 시점에 살아서 활동하는 일개미의 수는 300만~500만 마리로, 라트비아와 노르웨이 사이에 사는 인구와 비슷하다.

포유동물, 특히 육식 동물은 정착하여 보금자리(nest)를 지을 경우, 관리하는 세력권이 훨씬 더 크다. 어디로 가든 그들은 경쟁자와 마주칠 가능성이 높다. 암컷은 정자를 몸에 저장할 수 없다. 새끼를 낳으려면 매번 수컷을 찾아 짝짓기를 해야 한다. 따라서 홀로 살아가는 것보다 사회 집단을 형성하는 것이 더 유리해지는 쪽으로 환경의 기회와 압력이 주어질 때, 포유동물은 지능과 기억을 토대로 한 개체 간의 유대와 동맹을 통해 집단을 이룰 수밖에 없다.

지구의 두 사회적 정복자들에 관해 지금까지 다룬 내용을 요약하자면, 사회성 곤충의 조상과 인류의 조상은 생리 기능과 생활사가 달랐기에, 고도 사회의 형성으로 나아간 진화 경로도 근본적으로 달랐다는 것이다. 곤충의 여왕은 로봇처럼 움직이는 자식들을 본능이 이끄는 대로 낳을 수 있었다. 반면에 선행 인류는 개체 사이의 동맹과 협력에 의존해야 했다. 곤충의 경우에는 세대마다 이루어지는 여왕 계통에서의 개체 선택을 통해 진사회성이 진화했다. 반면에 선행 인류에게서는 개체 수준의 선택과 집단 수준의 선택이 상호 작용을 함으로써 진사회성이 진화했다.

3장

진화 미로의 모퉁이들

시작될 때이든 궤도의 끝에 다다르려 할 때이든, 각 진화의 경로는 예측할 수 없다. 자연 선택(natural selection)은 종을 중대한 혁신적인 변화를 일으키기 직전까지 이끌었다가 막판에 되돌릴 수도 있다. 그러나 적어도 이 지구에서는 가능하다거나 불가능하다고 판단할 수 있는 진화 궤도들도 있다. 곤충은 거의 눈에 띄지 않을 만큼 작아지는 쪽으로 진화할 수는 있지만, 코끼리만큼 커질 수는 없다. 돼지는 수생 동물로 진화할 수는 있겠지만, 결코 날지는 못할 것이다.

한 종의 가능한 진화 경로는 일종의 미로찾기로 시각화할 수 있다. 진사회성의 기원 같은 주요 발전에 다가갈 때, 각각의 유전적 변화, 즉 미로의 각 모퉁이는 그 수준의 성취를 어렵게 하거나 심지어 불가능하게 할

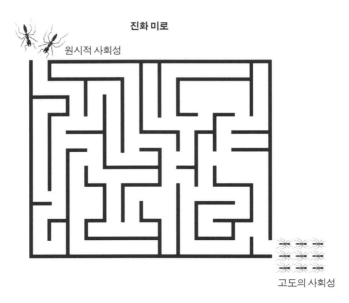

그림 3-1 종의 진화는 환경이 만든 미로로 시각화할 수 있다. 미로 자체가 진화하면서 각 기회는 닫힐 수도 있고, 그대로 열려 있을 수도 있다. 그림은 원시적인 사회성에서 고도의 사회성으로 나아가는 경로를 보여 준다.

수도 있고, 혹은 다음 모퉁이까지 성취를 미룰 수도 있다. 초기 단계에서는 갈 길이 멀고 단계마다 모퉁이마다 대안들이 존재하기에, 저 멀리 있는 최종 성취 단계까지 나아갈 가능성이 가장 낮다. 반면에 마지막 몇 모퉁이만 남은 시점에서는 남은 거리가 짧고 성취 가능성이 더 높아진다. 미로 자체도 종이 여행할 때 함께 진화한다. 옛 통로(생태적 지위)는 닫히고 새 통로가 열릴 수도 있다. 미로의 구조는 종의 각 개체를 포함하여 누가 여행을 하느냐에 따라 어느 정도 달라진다.

세대를 이어 가면서 전개되는 진화적 변화의 각 게임마다, 아주 많은 개체들이 살고 죽어야 한다. 하지만 무수히 많은 것은 아니다. 대강 추정은 할 수 있다. 적어도 설득력 있는 규모의 추정값을 제시할 수는 있다. 1억 년 전 우리의 원시 포유류 조상에서 최초의 호모 사피엔스가 될 존재로 향하는 한 계통에 이르기까지의 진화 과정 전체에 필요한 개체의 총수는 약 1000억 마리였을 것이다. 그들은 자신도 모르게, 우리를 위해 살고 죽었다.

진화 게임에 참가한 종들은 세대당 번식하는 개체가 평균 수천 마리였으며, 다른 종들과 함께 진화하다가 쇠퇴하여 사라지는 종도 많았다. 그런 멸종이 호모 사피엔스로 이어지는 긴 계통 중 하나에서 일어났다면, 인류의 서사시는 그때 바로 끝났을 것이다. 우리의 선행 인류 조상들은 선택된 것도, 위대했던 것도 아니다. 그저 운이 좋았을 뿐이다.

몇몇 과학 분야에서 최근에 나온 연구 결과들은 서로 결부되면서 인간 조건으로 이어지는 진화적 단계들을 조명함으로써, 그동안 과학과 철학을 몹시 곤혹스럽게 했던 '인간 유일성 문제(human uniqueness problem)'에 적어도 일부나마 해답을 제공한다. 시작 단계부터 인간 조건의 성취에 이르는 기간을 훑어보았을 때, 각 단계는 선적응(preadaptation)으로 해석할 수 있다. 우리 종으로 이어지는 종들이 어떤 식으로든 그런 목적에 인도되어 왔다는 의미로 말하는 것이 아니다. 오히려 각 단계는 그 나름의 적응이었다. 즉 그 시간, 그 장소에 종의 주변에서 우세했던 환경 조건들에 자연 선택이 보인 반응이었다.

첫 번째 선적응은 앞에서 말한 큰 몸집과 상대적인 비이동성이었다. 이것이 사회성 곤충의 진화 궤도와 구분되는 포유류 진화의 궤도를 미리 정했다. 인류를 향한 진화 연대표상의 두 번째 선적응은 8000만~7000만 년 전 초기 영장류가 나무 위 생활에 알맞게 분화한 것이다. 이 변화 과정에서 진화한 가장 중요한 특징은 움켜쥐기에 알맞은 손과 발이었다. 이때 손과 발의 모양과 근육은 단지 지탱하기 위해 움켜쥐기보다는 나뭇가지에 매달려 건너다니는 데에 더 알맞게 되어 있었다. 마주보는 엄지와 커다란 발가락이 동시에 출현함으로써 손발은 더 효율적

그림 3-2 세네갈 퐁골리의 사바나 숲을 두 발로 걷고 있는 침팬지.

이 되었다. 또 나무 위에서 생활하는 대부분의 포유동물이 지니고 있는 아래로 굽은 날카로운 발톱 대신에, 납작한 손발톱이 자람으로써 효율은 더 증대되었다. 여기에 덧붙여서, 움켜쥐는 데에 도움이 되도록 손바닥과 발바닥 피부에 미세한 주름이 생겼고, 촉감을 강화하는 압력 수용기들이 가득해졌다. 이런 특징을 갖춘 초기 영장류는 손을 써서 과일을 따고 쪼개 씨를 빼낼 수 있었다. 손으로 움켜쥔 대상을 손톱 끝으로 자르고 긁어낼 수도 있었다. 또 두 발로 이동하면서 식량을 상당히 먼 거리까지 들고 갈 수 있었다. 고양이나 개처럼 입에 물고 운반할 필요가 없었다. 새처럼 일단 삼켰다가 둥지로 돌아와서 새끼 앞에다 게워 낼 필요도 없었다.

아마 상대적으로 복잡하고 유연한 섭식 행동, 탁 트인 식생과 3차원적 서식지에 적응한 것이겠지만, 인류의 조상이 된 영장류는 더 큰 뇌를 갖는 쪽으로 진화했다. 같은 이유로 그들은 다른 대다수 포유동물보다

그림 3-3 선행 인류의 옛 고향에서 흰개미 언덕 꼭대기에 앉아 있는 침팬지. 엉성한 도구도 쓰고 있다.

시각에 더 의지하고 후각에 덜 의존하게 되었다. 그들은 색각을 갖춘 큰 눈을 획득했고, 두 눈은 머리 앞쪽에 놓임으로써 양안시와 더 나은 깊이 감각을 갖추게 되었다. 선행 인류로 진화한 영장류는 걸을 때 뒷다리를 벌린 채 두 줄로 발자국을 남기면서 걷지 않았다. 대신에 양쪽 발을 번갈아 내딛으며 거의 한 줄로 발자국을 남기면서 걸었다. 게다가 그들은 자식을 적게 낳았고, 키우는 데 더 많은 시간을 썼다.

나무 위에서 생활하는 이 기이한 동물들 중 한 계통이 땅 위에서 사는 쪽으로 진화할 때, 그다음의 선적응이 채택되었다. 진화 미로에서 또한 차례 운 좋게 모퉁이를 돈 것이다. 바로 직립 보행이었다. 덕분에 이 계통은 자유로워진 손을 다른 목적에 쓸 수 있게 되었다. 계통학적으로 인간의 가장 가까운 친척인 현생 침팬지류의 두 종인 침팬지와 보노보도 거의 같은 시기에 이 방향으로 멀리 나아갔다. 오늘날 그들은 땅에서 팔을 치켜든 채, 두 다리로 걷거나 달린다. 심지어 원시적인 도구를 사용하기도 한다.

침팬지 계통과 진화적으로 갈라진 뒤에 선행 인류는 오스트랄로피테쿠스(australopithecines)라는 뚜렷이 구분되는 종 집단이 되었고, 그들은 직립 보행 추세를 훨씬 더 멀리까지 이어 갔다. 그 결과 그들의 몸도 전체적으로 변모했다. 다리는 길어지고 곧아졌으며, 발은 이동할 때 규칙적으로 땅바닥을 밀어내기 좋게 길어졌다. 골반은 내장을 떠받치기 위해 얕은 그릇 모양으로 변했고, 내장은 걸을 때 수평으로 뻗은 상체의 아래쪽으로 늘어지는 유인원의 내장과 달리 다리를 위에서 아래로 눌렀다.

선행 인류 오스트랄로피테쿠스가 전반적으로 성공을 거둔 것이 직립 보행 혁명 덕분이었을 가능성은 매우 높다. 적어도 그들이 체형, 턱 근육, 치열에서 얻은 다양성 측면에서는 그렇다. 약 200만 년 전에는 아프리카 대륙에 적어도 세 종의 오스트랄로피테쿠스가 한 시기에 살았다. 그들은 신체 비율, 직립 자세, 꼭대기에 얹혀서 흔들거리는 머리, 달리거나 뛰는 긴 다리 등에서 현생 인류와 상당한 거리가 있어 보인다. 그들은 현대의 수렵 채집인들처럼 소규모 집단을 이루어 돌아다녔음이 거의 확실하다. 그들의 뇌 크기는 침팬지의 것과 별반 다르지 않았지만, 바로 그 뇌에서 이윽고 사람속 최초의 조상 종이 출현했다. 진화에서는 다양성이 기회를 낳으며, 오스트랄로피테쿠스는 그 기회를 발견했다.

조상 오스트랄로피테쿠스와 사람속을 낳을 그 후손 종들은 직립 보행을 돕는 환경에서 살았다. 그들은 침팬지를 비롯한 현생 유인원들처럼 주먹을 쥐어서 앞발로 삼는 주먹 보행(knuckle walking)을 결코 하지 않았다. 비록 등과 무릎에 무리를 주고, 수직으로 선 허약한 목 위에 놓인 더 무거워진 둥근 머리의 균형을 잡아야 했기에 위험이 더 커지기는 했지만, 팔을 양옆으로 흔들면서 걷는 오스트랄로피테쿠스의 새로운 보행 방식은 에너지 소비를 최소로 하면서 속도를 높일 수 있었다.

그림 3-4 에티오피아 미들 아와시(Middle Awash) 지역의 440만 년 전 지층에서 발견된 화석 아르디피테쿠스 라미두스(*Ardipithecus ramidus*). 현생 인류의 선조 중에서 직립 보행을 한 가장 오래된 존재이다. 긴 다리로 걸었지만, 긴 팔을 아직 지니고 있는 것으로 볼 때 나무 위 생활도 어느 정도 했을 것으로 추정된다.

원래 나무 위 생활에 알맞은 몸을 지닌 영장류였지만, 직립 보행으로 빨리 달릴 수 있었다. 하지만 먹잇감인 네다리로 달리는 동물들의 속도를 따라잡을 수는 없었다. 영양, 얼룩말, 타조 같은 동물들은 그들보다 단거리를 수월하게 더 빨리 달릴 수 있었다. 사자 같은 육식 동물 단거리 주자들에게 수백만 년 동안 쫓기다 보니 먹이 종들은 100미터 달리기 챔피언이 되었다. 초기 인류는 그 동물 올림픽 선수들보다 빨리 달리지는 못했지만, 적어도 마라톤에서는 이길 수 있었다. 어느 시점에서 인류는 장거리 주자가 되었다. 그저 추격을 시작하여 먹잇감을 몇 킬로미터이든 계속 뒤쫓기만 하면 되었다. 먹잇감이 지쳐 쓰러져서 잡을 수 있을 때까지 말이다. 선행 인류의 몸은 걸음을 뗄 때마다 발바닥 앞쪽으로 땅을 밀어낼 수 있는 해부 구조와, 보행 속도를 꾸준히 유지할 수 있는 생체 기능과, 고도의 공기 역학적 신체 형상을 가지는 쪽으로 진화했다. 또 시간이 흐르자 머리와 두덩뼈 부위, 페로몬을 분비하는 겨드랑이를 제외한 온몸에서 털이 사라졌다. 그리고 온몸에 땀샘이 늘어나서 벌거벗은 몸 표면을 더 빨리 식힐 수 있었다.

저명한 생물학자이자 울트라마라톤(ultramarathon, 일반 마라톤 경주 구간인 42.195킬로미터 이상의 구간을 달리는 장거리 경주 ― 옮긴이) 세계 기록을 세운 베른트 하인리히(Bernd Heinrich, 1940년~)는 『우리는 왜 달리는가(*Racing the Antelope*)』에서 마라톤이라는 주제를 깊이 탐구했다. 그는 25킬로미터 달리기 2000년 미국 챔피언인 숀 파운드(Shawn Found)의 말을 인용하여 장거리 달리기의 원초적인 기쁨을 표현한다. "장거리 달리기를 체험할 때, 당신은 …… 사냥을 다시 체험한다. 장거리 달리기는 단거리 질주에서 당신을 이길 수 있는 먹잇감을 약 49킬로미터에 걸쳐 추적하여 잡아 마을에 활기를 불러일으키는 것이라 할 수 있다. 굉장하지 않은가."

한편 선행 인류 조상들의 팔은 물건을 다룰 때 융통성을 발휘하기에

그림 3-5 사냥은 선사 시대 인류에게 고도로 적응적인, 그리고 위험한 활동이었다. 오른쪽 위 사각형 안의 그림은 구석기 시대에 그려진 라스코 동굴 벽화로, 배를 찔린 들소가 쓰러진 사냥꾼을 공격하는 모습이다. 옆에 갈까마귀(사냥꾼을 따라다니는 흔한 청소 동물)가 있다.

좋도록 개선되었다. 팔, 특히 남성의 팔은 돌, 나중에는 창 같은 사물을 던지는 데 효율적으로 변했고, 그 변화 덕분에 처음으로 선행 인류는 멀리서도 먹잇감을 죽일 수 있었다. 이 능력은 준비가 덜 된 다른 집단과 충돌할 때 엄청난 이점을 주었을 것이 분명하다.

현대에도 침팬지 중 적어도 한 집단은 돌을 던지는 능력을 계발하고 있다. 그 행동은 문화적 혁신인 듯하며, 아마도 한 개체가 우연히 발견했을 것이다. 하지만 침팬지가 현대 운동 선수와 겨룰 수 있는 수준이 된다는 것은 상상도 할 수 없다. 그 어떤 침팬지도 시속 145킬로미터로 돌을 던지거나 거의 축구장 길이만큼 멀리 창을 던질 수는 없다. 게다가 어린 침팬지는 훈련을 받아도 인간 아이처럼 솜씨 좋게 물건을 던질 수 없다. 초기 인류는 사물을 던져서 먹이를 잡고 적을 물리치는 타고난 능력을 갖추었다. 이렇게 얻은 능력은 틀림없이 결정적인 이점을 제공했을 것이다. 창끝과 화살촉은 고고학 유적지에서 발견되는 가장 오래된 유물에 속한다.

선행 인류의 서사시가 펼쳐지던 환경은 최초의 직립 보행자들과 그들의 마라톤 주자 후손들이 출현하기에 이상적인 곳이었다. 이 결정적인 진화 시기에 아프리카 사하라 이남 지역은 대부분 건조했다. 우림은 북쪽에 군데군데 자그마하게 남은 것을 제외하고 적도대로 후퇴했다. 대륙의 드넓은 지역은 사바나림과 건조림, 건조 초원으로 뒤덮였다. 선행 인류와 사람속의 영장류들은 탁 트인 지역에서 식량을 구하러 다닐 때 똑바로 서서 키 작은 식생 너머로 먹이를 지켜보거나 자신을 먹이로 삼으려는 포식자를 살펴볼 수 있었다. 위협을 받으면 그들은 인근 나무 위의 피신처로 달아날 수 있었다. 아카시아를 비롯한 우점종 나무들은 비교적 키가 작고 나뭇가지들이 낮게 펼쳐진 수관을 이루고 있어서 오르기 쉬웠다. 이 모든 것이 직립 보행자에게 유리했다. 당시의 환경은 오늘날 세렝게티, 암보셀리, 고롱고사 등 동아프리카의 대규모 자연 공원들에 보존된 환경과 비슷했다. 시인이든 관광객이든 대부분의 사람은 사하라 이남 아프리카의 다른 어떤 서식지보다 이런 지역에서 훨씬 더 좋은 느낌을 받는다. 나중에 설명하겠지만, 우리는 같은 장소에서 수백만 년에 걸쳐 조상들로부터 진화한 본능에 따르는 듯하다.

인류의 요람은 수관이 까마득히 높이 솟아 있는 어두컴컴한 우림 깊숙한 곳이 아니었다. 상대적으로 밋밋한 초원과 사막도 아니었다. 오히려 인류는 서로 다른 서식지들이 복잡한 모자이크를 이루고 있는 사바나림에서 탄생했다.

진사회성으로 나아가는 다음 단계는 불의 제어였다. 오늘날 아프리

그림 3-6 식량을 찾아 칼라하리 남부의 초원을 걷고 있는 부시먼. 6만 년 전에도 같은 지역에서 거의 비슷한 장면이 펼쳐졌을 것이다.

카의 초원과 숲에서는 번갯불이 쳐서 불이 번지는 일이 흔하다. 하천 주변의 숲과 물에 잠기고는 하는 낮은 습지의 축축한 토양 옆에서 불길이 잦아들 때, 숲 하부는 검게 타다가 부싯깃처럼 변한다. 여기에 번갯불이 치거나 불이 번지면, 들불이 확 타오르면서 바닥의 식생뿐만 아니라 주변 사바나림의 수관까지 불길에 휩싸일 수 있다. 몇몇 동물들, 특히 어리거나 병들었거나 늙은 개체들은 불길에 갇혀 죽는다. 숲이나 초원을 돌아다니던 선행 인류는 들불이 중요한 식량 공급원임을 틀림없이 알아차렸을 것이다. 게다가 그들은 죽은 동물 중 일부가 이미 요리되어 뜯어먹기 쉽다는 것도 깨달았을 것이다.

오늘날까지도 오스트레일리아 원주민들은 그런 횡재를 만나면 수확할 뿐만 아니라, 나뭇가지로 만든 횃불로 일부러 불을 놓기도 한다. 선행 인류도 같은 행동을 했을까? 그 행동이 처음에 어떻게 출현했는지는 알 방법이 없지만, 사람속의 초기 역사에서 획득한 불의 제어 능력이 현대 인간 조건으로 나아가는 구불구불한 여행길에서 일어난 중요한 사건이었다는 점은 확실하다.

반면에 곤충을 비롯한 육상 무척추동물들은 불을 결코 이용할 수 없었다. 그들은 몸이 너무 작기 때문에 자신이 연료의 일부가 되지 않고서는 부싯깃에 불을 붙이거나 불붙은 물체를 운반할 수 없었다. 물론 수생 동물들도 몸집이 얼마나 되었든 어떤 지능을 어느 수준으로 지니고 있었든 불을 이용할 수 없었다. 호모 사피엔스 수준의 지능은 이곳 지구에서든 다른 어떤 행성에서든 육지에서만 나타날 수 있다. 신화 속 세계에서도 인어와 바다의 신 넵투누스는 육지에서 먼저 진화한 다음 물의 세계로 들어가야 했다.

우리가 다른 동물들로부터 얻은 증거를 받아들인다고 할 때, 인류의 진사회성 기원에서 다음 단계이자 결정적인 단계는 소집단들의 야영지(campsite) 집결이었다. 모이는 이들은 확대 가족들이었고 현대의 수렵 채집 사회를 토대로 추론하자면 족외혼을 위해 교환된 외부 여성도 포함되어 있었을 것이다.

풍부한 고고학 증거들을 통해, 우리는 아프리카의 초기 호모 사피엔스와 자매종인 유럽의 호모 네안데르탈렌시스만이 아니라 그들의 공통 조상인 호모 에렉투스(*Homo erectus*)도 야영지를 이용했다는 것을 안다. 따라서 야영지 집결 행동은 적어도 100만 년 전부터 있었다. 야영지가 진사회성으로 나아가는 경로상의 중요한 적응이라고 믿을 선험적인 이유가 하나 있다. 야영지는 본질적으로 인간이 만든 보금자리이다. 진사회성을 이룬 동물 종들은 예외 없이, 천적으로부터 자신을 방어할 수 있는 보금자리를 먼저 짓는다. 알려져 있는 조상들이 그러했듯이, 그들은 보금자리에서 새끼를 키우고, 먹이를 찾아 보금자리 바깥을 돌아다니며, 먹이를 찾으면 보금자리로 가져와서 남들과 나눠 먹는다. 이 행동의 변이 형태는 원시적인 흰개미, 암브로시아나무좀(ambrosia beetle), 벌레혹을 만드는 진드기와 총채벌레에게서 볼 수 있다. 벌레혹은 이들에게 보금자리일 뿐만 아니라 먹이도 된다는 점에서 다르기는 하지만 진사회성 진화에서 보금자리가 주된 역할을 한다는 생물학적 원리를 따른다는 점에서는 같다.

무력한 새끼를 돌보는 이타적인 조류 종도 비슷한 선적응을 보이기는 한다. 소수의 조류 종에서는 다 자란 젊은 새들이 얼마간 부모 곁에 머물면서 어린 형제자매를 돌본다. 하지만 그중에 온전한 진사회성 사회로 진화하는 데까지 나아간 종은 없다. 그들은 부리와 발톱만 지니고 있었기에, 불은커녕 어느 정도 정교하게 도구를 다룰 능력조차 결코 갖추지 못했다. 늑대와 아프리카들개는 침팬지나 보노보와 같은 식으로 무리를 지어 서로 협력하여 사냥을 한다. 또 아프리카들개는 굴을 파고 암컷 한두 마리가 들어가서 많은 새끼를 낳아 기른다. 무리의 구성원 중 일부는 사냥을 하여 먹이의 일부를 여왕 개와 새끼에게 가져오고, 굴에 남아서 경비 역할을 하는 개체도 있다. 이 놀라운 갯과 동물들은 가장 드물면서 가장 어려운 선적응을 획득했지만, 일꾼 계급을 갖춘 온전한 진사회성에 이르지 못했고 유인원 수준의 지능에도 도달하지 못했다.

그림 3-7 아프리카들개 무리.

그들은 도구를 만들 수 없다. 그들에게는 움켜쥐는 손과 끝이 부드러운 손가락도 없다. 그들은 날카로운 어금니와 털 사이로 튀어나온 발톱에 의존하는 네다리 동물로 남아 있다.

4장

도약의 거점

200만 년 전, 사람과의 영장류는 긴 다리로 아프리카의 흙을 밟고 걸어 다녔다. 해부 구조의 유전적 차이로 측정한 유전적 다양성이라는 기준을 적용했을 때, 그들은 성공한 집단이었다. 그들은 적응 방산을 이루었고, 여러 종이 동시대에 공존했고 각각의 지리적 분포 범위는 적어도 부분적으로 겹쳤다. 두세 종은 오스트랄로피테쿠스였고, 분류학자들이 새로 진화한 사람속에 넣을 수 있을 만큼 뇌 크기와 치열이 다른 종도 적어도 세 종이 있었다. 모두 사바나, 사바나림, 강기슭의 대상림이 뒤섞인 복잡한 세계에서 살았다. 오스트랄로피테쿠스들은 나뭇잎, 열매, 덩이줄기, 씨를 먹는 채식주의자였다. 사람속의 종들도 식물을 채집하여 먹었지만, 그들은 고기도 먹었다. 다른 포식자들이 잡은 좀 큰 먹이의 사체를 얻어먹거나 스스로 사냥할 수 있는 더 작은 동물을 잡아먹었을 가능성이 높다. 진화 미로에서 이용 가능한 길 중 하나로 진입하도록 이끈 그 변화가 바로 모든 차이를 낳게 된다.

주변에 우글거렸던 영양과 긴꼬리원숭이만큼은 아니었지만, 200만 년 전에 살았던 이 사람과의 영장류는 나름대로 다양했다. 그들은 잠재력이 풍부했다. 현재의 우리 존재 자체가 증명해 준다. 그럼에도 그들은 세대마다 늘 멸종 위험을 안고 살아야 했다. 그들의 개체수는 대형 초식 동물에 비해 적었고, 그들을 사냥했던 인간 크기의 육식 동물 중에도 그들보다 수가 많은 종들이 있었다.

사람과 영장류가 출현하기 이전부터 그들이 살았던 1000만 년 동안인 신제3기에는 혹독한 기후가 잦았다. 당시에는 인간만 한 새로운 포유동물 종이 지금보다 더 자주 진화했지만, 마찬가지로 멸종하는 일도 더 많았다. 소형 포유동물은 평균적으로 인간을 포함한 대형 포유동물보다 극단적인 환경 변화에 맞서 자신을 더 잘 지킬 수 있었다. 그들은 굴을 파고 겨울잠을 자고 장기간의 휴면을 취하는 등 대형 포유동물이 쓸 수 없는 적응 형질들을 쓸 수 있었다. 고생물학자들은 사회 집단을 형성한 포유동물의 종의 재편성 비율이 더 높다고 판단한다. 그들은 사회성 포유동물들이 번식기에 서로 떨어져서 지내려는 경향이 더 강하기 때문에 더 작은 개체군을 형성하게 되고, 그것에 따라 유전적 분기 속도와 멸종률이 높아지는 경향이 있다고 지적한다.

침팬지와 선행 인류가 분기한 이래로 600만 년 동안, 다양한 사건들이 빠르게 전개되면서 누적된 끝에 마침내 아프리카에서 호모 사피엔스가 출현했다. 이 시기에 대륙 빙하가 유라시아 남쪽까지 진출함에 따라, 아프리카는 지속적인 가뭄과 추위에 시달렸다. 아프리카 대륙의 대부분이 건조한 초원과 사막으로 뒤덮였다. 이 시련의 시기에 수천 명, 아

그림 4-1 500만~300만 년 전 아프리카에 살았던 선행 인류이자 우리의 조상일 가능성이 높은 오스트랄로피테쿠스 아파렌시스의 무리를 재현한 모습.

니 단 수백 명의 죽음으로도 호모 사피엔스로 이어지는 계통은 끊겼을 수도 있다. 하지만 이 환경의 시련에도 사람족(hominin)은 나아가야 했고, 결국 호모 사피엔스가 출현했다. 아프리카 바깥으로 퍼질 준비를 한 채 말이다.

사람족을 더 큰 뇌, 더 뛰어난 지능, 그리하여 언어 기반의 문화를 향해 계속 내몬 것이 무엇일까? 물론 그것이야말로 가장 중요한 질문이다. 오스트랄로피테쿠스는 필수적인 선적응 중 몇 가지를 이미 획득했다. 이제 그 종들 중 하나가 그다음 걸음을 밟았다. 그리고 세계 지배와 거의 무한한 수명을 향해 나아가기 시작했다.

생명의 역사에서 일어난 여섯 번의 거대한 전환점 중 하나인 그 성취는 단순한 도약을 통해 이루어진 것이 아니었다. 그것의 전조인 진화는 오래전에 시작되었다. 300만~200만 년 전, 오스트랄로피테쿠스의 한 종이 고기를 먹기 시작했다. 더 정확히 말하면, 기존의 채식성 식단에 고기를 추가함으로써 잡식성이 되었다. 이 변화는 호모 하빌리스(*Homo habilis*)에서 일어났다. 호모 하빌리스는 오스트랄로피테쿠스에서 나온 종으로서, 탄자니아 올두바이 계곡에서 발견된 180만~160만 년 전의 화석을 통해 알려졌다. 호모 하빌리스가 호모 사피엔스의 직계 조상이라고 명확히 판명나지는 않았지만, 원시적인 오스트랄로피테쿠스와 호모 사피엔스의 직계 조상이라고, 합당한 수준으로 확신할 수 있는 핵심 특징들을 지니고 있다. 호모 하빌리스는 뇌 부피가 640세제곱센티미터로서 400~550세제곱센티미터인 오스트랄로피테쿠스보다 더 컸지만, 아직 현생 인류(호모 사피엔스)의 절반에 불과했다. 어금니는 크기가 줄어들었는데, 이것은 육식에 수반되는 일반적인 진화 양상이었다. 송곳니는 커졌는데, 그것도 육식으로 나아갔다는 또 다른 증거일 수 있다. 호모 하빌리스의 두개골은 유인원에 더 가까운 오스트랄로피테쿠스보다 눈두덩이 덜 두드러졌고, 얼굴이 덜 튀어나왔다. 뇌 이마엽(전두엽)의 주

그림 4-2 진화 미로상의 중요한 발전을 상징하는 호모 하빌리스의 사냥 장면. 그들은 육식에 조금 더 의존했고 석기를 써서 동물의 사체를 잘랐다.

름은 현생 인류의 것과 비슷한 양상을 띠었다. 현생 인류에서 언어를 조직하는 신경 중추들인 베르니케 영역(Wernicke's area)의 일부와 브로카 영역(Broca's area)이 호모 하빌리스에게서 잘 발달한 것도 인류의 현대성을 향한 추세들이었다.

따라서 300만~200만 년 전에 아프리카에 살던 호모 하빌리스를 비롯한 사람족 종들은 인류 진화의 분석에서 대단히 중요한 존재이다. 호모 하빌리스 두개골에 일어난 변화들은 현대 인간 조건을 향한 진화적 질주의 시작이라고 해석할 수 있다. 그것들은 해부학적으로 발전이 이루어졌을 뿐만 아니라 호모 하빌리스 집단의 생활 방식에서 근본적인 변화가 일어났음을 나타낸다. 가장 단순하게 말하면, 호모 하빌리스는 주변의 다른 사람족보다 더 영리해졌다.

왜 오스트랄로피테쿠스의 한 계통이 이 방향으로 진화했을까? 고생물학자들의 일반적인 견해는 아프리카의 기후와 식생이 적응성(adaptability)의 진화를 선호했다는 것이다. 특정한 동물 종들의 증가와 감소를 보여 주는 자료들은 250만~150만 년 전에 아프리카의 환경이 전반적으로 점점 건조해졌음을 시사한다. 아프리카 대륙의 대부분에서 우림은 열대 건조림과 전이 지대인 사바나림이 되었다가 대부분 한없이 펼쳐진 초원과 사막으로 변했다. 오스트랄로피테쿠스는 식량을 다양화함으로써 혹독한 환경에 적응했다. 예를 들어, 그들은 건기에 도구를 써서 뿌리와 덩이줄기를 파내 대체 식량으로 삼았다. 그들은 그렇게 할 수 있는 인지 능력을 분명히 갖추고 있었다. 그 증거로 사바나림의 현생 침팬지들도 소뼈, 나무, 나무 껍질 조각을 땅을 파는 도구로 삼아서 같은 행동을 하는 것이 관찰된다. 해안이나 내륙의 물가에 살던 오스트랄로피테쿠스는 조개류를 식단에 추가했을지도 모른다.

기존 논리를 적용한다면, 적을 피할 새로운 수단 및 먹이와 공간을 놓고 싸우는 경쟁자들을 물리치는 능력을 발견하고 사용할 수 있는 유전 형질을 지닌 이들은 새로운 환경의 도전 과제들과 맞닥뜨렸을 때 유리한 입장에 있었을 것이다. 이 유전 형질들은 혁신을 하고 경쟁자들로부터 배울 수 있었다. 그들은 힘든 시대의 생존자들이었다. 이 융통성을 지닌 종은 뇌가 더 커지는 쪽으로 진화했다.

이 친숙한 혁신-적응 가설이 다른 동물 종들을 연구한 결과와 얼마나 잘 들어맞을까? 이질적인 환경에 내던져진 600종의 새들을 분석한 한 자료는 이 가설을 뒷받침하는 듯하다. 몸집에 비해 상대적으로 더 큰 뇌를 지닌 종은 평균적으로 새로운 환경에 더 잘 정착했다. 게다가 그것이 더 높은 지능과 창의성 덕분이었다는 증거가 있다. 하지만 토종이 아닌 새들로부터 얻은 추세를 인류의 진화사에 적용하는 것은 시기상조일 수 있다. 연구된 종들은 근본적으로 다른 환경에 갑작스럽게 내던져진 새들이었다. 그들이 받은 솎아 내기 압력은 오스트랄로피테쿠스들에게 가해진 자연 선택의 압력과 질적으로 전혀 다르다. 강제 이주된 새들과 달리, 선행 인류는 주변 환경의 변화에 적응하며 오랜 세월에 걸쳐 서서히 진화했다.

초기 사람과의 진화에 영향을 끼친 변화는 그들이 이용할 수 있는 초원과 사바나림의 총량 증가였을 가능성이 더 높다. 사람과는 서식지 내 또는 주변에서 일어나는 변화에 적응한 종이라고 보기보다는 그런 서식지들에 적응한 전문종이라고 보는 편이 낫다. 특히 사바나림을 연구한 자연사 학자라면 누구나 이런 생태계들로 구성된 하위 서식지들이 엄청나게 다양하다는 것을 안다. 넓게 펼쳐진 초원 사이사이에 밀도가 다양한 임분(林分, forest stand)들이 들어서 있고, 강기슭의 대상림이 초원을 이리저리 가르고 있으며, 계절적으로 물에 잠기는 저지대 습지에는 관목림이 점점이 흩어져 있다. 수백 년에 걸쳐 개별 구성 요소들은 밀려났다

밀려오고 대체되면서 변하지만, 각 구성 요소의 빈도와 그것들이 이루는 만화경 같은 패턴은 훨씬 더 천천히 변한다. 적어도 동물의 세대 길이와 생태적 시간으로 측정했을 때 그렇다. 몸집이 큰 동물인 사람과 동물의 행동권은 지름이 적어도 10킬로미터는 되었을 것이 분명하다. 다양한 서식지가 혼재했기에, 그들은 초원을 돌아다니면서 동물을 사냥하고 식물을 채집할 수 있었고, 포식자가 나타나면 근처의 관목림으로 달려가서 나무 위로 올라가 숨을 수도 있었다. 탁 트인 땅에서 먹을 수 있는 뿌리줄기를 캐낼 수 있었고, 숲에서 크고 작은 나무의 순을 따거나 열매를 채집할 수도 있었다. 나는 그들이 이 국소 서식지 어느 한 곳이나 어느 한 생태계의 변천에 적응한 것이 아니라, 진화적 시간에 걸쳐 그 서식지들이 형성한 만화경 같은 패턴의 상대적인 항구성과 면적 증가에 적응한 것이라고 추정한다.

우리의 가장 가까운 현생 친척인 침팬지와 보노보처럼 초기 사람과도 많으면 수십 명까지 무리를 지어 살았을 것이다. 복잡한 사회적 행동이 몸집에 비해 더 큰 뇌의 진화를 요구한다면, 더 큰 뇌가 사회적 행동의 존재를 시사한다는 것이 자명해 보일 수 있다. 그것이 사실이라면, 환경 변화에 반응하여 생긴 더 큰 뇌는 사회적 행동의 전조라고 예상할 수 있을 것이다. 하지만 뇌 크기와 사회적 행동 사이의 상관 관계를 개, 고양이, 곰, 족제비를 비롯한 현생 및 화석 육식 동물들의 많은 표본을 대상으로 조사했지만 그런 관계가 전혀 나타나지 않았다. 이 관계는 검출 가능한 추세를 만들 만큼 일반적인 것도 강한 것도 아니었다. 이 연구를 수행한 존 피나렐리(John A. Finarelli)와 존 플린(John J. Flynn)은 "현대 식육목의 뇌 대형화 양상은 복잡한 과정을 통해 이루어졌다."라고 결론지었다. 다시 말해 다수의 선택압을 살펴봐야 한다는 것이다.

환경 변화에 대한 적응이 아니라면(그리고 이 문제는 결코 결론이 난 것이 아니다.), 사람과 뇌의 급속한 진화적 성장을 촉발한 것은 무엇이었을까? 두 개골과 치열의 해부 구조가 근본적으로 변했다는 점에서 드러나듯이, 주된 단백질 공급원인 고기에 더욱 의존하게 된 것이 원인일 가능성이 높다. 이 변화도 갑작스럽게 일어난 것이 아니었다. 선행 인류는 큰 동물의 사체를 찾아 먹었을 가능성이 높다. 이런저런 용도로 쓰기 위해 모서리를 떼어내 엉성하게 날을 세운 석기 가운데 가장 오래된 것은 600만 ~200만 년 전에 쓰였다고 알려져 있다. 석기의 모양이 타원형이고 모서리가 날카로우며, 영양의 화석 뼈에 긁힌 자국이 있는 것을 볼 때, 아마도 다른 청소 동물들을 쫓아낸 뒤에 큰 동물의 고기를 자르고 골수를 빼먹는 데 석기를 썼다는 결론을 내리는 것이 합당할 수 있다. 이 진화 수준에 있던 사람과는 오스트랄로피테쿠스가 분명했다.

195만 년 전 무렵, 호모 하빌리스의 시대이자 그 후손인 더 현대적인 모습을 한 호모 에렉투스가 등장하기 이전, 인류의 조상은 거북, 악어, 물고기 같은 수생 동물도 잡아먹었다. 물고기는 메기일 가능성이 가장 높다. 오늘날에도 메기는 가뭄 때 줄어든 물웅덩이에 우글거리며, 손으로 쉽게 잡을 수 있다. 동물학 야외 연구를 할 때, 나는 가뭄에 물이 줄어든 연못에서 그물질로 별로 힘들이지 않고 물고기와 물뱀을 수십 마리씩 잡고는 했다. (내가 호모 하빌리스 무리에 끼어서 저녁거리를 사냥하는 모습도 쉽게 떠올릴 수 있다. 그들이 내 커다란 몸집과 별난 머리 모양에 익숙해진다면 말이다.)

하지만 먹잇감을 사냥한다는 것, 그럼으로써 각 개체의 뇌 발달에 유용한 동물 단백질을 얻는다는 것 자체는 사람과의 뇌가 그렇게 급격히 커진 이유를 설명하지 못한다. 진짜 이유는 먹잇감을 **어떻게** 사냥하는가인 듯하다. 현생 침팬지도 사냥을 한다. 주로 원숭이를 사냥하며, 그렇게 잡은 고기로부터 얻는 열량은 총열량의 약 3퍼센트이다. 현생 인류는 선택권을 준다면 그것보다 10배는 더 많이 얻을 수 있다. 하지만 이 빈약한 동기만으로도 침팬지들은 조직적인 집단을 구성하고 복잡한 전략을 수행한다. 그들의 행동은 영장류 가운데 거의 유일하다. 인간과 침팬지 이외의 영장류 중에서 사냥할 때 협력한다고 알려진 것은 중앙아메리카와 남아메리카에 사는 커다란 뇌를 지닌 꼬리감는원숭이뿐이다.

　사냥하는 침팬지 무리는 모두 수컷이다. 그들이 협력해서 원숭이를 잡는 모습은 종종 관찰되었다. 먼저 무리에서 떼어놓을 수 있는 원숭이를 골라 비교적 고립된 나무 위로 몰아넣는다. 침팬지 한두 마리가 원숭이를 뒤쫓아 나무 위로 올라가면, 나머지 침팬지들은 원숭이가 나뭇가지를 타고 다른 나무로 건너가서 달아나지 못하도록 주변 나무들 밑으로 흩어진다. 원숭이를 잡으면 침팬지들은 마구 때리고 물어서 죽인다. 그런 뒤 갈기갈기 찢어서 고기를 나누어 먹는다. 마지못해하며 자신들이 속한 집단의 다른 구성원들에게도 일부 나누어준다. 침팬지의 가장 가까운 현생 친척인 보노보에게서도 같은 행동이 관찰되어 왔는데, 보노보는 암수 모두 사냥을 한다. 보노보도 사냥의 짜릿함을 만끽한다. 암컷이 주도할 때에도 마찬가지이다.

그림 4-3 호모 사피엔스의 직계 조상으로 추정되는 호모 에렉투스는 현생 인류의 사회 행동으로 나아가는 두 가지 주요 단계를 이루었다. 야영지 집결과 불의 제어였다.

포유류 전체로 보면 집단 사냥은 드물다. 영장류 이외에 집단 사냥을 하는 포유류로는 암사자들이 있다. (각 무리에 한두 마리씩 있는 수컷도 사냥물을 나누어 먹기는 하지만, 사냥에는 거의 참여하지 않는다.) 늑대와 아프리카들개도 집단 사냥을 한다.

침팬지와 보노보의 진화 역사는 600만 년 전까지 거슬러 올라간다. 그무렵에 그들은 인류 분기군과 갈라진 것으로 추정된다. 그들은 그 계통 분기 이전에는 우리와 조상이 같은데, 왜 인간의 수준에 이르지 못한 것일까? 답은 침팬지와 보노보의 조상이 살아 있는 동물을 잡아먹는 데 투자를 덜했다는 데 있을지도 모른다. 사람속으로 진화한 집단은 동물 단백질을 많이 소비하는 쪽으로 분화가 이루어졌다. 그들은 성공하기 위해 높은 수준의 협력이 필요했고, 그 노력은 그럴 만한 가치가 있었다. 고기는 1그램당 에너지 효율이 식물성 식량보다 더 높다. 이 추세는 호모 사피엔스의 빙하기 자매종인 호모 네안데르탈렌시스 집단에서 정점에 이르렀다. 그들은 동물 사냥에 의존해 겨울을 넘겼고, 대형 동물도

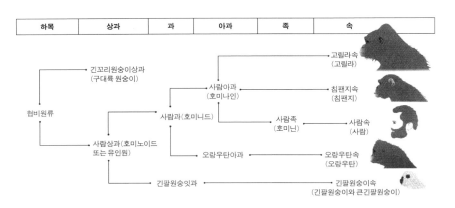

그림 4-4 인류 진화를 이해하는 데 필요한 용어와 개념. 그림은 구대륙 원숭이와 유인원의 진화 도로, 각 유인원과 인류의 학명과 일반명, 주요 가지를 형성한 각 집단에 붙여진 명칭이 나와 있다. (테리 해리슨의 자료를 수정한 것이다.)

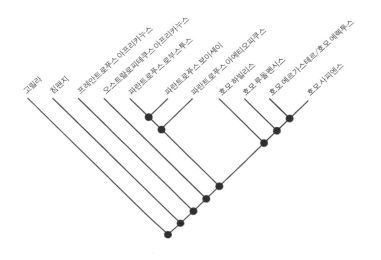

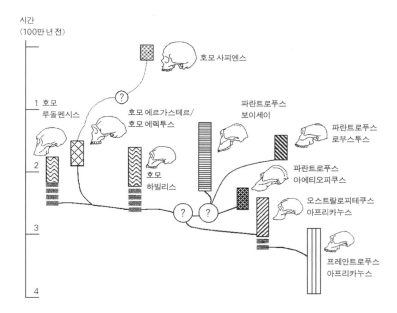

그림 4-5 현생 인류로 이어진 오스트랄로피테쿠스와 원시적인 사람속의 계통도와 연대.

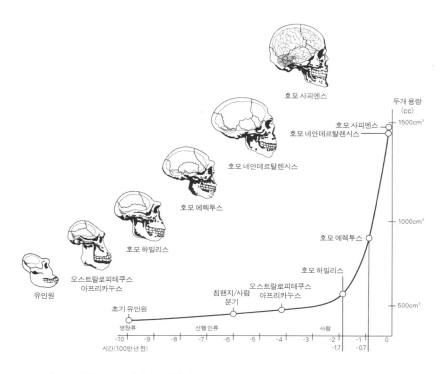

그림 4-6 현생 인류로 이어지기까지 뇌 크기가 급속히 증가했음을 보여 주는 그림.

사냥했다.

초기 사람과의 커다란 뇌와 복잡한 사회적 행동의 출현을 설명할 최소 시나리오를 짜기 위해 남은 것은 하나이다. 앞에서 역설했듯이, 진사회성을 진화시켰다고 알려진 다른 모든 동물들은 돌아다니면서 먹이를 모아 돌아올 수 있는 안전한 보금자리에서 출발했다. 비교적 큰 동물 중에서 동아프리카의 벌거숭이두더지쥐(naked mole rat, *Heterocephalus glaber*)는 거의 개미만큼 진사회성을 진화시켰다. 그들도 안전한 보금자리 원리에 충실하다. 각 집단은 확대 가족으로 이루어져 있으며, 땅굴을 얼기설기 파서 보금자리로 삼아 지킨다. 어미인 '여왕'이 있고, 번식이 가능하지만 여왕이 번식 활동을 하는 동안에는 번식을 하지 않는 '일꾼'이 있다. 심지어 뱀 같은 적에게 맞서 보금자리를 지키는 데 가장 열심인 '병정'도 있다. 나미비아의 다마랄랜드두더지쥐(Damaraland mole rat, *Fukomys damarensis*)도 세부적으로는 차이가 있지만 마찬가지로 진사회성을 띤다. 벌거숭이두더지쥐와 가장 비슷한 곤충은 진사회성 총채벌레와 진딧물 종류이다. 이들은 식물의 벌레혹 성장을 유발한다. 벌레혹 안의 빈 공간이 이 곤충들의 보금자리이자 먹이 공급원이다.

방어 가능한 안전한 보금자리가 왜 그렇게 중요할까? 집단의 구성원들이 그곳에서 함께 살아야 하기 때문이다. 그들은 먹이를 찾으려면 보금자리에서 벗어나 탐색에 나서야 하며, 다시 돌아와야 한다. 침팬지와 보노보는 세력권을 차지하고 지키지만, 먹이를 찾아 세력권 곳곳을 돌아다닌다. 오스트랄로피테쿠스와 호모 하빌리스 같은 인류의 조상들도 아마 같은 행동을 했을 것이다. 침팬지와 보노보는 소집단으로 나뉘었다가 재결합하고는 한다. 그들은 이리저리 소리를 질러서 열매가 달린 나무를 발견했다고 알리지만, 자신이 딴 열매를 나눠먹지는 않는다. 그들은 이따금 소규모 무리를 지어 사냥을 한다. 무리 중에 사냥에 성공한 구성원은 동료 사냥꾼들과 고기를 나누지만, 자선 행위는 대개 거기에서 그친다. 가장 중요한 점은 유인원에게는 함께 모여 둘러앉을 모닥불이 없다는 것이다.

야영지에서 육식 동물들은 벌판을 돌아다니기만 하는 자에게는 불필요한 방식으로 행동하도록 압력을 받는다. 그들은 분업을 해야 한다. 누구는 먹이를 찾고 사냥을 하고, 누구는 야영지와 새끼를 지켜야 한다. 또 모두가 받아들일 수 있는 방식으로 식물성 먹이와 동물성 먹이를 분배해야 한다. 그렇지 않으면, 그들을 결속하는 끈은 약해질 것이다. 더군다나 집단 구성원들은 불가피하게 서로 경쟁한다. 먹이를 더 많이 차지할 지위, 짝짓기할 상대에게 접근할 권리, 편안한 잠자리 등을 위해서 말이다. 이 모든 압력은 남의 의도를 읽을 수 있고 신뢰와 협조를 얻는 능력이 뛰어나며 경쟁자를 다룰 줄 아는 이들에게 이점을 제공한다. 따라서 사회적 지능은 늘 우대받았다. 예리한 감정 이입 능력과 섬세한 공감 능력은 큰 차이를 빚어낼 수 있으며, 조작하고 협력을 얻고 속이는 능력도 마찬가지이다. 그 문제를 최대한 단순하게 표현하자면, 사회적으로 영리하면 이익이 된다는 것이다. 오늘날 군대, 기업, 축구팀에서 그렇듯이, 영리한 선행 인류 집단이 어리석고 무지한 선행 인류 집단을 물리치고 대체할 수 있었다는 데에는 의문의 여지가 없다.

방어 가능한 안전한 보금자리로 집단들이 집결함으로써 생긴 결속력은 진화 미로 속을 단지 한 걸음 내딛는 차원이 아니었다. 뒤에서 더 상세히 말하겠지만, 그것은 현생 호모 사피엔스로 나아가도록 마지막 추진력을 가한 사건이었다.

5장

진화 미로를 헤치고

　모든 원대한 과학 문제들이 그렇듯이, 인류 진화의 기원도 처음에는 일부는 밝혀지고 일부는 상상된 실체와 과정의 혼합물로서 제시되었다. 이 요소들 중 일부는 먼 지질 시대에 출현했고, 결코 확실하게 이해하지 못할 수도 있다. 그럼에도 나는 연구자들이 동의한다고 믿는 서사시의 대목들을 하나로 엮고, 나머지를 전문가로서의 견해로 채웠다. 개괄적으로 나열한 이 순서는 내가 옳다고 믿거나 적어도 기존 증거에 가장 부합된다고 믿는 합의된 견해이다.

　전체적으로 볼 때, 이제 인간 조건이 왜 그렇게 특이하며, 왜 지구 생명의 역사에서 단 한 번만 만들어졌고, 만들어지는 데 왜 그토록 오래 걸렸는지에 관해 합리적으로 타당한 설명을 이끌어 내는 것이 가능해 보인다. 그것이 일어나는 데 필요한 선적응들이 이어질 가능성이 극도로 낮다는 것이 바로 그 이유이다. 이 진화 단계들 하나하나는 그 나름대로 온전히 발달한 적응이었다. 각각은 앞서 하나 이상의 선적응들이 특정한 순서로 일어났어야만 가능했다. 호모 사피엔스는 대형 동물 중에서, 즉 인간의 뇌만 한 뇌가 진화할 만큼 큰 동물 가운데 진화의 미로에서 필요한 행운의 모퉁이를 모두 다 돈 유일한 종이었다.

첫 번째 선적응은 육지에 살았다는 것이다. 돌과 나무 막대기를 쪼개는 수준을 넘어서는 기술의 발전에는 불이 필요하다. 돌고래나 문어는 제 아무리 영리해도 연기를 피우거나 용광로를 발명할 수 없다. 현미경을 만들거나 광합성의 산화 반응을 추론하거나 목성의 위성 사진을 찍는 문화를 구축할 수 없다.

두 번째 선적응은 지구 역사상 육상 동물 중 소수만이 갖춘 수준의 큰 몸집이었다. 다 자랐을 때의 몸무게가 1킬로그램도 안 되는 동물이라면, 뇌 크기가 너무 작아서 고등한 추론과 문화를 구축하기에는 심한 제약이 따를 것이다. 육지에 산다고 해도 그 몸으로는 불을 피우고 다스릴 수 없을 것이다. 그것이 바로 잎꾼개미가 인간을 제외하고서 가장 복잡한 사회를 구축하고, 자신의 본능에 따라 건설한 환기 시설을 갖춘 도시에서 농사를 지어 왔지만, 2000만 년 동안 더 이상의 의미 있는 발전을 이루지 못한 한 가지 이유이다.

그다음의 선적응은 사물을 쥐고 조작할 수 있도록 진화한 부드러운 납작한 손가락이 달린 움켜쥐는 손의 출현이었다. 이것은 영장류를 다른 모든 육상 포유동물과 구분하는 형질이다. 다른 종들의 통상적인 무기인 발톱과 엄니는 기술 발달에는 부적합하다. (지구 침략자를 다룬 과학 소설 작가들이여, 제발 외계인들에게 물건을 움켜쥘 수 있는 부드러운 손이나 촉수 또는 살집 있는 부속지를 제공하기를.)

진사회성을 향한 길에 있는 후보 종들은 그런 손과 발을 효과적으로 사용하기 위해 손에서 이동 기능을 떼어 버려야 했다. 사물을 쉽고도 능숙하게 조작할 수 있도록 말이다. 그 일은 최초의 선행 인류가 일찌감치 해 냈다. 우리의 고대 선조라고 추정되는 아르디피테쿠스 속(*Ardipithecus*) 인류가 나무 위에서 내려와 서서 두 다리로만 걷기 시작했을 때였다. 현생 인류는 손과 손가락으로 사물을 조작하는 데 뛰어나다. 우리는 그 능력을 전담하는 신체 운동 감각이 극도로 발달해 있다. 뇌의 통합 능력은 사물을 만지작거리는 데에서 얻은 감각들을 처리하면서 발달하기 시작했고, 이 능력은 지능의 다른 모든 영역들로 확산되었다.

후속 단계, 즉 진화의 미로에서 다음 모퉁이를 올바로 돎으로써 나타난 결과는 죽은 동물의 고기이든 산 동물을 사냥해서 잡은 고기이든, 또는 둘 다이든 간에 상당한 양의 고기가 포함되는 쪽으로 식단에 변화가 일어난 것이다. 고기는 식물보다 섭취한 1그램당 더 많은 에너지를 만든다. 일단 육식이 진화적으로 하나의 생태적 지위를 빚어내면, 그것을 차지하는 데에는 에너지가 더 적게 든다.

고기를 확보하기 위해서는 협력하는 것이 유리했고, 그 이점은 고도로 조직화된 집단의 형성으로 이어졌다. 최초의 사회는 확대 가족뿐만 아니라 입양자와 동맹자로 구성되었다. 그 사회는 지역 환경이 지탱할 수 있을 만큼 큰 집단으로 확대되었다. 확대된 집단은 집단 사이에서 불가피하게 충돌이 빚어질 때 이점을 제공했다. 이 단계와 거기에 따라붙은 이점들은 오늘날 인류(수렵 채집인과 도시인 양쪽)에게서만이 아니라 어느 정도는 침팬지에게서도 볼 수 있다.

약 100만 년 전 불의 통제된 이용이 뒤따랐다. 사람과만이 이룬 성취였다. 번갯불에서 얻은 불을 다른 곳으로 운반할 수 있는 횃불은 우리 조상들에게 모든 측면에서 엄청난 이점을 안겨 주었다. 불을 제어함으로써 더 많은 동물들을 그들의 서식지에서 내몰고 함정에 빠뜨릴 수 있게 되어 섭취할 수 있는 고기의 양이 늘어났다. 땅 위에서 번지는 불은 현대의 사냥개 무리에 상응하는 역할을 했다. 불 때문에 죽은 동물들은 때로 불에 구워지기도 했다. 육식성 사람속의 역사에서 가장 초창기에도, 고기, 힘줄, 뼈를 더 쉽게 얻고 소비할 수 있게 됨으로써 생긴 이점은 중요한 결과를 가져왔다. 나중에 요리된 고기와 채소를 씹고 소화시키기에 알맞도록 치아와 생리 구조가 진화한 것이다. 요리는 인간의 보편적 형질이 되었다. 요리한 음식을 나눠 먹는 것은 사회적 유대 형성의 보편적 수단이 되었다.

이곳저곳으로 운반할 수 있는 불은 고기, 열매, 무기와 마찬가지로 자원이었다. 굵고 가는 나뭇가지 다발에 불을 붙이면 연기를 뿜어내면서 몇 시간 동안 탄다. 고기, 불, 요리를 갖추고 한 번 만들어지면 며칠이고 유지되는, 따라서 피신처 역할을 하는 야영지의 마련은 그다음의 핵심 단계였다. 그것도 보금자리라고 할 수 있으며, 그런 보금자리는 알려진 다른 모든 진사회성을 이룬 동물들에게서 진사회성으로 나아가는 전조였다. 화석화된 야영지와 거기에서 출토되는 유물들은 뇌 크기가 호모 하빌리스와 현생 호모 사피엔스의 중간인 호모 에렉투스 시대부터 나타난다.

모닥불을 둘러싼 야영지와 더불어 분업도 출현했다. 분업에는 일종의 스프링이 장착되어 있었다. 즉 지배 계급을 중심으로 자기 조직화를 하는 성향이 집단에 이미 존재했다. 더 이전부터 존재했던 남녀의 차이 및 노소의 차이에 그것이 추가된 셈이었다. 게다가 각 소집단마다 지도력에 편차가 있었고, 야영지에 남아 있으려는 성향도 달랐다. 이 모든 선적응으로부터 불가피하게 곧 복잡한 분업이 따라 나왔다.

호모 에렉투스 시대까지만 해도 현생 침팬지와 보노보 역시 불의 통제된 이용을 제외하고, 호모 에렉투스를 진사회성으로 이끈 단계들을 모두 밟아 가고 있었다. 하지만 우리만이 지닌 독특한 선적응들 덕분에, 우리는 이 먼 사촌들을 저 뒤에 떼어놓을 준비를 마칠 수 있었다. 아프리카 영장류 중에서 뇌가 가장 큰 존재가 궁극적인 잠재력을 발휘해 진정한 도약을 할 무대가 마련된 것이다.

6장

사회성 진화의 원동력

외계인 과학자들이 300만 년 전에 지구에 발을 디뎠다면, 그들은 꿀벌, 언덕을 만드는 흰개미, 잎꾼개미 등 당시 곤충 세계의 우수한 **초유기체**(superorganism)이자 다른 동물들과 현격하게 차이가 나는, 지구에서 가장 복잡하면서 생태학적으로 성공한 사회 체제를 이룬 동물 군체들을 보고 놀랐을 것이다.

또 방문자들은 뇌가 다른 유인원만 하지만 두 발로 걷는 희귀한 영장류 종인 아프리카의 오스트랄로피테쿠스도 연구했을 것이다. 그들은 아프리카에서든 다른 어느 지역에서든, 척추동물에게는 그다지 잠재력이 없다고 추정했을 것이다. 어쨌거나 그만한 크기의 동물들이 땅 위를 걸어 다닌 지 3억 년이 넘었지만 별 다른 일이 일어나지 않았으니 말이다.

따라서 그들은 진사회성 곤충이야말로 행성 지구가 배출할 수 있는 최상의 존재라고 여겼을 것이다.

이제 외계인 과학자들이 임무를 끝내고 떠났다고 하자. 그들이 파악할 수 있는 한 지구의 생물권은 안정된 상태였고, 그들은 항해 일지에 이렇게 기록했을 것이다. "앞으로 수백만 년 동안 이렇다 할 중요한 새로운 사건은 일어나지 않을 가능성이 높다. 진사회성 곤충은 1억 년 동안 사회성 진화의 정점에 있었고, 그들은 육상 무척추동물 세계를 지배하며, 앞으로도 1억 년 동안 그럴 가능성이 높다."

하지만 그들이 떠난 후 무언가 정말로 별난 일이 일어났다. 오스트랄로피테쿠스의 여러 갈래 중 한 종의 뇌가 빠르게 커지기 시작했다. 외계인이 방문했을 당시, 그들의 뇌 부피는 500~700세제곱센티미터였다. 200만 년 전에는 1,000세제곱센티미터로 늘어났다. 그다음 180만 년 동안 1,500~1,700세제곱센티미터로 증가했다. 조상인 오스트랄로피테쿠스 뇌의 두 배가 된 것이다. 그렇게 호모 사피엔스가 출현했고, 지구에 대한 사회적 정복이 임박했다.

외계인들이 지구를 떠난 후 300만 년 동안 훨씬 더 흥미로운 행성계들을 조사한 뒤에, 그들의 후손들이 오늘날 다시 지구를 방문했다고 하자. 그들은 지구의 상황을 보고 경악할 것이 분명하다. 거의 불가능해 보였던 일이 일어났으니 말이다. 예전에 발견했던 직립 보행을 하던 영장류 중 한 종이 살아남았을 뿐만 아니라 원시적인 언어를 토대로 한 문명을 발전시켰다. 마찬가지로 놀라우면서도 그들을 몹시 불편하게 하는 사실은 그 영장류가 자신의 생물권을 파괴하고 있다는 것이다.

생물량으로 따지면 미미할 뿐인(70억 인구는 각 변의 길이가 2킬로미터인 정육면체 안에 다 들어간다.) 이 새로운 생물 종은 지구 물리학적 힘이 되었다. 그들은 태양과 화석 연료의 에너지를 다스렸고, 육지의 거대한 물줄기를 자신이 원하는 방향으로 돌렸으며, 바다를 산성화했고, 대기를 치명적인 변화가 일어날 수 있는 상태로 바꾸었다. 방문자들은 이렇게 말할지도 모른다. "끔찍하도록 흉한 공사가 벌어졌다. 우리가 조금 더 일찍 와서 이런 비극을 막아야 했는데……."

현생 인류의 기원은 요행이었다. 우리 종에게는 얼마간 좋을지라도, 나머지 생물 대다수에게는 영구히 안 좋은 결과를 미칠 행운이었다. 앞에서 현생 인류로 나아가는 길에 놓인 진화 단계들이라고 언급한 선적응들은 모두 올바른 순서대로 이어지기만 하면 몸집이 큰 어느 동물 종이든 간에 진사회성의 문턱까지 이끌 잠재력을 지니고 있었다. 이 선적응 하나하나는 과학자들이 초기 사람과를 현재의 인간 조건으로 내몬 핵심 사건이라고 말하는 것들이다. 그들의 추측은 거의 다 어느 정도는 옳다. 하지만 그 선적응 하나하나는 가능한 수많은 순서들 중에서 나온 하나의 순서의 일부로서 보지 않으면, 결코 이해할 수 없다.

그렇다면 나름의 진화 미로를 헤치고 나아가도록 우리 계통을 추진한 **진화적 원동력**은 무엇일까? 환경과 상황을 구성하던 요소 중 무엇이 정확히 알맞은 순서로 그런 유전적 변화를 겪도록 그 종을 인도했을까?

물론 독실한 종교인은 신의 손이 인도했다고 말할 것이다. 그러나 그것은 초자연적인 권능을 지닌 이에게조차 거의 불가능해 보이는 성취였다. 창조주가 인간 조건을 출현시키기 위해서는 선행 인류가 진화의 미로 속에서 계속 올바른 길을 따라갈 수 있도록 수백만 년에 걸쳐 물리적 및 생물학적 환경을 가공하는 동시에 유전체에 천문학적인 수의 돌연변이를 흩뿌려야만 했을 것이다. 이것은 차라리 난수 발생기를 계속 작동시키면서 같은 일을 하는 편이 나았을 정도로 불가능해 보이는 일이다. 이 바늘에 실을 꿴 것은 설계가 아니라 자연 선택이었다.

나를 포함하여 인류 기원의 자연사적인 설명을 찾는 진지한 과학자들은 거의 반세기 동안 **혈연 선택**(kin selection)을 인류 진화의 핵심 원동력이라고 보았다. 원래 **포괄 적합도**(inclusive fitness)라는 집단 수준의 특성을 만드는 원인으로 상정된 혈연 선택은 적어도 겉보기에는 매력적인, 더 나아가 유혹적인 개념이었다. 혈연 선택에서는 부모, 자식, 사촌과 방계 친족들이 목적의 통일성과 조율 가능성을 통해 결속되어 있어서 서로를 향한 사심 없는 행동이 가능하다고 말한다. 이타성은 사실 평균적으로 집단의 구성원 모두에게 혜택을 준다. 이타주의자는 자기 집단의 구성원 대부분과 공동 조상이 물려준 유전자를 공유하기 때문이다. 친척들과 유전자를 공유하므로, 이타주의자의 희생은 다음 세대가 그가 가지고 있던 유전자를 가지고 있을 상대적 빈도를 높인다. 이 증가분이 자기 자식을 통해 전해지는 유전자의 수가 줄어듦으로써 잃는 평균 감소분보다 크다면, 이타성은 선호되고 사회성은 진화할 수 있다. 개체들이 번식 계급과 비번식 계급으로 나뉘는 것은 어느 정도는 혈연과 친족을 위한 자기 희생적 행동의 한 형태이다.

그러나 불행히도 혈연 선택의 가정들을 근거로 삼은 포괄 적합도라는 일반 이론의 토대는 무너져 왔으며, 그것을 지지하는 증거는 점점 모호해지고 있다. 어쨌거나 그 아름다운 이론은 한 번도 제대로 들어맞은 적이 없었고, 지금은 무너지고 있다.

진사회성 진화에 대한 새로운 이론은 내가 이론 생물학자인 마틴 노왁(Martin Nowak, 1965년~), 코리나 타르니타(Corina Tarnita)와 함께 연구를 해서 얻은 결과와 다른 연구자들이 이룬 연구 성과로부터 나온 것이다. 새로운 이론에서는 진사회성 곤충의 기원과 인류 사회의 기원을 각각 다르게 설명한다. 개미를 비롯한 진사회성 무척추동물들의 경우에 그 진화 과정은 혈연 선택도 집단 선택도 아니라, 여왕(개미와 벌을 비롯한 막시류 곤충의 여왕)에서 여왕으로의 개체 수준의 선택이며, 일꾼 계급은 여왕이 가진 표현형의 확장이라고 본다. 군체 진화의 초기 단계에서 여왕이 소속 군체를 떠나 멀리 날아가서 자신의 새 군체 구성원들을 낳기 때문에 진화가 그런 식으로 진행될 수 있다. 하지만 현재만이 아니라 선사 시대부터 지금까지 인류가 새로운 집단을 구성하는 방식은 근본적으로 달랐다. 적어도 비교 생물학을 토대로 한 나와 몇몇 과학자들의 해석은 그러하다. 인류 진화의 원동력은 개체 선택과 집단 선택 둘 다이다. 이 다수준적 선택 과정은 다윈이 『인간의 유래(*The Descent of Man*)』에서 맨 처음 예견했다.

이제 부족의 어떤 사람이, 남보다 더 영리한 누군가가 새로운 올가미나 무기, 또는 다른 어떤 공격이나 방어 수단을 발명한다면, 굳이 많은 추론 능력을 동원할 필요 없이 가장 순수한 사욕 추구에 따라 집단의 다른 구성원들은 즉시 그를 모방할 것이고, 그럼으로써 모두가 이익을 볼 것이다. 게다가 각각의 새로운 기술을 습관적으로 쓰면 지능이 미미하게나마 강화될 것이 분명하다. 그 새 발명이 중요한 것이라면, 부족은 수가 늘고 퍼지고 다른 부족들을 내쫓을 것이다. 이렇게 부족의 구성원 수가 늘어날수록, 더 우수하고 창의적인 인물이 태어날 기회도 다소 더 높아질 것이다. 그런 사람들이 우수한 정신을 자식들에게 물려준다면, 창의적인 구성원이 더 많이 태어날 가능성이 조금 더 높아질 것이고, 소규모 부족에서는 확실히 더 높아질 것이다. 그들에게 자식이 없어도, 부족 내에 그들의 친척이 있을 것이다. 농사짓는 이들은 동물의 가족을 보존하고 번식시킴으로써, 도살한 개체가 나중에 가치 있음이 밝혀졌을 때 그 바람직한 형질을 얻을 수 있음을 확인해 왔다.

다수준 선택(multilevel selection)은 개별 구성원의 형질을 표적으로 삼는 선택압과 집단 전체의 형질을 표적으로 삼는 다른 선택압 사이의 상호 작용으로 구성된다. 이 이론은 혈통의 혈연 관계나 그것에 상응하는 유전적 근친도(genetic relatedness)를 토대로 하는 기존 이론을 대체하고자 한다. 또 노왁이 제안한 이 새로운 접근법에 따르면, 선택 과정 전체를 그 선택 과정이 군체의 각 구성원과 그 직계 후손들의 유전체에 미치는 영향으로 환원시킬 수 있다. 그러면 각 군체 사이, 구성원 사이의 근친도를 전혀 언급하지 않아도 부모와 자식의 관계만을 가지고 선택 과정의 결과를 예측할 수 있다.

고고학적 증거와 현대 수렵 채집인의 행동을 지침으로 삼는다면, 호모 사피엔스의 조상은 세력권과 다른 희소 자원을 차지하기 위해 서로 경쟁하는 잘 조직된 집단을 형성했을 것이다. 일반적으로 집단 사이의 경쟁은 좋은 쪽으로든 나쁜 쪽으로든 각 구성원의 유전적 적합도(genetic fitness, 즉 집단의 장래 개체수에 기여하는 자식의 비율)에 영향을 미친다고 예상할 수 있다. 예를 들어, 전쟁 때나 호전적인 독재자의 통치 시기에 집단의 적합도가 증가하는 대신에, 개인은 죽거나 불구가 되거나 개인의 유전적 적합도를 상실할 수 있다. 수십만 년간 대부분의 원시 사회들에서 그러했듯이, 집단들의 무기와 기타 기술 수준이 서로 거의 대등하다고 가정하면, 우리는 집단 사이의 경쟁 결과가 주로 각 집단 내 사회적 행동의 세부 특징에 따라 판가름난다고 예상할 수 있다. 집단의 크기와 결속력, 구성원 사이의 의사 소통 수준과 분업 수준이 바로 세부 특징들이다. 그런 세부 특징은 어느 정도 유전된다. 다시 말해, 그런 특징의 차이는 어느 정도는 집단 구성원들 사이, 따라서 집단들 사이의 유전자 차이에서 비롯된다. 각 구성원의 유전적 적합도, 즉 번식 가능한 자손의 수는 집단의 구성원으로서 치러야 하는 비용과 얻는 편익에 따라 결정된다. 여기에는 자신의 행동에 따라 다른 구성원들로부터 얻는 호의와 냉대가 포함된다. 호의라는 화폐는 직접 호혜성(direct reciprocity)과 간접 호혜성

(indirect reciprocity)을 통해 지불된다. 후자는 평판과 신용이라는 형태를 띤다. 그러나 집단이 얼마나 잘 굴러가는지는 집단의 각 구성원이 개별적으로 호의나 냉대를 받는 정도와 무관하게, 구성원들끼리 얼마나 협력을 잘하느냐에 달려 있다.

따라서 인간의 유전적 적합도는 개체 선택과 집단 선택 양쪽의 산물임에 틀림없다. 하지만 이 말은 선택의 표적에 관해서만 들어맞는다. 표적이 자신의 이익을 위해 일하는 개인 또는 개체의 형질이든 집단의 이익을 위해 일하는 구성원들 사이에 작용하는 형질이든 간에, 영향을 받는 최종 단위는 개체의 유전 암호 전체이다. 집단 구성원으로서 얻는 혜택이 단독 생활로부터 얻는 혜택보다 못하다면, 진화는 개체가 집단을 떠나거나 다른 구성원을 속이는 쪽을 선호할 것이다. 길게 보면, 그 사회는 해체될 것이다. 집단 구성원으로서 얻는 혜택이 충분히 커진다면, 또는 이기적인 지도자가 자신의 사적인 이익에 봉사하도록 집단을 굴복시킬 수 있다면, 구성원들은 이타성과 순응의 경향을 보일 것이다. 정상적인 모든 구성원들이 번식 능력을 지니는 인간 사회는 개체 수준의 자연 선택과 집단 수준의 자연 선택 사이에 본질적이고 어찌할 수 없는 갈등을 가지게 된다.

남들을 희생시키면서 집단 구성원 개인의 생존과 번식을 도모하는 대립 유전자(allele, 각 유전자의 변이 형태들)는 개인의 생존과 번식을 결정하는 문제에서 이타성과 단결을 선호하는 같은 유전자의 다른 대립 유전자들 및 다른 유전자의 대립 유전자들과 늘 충돌한다. 이기심, 소심함, 부도덕한 경쟁은 개체 선택된 유전자의 이익을 더 강화하는 반면, 이타적이고 집단 선택된 대립 유전자의 비율을 감소시킨다. 이 파괴적인 성향은 같은 집단의 구성원들을 위해 영웅적이고 이타적으로 행동하는 성향을 가진 대립 유전자들과 맞선다. 집단 선택된 형질은 대개 경쟁 집단끼리 충돌할 때 가장 과격하게 드러난다.

따라서 현생 인류의 사회적 행동을 규정하는 유전 암호가 '키메라'가 되는 것은 불가피했다. 한쪽은 집단 내 개인의 성공을 선호하는 형질들을 규정한다. 다른 한쪽은 다른 집단과 경쟁하는 자기 집단의 성공을 선호하는 형질들을 규정한다.

성숙한 자식의 수를 최대화하는 데 기여하는 전략을 진화시키는 개체 수준의 자연 선택은 생명의 역사 내내 우세했다. 그것은 대개 생물의 생리와 행동을 단독 생활에 적합하도록 하거나, 잘해야 개체를 엉성하게 조직된 집단의 구성원이 되도록 할 뿐이다. 생물들이 정반대 방식으로 행동하는 진사회성은 생명의 역사에서 드물게 출현했을 뿐이다. 집단 선택이 개체 선택의 지배력을 완화시킬 만큼 예외적으로 강력해야만 나타날 수 있기 때문이다. 그럴 때에만 개체 선택의 보수적인 효과를 수정하고 고도의 협력 행동을 집단 구성원의 생리와 행동에 도입할 수 있다.

개미를 비롯한 막시류 진사회성 곤충들(개미, 벌, 말벌)의 조상은 인류의 조상과 같은 문제에 직면했다. 그들은 특정 유전자들의 가소성(plasticity)을 극도로 높이는 전략을 채택함으로써 이 문제를 해결했다. 이타적 일꾼들이 어미와도 다르고 서로끼리도 크게 다른 생리와 행동 형질을 지닌다고 해도, 유전자는 어미인 여왕과 똑같은 것을 지니도록 프로그램했다. 자연 선택은 여전히 개체 수준에서, 즉 여왕에서 여왕으로 이루어진다. 하지만 군체끼리 경쟁하기 때문에 곤충 사회에서의 선택은 집단 수준에서도 계속된다. 이 역설적으로 보이는 상황은 쉽게 해결된다. 사회적 행동의 대다수 형태에 작용하는 자연 선택의 관점에서 볼 때, 군체는 그저 여왕이 있고, 그 여왕의 확장된 표현형인 로봇 같은 조수들이 딸려 있는 것에 불과하다. 동시에 집단 선택은 군체를 질병에서 보호하는 데 도움이 되도록 일꾼 유전체의 다른 부위에서 유전적 다양성을 높인다. 이 다양성은 각 여왕과 짝짓기를 하는 수컷이 제공한다. 이런 의미에서 개체의 유전형은 유전적 키메라이다. 가소성을 발휘하여 저마다 다른 모습의 계급 구성원들을 만들어 내는 유전자들처럼, 군체 구성원들 사이에 변이가 없는 유전자들과 질병에 맞서는 방패로서 군체 구성원 사이에 변이를 보이는 유전자들이 함께 들어 있다.

포유동물은 이러한 책략을 쓸 수 없다. 곤충과 생활사가 근본적으로 다르기 때문이다. 포유동물 생활사의 주요 번식 단계에서 암컷은 자신이 태어난 세력권에 얽매여 있다. 이웃 집단으로 직접 옮겨 가지 않는 한 태어난 집단과 결별할 수 없다. (이러한 암컷의 이주 또는 이동은 동물과 인간의 경우 두 경우 모두 치밀하게 통제된 상태에서 이루어진다.) 대조적으로 곤충 암컷은 짝짓기를 한 뒤에, 정낭에 휴대용 수컷이나 다름없는 정자를 담고서 먼 거리를 이동한다. 암컷은 태어난 보금자리로부터 멀리 떨어진 곳에서 홀로 새 군체를 시작할 수 있다.

개체 선택이 집단 선택을 압도하는 일은 포유동물을 비롯한 척추동물에서는 드물 뿐만 아니라, 결코 완성된 적이 없고 앞으로도 그럴 가능성이 높다. 포유동물의 생활사와 집단 구조가 근본적으로 그것을 막는다. 포유동물의 사회성 진화에서는 곤충과 흡사한 사회 체제가 결코 나올 수 없다.

따라서 인류에게서 사회성 진화가 일어난다면 다음과 같은 결과가 빚어질 것이라고 예측할 수 있다.

- 영토 침략을 비롯해 여러 가지 형태로 집단 사이에 치열한 경쟁이 벌어진다.
- 집단의 조성이 불안정하다. 이주, 전향, 정복에 따른 집단 크기 증가의 이점이 집단 내 침해 행위와 분열을 통한 신생 집단 형성으로 이득을 얻을

기회와 충돌하기 때문이다.

● 명예, 미덕, 의무 등 집단 선택의 산물들과 이기심, 소심함, 위선 등 개체 선택의 산물들 사이에 불가피하며 영속적인 전쟁이 벌어진다.

● 남의 의도를 신속하고 노련하게 읽는 법을 완벽하게 다듬는 것이 인류의 사회적 행동의 진화에서 가장 중요한 역할을 했다.

● 특히 창작 예술의 내용을 포함하여 문화의 상당 부분은 개체 선택과 집단 선택 사이의 불가피한 충돌에서 탄생해 왔다.

다시 말해 인간 조건은 우리를 만든 진화 과정들에 뿌리를 둔 인류 고유의 혼란이다. 우리 본성에는 최악의 것과 최선의 것이 공존하며, 앞으로도 영구히 그럴 것이다. 만일 최악의 것을 빡빡 닦아 내는 것이 가능하다고 하더라도, 그렇게 한다면 우리는 인간보다 못한 존재가 될 것이다.

7장

인간 본성에 새겨진 부족주의

친숙한 유대 관계로부터 본능적인 위안과 자긍심을 이끌어 내는 집단을 형성하고 경쟁 집단에 맞서 자기 집단을 열정적으로 옹호하는 것. 이 두 가지야말로 인간 본성, 따라서 문화의 절대 보편적 성향이다.

하지만 일단 명확한 목적을 지닌 집단이 형성되고 나면, 그 집단의 경계는 조정할 수 있다. 비록 어떤 집단에 충성하느냐를 놓고 식구들끼리 갈리는 일이 흔하기는 해도, 집단은 대개 가족을 하위 집단으로 포함한다. 동맹자, 신참자, 전향자, 명예 회원, 그리고 경쟁 집단을 배신하고 넘어온 자도 마찬가지이다. 집단의 각 구성원은 정체성과 어느 정도의 권리를 부여받는다. 거꾸로 집단에서 획득 가능한 특권과 부를 통해 구성원은 스스로에게 정체성을 부여하고 다른 구성원들에게 권력을 행사할 수도 있다.

　현대의 인간 집단은 심리학적으로 고대와 선사 시대의 부족들과 같다. 그렇기에 현대 집단은 원시적인 선행 인류 무리의 직계 후손이다. 그들을 결속시키는 본능은 집단 선택의 생물학적 산물이다.

　사람들은 나름의 부족을 지녀야 한다. 혼돈으로 가득한 세계에서 부족은 그들에게 자신의 이름 외에 또 하나의 이름과 사회적 의미를 제공한다. 그럼으로써 환경은 덜 혼란스럽고 덜 위험한 곳이 된다. 현대의 개인이 속해 있는 사회라는 세계는 하나의 부족으로 이루어져 있지 않다. 오히려 서로 얽히고 설킨 부족들의 체계라고 할 수 있다. 그런 상황에서는 자신이 어디에 있는지조차 알기 어려울 때가 종종 있다. 사람들은 마음 맞는 친구들과 어울리기를 좋아하며, 경쟁 관계에 있는 같은 범주의 다른 집단들과 비교하여 호감이 가는 어떤 집단에서, 예컨대 해병대나 아마도 일류 대학이나 회사 이사회나 종교 집단이나 동호회나 가든 클럽 등에서 최고의 위치에 오르기를 열망한다.

　오늘날 전 세계의 사람들은 전쟁에 대해 점점 더 신중해지고 전쟁의 결과를 두려워하면서 그것의 도덕적 등가물인 단체 운동 경기(대중 스포츠)에 보다 많은 관심을 기울이고 있다. 집단의 구성원이 되고자 하는 욕망과 자기 집단이 우월하기를 원하는 욕구는 단체 운동 경기라는 의례화한 싸움터에서 자기편 전사들이 승리할 때 충족된다. 남북 전쟁 때 잘 차려 입고 와서 흥겹게 제1차 불런 전투(First Battle of Bull Run)를 구경하던 수도 워싱턴의 시민들처럼(당시 시민들은 처음 전투가 벌어졌을 때 마치 구경거리인 양 생각했다. ─옮긴이), 스포츠 팬들도 흥미진진한 태도로 경기가 선사할 경험을 예견한다. 팬들은 자기 팀의 복장과 상징, 장비, 우승컵과 펼쳐진 깃발, 치어리더(cheerleader)라는 딱 맞는 명칭이 붙은 춤추는 반라의 처녀들을 보고 흥분한다. 자기 팀에 경의를 표하는 기이한 복장과 얼굴

화장을 한 팬들도 있다. 그들은 승리한 뒤에 벌어지는 의기양양한 축제에 참석한다. 많은 사람들, 특히 전사나 처녀 같은 연령대에 속한 이들은 자제력을 모두 버리고 전투의 분위기와 전투가 끝난 뒤에 흥에 겨워 벌이는 요란한 행동에 참여한다. 1984년 6월의 어느 날 밤 미국 농구 협회 선수권 대회에서 보스턴 셀틱스(Boston Celtics)가 로스앤젤레스 레이커스를 이겼을 때, 팀은 흥분에 겨워 "켈트 족 최고(Celts Supreme)!"라고 소리를 질러 댔다. 그 뒤에 벌어진 일들을 목격한 사회 심리학자 로저 브라운(Roger Brown, 1925~1997년)은 이렇게 말했다. "최고라고 느낀 사람은 선수들만이 아니었다. 팬들도 모두 그랬다. 노스 엔드 지역은 환희의 도가니에 빠졌다. 팬들은 공원과 인근의 술집에서 쏟아져 나와 펄쩍펄쩍 뛰면서 사실상 브레이크 댄스를 추었고, 엽궐련에 불을 붙이고, 두 팔을 치켜들고 함성을 질러 댔다. 30여 명이 흥에 겨워 올라타는 바람에 한 자동차는 엔진 덮개가 납작해졌고, 역시 팬이었던 운전자는 그래도 행복한 표정이었다. 자동차들은 경적을 울리면서 천천히 동네를 도는 즉석 행진을 펼쳤다. 내가 보기에 팬들은 자신의 팀과 단순히 공감하거나 감정 이입을 하는 것이 아닌 듯했다. 그들은 개인적으로 흥분해 있었다. 그날 밤 팬 각자의 자존감은 최고 수준에 이르렀다. 사회적 정체성이 많은 사람의 개인 정체성에 큰 기여를 한 것이다." 그런 뒤 브라운은 한 가지 중요한 점을 덧붙였다. "운동 팀과의 동일화는 적어도 집단의 임의성에 관해 무언가를 말해 준다. 굳이 보스턴에서 태어나거나 보스턴에 살지 않아도 얼마든지 셀틱스의 팬이 될 수 있다. 그 팀의 선수도 마찬가지이다. 개인으로 또는 혈기 왕성한 집단 구성원들과 함께, 팬과 선수는 아주 호전적인 태도를 보일 수도 있다. 하지만 셀틱스 구성원들은 혈기 왕성한 내내, 모두 하나가 되어 움직였다."

사회 심리학자들이 다년간 수행한 실험들은 사람들이 분명하게 서로 다른 집단으로 나뉘고 나면, 그 즉시 자신이 속한 집단을 선호하는 차별적인 태도를 드러낸다는 것을 보여 준다. 실험자들이 임의로 집단을 만들어서 구성원들이 동일화할 수 있도록 이름을 붙였을 때에도, 미리 정해진 집단 사이의 상호 작용이 아주 사소한 것이었을 때에도, 금방 편견이 확고해졌다. 집단들이 푼돈을 걸고 내기를 하든, 이 추상 화가가 좋으냐 저 추상 화가가 좋으냐로 편을 가르든 간에, 참가자들은 한결같이 외집단(out-group)을 내집단(in-group)보다 아래에 놓았다. 그들은 '상대편'이 마음에 더 안 들고, 덜 공정하고, 신뢰가 덜 가고, 더 무능하다고 판단했다. 내집단과 외집단을 그저 임의로 나눈 것이라고 말해 주었을 때에도 편견은 사라지지 않았다. 칩 더미를 주고 두 집단의 익명의 구성원들에게 나누어주라고 했을 때에도, 실험 참가자들은 똑같은 반응을 보였다. 전에 한 번도 만난 적이 없었으며 다른 동기라고는 전혀 없었음에도, 일관되게 참가자들은 내집단이라는 꼬리표가 붙은 이들을 강하게 편애하는 태도를 보였다.

한 번 집단을 형성하고 나면 내집단 구성원을 선호하는 성향이 보편적으로 나타나며 강한 힘을 발휘한다는 점은 그 성향이 본능임을 말해주는 특징이다. 내집단을 편애하는 성향이, 가족과 친하게 지내게 만드는 훈련과 이웃 아이들과 놀게 하는 격려를 통해 조건 형성된 것이라는 주장을 펼 수도 있다. 하지만 설령 그런 경험이 나름의 역할을 한다고 할지라도, 그것은 심리학자들이 '준비된 학습(prepared learning)'이라고 부르는 것, 즉 무언가를 빠르고 확실하게 배우는 타고난 성향의 사례일 것이다. 내집단을 편애하는 성향이 이 모든 기준들을 충족시킨다면 그것은 유전될 가능성이 높고, 그렇다면 자연 선택을 통해 진화했다고 추정하는 것이 합리적일 수 있다. 언어, 근친상간 회피, 공포증 습득도 인간의 경우에 준비된 학습이라고 볼 수 있는 설득력 있는 사례들이다.

집단주의적 행동이 정말로 유전되는 준비된 학습을 통해 드러나는 본능이라면, 아주 어린아이에게서도 그 징후가 나타날 것이라고 예상할 수 있다. 그리고 인지 심리학자들은 정말로 그렇다는 것을 발견해 왔다. 신생아는 최초로 들은 소리, 어머니의 얼굴, 모어(母語)의 소리에 가장 민감하게 반응한다. 나중에 그들은 청각 범위 내에서 모어로 자신에게 말을 했던 사람을 더 많이 쳐다본다. 미취학 아동은 자신의 모어를 말하는 아이를 친구로 고르는 경향이 있다. 이 선호 경향은 말의 의미를 이해하기도 전에 시작되며, 말의 의미를 완전히 알아듣더라도 억양이 말을 들을 때에 나타난다.

집단을 형성하고 그 집단 내의 구성원이 됨으로써 깊은 만족을 얻으려는 원초적인 욕구는 더 높은 수준에서 부족주의로 쉽게 전환된다. 사람들은 자민족 중심주의(ethnocentrism) 성향을 가지고 있다. 죄책감과 무관한 선택을 하도록 했을 때에도 사람들이 같은 인종, 국가, 가문, 종교에 속한 이들을 더 선호한다는 것은 불편한 사실이다. 사람들은 그런 이들을 더 신뢰하고, 그들과 함께 사업을 하거나 사교 활동을 할 때 더 긴장을 푼다. 또 그들을 혼인 상대자로 더 선호하는 경향을 보인다. 그들은 외집단이 부당하게 행동한다거나 부당하게 보상받고 있다는 증거가 나오면 더 빨리 분개한다. 그리고 내집단의 영토나 자원을 잠식하는 외집단 누구에게나 적의를 드러낸다. 구약 성서의 「사사기」 12장 5~6절처럼, 문학과 역사는 그런 적의가 극단적인 것이 될 때 어떤 일이 벌어지는지 수많은 사례를 기록하고 있다.

길르앗 사람들은 에브라임 사람을 앞질러서 요단 강 나루를 차지하였다. 도망치는 에브라임 사람이 강을 건너가게 해 달라고 하면, 길르앗 사람들은 그에게 에브라임 사람이냐고 물었다. 그가 에브라임 사람이 아니라고 하면, 그에게 쉬볼렛이라는 말을 발음하게 하였다. 그러나 그가 그 말을 제대로 발음하지 못하고 시볼렛이라고 발음하면, 길르앗 사람들이 그를 붙들어 요단 강 나루터에서 죽였다. 이렇게 하여 그때에 죽은 에브라임 사람의 수는 사만 이천이나 되었다. (이 책의 성서 번역은 『성경전서 새번역』(대한성서공회, 2001년)을 따랐다. — 옮긴이)

미국인 흑인과 백인에게 상대 인종의 사진들을 보여 주는 실험을 했을 때, 뇌에서 공포와 분노를 관장하는 중추인 편도는 의식 중추들이 알아차리지 못할 만큼 빠르고도 미묘하게 활성화되었다. 실험 참가자들은 사실상 스스로를 통제할 수 없었다. 하지만 다가오는 흑인은 의사이고 백인은 그의 환자라는 식으로 적절한 맥락을 추가하자, 뇌의 고등 학습 중추와 통합된 두 부위인 띠이랑(대상회, Cingulate gyrus. 대상피질(Cingulate cortex)이라고도 한다. — 옮긴이)과 등가쪽이마앞엽(후외방전두전엽, dorsolateral preferential lobe)의 피질이 활성화됨으로써 편도에서 보내는 입력 신호를 침묵시켰다.

따라서 뇌의 각 부위들은 집단 선택을 통해 집단주의 성향을 갖도록 진화해 왔다. 이렇게 진화한 뇌의 부위들은 다른 집단의 구성원들을 폄하하거나, 그런 태도로부터 곧바로 자동적으로 파생될 결과들을 억누르지 못하게 하는 성향을 뇌에 새겨놓는다. 격렬한 운동 경기와 전쟁 영화를 지켜보면서 느끼는 즐거움에는 죄책감이 거의 또는 전혀 없기에, 편도는 행동과 이야기 전개를 통제하여 적을 흡족하게 파괴할 수 있다.

8장

전쟁, 유전된 저주

"역사는 피의 욕조이다." 이 문장은 1906년 미국의 철학자이자 심리학자인 윌리엄 제임스(William James, 1842~1910년)가 전쟁에 반대하면서 쓴 글에서 인용한 것이다. 그 글은 그 주제를 다룬 역사상 최고의 작품이라고 할 수 있다. 그는 이렇게 말한다. "현대 전쟁은 너무나 비용이 많이 들기에 우리는 더 나은 약탈 방법으로 바꾸고 싶은 기분이 들기도 한다. 하지만 현대인은 온갖 선천적인 호전성과 조상들의 영광을 경모하는 마음을 물려받는다. 전쟁의 비합리성과 공포를 보여 주어 보았자 아무런 소용이 없다. 공포는 매혹을 낳는다. 전쟁은 **강한** 삶이다. **극단의** 삶이다. 모든 나라의 예산이 보여 주듯이, 전쟁세는 사람들이 결코 주저하지 않고 내는 유일한 세금이다."

우리의 피 묻은 본성은 현대 생물학의 맥락에서 볼 때 타고난 것이라고 주장할 수 있다. 집단 대 집단의 대립이 우리를 지금의 우리답게 만든 주요 원동력이었기 때문이다. 선사 시대에 집단 선택은 세력권 본능을 가진 육식 동물을 연대하고 천재성을 발휘하며 기업을 만들어 경영할 줄 아는 존재로 끌어올렸다. 그리고 **공포**스러운 존재로도. 각 부족은 무장하고 대비하지 않으면 존재 자체가 위험에 처하리라는 것을 당연히 알았다. 유사 이래 기술 발전의 상당 부분은 전투를 핵심 목적으로 삼았다. 오늘날 각국의 달력에는 승리한 전쟁을 기념하고 전쟁에서 죽은 사람들을 기리기 위한 행사가 열리는 날들이 표시되어 있다. 대중의 의지는 투쟁심을 자극하는 감정에 호소할 때 가장 격렬하게 타오르며, 그 감정을 주관하는 것은 편도이다. 우리는 원유 누출을 막기 위해 **싸우고**, 인플레이션을 완화시키기 위해 **분투하고**, 암과 **전쟁을 벌인다**. 살아 있든 그렇지 않든 적이 있는 곳이라면, 어디에서든 승리도 있어야 한다. 비용이 얼마나 들든 우리는 싸워서 이겨야 한다.

부족을 보호하는 데 필요하다고 여겨진다면 진짜 전쟁을 벌일 구실은 무엇이든 다 먹힐 것이다. 과거에 겪었던 전쟁의 공포를 떠올리게 해 보았자 아무 소용이 없다. 1994년 4월과 6월 사이에, 르완다의 다수 민족인 후투 족(Hutu)의 살인자들이 당시 그 나라를 통치하던 소수 민족인 투치 족(Tutsi)을 몰살하는 일에 나섰다. 100일 동안 칼과 총으로 무자비한 살육이 자행되어 80만 명이 죽었다. 대부분 투치 족이었다. 르완다의 총인구는 10퍼센트가 줄었다. 마침내 살육이 멈추었을 때, 보복을 두려워한 후투 족 200만 명이 국경 밖으로 피신했다. 대학살의 직접적 원인은 정치적, 사회적 불만이었지만, 그 모든 것은 하나의 근본 원인에서 비롯되었다. 르완다는 아프리카에서 인구가 가장 과밀한 나라였다. 인구가 거침없이 증가함에 따라, 1인당 경작지는 점점 줄어들어서 한계

점에 다다르고 있었다. 그리하여 어떤 민족이 경작지를 소유하고 통제할 것인지를 놓고 격렬한 논쟁이 벌어졌다.

집단 학살 이전에는 투치 족이 지배했다. 르완다를 식민 지배했던 벨기에 인들은 두 민족 중에 투치 족이 더 낫다고 여겼고 그래서 그들을 선호했다. 물론 투치 족도 그렇다고 믿었고, 두 민족이 똑같은 언어를 썼음에도 후투 족을 열등한 존재로 취급했다. 한편 후투 족은 투치 족을 옛날에 에티오피아에서 온 침입자라고 여겼다. 이웃을 공격한 후투 족의 상당수는 자신이 죽인 투치 족의 땅을 얻을 것이라는 약속을 받았다. 그들은 투치 족의 시신을 강에 던지면서, 에티오피아로 돌아가라고 조롱했다.

일단 한 집단이 나뉘어서 충분히 비인간화되면, 그 어떤 야만적인 행위도 정당화된다. 그 행위가 어떤 수준으로 이루어지든, 인종과 민족까지 포함하여 얼마나 큰 집단을 희생시키든 말이다. 스탈린의 대숙청(Great Terror)이 자행되었던 1932~1933년 겨울에 소련은 우크라이나 인 300만 명 이상을 의도적으로 아사시켰다. 1937년과 1938년에는 68만 1692명이 이른바 '정치범'으로 처형되었는데, 그중 90퍼센트 이상은 집단 농장화에 반대한다고 간주된 농민들이었다. 소련 전체도 곧 야만적인 나치스의 침략으로 똑같은 시련을 겪게 되었다. 나치스는 '열등한' 슬라브 족을 복속시키고 인종적으로 '순수한' 아리안 족이 퍼질 땅을 확보한다고 공개 천명했다.

인류는 정복 전쟁을 벌이는 데 갖다 붙일 만한 다른 이유가 없을 때에는 늘 '신(God)'을 들먹였다. 십자군을 레반트(Levant, 지중해 동부 연안 — 옮긴이)로 보낸 것은 '신의 의지'였다. 십자군은 교황의 면죄부를 미리 받았다. 그것은 그들에게 주어진 전쟁의 대가였다. 그들은 십자가를 앞세우고 행군했고, 이른바 진짜 십자가를 기독교인의 손에 돌려줄 것을 요구했다. 1191년 아크레 공방전 때 리처드 1세는 무슬림 포로 2,700명을 살라딘이 볼 수 있도록 전선 가까이 끌고 와서, 그중 상당수를 칼로 베어 죽였다. 무슬림 지도자에게 영국 군주의 강철 같은 의지를 보여 주려고 한 행위라고 흔히들 말하지만, 포로들이 풀려나서 다시 무기를 드는 것을 막으려는 의도도 깔려 있었을 것이다. 상관없다. 아무튼 그 모든 잔혹 행위의 궁극적인 동기는 무슬림에게서 땅과 자원을 빼앗아 기독교 왕국들에게 넘겨주는 것이었으니까.

이어서 이슬람의 차례가 왔다. 1453년 술탄 메흐메트 2세가 이끄는 오스만 제국 군대는 마찬가지로 신의 이름으로 콘스탄티노플을 공략했다. 아야소피아 대성당에 모인 기독교인들은 성부, 성자, 성령은 물론이고 모든 성인들에게 기도했다. 오스만 군대는 성당 남쪽 아우구스테움 광장에 모여들었다. 절실한 기도 소리는 하늘에 닿지 않았다. 그날 신은 무슬림의 편을 들었고, 기독교인들은 마구 살육당했으며 살아남은 자는 노예로 팔려 나갔다.

마르틴 루터(Martin Luther, 1483~1546년)가 1526년에 쓴 「병사도 구원받을 수 있는가(Whether Soldiers, Too, Can Be Saved)」라는 글만큼 아브라함의 종교들에서 인간과 신성한 폭력 사이의 심오한 관계를 더 생생하게 표현한 글은 없다.

하지만 사람들이 평화를 지키려 하지 않고 대신에 강탈하고 훔치고 죽이고 여성과 아이를 학대하고 남의 명예와 재산을 빼앗으려 한다는 사실을 어떻게 보아야 할까? 전쟁 또는 권세(the sword)라는 소규모 평화 부재 상태는 이 모두를 파괴하는 보편적이고 세계적인 평화 부재 상태를 일정 범위 내로 국한시킬 것이 분명하다. 그것이 바로 신이 스스로 권세를 세웠다고 함으로써 (「로마서」 13장 1절) 그것에 높은 영광을 부여하여, 사람들이 그것을 발명했다거나 창설했다는 말이나 생각을 하지 않게끔 하는 이유이다. 이 권세를 휘둘러서 살인을 하는 손은 사람의 손이 아니라 신의 손이며, 목매달고 고문하고 참수하고 죽이고 싸우는 이는 사람이 아니라 신이다. 이 모든 것은 신의 행사요 심판이다.

그리고 죽 그렇게 해 왔다. 투키디데스에 따르면, 아테네 인들은 독립 국가인 멜로스의 사람들에게 펠로폰네소스 전쟁에서 스파르타를 지원하지 말고 아테네의 통치를 받으라고 종용했다고 한다. 두 국가의 사절들은 만나서 그 문제를 토론했다. 아테네 인들은 신들이 인류에게 내린 운명을 설명했다. "강한 자는 자신이 할 수 있는 것을 강요하고, 약한 자는 해야 할 것을 받아들여야 합니다." 멜로스 인들은 자신들은 스스로를 결코 노예로 만들지 않을 것이며 신들에게 정의로운 판결을 내려 달라고 청원할 것이라고 대답했다. 아테네 인들은 대꾸했다. "우리가 믿는 신들과 우리가 아는 사람들은 자기 본성의 법칙에 따라, 지배할 수 있는 기회가 생기면 언제든 그렇게 할 것입니다. 이 법칙은 우리가 만든 것이 아니며, 이 법칙에 따라 행동한 사례가 우리가 처음도 아닙니다. 우리는 그저 그것을 물려받았을 뿐이며, 당신들이 우리만큼 강하다면, 당신들뿐만 아니라 모든 인류가 우리처럼 행동하리라는 것을 압니다. 신들도 마찬가지입니다. 우리도 당신들처럼 신들의 뜻을 받드는 것일 뿐입니다." 그래도 멜로스 인들은 거부했고, 곧 아테네 군대가 쳐들어와 멜로스를 정복했다. 투키디데스는 고대 그리스 비극의 차분한 어조로 이렇게 적고 있다. "그리하여 아테네 인들은 징병 연령에 해당하는 사람은 모두 죽이고, 여자와 아이는 노예로 삼았다. 그런 뒤 정착민 500명을 보내 그 섬을 식민지로 삼았다."

인간 본성이라는 이 무자비한 어둠의 천사를 상징하는 친숙한 우화

그림 8-1 기원후 800년경에 그려진 멕시코 보남파크(Bonampak)의 벽화들이 잘 보여 주듯이, 마야 인에게 전쟁은 일상 생활의 일부였다.

가 하나 있다. 전갈이 개구리에게 개천을 건너고 싶으니 태워 달라고 부탁한다. 처음에 개구리는 전갈이 자신을 찌를까 겁이 나서 못 태워 주겠다고 거절한다. 전갈은 절대로 찌르지 않을 것이라고 개구리를 안심시킨다. 내가 찌르면 우리 둘 다 죽지 않겠냐고 하면서. 태워 주기로 결심한 개구리가 개천을 반쯤 건넜을 때 전갈은 개구리를 찌른다. 둘 다 물속으로 가라앉을 때, 개구리가 묻는다. 왜 찔렀지? 전갈은 대답한다. 그것이 내 본성이라고.

종종 대량 학살을 수반하는 전쟁이 몇몇 극소수 사회의 문화적 인공물이라고 생각해서는 안 된다. 우리 종이 성숙하는 과정에서 거치는 성장통의 한 결과라고, 역사적 일탈 사례라고 보아서도 안 된다. 전쟁과 대량 학살은 어느 특정한 시대나 장소에 국한된 것이 아니라, 보편적이고 영속적인 것이었다.

제2차 세계 대전이 끝난 이래로, 국가 사이의 무력 충돌은 급감했으며, 그것은 어느 정도는 주요 강대국들의 상호 핵 억지력 때문이었다. (이 상황을 묘사하는 데 병 속에 함께 갇힌 두 전갈이라는 비유가 자주 쓰인다.) 하지만 내전, 반란, 국가의 지원을 받은 테러 활동은 줄어들지 않고 있다. 전반적으로 전 세계에서 대규모 전쟁은 유형과 규모 면에서 수렵 채집 사회와 원시 농경 사회에서 행해졌을 소규모 전쟁으로 대체되어 왔다. 문명 사회는 고문, 사형, 민병대의 살인을 없애려고 애써 왔지만, 소규모 전쟁을 벌이는 사회들은 따르지 않고 있다.

그림 8-2 야노마뫼 족(Yanomamo)은 남아메리카에 마지막으로 남은 원시 부족 중 하나이다. 약 1만 명이 200~250곳의 호전적인 독립 마을에 흩어져 살고 있다. 사진은 새벽에 습격을 떠나기 전 줄지어 서 있는 전사들의 모습이다. 숯으로 얼굴과 몸을 칠했다.

고고학 유적지들에는 대규모 충돌의 증거가 널려 있다. 가장 인상적인 역사적 건축물 중에는 방어 목적으로 건설된 것이 많다. 만리장성, 영국의 하드리아누스 방벽, 유럽과 일본의 장엄한 성과 요새, 고대 푸에블로 족의 절벽 거주지, 예루살렘과 콘스탄티노플의 도시 방벽이 그렇다. 아크로폴리스도 원래는 방벽으로 둘러싸인 요새 도시였다.

고고학자들은 대량 학살 매장지가 흔하다는 것을 발견해 왔다. 신석기 초기의 도구 중에는 싸우기 위해 고안되었음이 분명한 것들도 있다. 1991년 알프스 산맥에서 얼어붙은 채 발견된, 5,000년 이전의 사람으로 판명된 아이스맨(Iceman)은 가슴에 박힌 화살촉 때문에 죽었다. 그는 아마도 사냥하고 사냥감을 손질하는 데 썼을 활과 화살집, 구리 단검을 지니고 있었다. 하지만 그는 나무를 뻐개야 하는 나무꾼이 썼는지 뼈를 뻐개야 하는 사냥꾼이 썼는지 알 수 없는 구리 날 달린 도끼도 지니고 있었다. 그것은 전투용 도끼였을 가능성이 더 높다.

남아프리카의 부시먼과 오스트레일리아의 원주민 사회를 비롯하여, 수렵 채집인이었던 우리 조상들의 것에 가까운 사회 조직을 지닌 소수의 살아남은 수렵 채집 사회는 전쟁을 전혀 벌이지 않는다. 따라서 대규모 무력 충돌의 역사에서 좀처럼 찾아보기 힘든 존재라고 흔히들 말한다. 하지만 현재의 그들은 유럽 이주자들에게 주변으로 밀려나서 수가 줄어든 상태이며, 부시먼은 그보다 더 앞서 줄루 족(Zulu)과 헤레로 족(Herero) 침입자들에게도 내쫓겼다. 과거에 부시먼은 현재 살고 있는 관목숲과 사막보다 훨씬 더 넓고 더 생산성 높은 서식지에서 더 큰 집단을 이루어 살았다. 당시에는 그들도 부족 전쟁을 벌였다. 바위 그림과 초기 유럽 탐험가들과 이주자들의 기록 같은 증거들은 부시먼 무장 집단 사이에 대격돌이 벌어졌음을 말해 준다. 1800년대에 헤레로 족이 부시먼 영토에 침입하기 시작했을 때, 처음에는 부시먼 전사들이 그들을 몰아냈다.

동양의 평화로운 종교들, 특히 불교는 일관되게 폭력에 맞서 사람들을 감화시켜 왔다고 생각할지도 모르겠다. 그러나 그렇지 않다. 동남아시아의 상좌부 불교이든 동아시아와 티베트의 탄트라 불교이든 간에 불교가 주류가 되고 공식 이데올로기로 채택될 때마다, 전쟁은 용납되고 신앙을 토대로 한 국가 정책의 일부로서 강요되기도 했다. 근본 이유는 단순하며, 기독교와 똑같다. 즉 평화, 비폭력, 자비는 핵심 가치이지만, 불교의 교리와 문명을 위협하는 것은 물리쳐야 할 악(惡)이라는 것이다. 사실상 이렇게 말하는 것과 같다. "모두 죽여라, 그래도 부처는 너희를 포용할 것이니."

6세기 중국에서는 승려의 주도로 불교도들이 세계의 '구마(舊魔)'를 제거하겠다고 난을 일으켰다. 이것을 '대승교도의 난'이라고 한다. (중국 북위 효명제 때인 515년에 일어난 민중 반란 ― 옮긴이) 일본에서는 불교가 봉건 영주들의 정쟁 도구로 변형되어 '승병(僧兵)'이 탄생했다. 강력한 사원 세력이 타파된 것은 16세기 말 센고쿠(戰國) 시대가 끝날 무렵 중앙 집권이 이루어지면서였다. 1818년 메이지 유신이 이루어진 뒤, 일본 불교는 국가의 '정신 동원'에 이용되었다.

그림 8-3 유럽의 여러 동굴에서 발견된 구석기 시대 벽화에 묘사된 창에 찔려 죽은 사람의 모습들. 대부분 여러 개의 창에 찔렸다. 살인이나 처형을 당한 사람들일 수도 있지만, 전사들의 공격을 받고 쓰러진 적을 묘사했을 가능성이 더 높다. (필자의 견해)

그렇다면 먼 선사 시대에는 어떠했을까? 전쟁이 어떤 식으로든 농경과 마을을 확산시키고 인구 밀도를 증가시키는 결과를 낳았을 수도 있지 않을까? 그렇지는 않았을 것이다. 나일 강 유역과 바이에른 지역의 후기 구석기 및 중석기 시대 수렵 채집인들의 매장지 중에는 씨족 전체가 묻힌 것으로 보이는 대규모 매장지도 있다. 그중에는 곤봉, 창, 화살로 죽은 사람들이 많았다. 후기 구석기 시대인 4만 년 전부터 약 1만 2000년 전까지 머리를 얻어맞거나 베여서 죽은 흔적이 뼈에 남아 있는 유골들이 널려 있다. 유명한 라스코 동굴 벽화를 비롯한 동굴 벽화들은 바로 이 시기에 그려졌으며, 거기에는 창에 찔렸거나, 이미 죽었거나 죽어 가면서 쓰러져 있는 사람의 모습들도 들어 있다.

　　선사 시대에 집단 사이의 무력 충돌이 흔했음을 입증하는 또 다른 방법이 있다. 고고학자들은 약 6만 년 전에 호모 사피엔스 집단이 아프리카 바깥으로 퍼지기 시작한 뒤, 첫 이주 물결이 멀리 뉴기니와 오스트레일리아까지 도달했음을 밝혀냈다. 그 개척자들의 후손들은 유럽 인들이 도착할 때까지 그런 외진 곳에서 수렵 채집인이나 가장 원시적인 농사꾼으로 남아 있었다. 인도 동해안 앞바다의 리틀 안다만 섬의 원주민, 중앙 아프리카의 음부티 피그미 족(Mbuti Pygmies), 남아프리카의 쿵 족(!Kung), 즉 부시먼도 비슷하게 현생 인류 발상기에 기원한 고대 문화를 지닌 현생 집단들이다. 모두 오늘날까지, 또는 적어도 역사적으로 최근까지 공격적인 세력권 행동을 보여 왔다.

　　인류학자들은 전 세계에 걸친 1,000곳의 문화 중 극히 적은 비율만이 '평화적'이라고 여기는데, 코퍼 에스키모(Copper Eskimo)와 잉갈리크 에스키모(Ingalik Eskimo), 뉴질랜드 저지대의 게부시 족(Gebusi), 말레이 반도의 세망 족(Semang), 아마존 우림의 시리오노 족(Sirionó), 티에라델푸에고의 야흐간 족(Yahgan), 베네수엘라 동부의 와라우 족(Warrau), 태즈메

표 8-1 전쟁이 성인의 사망률에 기여했다는 고고학적 및 민족지(民族誌)적 증거. '현재 기준'은 2008년을 뜻한다.

유적지	고고학적 증거의 추정 연대 (현재 기준, 년 전)	전쟁이 성인 사망률에 기여한 비율
브리티시 컬럼비아(30곳)	5,500~334	0.23
누비아(117곳)	14,000~12,000	0.46
누비아(인근 지역 117곳)	14,000~12,000	0.03
우크라이나 바실리브카 III	11,000	0.21
우크라이나 볼로스케	'아(亞)구석기 시대'	0.22
남부 캘리포니아(28곳)	5,500~628	0.06
중부 캘리포니아	3,500~500	0.05
스웨덴(스카테홀름 1)	6,100	0.07
중부 캘리포니아	2,415~1,773	0.08
북인도 사라이 나하르 라이	3,140~2854	0.30
중부 캘리포니아(2곳)	2240~238	0.04
니제르 고베로	16,000~8,200	0.00
알제리 칼룸나타	8,300~7,300	0.04
프랑스 테빅 섬	6,600	0.12
덴마크 보게바켄	6,300~5,800	0.12

집단, 지역	민족지적 증거 수집 시기	전쟁이 성인 사망률에 기여한 비율
아체 족, 동파라과이*	접촉 이전(1970년)	0.30
이위 족, 베네수엘라-콜롬비아*	접촉 이전(1960년)	0.17
욜롱우 족(먼진족), 오스트레일리아 동북부*†	1910~1930년	0.21
아요레오 족, 볼리비아-파라과이‡	1920~1979년	0.15
티위 족 오스트레일리아 북부§	1893~1903년	0.10
모도크 족, 북캘리포니아§	'원주민 시대'	0.13
카시구란 아그타 족, 필리핀*	1936~1950년	0.05
안바라 족, 오스트레일리아 북부*†‖	1950~1960년	0.04

* 수렵 채집인, † 해안 지역, ‡ 계절에 따라 수렵 채집인-원경인(horticulturalist), § 정착 수렵 채집인, ‖ 최근에 정착한 민족.

이니아 서해안의 원주민이 거기에 속한다고 본다. 그러나 그중 일부 사회는 과거에 살인율이 높았다. 뉴기니 게부시 족과 코퍼 에스키모의 경우에는 성인 사망자 중 3분의 1이 살해당했다. 인류학자 스티븐 르블랑(Steven A. LeBlanc)과 캐서린 레지스터(Katherine E. Register)는 이렇게 썼다. "이것은 소규모 사회에서는 거의 모든 사람이 비록 멀기는 해도 친척이라는 사실을 통해 설명할 수 있을지 모른다. 여기서 자연히 몇 가지 당혹스러운 의문이 떠오른다. 누가 집단의 구성원이고 누가 외부인일까? 어떤 살해를 살인 행위로 보고 어떤 살해를 전쟁 행위로 보아야 할까? 파고들수록 의문과 답은 다소 모호해진다. 그렇다면 이 이른바 평화 애호 성향 중 일부는 현실보다 살인 행위와 전쟁의 정의에 더 의존하는 셈이다. 사실 이 사회들 중 일부는 전쟁을 벌였지만, 대개 전쟁을 사소하고 별 의미 없는 일인 양 치부해 왔다."

인류 유전자 진화의 동역학에 남아 있는 핵심 질문은, 집단 수준에서 이루어지는 자연 선택이 개체 수준에서 이루어지는 자연 선택의 강한 힘을 극복할 만큼 강했는지의 여부이다. 다시 말해 집단의 다른 구성원들을 향한 본능적인 이타적 행동을 선호하는 힘들은 개인의 이기적 행동을 싫어하게 만들 만큼 강했을까? 1970년대에 구축된 수학 모형들은 이타적 유전자가 없어도, 집단들 사이에서 집단 사멸이나 감소의 상대적인 속도가 아주 높다면 집단 선택이 우세할 수 있음을 보여 주었다. 그런 모형들 중 하나는 이타적 구성원을 지닌 집단의 증식 속도가 집단 내 이기적 개인들의 증식 속도를 능가할 때, 유전자 기반의 이타성이 집단의 구성원들을 통해 퍼질 수 있음을 보여 준다. 더 최근인 2009년에 경제학자이자 이론 생물학자인 새뮤얼 볼스(Samuel Bowles, 1939년~)는 경험 자료에 잘 들어맞는 더 현실적인 모형을 만들었다. 그의 접근법은 다음 질문에 답한다. 협력하는 집단이 다른 집단과 충돌할 때 상대 집단보다 우세할 가능성이 더 높을 경우에 집단 간 폭력은 인간의 사회적 행동의 진화에 영향을 끼칠 수 있을 만큼 계속될 수 있었을까? 신석기 시대가 시작될 때부터 현재에 이르기까지 수렵 채집인 집단들의 성인 사망률을 추적한 표 8-1에서 확인할 수 있듯이, 실제로 그러했다고 한다.

따라서 부족주의적 공격성은 신석기 시대 이전으로 한참 거슬러 올라가지만, 얼마나 멀리까지 올라가는지 아직 아무도 정확히 말할 수 없다. 죽은 동물의 사체나 사냥으로 얻는 고기에 크게 의존하는 호모 하빌리스 시대에 시작되었을 수도 있다. 또는 현생 침팬지와 인류로 이어지는 계통들이 갈라진 600만 년 전보다도 훨씬 전에 인류가 물려받은 아주 오래된 유산일 가능성도 꽤 있다. 제인 구달(Jane Goodall, 1934년~)을 비롯한 침팬지 연구자들은 침팬지들 사이에서 집단 내 살해와 상대의 목숨을 앗아 갈 수 있는 집단 간 습격 행위가 벌어진다는 것을 밝혀냈다. 침팬지와 수렵 채집인, 원시 농경인 집단을 살펴보니, 집단 내부와 집단 사이의 흉포한 공격에 따른 사망률이 거의 같은 것으로 드러났다. 하지만 침팬지는 치명적이지 않은 수준의 폭력 행동을 훨씬 더 많이 한다. 인간보다 100배, 아니 아마도 1,000배까지 저지르는 듯하다.

침팬지는 많으면 150마리까지 무리지어 산다. 영장류학자들은 이 집단을 '공동체(community)'라고 하는데, 최대 38제곱킬로미터에 이르는 세력권을 지키며, 개체군 밀도는 1제곱킬로미터에 약 5마리로 낮은 수준이다. 이 공동체 내에서 침팬지들은 작은 무리를 이루고 각 무리는 다시 소집단으로 나뉜다. 각 소집단은 평균 5~10마리로 이루어지며, 함께 먹고 함께 잔다. 수컷들은 평생을 한 공동체에서 살아가는 반면, 암컷들은 대부분 젊을 때 이웃 공동체로 옮겨 간다. 수컷이 암컷보다 군거성이 더 강하다. 또 수컷은 지위를 강하게 의식하며, 스스로를 과시하는 행동을 자주하고 그러다가 싸움을 벌이고는 한다. 수컷들은 지배 서열을 이용하거나 아예 뒤엎기 위해 서로 동맹을 맺고, 다양한 술책과 속임수를 쓴다. 젊은 침팬지 수컷들이 벌이는 집단 폭력 양상은 젊은 인간 남성들이 벌이는 것과 놀랄 만큼 비슷하다. 그들은 자기 자신과 자기 무리의 지위를 위해 끊임없이 경쟁하는 한편으로, 경쟁 집단과 대규모로 정면 대치하는 것을 피하고 대신 기습 공격에 의지하는 경향을 보인다.

수컷 무리가 이웃 공동체를 습격하는 목적은 분명히 그쪽 구성원들을 죽이거나 내쫓고 새 세력권을 얻기 위해서이다. 존 미타니(John Mitani)는 동료 연구자들과 우간다의 키발레 국립 공원의 야생 환경에서 그런 정복 전쟁이 벌어지는 과정을 처음부터 끝까지 지켜보았다. 10년에 걸쳐 벌어진 그 전쟁은 기이할 만큼 인간의 전쟁과 흡사했다. 수컷들은 최대 20마리까지 무리지어 10~14일 간격으로 적의 세력권으로 들어가서 정찰 활동을 벌였다. 그들은 줄을 지어서 소리 없이 나아가면서 숲 바닥에서 나무 꼭대기까지 샅샅이 훑었고, 어떤 소리가 날 때마다 조심스럽게 멈추었다가 다시 움직이고는 했다. 자신들보다 더 큰 무리와 맞닥뜨리면, 침입자들은 대열을 흐트러뜨리고 자기 세력권으로 달아났다. 하지만 혼자 돌아다니는 수컷과 마주치면, 우르르 달려들어서 마구 때리고 물어서 죽였다. 혼자 있는 암컷과 마주치면, 대개는 그냥 놔주었다. 이 너그러운 태도는 의협적임을 과시하기 위함이 아니었다. 암컷이 새끼를 데리고 있을 때에는 새끼를 빼앗아 죽인 뒤 먹어 치웠다. 그렇게 꾸준히 오랜 기간에 걸쳐 압박을 가한 끝에, 이윽고 침입자 무리는 적의 세력권을 병합했고, 그 공동체가 차지한 땅의 면적은 22퍼센트가 늘어났다.

현재의 지식으로는, 침팬지와 인류가 공통 조상으로부터 세력권 공격 양상을 물려받았는지, 아니면 아프리카 고향에서 접하는 기회와 자연 선택의 압력에 반응하면서 나란히, 그러나 서로 독자적으로 그것을 진화시켰는지를 판단할 확실한 방법이 전혀 없다. 하지만 두 종의 행동이 세부 측면들에서 놀라울 만큼 유사하다는 점을 염두에 두고 그것을 설명하는 데 필요한 가정의 수를 최소한으로 줄이면, 그 행동이 공통 조상에서 유래했을 것이라는 가설 쪽이 더 가능성이 높아 보인다.

개체군 생태학(population ecology)의 원리들을 이용하면 인류의 부족주의적 본능이 어떻게 기원했는지를 더 깊이 탐구할 수 있다. 개체군은 기하 급수적으로 성장한다. 개체군에서 전 세대와 다음 세대의 개체수 비율이 1을 넘을 때, 이를테면 1.01이라는 아주 미미한 차이라고 해도 개체군은 예금이나 부채가 늘어나는 것과 마찬가지 방식으로 시간이 갈수록 점점 더 빨리 증가한다. 침팬지나 사람의 개체군은 자원이 풍부할 때 늘 기하 급수적으로 성장하는 경향이 있지만, 서너 세대가 지나면 설령 전성기에 있다고 할지라도 성장 속도가 느려지게 된다. 무언가가 방해하기 시작하고, 때로는 개체군 수가 정점에 이르렀다가 일정한 수준을 유지하거나 위아래로 주기적인 변동을 보이기도 한다. 때로는 붕괴하여 종이 국지적으로 소멸할 수도 있다.

여기서 방해하는 '무언가'란 무엇일까? 자연에서 개체군의 크기를 증감시키는 것이라면 다 가능하다. 예를 들어 늑대는 자신이 잡아먹는 엘크와 말코손바닥사슴 개체군의 제한 요인(limiting factor)이다. 늑대가 불어나면, 엘크와 말코손바닥사슴 개체군은 성장을 멈추거나 줄어든다. 한편 엘크와 말코손바닥사슴의 수는 늑대의 제한 요인이기도 하다. 먹이, 즉 엘크와 말코손바닥사슴이 줄어들면, 이 포식자의 개체군도 줄어든다. 이 관계는 병원체와 숙주 사이에서도 유지된다. 숙주 개체군이 커지면, 개체수가 많아지고 밀도가 높아지므로, 기생 생물 개체군도 함께 커진다. 역사를 보면, 질병은 때로 육지를 휩쓸고는 했는데, 그런 유행병(학술적으로 사람의 유행병은 epidemic이라고 하고, 동물의 유행병은 epizootic이라고 한다.)은 숙주 개체군이 충분히 감소하거나 충분히 많은 구성원이 면역성을 획득할 때까지 지속된다. 병원체는 개체보다 낮은 수준의 단위에서 먹이 사냥을 하는 포식자라고 정의할 수 있다.

여기서 작동하는 원리가 또 하나 있다. 제한 요인들이 계층 구조를 이루어 작동한다는 것이다. 인간이 늑대를 죽임으로써 엘크의 주된 제한 요인을 제거한다고 하자. 그러면 엘크와 말코손바닥사슴은 수가 더 불어난다. 다음 제한 요인이 작동하기 전까지 그렇다. 다음 제한 요인은 초식 동물들이 풀을 지나치게 뜯어먹어서 먹이가 부족해지는 것일 수도 있다. 또 다른 제한 요인은 외부로의 이주이다. 이 상황에서 개체는 있던 곳을 떠나서 다른 곳으로 가면 살아남을 기회가 더 높아진다. 개체군 압력에서 비롯되는 이주 행동은 레밍, 메뚜기 떼, 제왕나비, 늑대에게서 고도로 발달한 본능이다. 그런 개체군이 이주하지 못하게 되면 개체군의 크기가 다시 증가할 수도 있지만, 그러면 어떤 다른 제한 요인이 또 작동한다. 많은 동물들에게서는 세력권 방어 행동이 바로 그 제한 요인이다. 세력권 소유자가 먹이 자원을 지키는 것이다. 자신이 세력권 안에 있음을 알리고 같은 종의 경쟁자를 다가오지 못하게 하기 위해 사자는 포효하고, 늑대는 울부짖고, 새는 노래한다. 사람과 침팬지는 세력권을 유지하려는 습성이 강하다. 그것은 그들의 사회 체제에 깊이 새겨진 뚜렷한 개체군 억제책이다. 침팬지 계통과 인류 계통이 기원했을 때, 즉 600만 년 전 침팬지와 인류가 갈라지기 전에 어떤 사건들이 벌어졌는지는 그저 추측만 할 수 있을 뿐이다. 하지만 나는 사건들이 다음과 같은 순서로 일어났다고 가정했을 때 증거들과 가장 잘 들어맞는다고 믿는다. 최초의 제한 요인은 식량이었고, 그것은 동물 단백질을 얻기 위해 집단 사냥이 도입되면서 더 강하게 작용했다. 세력권 행동은 식량 공급원을 독차지하기 위한 장치로서 진화했다. 팽창을 위한 정복 전쟁과 합병으로 세력권은 더 늘어났고, 집단 내 단결, 관계망 형성, 동맹 형성을 장려하는 유전자들이 선호되었다.

오늘날 소규모로 흩어진 집단을 이루어 사는 수렵 채집인들에게서도 볼 수 있듯이, 수십만 년 동안 본능적인 세력권 행동을 통해서 소규모로 흩어진 호모 사피엔스 공동체들은 안정한 상태를 유지했다. 이 오랜 기간 동안 무작위로 극단적인 환경 변화가 일어날 때마다 세력권 내에서 유지될 수 있는 개체군의 크기는 늘어났다 줄어들었다. 이 '인구학적 충격(demographic shock)'들이 닥칠 때마다 불가피하게 이주 또는 정복 전쟁을 통한 세력권의 공격적인 팽창, 또는 양쪽 행동이 다 일어나고는 했다. 또 이웃 집단을 복속시키기 위해 혈연 기반의 관계망을 넘어서서 동맹을 형성하는 것이 중요해졌다.

1만 년 전, 신석기 혁명이 일어나 경작과 목축을 통해 식량이 엄청나게 늘어나기 시작했고, 그것에 따라 인구가 급증했다. 하지만 그 발전으로 인간의 본성이 바뀐 것은 아니었다. 새롭게 확보된 풍부한 자원이 허용하는 것만큼 인구가 빠르게 늘어났을 뿐이다. 그 결과 불가피하게 식량이 다시 제한 요인이 되었고, 인류는 세력권 행동 본능에 복종했다. 그들의 후손들도 결코 변하지 않았다. 현재 우리는 수렵 채집인 조상들과 근본적으로 똑같다. 다만 식량이 더 많고 세력권이 더 클 뿐이다. 최근의 연구들은 지역마다 인구가 식량과 물의 공급량에 따라 정해진 한계에 근접해 가고 있음을 보여 준다. 새로운 땅이 발견되고 그곳의 원주민들이 쫓겨나거나 살해당한 뒤의 짧은 기간을 제외하고는 모든 부족이 언제나 이 일을 반복해 왔다.

핵심 자원을 통제하려는 투쟁은 세계적으로 계속되고 있고, 점점 악화되고 있다. 핵심 자원을 통제하는 문제는 인류가 신석기 시대의 여명기에 자신에게 주어진 크나큰 기회를 움켜잡는 데 실패했기 때문에 생긴 것이다. 그 기회를 잡았다면, 인구 증가는 제한 요인이 작동하기 시작하는 최소 한계보다 낮은 수준에서 멈추었을지도 모른다. 그러나 종으로서 우리는 그 기회를 잡지 않았다. 우리에게는 초창기 성공이 가져다 줄 결과를 내다볼 방법도 능력도 없었다. 우리는 그저 죽 해 오던 대로, 더 초라하고 더 야만적인 환경에 속박된 구석기 시대 조상들에게서 물려받은 본능에 맹목적으로 복종하면서 번식과 소비를 계속하고 있다.

9장

탈출

200만 년 전 아프리카의 사바나림과 초원을 돌아다니던 오스트랄로피테쿠스들은 유전자를 여러 종들에 분산시켰다. 그들은 뒷다리로 걸었고, 그 점에서 그때까지 존재했던 다른 모든 영장류와 달랐다. 머리 모양과 치열은 유인원과 비슷했다. 뇌 크기도 주위에 살았던 대형 유인원과 별반 다르지 않았다. 그들의 집단들은 작았고 흩어져 있었으며, 늘 멸종의 위험을 안고 살았다. 사실 50만 년이 흐르는 동안, 그들은 모두 사라졌다.

단 한 집단만 빼고 말이다. 적응 방산한 오스트랄로피테쿠스 속의 영장류 종들 중 한 집단은 살아남았다. 그 집단의 후손들은 계속 존속할 뿐만 아니라 세계를 지배할 운명이었다. 처음에 이 현생 인류의 조상들이나 그 근연종들이나 미래가 불확실했다는 점에서는 다를 바 없었다. 지금으로부터 약 200만 년 전, 자연 선택된 오스트랄로피테쿠스 계통은 더 큰 뇌를 지닌 호모 에렉투스로 변화하기 시작했다. 호모 에렉투스는 현생 호모 사피엔스보다 뇌가 더 작았지만, 엉성한 석기를 만들 수 있었고, 야영지를 만들고 통제된 불을 사용할 줄 알았다. 그 집단은 아프리카 바깥으로 퍼져서 동북아시아까지 올라갔고, 남쪽으로는 인도네시아까지 나아갔다. 호모 에렉투스는 영장류로서는 유례없는 수준의 적응력을 지니고 있었다. 그 집단 중 일부는 현재의 중국 북부에서 추운 겨울을 견디면서 살았고, 자바의 찌는 듯한 열대 기후에서 살아남은 집단도 있었다. 그 드넓은 분포 범위에 걸쳐, 고생물학자들은 호모 에렉투스 뼈대의 모든 부위 파편들을 발굴하여 끼워 맞추는 작업들을 반복해왔다. 그리고 그들은 케냐 북부 투르카나 호수 근처의 두 퇴적층에서 머리뼈와 넙다리뼈에 못지않게 놀라운 것을 발견했다. 바로 발자국 화석이었다. 오늘날 우리가 남기는 발자국은 호모 에렉투스가 150만 년 전 발가락 사이로 진흙이 삐져나오는 길에 발자국을 남기며 걸은 이래로 거의 변하지 않았다.

호모 에렉투스는 유인원 조상의 문화보다 한참 더 발전된 문화를 지녔으며, 새롭고 힘든 환경에 더 적응할 수 있어서 분포 범위를 넓히며 전 세계로 퍼진 최초의 영장류가 되었다. 오스트레일리아와 아메리카 대륙처럼 바다로 분리된 대륙과 태평양의 외진 섬 같은 곳에만 도달하지 못했을 뿐이다. 분포 범위가 넓어진 덕에 이 종은 일찍 멸종할 가능성이 줄어들었다. 그 유전적 계통 중 하나는 호모 사피엔스로 진화함으로써 잠재적 불멸성을 얻었다. 호모 에렉투스는 아직도 살아 있다. 바로 우리가 그들이다.

호모 에렉투스의 분포 범위 중 한 변경에서 출현한 분파는 우리보다

운이 나빴다. 자바 동쪽의 소순다 열도에 속한 중간 크기의 섬인 플로레스 섬에 살았던 몸집도 뇌도 작았던 사람족인 호모 플로레시엔시스(*Homo floresiensis*)가 바로 그들이다. 그들이 남긴 화석과 석기는 9만 4000년 전의 것부터 겨우 1만 3000년 전의 것까지 있다. 그들은 키가 1미터에 불과했고 뇌 크기는 아프리카의 오스트랄로피테쿠스와 비슷했다. 플로레스인은 '호빗 족'이라는 별명으로도 널리 알려져 있는데, 그들의 전모는 아직 감질나는 수수께끼로 남아 있다. 이 종은 호모 에렉투스의 인도네시아 본토 집단에서 격리되어 분화한 극단적인 변이 형태에서 기원했을 가능성이 가장 높다. 이들의 작은 몸집은 섬 생물 지리학의 느슨한 법칙에 들어맞는다. 즉 섬에 격리된 몸무게 20킬로그램 미만의 동물 종은 상대적으로 거대해지는 쪽으로 진화하는 경향이 있는 반면(갈라파고스 제도의 거대한 거북이 대표적이다.), 20킬로그램을 넘는 종은 작아지는 쪽으로 진화하는 경향이 있다는 것이다. (플로리다키스 제도의 난쟁이사슴(dwarf deer)이 그렇다.) 그들을 독립된 사람족으로 보는 현재의 관점이 옳다면, 호모 플로레시엔시스는 호모 에렉투스가 우리 종에 이르기까지 헤치며 나아온 진화 미로의 이모저모를 꽤 많이 말해 준다. 이 종은 긴 세월을 살다가 비교적 최근에 멸종했기에, 우리의 또 다른 자매종인 네안데르탈인, 즉 호모 네안데르탈렌시스처럼 호모 사피엔스가 파죽지세로 전 세계로 퍼지는 동안 제거되었을 가능성도 있다.

호모 에렉투스의 성공한 후손인 호모 사피엔스는 냉정하게 볼 때 사실 플로레스 섬의 작은 인류보다 더욱 기이하다. 불거진 이마, 지나치게 큰 뇌, 끝으로 갈수록 점점 가늘어지는 긴 손가락 말고도, 우리 종은 생물 분류학자들이 '식별 형질(diagnostic)'이라고 말하는 다른 놀라운 생물학적 특징들도 지닌다. 이 말은 우리의 형질들 중 일부는 조합되었을 때 모든 동물 가운데 독특하다는 의미이다.

- 임의로 창안한 단어와 기호의 무한한 순열을 토대로 한 생산적 언어.
- 다양하게 배열된 소리로 이루어진 음악. 언어와 마찬가지로 소리의 무한한 순열을 토대로 하며, 개인이 만들고자 하는 분위기에 맞춰 여러 방식으로 연주할 수 있다. 가장 두드러지는 점은 박자를 지닌다는 것이다.
- 어른들의 지도를 받으며 오랜 기간 학습할 수 있는 긴 유년기.
- 여성 생식기의 해부학적인 은폐와 배란 은폐. 둘이 결합됨으로써 지속적인 성적 활동이 가능해진다. 후자는 장기간 무력한 상태로 지내야 하는 유년기 초의 아이에게 필요한 남녀의 유대 관계와 부모의 공동 육아를 촉진한다.
- 발달 초기에 유달리 빨리 상당 수준까지 커지는 뇌. 태어났을 때부터 성숙할 때까지 3.3배 증가한다.
- 잡식성임을 시사하는 상대적으로 호리호리한 체형, 작은 치아, 약한 턱 근육.
- 요리를 통해 부드러워진 음식을 먹도록 분화한 소화계.

약 70만 년 전, 호모 에렉투스 개체군들의 뇌는 점점 커지고 있었다. 그들은 방금 말한 호모 사피엔스의 식별 형질들 중 몇 가지를 적어도 초보적인 형태로나마 획득하고 있었다고 추론할 수 있다. 하지만 이 선행 인류의 머리뼈는 아직 현생 인류의 것과 큰 차이가 있었다. 호모 에렉투스는 현생 호모 사피엔스보다 눈두덩이 튀어나와 있었고, 얼굴이 더 돌출되어 있었으며, 전반적으로 머리뼈가 옆으로 덜 퍼져 있었다. 그러다가 지금으로부터 약 20만 년 전 아프리카에 살던 우리의 조상들은 해부학적으로 현생 인류와 더 가까워졌다. 그들은 더 발전된 석기를 썼고, 일종의 매장 의식을 치렀을 수 있다. 하지만 그들의 머리뼈는 여전히 상대적으로 더 무겁고 두꺼웠다. 약 6만 년 전, 호모 사피엔스가 아프리카를 벗어나서 세계로 퍼지기 시작했을 때에야 비로소 인류는 현생 인류의 두개골 형태를 온전히 갖추었다.

아프리카에서 탈출해서 지구를 정복한 우리 조상들의 저력은 다양한 유전적 혼합에서 나왔다. 수십만 년에 걸친 진화 역사 내내 그들은 수렵 채집인이었다. 그들은 적어도 30명은 넘고 100명은 넘지 않는, 현대까지 살아남은 수렵 채집인 무리들과 비슷한 규모의 소규모 무리를 이루어 살았다. 이 집단들은 드문드문 흩어져 있었다. 서로 가장 가까운 집단끼리는 세대마다 소수의 인적 교환이 이루어졌으며, 옮겨 가는 쪽은 대개 여성이었을 것이다. 이 무리들의 집합 전체(생물학자들은 그런 집합체를 '메타 개체군(metapopulation)'이라고 한다.)는 아프리카를 탈출할 운명을 지닌 특정 지역의 인류보다 유전적으로 훨씬 다양했다.

그 유전적 다양성은 지금까지 이어지고 있다. 사하라 사막 이남의 아프리카 인들이 전 세계 어느 지역의 원주민들보다 유전적으로 훨씬 더 다양하다는 사실은 오래전부터 알려져 있었다. 그들이 가진 유전적 차이가 어느 정도인지는 2010년에 칼라하리 사막의 서로 다른 지역에 사는 부시먼 수렵 채집인(산 족(San) 또는 코이산 족(Khoisan)이라고도 한다.) 네 명과 아프리카 남부의 이웃 농경 부족인 반투 족(Bantu) 한 명의 유전체에서 단백질 암호를 지닌 모든 서열을 분석했을 때 특히 명확히 드러났다. 놀랍게도 네 명의 산 족은 외모가 비슷했음에도, 평균 유럽 인과 평균 아시아 인 사이보다 유전자 서열이 서로 더 다르다는 것이 드러났다.

당연히 인류 생물학자들과 의학자들은 현대 아프리카 인의 유전자가 전 인류의 보물 창고라는 점에 주목하고 있다. 아프리카 인들은 우리 종의 유전적 다양성을 가장 많이 간직하고 있으며, 그 다양성의 전모를 더 연구한다면 인간의 몸과 마음이 유전되는 양상을 새롭게 조명할 수 있을 것이다. 아마도 이 연구 결과를 비롯한 인간 유전학에서 나온 성과들에 비추어서 인종적 및 유전적 변이에 관한 새로운 윤리를 채택해야 하는 시점이 온 것인지도 모른다. 다양성을 이루는 차이들보다는 다양성 전체에 더 가치를 두는 윤리 말이다. 미래에 대한 불확실성이 점증하는 시대이기에 우리 종의 유전적 변이가 우리 모두에게 제공하는 적응성을 높이 평가함으로써, 그 유전적 변이를 자산으로 삼는 편이 적절할 것이다. 우리는 인간다움을 폭넓은 유전자 포트폴리오를 바탕으로 강화해야 한다. 그것은 우리에게 새로운 재능과 추가적인 질병 저항 능력, 그리고 더 나아가 실제를 보는 새로운 방식을 가져다줄 수 있을 것이다. 도덕적 이유만이 아니라 과학적 이유로도, 우리는 인류의 생물학적 다양성을 편견과 갈등을 정당화하는 용도가 아니라 그 자체를 촉진해야 하며 그 방법을 배워야 한다.

아프리카에서 중동으로, 그리고 그 너머로 퍼진 호모 사피엔스 집단들은 현대 여행자들이 하는 것과 같은 종류의 긴 여행을 했다. 그 무리들은 세대를 이어 가면서 자기 앞에 놓인 낯선 땅으로 조심스럽게 터벅터벅 걸어갔다. 그들은 위험을 무릅쓰고 수십 킬로미터를 나아간 다음 정착했고, 수를 늘린 뒤 둘 이상의 무리로 나뉘어서 새 세력권으로 나아가는 패턴을 반복했던 것 같다. 분명히 초기 침략자들은 이 방식으로 나일 계곡을 따라 북쪽으로 나아가서 지중해 동부 연안으로 건너갔고, 거기에서 북쪽과 동쪽으로 퍼졌다. 그 통로를 따라 나아간 최초의 개척자들이 단 한 무리 혹은 서너 무리로 이루어졌을 가능성도 꽤 있다. 수천 년이 지나기 전에 그 후손들은 유라시아 대륙 거의 전체에 걸쳐 엉성하게 연결된 부족들의 그물을 형성했다.

처음에 소수가 느리게 나아간 뒤에 지역 집단으로 성장했다는 이 시나리오를 뒷받침하는 두 부류의 증거들을, 지난 10년간 두 연구진이 독자적으로 모아 왔다. 첫째, 현대 남아프리카 인들의 유전적 다양성이 크다는 것은 아프리카 인 집단 전체 중에서 일부만 아프리카 탈출 대열에 참여했음을 시사한다. 둘째, 현생 인류 집단들 사이에 있는 유전적 차이의 규모를 분석한 자료와 그것을 다룬 수학 모형은 그 개척자들이 '연속 창시자 효과(serial founder effect)'를 일으켰음을 시사한다. 연속 창시자 효과는 소수의 개인이 기존 집단에서 나와서 다시 그다음 이주를 위한 원천 역할을 하는 것을 말한다. 이윽고 여러 방향으로 뻗어나간 그런 선발대들이 서로 만남으로써, 인류 집단은 하나가 되었다.

과학자들은 인류의 아프리카 탈출이 어떻게 시작되었는지를 더 정확히 그리기 위해 지질학, 유전학, 고생물학에서 나온 자료들을 연구해 왔다. 13만 5000년 전과 9만 년 전 사이, 열대 아프리카에는 앞서 수만 년 동안 있었던 것보다 훨씬 더 극단적인 건조한 시기가 찾아왔다. 그 결과 초기 인류의 분포 범위는 훨씬 줄어들 수밖에 없었고, 인구는 위험할 정도로 낮은 수준까지 떨어졌다. 한참 뒤 역사 시대에도 흔했지만, 기아와 부족 간 싸움에 따른 죽음은 선사 시대에도 만연했을 것이 틀림없다. 아프리카 대륙의 호모 사피엔스 총인구는 수천 명으로 줄어들었고, 미래의 정복자 종은 오랜 기간 멸종 위험에 시달려야 했다.

그러다가 드디어 극심한 가뭄이 누그러졌고, 9만~7만 년 전 열대림과 사바나가 서서히 팽창하여 이전의 영역을 회복했다. 그것과 더불어 인구도 불어나서 퍼졌다. 한편 아프리카 대륙의 다른 지역들은 더 건조해졌고, 중동 지역도 마찬가지였다. 아프리카 대다수 지역에서는 강수량이 중간 수준으로 안정화되었고, 개척자 집단이 대륙 바깥으로 인구 팽창을 할 유리한 기회의 창이 열렸다. 특히 이주하는 인류 무리가 북쪽으로 나아갈 수 있도록, 나일 강에서 시나이 반도와 그 너머까지 건조한 땅을 양분하면서 서식 가능한 지형이 죽 이어진 통로가 유지될 만큼 충분히 오래 알맞은 기후가 유지되었다. 가능한 두 번째 경로는 바브엘만

데브(Bab-el-Mandeb) 해협을 건너 아라비아 반도 남부로 가는 동쪽 길이었다.

늦어도 4만 2000년 전쯤에 호모 사피엔스는 그 길들을 따라 유럽으로 들어갔다. 해부학상의 현생 인류는 다뉴브 강까지 퍼져서, 자매종인 네안데르탈인(호모 네안데르탈렌시스)의 본거지로 진출했다. 네안데르탈인은 호모 사피엔스가 등장하기 훨씬 전에 고인류(archaic human)로부터 진화했다. 비록 유전적으로 호모 사피엔스에 가깝다고 할지라도, 그들은 별개의 생물학적 종이었고, 서로 접촉했을 때 드물게만 호모 사피엔스와 상호 교배를 했다. 아마 대형 사냥감에 더 의존했기 때문이었겠지만, 네안데르탈인은 대형 사냥감뿐만 아니라 더 다양한 동물들과 식물들도 먹는 노련한 전사들과 경쟁할 준비가 제대로 되어 있지 않았다. 지금으로부터 약 3만 년 전, 호모 사피엔스는 그들을 완전히 대체했다. 또 호모 사피엔스는 네안데르탈인과 유연 관계에 있는 다른 종인, 최근에 시베리아 남부에서 발견된 '데니소바인'도 대체했다. 데니소바인은 알타이 산맥에 있는 데니소바 동굴의 유골을 통해 알려졌다.

화석과 유전적 증거에 가장 부합되는 경로를 추론해 볼 때, 점점 불어나던 인류 집단들은 약 6만 년 전 인도양 연안을 따라 나아가 멀리 아시아까지 진출한 듯하다. 개척자들은 인도 아대륙으로 들어간 뒤 말레이 반도로 나아갔고, 그곳에서 어떤 방법을 써서 해협을 건너 안다만 제도로 건너갔다. 그곳에는 그때 이후로 지금까지 오래된 집단이 '원주민'으로서 아직도 살고 있다. 그들은 인근의 니코바르(Nicobar) 제도에는 들어가지 못한 듯하다. 현재 니코바르 제도에 사는 주민들은 유전적 조성을 볼 때, 지금으로부터 1만 5000년 전인 최근에 아시아에서 건너온 듯하다. 현재까지 인도네시아에서 발견된 인류의 가장 오래된 흔적은 보르네오의 니아(Niah) 동굴에서 나온 4만 5000년 전의 것이다. 오스트레일리아에서

그림 9-1 신대륙의 첫 이주자들. 현생 인류(호모 사피엔스) 역사의 초기에 부족들은 매장 의식을 시작했고, 그것과 함께 또는 그것보다 앞서 원시적인 종교 신앙도 출현했다. 그림은 적어도 4만 년 전 오스트레일리아 남동부 뭉고 호수 근처에 살던 초기 원주민의 매장 의식을 재구성한 것이다. 시신에 붉은 오커 가루를 뿌리고 있다.

가장 오래된 흔적은 뭉고(Mungo) 호수에서 발굴된 4만 6000년 전의 유물이다. 뉴기니에서는 정착이 다소 더 일찍 이루어졌을 가능성이 높다. 아마 인류의 포식 활동과 키 작은 식생에 불을 놓아 사냥감을 내모는 행동 때문이었겠지만, 오스트레일리아의 동물상이 큰 폭으로 변화한 양상은 인류의 오스트레일리아 진출이 적어도 현재로부터 5만 년 전에 이루어졌다는 증거가 된다. 뉴기니와 오스트레일리아의 토착민들은 진정한 원주민이다. 즉 그들은 오늘날 자신들이 사는 그 땅에 도착한 최초의 현생 인류의 직계 후손이다.

오랫동안 인류학자들은 해부학적으로 현생 호모 사피엔스인 인류가 신대륙에 들어가서 더럽혀지지 않았던 동물상과 식물상에 재앙을 안겨준 시점이 정확히 언제인가 하는 질문을 붙들고 씨름해 왔다. 현상액에 담근 인화지에 사진이 서서히 떠오르는 것처럼, 흐릿하던 그 질문의 답도 마침내 뚜렷해지고 있는 듯하다. 시베리아와 남북 아메리카의 유전적, 고고학적 연구들을 보면, 시베리아의 한 집단이 3만 년 전 이후에 베링 육교를 건넌 듯하다. 비교적 최근인 2만 2000년 전에 건넜을 가능성도 있다. 이 시기에는 대륙 빙하가 늘어나서 바닷물이 빠져나가는 바람에 베링 육교가 드러나 있었고, 한편 현재의 알래스카로 가는 길은 막혀 있었다. 지금으로부터 약 1만 6500년 전, 빙하가 물러나면서 남쪽으로 향하는 길이 열렸고, 전면적인 알래스카 진출이 시작되었다. 남북 아메리카에서 이루어진 고고학적 발견들을 통해 드러났듯이, 지금으로부터 1만 5000년 전경에는 남북 아메리카로의 이주가 상당히 진행되었다. 첫 이주 집단들은 빙하가 물러난 지 얼마 되지 않은 태평양 해안을 따라 퍼졌을 가능성이 높다. 빙상이 아직 덜 물러난 상태에서 드러난 땅이었다. 지금은 대부분 바닷물에 잠겨 있다.

약 3,000년 전, 폴리네시아 인의 조상들은 태평양의 섬들로 이주하기 시작했다. 그들은 통가(Tonga)를 시작으로 장거리 항해용으로 고안한 커다란 카누를 타고 단계적으로 동쪽으로 진출했다. 기원후 1200년경 그들은 폴리네시아의 맨 끝인 하와이, 이스터 섬, 뉴질랜드로 형성된 삼각 지대에 이르렀다. 폴리네시아 인 항해자들이 이 위업을 이룸으로써, 인류의 지구 정복은 완성되었다.

10장

창의성의 폭발

지구 정복을 할 수 있을 만큼 성장한 뇌를 지닌 호모 사피엔스 집단들은 아프리카 대륙을 벗어나서 대를 이어 가면서 거침없는 물결을 이루어 구대륙 구석구석까지 퍼져 나갔다. 그들은 점점 더 복잡한 형태의 문화를 창조했다. 이 과정은 처음에는 거의 알아차릴 수 없이 느리게 진행되었지만 이곳저곳에서 점점 더 가속도가 붙기 시작했다. 그러다가 지질학적 기준으로 볼 때 갑자기, 모든 진보를 압도하는 가장 거대한 진보가 이루어졌다. 신석기 시대의 여명기에 다양한 지역에서 수렵 채집인들이 농경을 발명하고 마을을 형성한 것이다. 훗날의 군장 사회와 대군장 사회, 이윽고 국가와 제국까지도 거기에서 비롯되었다. 이 시기의 문화적 진화는 (화학의 용어를 빌리자면) 자기 촉매적이었다. 즉 각각의 진보는 또 다른 진보들을 낳을 가능성을 높였다. 역사 시대에 들어서서 처음 몇 세기 동안, 혁신은 구대륙과 신대륙 양쪽을 오가면서 빠르게 전파되었다. 이윽고 그 과정이 정점에 이르렀을 때 유라시아 초대륙의 핵심 지역에서 세계를 바꿀 사건이 일어났다.

인류학자들은 문화적 창의성의 폭발(creative explosion)을 설명하기 위해 세 가지 가설을 제시해 왔다. 첫 번째는 아프리카 호모 사피엔스 집단이 유라시아로 탈출할 무렵에 변화를 야기할 중요한 돌연변이가 일어났다는 것이다. 이 견해는 우리의 자매종인 호모 네안데르탈렌시스가 유럽과 레반트에서 수십만 년 동안 살았지만 원시적인 석기 제작 기술에서 유의미한 발전을 이루지 못한 채 겨우 3만 년 전에 사라졌다는 점에서 신빙성을 얻는다. 네안데르탈인은 시각 예술도 개인 장신구도 고안하지 못했다. 기이하게도 이 정체된 역사 내내, 그들은 호모 사피엔스보다 더 큰 뇌를 지니고 있었고, 끊임없이 큰 폭으로 변하는 환경에 맞서 살아남았다. 해부 구조와 DNA로 판단할 때, 그들은 아마 말을 할 수 있었을 것이고, 그렇다면 복잡한 언어를 사용했을 가능성도 매우 높다. 그들은 나이에 관계없이 다친 사람을 돌보았다. 아마도 씨족의 생존에 필요한 일이었을 것이다. 어른이라면 거의 다 대형 동물을 사냥하다가 뼈가 부러지고는 했으니까 말이다. 하지만 수천 세대가 흐르는 동안 네안데르탈인의 문화에는 별 다른 일이 일어나지 않았다. 반면에 아프리카에서 유래한 호모 사피엔스에게는 무언가 대단히 중요한 일이 벌어졌다.

그러나 그것이 인류의 정신과 마음을 개조하는 어느 한 돌연변이에서 비롯되었을 가능성은 낮은 듯하다. 그것보다는 창의성의 폭발이 하나의 유전적 사건에서 비롯된 것이 아니라 16만 년 전으로 거슬러 올라가는 호모 사피엔스의 역사 초기부터 시작된 점진적 과정의 누적이라는 견해가 더 현실성이 있다. 개인 장신구와 뼈에 새기고 황토로 물들인 추상적 문양뿐만 아니라 색소 이용 사례가 10만~7만 년 전부터 나타난다는 최근의 발견들은 이 견해를 뒷받침한다.

인류학자들이 내놓은 세 번째 가설은 문화적 혁신과 그것의 채택이 같은 시기에 일어난 심각한 기후 변화에 발맞추어 오락가락했다는 것이다. 이 기후 변화는 인류 집단의 크기와 성장에 무시무시한 영향을 미쳤다. 혁신 중에는 사라졌다가 나중에야 다시 발명된 것도 있었고, 창안되어 아프리카를 탈출할 때까지 존속한 것도 있었다. 조개껍데기 구슬, 골각기, 추상적인 조각, 개선된 돌촉 등 아프리카 유물들이 7만~6만 년 전 기후가 유달리 나빴던 기나긴 시기에 드넓은 지역에서 사라졌음을 시사하는, 가장 이른 시대의 고고학 기록들도 이 견해를 뒷받침한다. 이렇게 단절이 일어났다가 아프리카 탈출이 일어난 무렵인 약 6만 년 전, 그 인공물들은 다시 출현한다. 기후가 악화된 시기에 인구가 줄어들고 흩어짐으로써 사회적 관계망이 붕괴하고 몇몇 문화 행위도 사라진 듯하다. 그 후 기후가 다시 좋아지자 인구도 다시 늘어나고 팽창했고, 혁신이 재창안되었고, 아프리카를 떠나 세계 이주에 나서는 동안 다른 혁신들이 추가되었다. 현대 문화에서도(비록 이유는 다르지만) 혁신은 나타났다가 사라지며, 소수의 혁신은 유지되면서 전파된다.

사실 세 가설은 상호 배타적이지 않다. 그것들은 하나의 시나리오로 한데 엮을 수 있다. 분명히 유전적 진화는 아프리카 탈출 시점부터 호모 사피엔스가 구대륙 전체로 퍼진 시점까지 전 기간에 걸쳐 이루어졌다. 한 연구에 따르면, 새로운 유전적 돌연변이가 출현하는 속도가 약 5만 년 전까지는 비교적 느리고 일정했다가, 약 1만 년 전 신석기 혁명이 시작될 때 정점으로 치달았다고 한다. 같은 기간에 인구 증가도 가속되었다. 그 결과 유전적 돌연변이가 더 많이 일어났고, 더불어 인구가 급증함에 따라 더 많은 문화적 혁신이 이루어졌다.

현생 침팬지와 현생 인류의 유전체(유전 암호 전체)를 비교한 유전학자들은 600만 년 전 두 종이 공통 조상에서 갈라진 이래 유전체의 아미노산 약 10퍼센트가 변화했다고 추론한다. 다시 말해 자연 선택은 그들이 세대를 이어 가면서 생존하는 것을 선호했다는 것이다. 다른 여러 연구들도 탈출과 확산이 이루어지는 동안 진화가 실제로 일어났음을 확인해 주고 있다. 전반적으로 몸집이 조금 줄어들었고, 뇌 크기와 치아도 그것에 맞추어 조금 작아졌다. 유럽과 아시아의 변경 집단들, 이어서 아메리카 집단에서는 다른 형질들도 진화했다. 그런 양상은 전적으로 예상할 수 있는 것이다. 자연 선택이 개체군 안에서, 그리고 개체군 사이에서 작용하면 변이는 풍부해지기 때문이다. 또 개체군, 즉 아프리카를 탈출한 인류 집단이 세계로 퍼져 나가는 동안 무작위적으로 적응과 무관한 '유전적 부동(genetic drift)'이 일어나 변이가 생기기도 했다. (우연의 산물인 유전적 부동을 동전 던지기를 예로 들어 설명해 보자. 동전을 던져서 앞면이 나오면 유전자를 두 배로 늘리고 뒷면이 나오면 버리는 식이다. 본질적으로 이 과정은 돌연변이 유전자의 운명을 결정짓는다. 그 유전자를 지닌 생물에게 이롭건 해롭건 영향을 주지 않는다면 말이다.) 그런 유전적 부동에서 생긴 차이를 형질 변이로까지 만든 것은 아마도 연속 개척자 효과일 것이다. 개체군이 확산될 때 같은 공동체에 속한 무리들 사이에 우연히 존재하던 차이점들이 원인이 되어 형질 차이가 생겼을 것이다. 이주할 때 첫 번째 집단은 이쪽 방향으로 떠나고 두 번째 집단은 머물거나 다른 방향으로 떠날 때, 각 집단은 나름의 독특한 유전자 집합을 지닌 채 떠났을 것이다. 각 집단은 모(母)집단에 존재하던 전체 유전자 중에서 일부만을 지니기 때문이다. 그 결과 피부색, 키, 혈액형의 비율, 기타 사소한 유전 형질들이 이쪽 방향이나 저쪽 방향으로 수백 킬로미터만 가도 조금씩 달라졌다.

돌연변이는 DNA에 일어나는 무작위적 변화이다. 문자 하나가 단순히 바뀌거나(즉 염기쌍에서 AT가 GC로 바뀌거나 그 반대로 바뀌는 것), 기존 문자가 중복되거나(AT가 ATATAT가 되듯이), 문자들이 같은 염색체나 다른 염색체의 새 위치로 옮겨 가서 생길 수도 있다. 유전자는 대개 이런 문자 수천 개로 이루어진다. 또 유전자의 수는 염색체에 따라 크게 다르다. 예를 들어, 사람의 19번 염색체에는 염기쌍 100만 개당 유전자가 23개 있는 반면, 13번 염색체에는 5개뿐이다.

아프리카에서 탈출한 이후 인구가 전반적으로 엄청나게 증가함에 따라 불가피하게 새로운 돌연변이들이 폭발적으로 나타났을 때, 인류는 진화의 두 단계를 통과했다. 첫 번째 단계에는 모든 돌연변이가 아주 낮은 수준으로 존재했다. 모든 조건에서 돌연변이는 대개 1만 명에 하나보다 낮은 비율로, 최저 수준에서는 수십억 명 중 하나꼴로 생기기 때문이다. 그런 최소 수준, 말 그대로 '돌연변이' 수준에서는 변화가 일어나더라도 대부분이 사라진다. 그것을 지닌 개인들의 적합도가 줄어들거나 단순한 우연(유전적 부동)으로, 혹은 적합도가 줄어드는 것과 유전적 부동이 어떤 식으로든 결합되거나 해서 사라진다. 하지만 새 돌연변이 유전자의 빈도가 약 30퍼센트에 이르게 되면, 빈도는 더욱 증가할 가능성이 높다. 이윽고 진화의 두 번째 단계에서 그 유전자의 돌연변이 형태(돌연변이 대립 유전자)는 같은 유전자에서 경쟁하는 기존 유전자(기존 대립 유전자)를 완전히 대체할 수도 있다. 또 한 사람이 두 대립 유전자를 하나씩 함께 지니면(그러면 그 유전자의 이형 접합체가 된다.) 어느 한쪽 대립 유전자를 쌍으로 지닌 사람(동형 접합체)보다 더 나을 가능성도 있다. 그럴 때 그 돌연변이의 빈도는 어느 한쪽이 완전히 고정되는 것보다 낮은 수준에서 기존 유전자와 평형에 이를 것이다. 낫꼴 적혈구 빈혈증은 교과서적인 사례이다. 낫꼴 적혈구 유전자는 아프리카에서 인도에 이르기까지 말라리아 위험 지역 전체에서 나타난다. 낫꼴 적혈구 유전자를 쌍으로 지니면

심한 빈혈증이 생기며, 사망 위험도 높다. 한편 정상 적혈구 유전자를 쌍으로 지니면 말라리아에 걸릴 위험이 높다. 낫꼴 적혈구 유전자와 정상 적혈구 유전자를 함께 지니면(이형 접합체 상태) 양쪽 위험을 다 막을 수 있다. 그 결과 말라리아가 유행하는 지역에서는 말라리아의 선택압에 따라 다소 평형이 유지되면서 양쪽 유전자가 다 높은 빈도로 나타난다.

인류 계통은 침팬지 계통과 갈라진 이래로, 동물 전반의 패턴에 명백히 부합되는 패턴을 따라 왔다. 그 패턴이 존재함이 입증된다면, 그것은 인간 조건에 어떻게 이르렀는지를 이해하려는 우리에게 중요한 의미를 지니게 된다. 그 패턴에 따르면, 암호화 유전자(coding gene)가 효소를 비롯한 단백질들의 구조 변화를 통제하고, 면역 반응, 후각 작용, 정자 생산에 영향을 미치는 형질 등이 특정한 조직에서 발현을 좌우한다. 반면에 비암호화 유전자(noncoding gene)는 암호화 유전자가 규정해 놓은 유전적 발달 과정을 조절하는데, 신경계의 발달과 기능 면에서 더 활발하게 작용한다. 비록 이 구분의 토대가 되는 분석들이 아직 예비 수준이기는 하지만, 비암호화 조절 유전자의 변화가 인지 능력 진화의 열쇠였을 것으로 추정하고 있다. 다시 말해 우리를 인간으로 만든 변화였을 것으로 여겨진다.

실제로 인지 능력과 관련된 형질들 중 어느 것이, 암호화 유전자와 비암호화 유전자 가운데 어느 쪽에서 돌연변이와 자연 선택을 통해 진화한 것일까? 모두 다일 가능성이 아주 높다. 쌍둥이 연구, 즉 일란성 쌍둥이(하나의 수정란에서 기원했으므로 유전적으로 동일하다.) 사이의 차이점과 이란성 쌍둥이(서로 다른 수정란에서 나왔기에, 유전적으로는 서로 다른 시기에 태어난 형제자매 사이만큼 차이를 지닌다.) 사이의 차이를 비교하는 연구들은 내·외향성, 소심함, 흥분성 같은 성격 형질들이 강한 유전적 영향 아래 놓여 있음을 시사한다. 한 집단에서 유전자들의 차이에서 비롯되는 변이의 양은 대개 4분의 1과 4분의 3 사이이다.

　유전자가 사회 관계망의 다양성에 미친 영향도, 인간이나 다른 어떤 생물에게서 고도의 사회적 행동이 진화적으로 기원하는 데 적어도 동등하게 중요한 역할을 했다. 우리는 에릭 터크하이머(Eric Turkheimer)의 행동 유전학 '제1법칙', 즉 '모든 형질은 유전자의 차이 때문에 사람들 사이에 어느 정도 다양성을 띤다.'라는 법칙에 따라서, 그런 유전적 통제가 어느 정도 이루어진다고 예상할 수 있다. (나머지 두 '법칙'은 '어떤 가정에서 양육됨으로써 받는 효과는 유전자의 영향보다 작다.'와 '복잡한 인간 행동 형질의 차이 중 상당 부분은 유전자가 식구들에게 미치는 효과로 설명되지 않는다.'이다.) 특히 개인 행동의 경우 그 개인들 간의 상호 작용을 일으키는 원천들이 무수히 많으며 그 원천들 하나하나는 유전적 변이를 드러낼 가능성이 높기에, 그것들의 조합이 사회적 관계망에 아무런 기여를 하지 않는다고 드러난다면 그것이야말로 대단히 놀라운 일일 것이다. 사실 개인의 인맥 또는 인간 관계는 크기와 강도가 대단히 다양하며, 거기에는 유전도 나름의 역할을 한다. 최근에는 한 사람이 접촉하거나 사회적 관계를 맺고 있는 사람 수의 차이뿐만 아니라 이행성(transitivity, 한 사람이 접촉하는 두 명도 서로 연결되어 접촉할 가능성이 있는 것)의 차이도 약 절반이 유전에서 비롯된다는 연구 결과가 나왔다. 반면에 개인이 친구라고 여기는 다른 집단 구성원의 수는 유전적 영향을 받지 않는다. 적어도 측정값의 일반적인 통계적 오차 범위 내에서는 부정적인 답이 나왔다.

　당장 이용 가능하고 지금도 급속히 늘어나고 있는 유전학 및 고고학적 증거들을 고려할 때, 나는 탈출과 그 후의 확산까지 이어지는 장기적인 흐름을 대강이나마 다음과 같이 그릴 수 있다고 믿는다. 여기서 생물지리학과 생태학에서 가져온 한 가지 비유를 먼저 언급하는 편이 유용할 것이다. 문화적 혁신은, 새로 형성된 연못, 관목숲, 작은 섬 같은 생태계에 들어와서 정착해 불어나는 생물 종들이라고 할 수 있다. 우리는 생물 종들의 이주로 인해 생긴 어떤 생태계의 종 재편성을 고려하듯이 작은 인간 무리가 지닌 문화적 형질들의 재편성도 고려할 수 있다. 아프리카를 탈출한 호모 사피엔스 무리가 지녔던 문화적 혁신 중 일부는 그들이 확산되는 동안에도 계속 남아 있었다. 한편 장신구와 돌촉의 고고학적 증거들이 보여 주듯이 사라졌다가 나중에 다시 등장한 혁신도 있다. 대개 새로 발명했거나 다른 무리와 접촉하는 과정에서 습득한 것이다. 처음에 아프리카 대륙의 인류 무리들은 작고 고립되어 있었다. 기후 변동과 살기 알맞은 서식지의 변화에 따라 각 무리의 인원수와 평균 크기는 불어나고 줄어들기를 반복했다. 아프리카 탈출 직전과 탈출하는 동안에는 환경이 더 좋았기에, 무리의 인원수와 집단의 크기가 증가했다. 그 결과 그들은 더 빠른 속도로 혁신을 이루었다.

6만~5만 년 전, 인류 진화사의 이 결정적 시기에 문화의 발달은 자기 촉매적으로 이루어졌다. 앞에서 말했듯이, 성장은 처음에는 느렸지만, 화학적, 생물학적 자기 촉매 반응과 같은 방식으로, 시간이 갈수록 점점 더 가속되었다. 한 혁신을 채택하면 특정한 다른 혁신들을 채택하는 것이 가능해지고, 그런 혁신들이 유용하다면 전파될 가능성이 더 높기 때문이다. 문화적 혁신들을 더 잘 조합한 무리와 그 무리들의 공동체는 생산성이 더 높아졌고 경쟁과 전쟁에 더 잘 대비할 수 있었다. 그들의 경쟁자들은 그들을 모방하거나 아니면 세력권을 잃고 쫓겨났다. 문화의 진화를 추진한 것은 이 집단 선택이었다.

후기 구석기 시대부터 중석기 시대까지 문화적 진화의 초창기에는 진화 속도가 느렸다. 지금으로부터 1만 년 전, 농경과 마을이 발명되고 잉여 식량이 발생하면서 신석기 시대가 시작되자, 문화적 진화도 급격히 가속되었다. 그 후 교역의 확대와 무력의 행사에 힘입어 문화적 혁신은

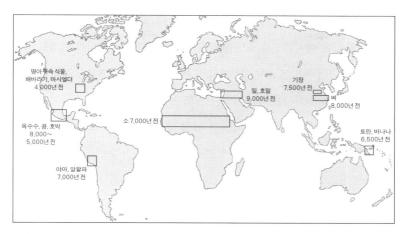

그림 10-1 목축을 포함한 농경이 독자적으로 기원했다고 알려진 중심지 8곳과 출현 시기.

더 빨리 이루어졌을 뿐만 아니라 더 멀리까지 전파되었다. 여전히 혁신들은 나타났다 사라지는 등 지속적인 재편성 과정을 거쳤지만 문화적 혁신을 성취한 인류 집단의 인구와 부족의 규모가 엄청나게 커짐에 따라 재편성 과정의 영향을 압도할 만큼 독창적이면서 강력한 혁신도 나타났다. 글쓰기, 천문 항법, 총 같은 혁신은 처음에는 희귀하고 불완전하고 허약했다. 사라졌다가 나중에야 다시 나타난 것도 있었다. 모닥불에서 튀어나오는 불꽃처럼, 각 혁신은 일단 불만 붙으면 화르르 화염을 일으키면서 번질 가능성을 지니고 있었다.

고고학자들은 지금으로부터 1만~7,000년 전에 인류의 마음속에 등장해 전 세계 인류 집단으로 전파된 문화적 혁신과 관련된 핵심 개념들을 이렇게 기술하고 있다.

● 돌을 단순히 쪼개고 떼어내어 도구를 만들던 중석기 시대와 달리 훨씬 더 정교한 과정을 거쳐 도구를 만듦으로써 석기 제작 기술을 완성했다. 신석기 시대에 발명된 도끼와 까뀌는 여러 단계를 거쳐 제작되었다. 먼저

입자가 고운 돌을 알맞은 모양으로 조각 내 날을 만든 뒤, 세밀하게 깎고 다듬었다. 마지막으로 표면의 거친 부분을 정밀한 끌이나 연마질로 제거했다. 그리하여 표면이 매끄럽고 모서리가 날카로우면서 납작하거나 둥글게 원하는 형태를 지닌 날을 완성했다.

● 신석기 시대의 도구 제작자들은 안쪽 표면과 바깥쪽 표면이 있는 속이 빈 구조물이라는 개념을 창안했다. 그 개념에 따라 그들은 나무, 가죽, 돌, 점토로 다양한 모양의 쓸모 있는 용기들을 고안했다.

● 또 도구 제작자들은 전래된 제작 단계를 역행하여, 작은 물건들을 조립해 더 큰 물건을 만드는 법도 터득했다. 이 방법을 통해 직물이 발명되었고, 시간이 갈수록 점점 더 정교해지고 널찍해지는 거주 공간이 세워졌다.

● 궁극적으로 인류뿐만 아니라 나머지 생물들에게도 중요해질 한 가지 핵심적인 변화는 갓 출현한 경작자와 마을 주민의 마음에 형성된 새로운 환경 개념이었다. 자연 서식지는 이제 더 이상 사냥하고 채집하며, 이따금 불을 놓아 태우는 야생 공간이 아니게 되었다. 대신에 그 서식지는 경작하고 개간해야 할 땅이 되었다. 야생 지역을 대체되어야 할 무언가로 보는 이 특별한 개념은 오늘날까지 세계 인구 대다수의 마음에 고착되어 있다.

농경의 뿌리는 현생 인류의 아프리카 탈출이 일어나던 시기나 그것보다 조금 뒤인 적어도 4만 5000년 전, 불을 놓아 사냥감을 내몰고 잡았던 시대로 거슬러 올라간다. 당시 적어도 일부 무리들은 오늘날의 오스트레일리아 원주민들처럼, 사바나와 건조림이 불길에 휩싸이고 나면 먹을 수 있는 신선한 식물들이 무성하게 자라난다는 사실을 틀림없이 인식하고 있었을 것이다. 영양가 많은 땅속줄기 식물도 잠시 동안이지만 찾고 캐내기가 쉬워졌다. 멕시코 토착 작물을 상세히 조사한 최근의 연구들을 통해 드러났듯이, 다음 단계는 장기 정착이 이루어짐으로써 가능해졌다. 멕시코를 비롯한 메소아메리카 여러 지역의 주민들은 단순히 주거지 주변에서 다른 식물들이 자라지 못하게 함으로써 용설란류, 선인장류, 호리병박, 콩과식물인 레우카이나속(*Leucaena*)의 나무 등 식량이 되는 식물들을 재배하기 시작했다. (흥미롭게도 몇몇 개미 종도 같은 일을 한다.) 다음 단계도 마찬가지로 운 좋게 발견된 것이다. 이 최초의 텃밭 식물 종들 중 일부는 비슷한 종들끼리 우연히 잡종을 형성하거나, 염색체 수가 두 배로 늘어나거나, 양쪽 변화가 함께 일어남으로써 식량으로서의 가치가 더욱 높은 새로운 품종을 형성했다. 경작자들은 그런 품종을 간파하고 보존함으로써 선택했다. 그리하여 인위 선택을 통한 나무 길들이기와 식물 육종 행위가 시작되었다. 거의 같은 시기 또는 그 이전에, 야생에서 잡은 동물을 애완 동물과 가축으로 바꾸는 가축화도 시작되었다. 9,000~4,000년 전, 그 추세가 더욱 확대되어 구대륙과 신대륙의 적어도 8곳의 중심지에서 새로운 동물과 식물 품종들이 많이 출현했다. 그리하여 농업이 인류의 주된 직업으로 등장했다.

지난 1만 년은 호모 사피엔스와 나머지 생물권 양쪽에 유례없는 변화가 일어난 시기였다. 문화적 진화는 지금도 가속되고 있으며, 그것은 한 가지 근본적인 질문을 제기한다. 우리는 유전적으로도 진화하고 있을까? 의학 연구자들은 인간 유전체의 뉴클레오티드 문자 30억 개에 대한 분석을 심화시키는 한편으로 인류 집단에서 진화가 정말로 여전히 일어나고 있음을 밝혀냈다. 인간 유전학에서 의학적 측면이 강조되고 있기 때문에, 지금까지 자연 선택의 대상이 된다고 파악된 유전자의 대다수는 질병 내성을 제공하는 것들이다. 최근 수천 년 사이에 출현해서 전파된 돌연변이들의 목록은 점점 늘어나고 있다. CGPD, CD406, 낫꼴 적혈구 유전자는 말라리아를 자연적으로 어느 정도 막아 준다.

CCR5는 천연두, AGT와 CY3PA는 고혈압, ADH는 알데히드에 민감한 기생 생물에 내성을 제공한다. 최근에 기원해서 생리적 형질들에 영향을 미치는 유전적 돌연변이들도 있다. 어른이 우유와 유제품을 먹을 수 있도록 해 주는 젖당 내성 유전자는 고전적인 사례이다. 산소 농도가 낮은 고지대에 사는 티베트 인들은 EPAS1라는 돌연변이를 획득했다. 이 돌연변이는 헤모글로빈의 생산량을 높인다. 이것이 그들이 고산 지대에서 활동할 수 있는 열쇠이다. 우리가 아는 진화의 모든 기본 과정들에 비추어볼 때, 인류라는 종은 최근까지도 진화를 계속해 왔고 앞으로도 당연히 계속 그럴 것이다.

인간 유전학자들은 모두 특정 지역에서만 나타나 인종적 특징이라고 분류되는 해부 구조와 생리 특성의 지리적 변이 대부분이 국지적인 자연 선택 때문에 생긴 게 아니라 유전적 부동 때문에 생긴 것이라고 생각한다. 서로 다른 유전형이 이주한 뒤에 유전자의 지역 빈도가 무작위로 변동함으로써 생긴 유전적 부동의 결과라는 것이다. 햇빛의 자외선을 차단하여 몸을 보호하는 일을 하는 지리적 변이로서 적도로 갈수록 짙어지는 피부색 같은 특징은 예외이다. 그린란드 에스키모와 시베리아 부랴트 족(Buriat)의 유달리 넓적한 얼굴도 예외이다. 그것은 극도의 추위에 맞서 표면적을 최소화하기 위해 발달한 특징이다. (넓적한 얼굴보다 돌출된 얼굴의 표면적이 더 넓다. ― 옮긴이)

유전자 하나 또는 소수의 유전자 집합(한 염색체 위에서 연관되어 있는지의 여부와 상관없이) 수준에서 일어나는 진화로 유전자 빈도가 변하는 것을 생물학자들은 소진화(microevolution)라고 하는데, 이 진화는 자연 과정으로서 무한히 계속될 것이라고 예상할 수 있다. 하지만 최근 들어서는 이주와 인종 간 혼인이 소진화의 압도적인 원동력으로 작용하면서 유전자의 세계적인 분포를 균질화해 가고 있다. 아직 초기 단계임에도 이 힘들은 전 세계에 흩어져 있는 지역 집단들 내의 유전적 변이를 유례없이 극적으로 증가시킴으로써 인류 전체에 영향을 미치고 있다. 집단 내 유전적 변이가 이렇게 증가하면 집단 **사이의** 차이는 줄어든다. 이론상 이 흐름이 충분히 오래 이어진다면, 스톡홀름에 사는 인류 집단은 시카고나 라고스에 사는 집단과 유전적으로 똑같아질 것이다. 그리고 동시에 전반적으로 세계 곳곳에서 새로운 유전형들이 더 많이 생성되고 있다. 인류의 진화사에서 그 유례를 찾을 수 없는 이 변화는 전 세계 다양한 집단들에서 유전형을 엄청나게 증가시킬 가능성이 있으며, 그러면서 외모와 예술적 및 지적 재능도 새롭게 만들어 낼 수 있다.

지리적 한계를 뛰어넘는 호모 사피엔스의 유전적 균질화는 막을 수 없는 듯이 보이지만, 때가 되면 또 다른 힘, 아마도 진화의 최종 힘인 의지 선택(volitional selection)이 그것을 압도할 것이다. 곧 실험실에서 유전자 치환을 통해 배아를 조작하는 일은 곧 현실이 될 것이고, 그 뒤에는 그 기술이 유전병에 맞서 싸우는 데 쓰이게 될 것이다. 이윽고 그것은 의료 분야에서 일상적으로 쓰이는 치료 절차가 될 것이다. 그 후, 격렬하게 벌어질 것이 확실한 완전히 새로운 수준의 윤리 논쟁이 어떤 식으로 판가름나느냐에 따라, 배아 단계에 있는 정상아의 유전적 개조가 생의학 산업의 주요 분야가 될 수도 있다. (혹은 그렇지 않을 수도 있다.) 나는 도덕적인 이유에서 이런 식의 우생학적 조작을 인류가 결코 허용하지 않기를 바라며, 그럴 것이라고 믿고 싶다. 왜냐하면 족벌주의와 특권 의식에 사로잡힌 이들은 그러한 우생학적 조작 기술을 이용하려 들 것이고 그것은 결국 사회를 좀먹을 것이기 때문이다.

더 나아가 나는 가까운 미래에 로봇의 지능이 인간의 지능을 능가하고 대체하게 될 것이라는 널리 퍼진 믿음도 내치고 싶다. 가공되지 않은 기억, 연산, 정보의 종합 같은 영역에서는 그런 일이 일어날 것이 확실하다. 언젠가는 감정 반응과 인간의 의사 결정 과정을 모사하는 알고리듬을 작성할 수 있을지도 모른다. 하지만 그 기술이 극단적으로 발달한다고 할지라도, 그 인공물들은 여전히 로봇일 것이다. 과학의 힘으로 끼워 맞춘 인간 조건의 그림에서 무언가 결론을 이끌어 낼 수 있다면, 그것은 선사 시대에 이루어진 진화 과정의 결과 우리 종이 정서와 사유 양쪽으로 극도로 특이한 존재가 되었다는 것이다. 우리는 특정한 경로를 따라 진화 미로를 헤쳐 나가면서 모든 주요 단계마다 우리 DNA에 자취를 남겼다. 인류는 사실 독특하다. 아마 상상 이상으로 독특한 존재일 것이다. 하지만 이 시대 이 행성에서 우리가 독특하기는 해도, 정신적으로 볼 때 우리는 과거에 출현했을 수도 있는, 혹은 우리가 스스로를 소멸시킨다면 앞으로 수십억 년 안에 생물권에 출현할 수도 있는 인간형 생물(humanoid)이나 그것보다 수준 높은 수많은 종 가운데 하나일 뿐이다.

과학자들은 감정, 생각, 선택에 결정적인 영향을 미치는 잠재 의식의 신경 경로와 내분비계 조절 양상을 이제 겨우 탐구하기 시작했다. 더군다나 마음은 이 내면 세계만이 아니라 몸의 모든 부위로 흘러들거나 모든 부위에서 흘러 나가는 감각과 메시지로도 이루어진다. 로봇에서 인간으로의 발전 사이에는 엄청나게 어려운 기술적 난제가 도사리고 있을 것이다. 하지만 우리가 굳이 그런 시도를 할 이유가 과연 있을까? 우리가 만든 기계가 우리의 정신 능력을 훨씬 초월한 이후라고 해도, 그런 기계는 인간을 닮은 마음 같은 것은 갖고 있지 않을 것이다. 어쨌거나 우리는 그런 로봇이 필요하지 않으며, 원하지도 않을 것이다. 생물학적 인간의 마음은 **우리의 영토**이다. 그 모든 기벽, 비합리성, 위험한 산출물, 온갖 갈등과 비효율성을 지닌 생물학적 마음은 인간 조건의 본질이자 의미 자체이다.

11장

문명을 향한 질주

인류학자들은 인류 사회의 복잡성이 세 가지 수준이라고 파악한다. 가장 단순한 수준의 사회는 수렵 채집인 무리와 작은 농경 마을로서 그 구성원들은 대체로 평등주의자들이다. 지도자의 지위는 지성과 용맹을 토대로 개인에게 부여되며, 그가 늙어 죽으면 그 지위는 가까운 친족이나 아니면 남에게 전해진다. 평등주의 사회에서는 중요한 결정을 공동체 잔치, 축제, 종교 행사 때 한다. 주로 남아메리카, 아프리카, 오스트레일리아의 오지에 흩어져 있으며, 신석기 시대 이전에 오랜 세월 주류였던 인류 집단과 가장 가까운 사회 조직을 지닌, 살아남은 소수의 수렵 채집인 무리들이 그런 사회를 이루어 살아간다.

복잡성의 다음 단계인 군장 사회는 서열 사회라고도 하는데, 엘리트 계층이 통치하며, 엘리트가 쇠약해지거나 죽으면 가족이나 적어도 위계 서열이 같은 누군가가 그 자리를 대신한다. 역사 기록이 시작될 때 전 세계를 주름잡고 있던 사회 형태가 바로 군장 사회였다. 군장, 즉 지도자는 특권, 하사품, 차상위 엘리트들의 지지를 토대로, 그리고 반대하는 자에 대한 처벌을 바탕으로 사회를 다스렸다. 그들은 부족이 축적한 잉여 생산물을 부족을 더 엄하게 통제하고, 교역을 규제하고, 이웃 부족과 전쟁을 벌이는 데 쓰면서, 그 잉여 생산물에 의지해 살아갔다. 군장은 자기 주변의 사람들이나 인근 마을에만 권위를 행사하고, 거의 매일 필요할 때마다 그들과 상호 작용을 했다. 이 말은 사실상 걸어서 반나절이면 도달할 수 있는 공간에 있는 사람들이 대상이라는 의미이다. 따라서 거리는 최대 40~50킬로미터였다. 군장으로서는 반란이나 분열의 소지를 줄이기 위해서, 가능한 한 권위를 적게 행사하면서 자기 영역의 대소사를 세세하게 관리하는 것이 유리했다. 아랫사람들을 억압하고 경쟁 관계에 있는 군장 사회에 대한 두려움을 부추기는 것 등이 흔하게 쓰이는 전술이었다.

사회의 문화적 진화에서 마지막 단계인 국가에서는 권력이 중앙에 집중되었다. 통치자들은 수도와 그 주변에 권력을 행사하는 동시에, 걸어서 하루 넘게 걸리는 곳에 있는 마을, 성, 그밖의 영토까지, 통치자가 피통치자와 직접 의사 소통하는 영역 너머까지 다스렸다. 영토는 아주 멀리까지 뻗어 있고, 그 공간을 하나로 통합하는 사회 질서와 의사 소통 체계는 대단히 복잡해서, 어느 한 사람이 감시하고 통제할 수 없었다. 그래서 지방 세력은 총독, 제후, 주지사 등 두 번째 지위에 놓인 군장과 유사한 통치자로 격하되었다. 또 국가는 관료제를 채택했다. 책임은 군인, 건설자, 서기, 사제를 비롯한 전문가들에게 분산되었다. 인구와 부가 충분하다면, 예술, 과학, 교육 같은 공공 서비스가 추가되었다. 이런 공공 서비스는 처음에는 엘리트 계층에게 혜택을 주기 위해서 도입되었다가 서서히 일반 대중에게까지 확대되었다. 국가의 최고 권력자들은 실제 또는 가상의 왕좌에 앉았다. 그들은 고위 사제들과 동맹을 맺고, 신을 섬기는 행사를 통해 권위를 표현했다.

평등한 무리와 촌락에서 군장 사회를 거쳐 국가에 이르는 문명의 발전은 유전자의 변화가 아니라 문화적 진화를 통해 이루어졌다. 그것은 군거성 곤충 집단이 가족으로, 이어서 계급과 분업을 갖춘 진사회성 군체로 발전한 것과 비슷하지만 훨씬 더 장엄한 방식으로 펼쳐진, 강한 추진력을 지닌 변화였다.

인류학자들 사이에서는 부족이 공격이나 기술을 통해 더 많은 영토를 얻을 수 있을 때마다 그렇게 함으로써 더 많은 자원을 획득한다는 이론이 우세하다. 부족은 할 수 있다면 팽창을 계속해서 이윽고 제국으로 발달하거나 서로 경쟁하는 새로운 국가들로 분열한다. 영토가 더 넓어지고 더 멀리 뻗어 갈수록 복잡성도 커진다. 그리고 여느 물리학적, 생물학적 복잡계가 그렇듯이, 사회도 안정성을 획득하고 금방 붕괴하지 않고 살아남으려면 위계적 통제가 추가되어야 한다. 국가 수준의 위계 구조는 상호 작용하는 하위 체계들로 이루어진다. 층층이 이루어진 하위 체계들은 모여 국가라는 위계 구조를 이루고, 이 경우 가장 낮은 하위 체계는 국가의 개별 시민 또는 신민으로 이루어져 있다. 진정한 체계는 서로 상호 작용하는 하위 체계로 '분할 가능(decomposable)'하다. (소대-중대-대대로 분할할 수 있는 군대나 읍-면-리로 쪼갤 수 있는 지자체를 생각해 보면 된다.) 한 하위 체계에 속한 개인들은 같은 수준에 있는 다른 하위 체계들에 속한 개인들과 상호 작용할 필요가 없다. 이런 식으로 고도로 분할 가능한 체계는 그렇지 않은 체계보다 더 잘 작동할 가능성이 높다. 이론 수학자 허버트 알렉산더 사이먼(Herbert Alexander Simon, 1916~2001년)은 그 문제를 다룬 선구적인 논문에 이렇게 썼다. "이론적으로 볼 때, 복잡성이 단순성에서 진화한 것이 분명한 세계에서는 복잡계가 위계 구조를 이룬다고 예상할 수 있다. 위계 구조는 동역학적 측면에서 볼 때 자신의 작동 방식을 크게 단순화시켜 주는 특성인 근(近)분할 가능성(near-decomposability)을 지닌다. 또 근분할 가능성은 복잡계를 단순하게 기술할 수 있게 해 주며, 계의 발달이나 재생산에 필요한 정보를 어떻게 합리적인 규모에서 저장할 수 있는지를 더 쉽게 이해하게 해 준다."

사이먼의 원리를 더 단순한 사회에서 국가로 나아가는 문화적 진화에 적용하면, 위계 구조가 잘 조직된 집합체가 그렇지 않은 집합체보다 더 잘 돌아가며, 통치자의 이해와 관리를 수월하게 해 준다는 것을 시사한다. 다시 말해 조립 라인의 노동자가 이사회에서 투표를 하거나 신병이 군 작전 계획을 짠다면, 성공을 기대할 수 없다는 것이다.

인류 사회가 문명 사회로 진화한 것을 왜 유전적 진화가 아니라 문화적 진화라고 하는 것일까? 그 결론을 뒷받침하는 다양한 계통의 증거들이 있다. 수렵 채집인 사회의 아기가 기술이 고도로 발달한 사회의 가정에 입양되어 자라면 입양된 사회의 유능한 일원이 될 수 있다는 사실이 특히 그렇다. 백인 가정에서 자란 오스트레일리아 원주민 아이처럼, 아이의 조상 계통이 양부모의 계통과 갈라진 지 4만 5000년이나 되었다고 해도 그렇다. 그 정도 세월이라면 자연 선택과 유전적 부동의 조합이 인류 집단들 사이에서 유전적 차이를 빚어내기에 충분하다. 하지만 앞에서 살펴보았듯이, 유전적으로 변했다고 알려진 형질들은 주로 질병에 대한 저항성을 주고 국지적 환경 및 식량 공급원에 적응시키는 것들이다. 편도를 비롯한 감정 반응의 통제 중추에 영향을 미치는, 통계적으로 의미 있는 유전적 차이가 집단들 사이에서 발견된 적은 아직 없다. 게다가 언어 사용과 수학적 추론이라는 심오한 인지 처리 과정 측면에서 집단 사이에 평균적으로 차이를 낳는 유전적 변화도 발견되지 않았다. 비록 앞으로 발견될 수도 있겠지만 말이다.

우리는 흔히 어느 국가, 도시, 마을의 주민들이 이러저러한 특징을 지닌다고 말하는데, 그런 전형적 특징이 정말로 유전적인 토대 위에 구축된 것일 수도 있다. 그러나 증거들은 그런 차이가 유전적으로 기원한 게 아니라 역사적 및 문화적으로 기원했음을 시사한다. 따라서 문화 사이에 어떤 유전적 변이가 존재하든, 그것은 유전적 진화에 걸리는 긴 시간에 비추어 보면 미미하다. 이탈리아 인은 평균적으로 더 수다스럽고 영국인은 더 내성적이고 일본인은 더 정중할 수 있겠지만, 그런 성격 형질은 집단 간 평균적 차이보다 각 집단 내 변이가 훨씬 더 심하다. 놀랍게도 그런 변이를 집단끼리 비교하면 매우 유사한 양상을 보인다. 미국 심리학자 리처드 로빈스(Richard W. Robins)는 서아프리카의 국가 부르키나파소의 외진 마을에 머물 때 그런 사례를 관찰했다.

그곳에서 나는 모든 사람이 너무나 다르면서도 동시에 너무나 친숙해 보인다는 점에 놀랐다. 부르키나파소 인들은 문화적 풍습과 관습이 우리와 너무나 다름에도, 세계 다른 지역들의 사람들과 거의 같은 방식으로 그리고 많은 경우에 똑같은 이유로 사랑에 빠지고 이웃을 증오하고 아이를 돌본다. 사실 인간의 심리와 사회적 행동에는 국가, 문화, 인종 집단을 가로지르는 핵심이 있다. 부르키나파소와 미국처럼 서로 현저히 다른 나라들조차도 사람들의 평균 성격 성향은 실질적으로 다르지 않다는 것이다. ……

인류의 보편성이라는 것을 이 배경에 놓고 보면, 개인차가 존재한다는 것이 아주 명확해진다. 부르키나파소 인(혹은 미국인) 중에는 수줍음을 많이 타는 사람도 있고 사교적인 사람도 있으며, 호의적인 사람도 있고 까다로운 사람도 있으며, 자기 사회에서 높은 지위에 오르려는 욕망을 지닌 사람도 있고 그런 욕망이 없는 사람도 있다.

심리학자들이 연구한 다양하기 그지없는 성격 형질들은 대개 다섯 가지 영역으로 나눌 수 있다. 외향성 대 내향성, 적대성 대 친화성, 성실성, 정서 안정성, 지적 개방성이 그것이다. 각 집단에서 이 영역 하나하나는 유전 가능성이 꽤 높다. 대개 3분의 1과 3분의 2 사이이다. 이것은 앞에서 이야기한 성격의 각 영역에 해당하는 점수들의 총변이(total variation) 가운데 개인들 간의 유전적 차이로 인한 변이가 차지하는 비율이 3분의 1과 3분의 2 사이에 놓인다는 의미이다. 따라서 유전만으로도 우리는 부르키나파소 마을 주민 같은 집단에서 상당한 변이가 나타날 것이라고 예상할 수 있다. 여기에 사람들의 경험 차이, 특히 아이의 성장기에 겪는 경험 차이가 추가됨으로써 변이가 더 커지겠지만, 마을 사이, 나라 사이에서는 다소 불변이라고 예상해야 한다.

이런 상당한 변이가 보편적으로 존재할까? 그리고 그것이 집단마다 다를까, 아니면 어느 집단이나 같을까? 이 변이는 어느 집단에서든 똑같은 수준으로 나타나는 대단히 일관적이고 보편적인 것임이 드러났다. 그것은 87명의 연구자가 공동으로 수행하여 2005년에 발표한 탁월한 연구의 결과였다. 성격값들의 변이 정도는 측정한 49개 문화 모두에서 비슷했다. 성격의 5대 영역에서 나타나는 주요 경향들은 집단 사이에 겨우 조금씩 다를 뿐, 해당 문화의 외부 관찰자들이 으레 지니고 있던 선입견과는 맞지 않았다.

문화 사이에 대규모 유전적 차이가 존재한다는 주장을 의심하는 한 가지 이유는, 인류의 해부 구조에 진화적 변화가 일어나는 데에는 상대적으로 대단히 긴 지질학적 시간이 소요된 반면, 전 세계에서 가장 상세히 분석된 6개 지역에서 국가로 이어질 문명이 출현한 시기는 거의 같았다는 것이다. 각 문명은 비교적 곧바로 작물을 재배하고 가축을 길들였다. 비록 세계의 다른 지역들에서는 이런 혁신들이 아직 국가 수준의 사회를 낳지 않았지만 말이다. 이집트에서 최초의 초기 국가(즉 독자적으로 진화한 국가들 중 최초의 것)는 기원전 3400~3200년 상(上)이집트와 하(下)누비아 사이에 세워진 히에라콘폴리스였다. 파키스탄과 인도 북서부의 인더스 계곡에서는 잘 발달한 하라파 주거 지역이 기원전 2900년까지 국가로 발전했다. 그리고 중국에서는 최초의 초기 국가가 기원전 1800~1500년에 이리두에서 출현한 듯하다. 마지막으로 신대륙 최초의 초기 국가라고 알려진 것이 기원전 100년과 기원후 200년 사이에 멕시코 오악사카 계곡에서 출현했다. 페루의 건조한 북부 해안에서도 200~400년에 독자적으로 모체(Moche)라는 고대 국가가 진화했다.

전 세계의 초기 국가들이 수렴성 유전적 진화의 결과로서 출현했을 가능성은 희박하다. 약 6만 년 전 탈출의 시대 때부터 있었고, 공통 조상으로부터 물려받아 인류 집단들이 공유하던 기존의 유전적 성향이 정교하게 다듬어짐에 따라 독자적으로 출현한 것이 거의 확실하다. 하와이의 마우이 섬에서 상대적으로 순식간에 초기 국가가 출현했다는 사실도 그 설명을 뒷받침한다. 역사 기록 이전의 정착자들은 기원후

표 11-1 신대륙에서 독자적으로 진화한 최초의 국가라고 알려져 있는 것의 기원. 멕시코 오악사카 계곡에서 나온 고고학적 증거를 토대로 했다.

	계급의 수	왕궁	방이 여러 개인 사원	원거리 정복	계곡 전체의 통합
기원후 200년					
기원전 100년	4	○	○	○	○
기원전 300년	4	○	○	○	×
기원전 500년	3	×	×	×	×
기원전 700년	3	×	×	×	×

1400년경에 농경 기술을 지니고 이 섬에 도착한 듯하다. 1600년경에는 인구가 상당히 불어나 있었고, 사원이 세워졌고, 한 명의 통치자가 예전에 독립되어 있었던 두 마을을 다스리고 있었다. 알려진 최초의 마을로부터 최초의 국가 사원이 세워지기까지 1,300년이나 걸렸던 오악사카 계곡보다 이곳의 발전 속도는 훨씬 더 빨랐다.

탈출이 이루어질 무렵에 아프리카의 인류는 타조 알껍데기에 조각을 하고 있었다. 그보다 앞서(지금으로부터 10만 년 전과 7만 년 전 사이), 붉은 오커, 조개껍데기 목걸이, 정교한 도구를 사용하고 있었다. 연대가 해부학상의 현생 호모 사피엔스가 출현한 시점으로 절반쯤 올라갔을 때에 해당하는 이 가장 오래된 유물들은 현대 수렵 채집인들이 만든 몇몇 물건 못지않게 정교하다.

문명의 조짐은 농경의 출현 직후에, 혹은 그것보다 앞서 나타났다. 유프라테스 강 유역에 있는 터키의 외딴 유적지인 괴베클리 테페(Göbekli Tepe)의 언덕에서 고고학자들은 약 1만 1000년 전의 사원을 발굴했다. 그곳에는 기둥과 석판이 남아 있었으며, 그중 상당수에는 친숙한 동물의 그림이 새겨져 있었다. 주로 악어, 멧돼지, 사자, 독수리였고, 전갈이 그려진 것도 하나 있었다. 악몽에서 보았거나 마약에 취해 생기는 환각에 영감을 받았을 법한 무시무시해 보이는 미지의 동물들을 그린 것들도 있었다. 일부 연구자들은 인근에서 마을의 유적이 전혀 발견되지 않았다는 점을 생각할 때, 이 유적이 종교 의식을 위해 이따금 모인 떠돌이 수렵 채집인들이 세운 것이라고 결론지었다. 하지만 그 유적 주변에서 많은 일꾼들을 먹여 살릴 만큼 큰 마을이 조만간 발굴될 것이라고 믿는 연구자들도 있다.

고고학과 고생물학 양쪽에 적용되는 법칙이 하나 있다. **인류 활동의 최초 증거 또는 화석이라고 알려진 것이 얼마나 오래된 것이든, 언제나 그것보다**

적어도 조금 더 오래된 증거가 어딘가에서 발견된다는 것이다. 이 법칙은 문자의 사례에도 고스란히 적용되어 왔다. 가장 오래된 문자라고 알려진 것은 지금으로부터 6,400년 전 수메르의 메소포타미아 문화와 초기 이집트 문화의 것이다. 즉 신석기 시대가 시작된 시점으로 절반 이상 거슬러 올라간 시기의 것이다. 그다음은 현재의 파키스탄에 있는 인더스 계곡에서 발견된 그 문명 최초의 문헌(지금으로부터 4,500년 전)과 중국의 상나라 문헌(3,500~3,200년 전), 그리고 메소아메리카의 올메카 문헌(2,900년 전)이다. 하지만 이 모든 고대 문헌들은 해결하기가 벅찬 수수께끼를 제시한다. 다양한 설형 문자와 상형 문자가 어느 정도까지 현실의 대상이 아니라 추상적인 대상을 나타내는지, 그것들이 언어의 음절과 소리를 나타내는지 아니면 지금은 사라진 언어에서 쓰이던 미지의 단어로 나타낸 개념인지가 모호하기 짝이 없다. 하지만 기록 문자가 일단 완성되었을 때, 창안자들이 엄청난 이득을 얻었을 것이라는 점을 의심하는 학자는 아무도 없다.

군장 사회에서 국가로의 이행이 스프링이 장착된 것처럼 급격하게 일어났고, 그 변화가 문화적인 것이었다면, 현대 사회들 사이에 존재하는 격차는 어떻게 설명할 수 있을까? 그 차이는 엄청나다. 1인당 소득에 따라 국가들의 순위를 매기면, 상위 10퍼센트에 속한 국가들은 하위 10퍼센트에 속한 국가들보다 약 30배 더 부유하고, 가장 부유한 나라는 가장 가난한 나라보다 100배 더 부유하다. 그런 삶의 질 차이는 엄청난 결과를 낳고 있다. 가장 가난한 나라들에서는 세계 인구의 약 15퍼센트인 10억 명이 넘는 사람들이 국제 연합(UN)이 절대 빈곤이라고 분류하는 상태에서 살아간다. 그들에게는 주거, 위생, 깨끗한 물, 보건, 교육, 의지할 수 있는 식품이 부족하다. 더 부유한 나라는 가장 빈곤한 나라의 바로 옆에 있기도 하며, 그 나라의 주민들은 이 모든 혜택과 더불어 비행기 여행과 휴가까지 누린다. 제러드 메이슨 다이아몬드(Jared Mason Diamond, 1937년~)가 1997년에 쓴 명저『총, 균, 쇠(*Guns, Germs and Steel*)』와 스웨덴의 경제학자들인 더글러스 힙스 주니어(Douglas A. Hibbs Jr.)와 올라 올손(Ola Olsson) 등이 분석을 통해 입증한 바에 따르면, 지리학에서 설득력 있는 답을 찾아낼 수 있다. 약 1만 년 전 농경이 출현하기 직전, 여러 조건들이 조합된 덕분에 유라시아 초대륙의 사람들은 곧바로 문화적 혁신을 이룰 엄청난 기회를 얻었다. 거대한 크기, 동서로 드넓게 펼쳐진 땅, 지중해 연안의 생물학적으로 풍부한 주변부 덕분에 유라시아에는 다른 대륙이나 섬보다 국지적으로 가축화하고 작물화하기에 적당한 동식물 종이 더 많았다. 작물과 목축에 관한 지식, 잉여물을 생산하고 저장하는 기술도 마을에서 마을로, 이어서 점점 확대되어 가던 초기 국가의 영토 전체로 더 빠르게 전파되었다. 신석기 혁명을 낳은 것은 어느 시점에 특정한 지역에서 출현한 그 지역 고유의 인간 유전체가 아니라, 바로 이 유라시아 심장부의 규모와 비옥함이었다.

3 부

사회성 곤충의
무척추동물계 정복사

12장

진사회성의 발명

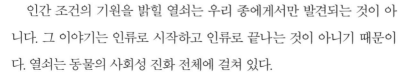

　인간 조건의 기원을 밝힐 열쇠는 우리 종에게서만 발견되는 것이 아니다. 그 이야기는 인류로 시작하고 인류로 끝나는 것이 아니기 때문이다. 열쇠는 동물의 사회성 진화 전체에 걸쳐 있다.

　인간의 사회적 행동만이 아니라 동물계의 사회적 행동 전체를 파노라마로 볼 때, 한 가지 패턴이 뚜렷이 드러난다. 과거의 진화 생물학자들은 거의 생각하지도 못했지만, 그 패턴은 인과 관계로서 연결된 두 현상으로 이루어진다. 첫 번째 현상은 육상 환경에 서식하는 동물들 중에서 가장 복잡한 사회 체제를 갖춘 종들이 우위를 점한다는 것이다. 두 번째 현상은 진화적으로 볼 때, 그런 종들이 아주 드물게 출현했다는 것이다. 그들은 수백만 년에 걸친 진화 과정에서 여러 예비 단계들을 거침으로써 출현했다. 인류는 그 동물 종 가운데 하나이다.

가장 복잡한 계는 진사회성, 말 그대로 '진정한 사회적 조건'을 지닌 것이다. 개미 군체 같은 진사회성 동물 집단의 구성원들은 여러 세대가 함께 살아간다. 그들은 분업을 하며, 그것은 적어도 바깥에서 보기에는 이타적 행동 같다. 일부는 자신의 수명을 깎아 먹거나 자기 자식을 돌보는 업무를 맡고, 일부는 두 가지 업무를 모두 맡는다. 그들의 희생 덕분에 다른 개체들은 번식 업무를 맡아서 더 오래 살면서 더 많은 자식을 낳을 수 있다.

고도로 조직화된 사회에서의 희생은 부모와 자식 사이의 희생이라는 범주를 훨씬 넘어서까지 이루어진다. 형제자매, 조카, 질녀, 가깝거나 먼 다양한 방계 친족들까지 확대된다. 때로는 유전적으로 무관한 개체들을 위한 희생이 이루어지기도 한다.

진사회성 군체는 같은 생태적 지위를 놓고 경쟁할 경우 단독 생활을 하는 개체들보다 유리하다는 것이 밝혀져 왔다. 군체 구성원 중 일부가 먹이를 찾아다니는 동안, 다른 일부는 보금자리나 둥지 또는 집을 적으로부터 보호할 수 있다. 다른 종에 속한 단독 생활을 하는 경쟁자도 먹이를 사냥하거나 보금자리를 지킬 수 있지만, 동시에 둘을 할 수는 없다. 군체는 보금자리의 안과 주변에 감시망을 설치함으로써, 먹이 탐색자들을 여기저기로 보내는 동시에 집을 지킬 수 있다. 한 구성원이 먹이를 찾아내면, 그 먹이가 어디 있는지 다른 구성원들에게 알릴 수 있고, 연락받은 구성원들은 그물을 조이듯이 그 지점으로 모여든다. 구성원들이 모여 집단을 이루면 경쟁자 및 천적과 싸울 능력을 가지게 된다. 그들은 경쟁자가 도착하기도 전에 많은 양의 먹이를 더 빨리 보금자리로 옮길 수 있다. 여러 개체들을 건설 일꾼으로 씀으로써, 보금자리를 금세 확장할 수 있고, 구조를 보다 효율적으로 개선할 수 있으며, 더 쉽게 지킬 수

그림 12-1 지구의 두 정복자 인간과 사회성 곤충. 그림 속 곤충 무리는 먹이 탐사 원정에 나선 아프리카군대개미 군체로서, 일개미가 2000만 마리까지 들어 있다.

있도록 입구를 개량할 수도 있다. 심지어 실내 공기를 어느 정도 자동적으로 조절할 수 있는 시스템을 갖춘 보금자리를 건설할 수도 있다. 아프리카 초원에서 언덕을 만드는 흰개미와 아메리카에서 서식하는 잎꾼개미의 집은 이 능력이 궁극적으로 발휘된 결과물이다. 두 사회성 곤충의 집은 거주자들이 아무런 행동을 취하지 않더라도 공기가 순환되고 새로 교체됨으로써 공기 조절이 되도록 설계되어 있다.

　일부 종의 큰 군체는 군대처럼 대열을 형성하여 대규모 공격을 감행함으로써 단독 생활을 하는 개체가 넘볼 수 없는 먹이까지도 잡는다. 아프리카군대개미(African driver ant)는 그 적응의 궁극적인 형태에 속한다. 그들은 수백만 마리씩 줄지어 행군하면서 작은 동물들을 닥치는 대로 먹어 치운다. 이런 군대개미들은 흰개미, 말벌, 다른 개미의 커다란 군체까지 물리치고 먹어 치우는 능력을 지니고 있다는 점에서 곤충 중에서도 독특하다.

진사회성 곤충은 약 2만 종이 알려져 있으며, 개미, 벌, 말벌, 흰개미가 대부분이다. 이들은 약 100만 종에 달하는 곤충 중 겨우 2퍼센트를 차지한다. 하지만 이 소수의 종은 개체수, 몸무게, 환경에 미치는 영향 측면에서 나머지 곤충들을 압도한다. 인류가 척추동물 중에서 우뚝 선 독보적인 존재라고 하지만, 진사회성 곤충은 무척추동물 세계에서 훨씬 더 웅대한 존재이다. 미생물과 선형동물보다 몸집이 더 큰 동물 중에서 육상 세계의 진정한 지배자는 진사회성 곤충이다.

베짜기개미(weaver ant)는 아프리카, 아시아, 오스트레일리아의 열대림 수관층에서 가장 흔한 곤충에 속한다. 이들은 자신들의 몸으로 사슬을 만들어서 나뭇잎과 잔가지를 끌어당겨 보금자리의 벽을 세운다. 그러면 다른 개미들이 애벌레의 방적 돌기에서 실을 뽑아서 벽을 연결하고 고정시킨다. 벽이 고정되면, 실로 겉을 칭칭 감아서 전체가 축구장만 한 보금자리를 만든다. 베짜기개미 군체 하나는 수백 개의 공중 천막을 지으며, 어미인 여왕개미 한 마리와 딸인 일개미 수십만 마리가 한 시기에 몇 그루의 나무를 차지한 채 살아간다.

잎꾼개미는 루이지애나에서 아르헨티나에 걸쳐 방대한 군체들을 이루고 있다. 그들은 인류 외에 가장 복잡한 사회를 이룬 사회성 동물로서, 도시를 건설하고 농사를 짓는다. 일개미들은 잎, 꽃, 잔가지를 잘라 집으로 가져가서는, 씹어서 두엄처럼 쌓은 뒤 그 위에 배설을 한다. 비료를 주는 셈이다. 양분이 풍부한 이 두엄에서 개미들은 자신들의 주식을 기른다. 자연의 다른 어디에서도 찾아볼 수 없는 곰팡이 종이 그것이다. 경작은 일종의 조립 라인을 따라 이루어진다. 원료인 식물을 베는 일에서 곰팡이를 수확하고 분배하는 일에 이르기까지 각 업무를 전담한 일개미들이 오가면서 물질을 전달한다.

　독일의 두 연구자는 아마존의 한 조사 지역에서 우림 1헥타르에 있는 모든 동물의 몸무게를 재는 엄청난 일을 해 냈다. 그들은 개미와 흰개미가 모든 곤충 몸무게의 거의 3분의 2를 차지한다는 것을 알았다. 진사회성 벌과 말벌도 10분의 1을 차지한다. 개미만 해도 모든 육상 척추동물, 즉 포유류, 조류, 파충류, 양서류를 합친 것보다 몸무게가 4배 더 나간다. 다른 연구자들은 다른 아마존 지역의 수관에서 개미가 곤충 전체의 3분의 2를 차지한다는 것을 밝혀냈다.

　개미는 땅에서 그다지 두꺼운 곤충 조직 층을 형성하지는 않는다. 북반구와 남반구 양쪽의 추운 침엽수림에는 훨씬 적게 분포하며, 북극권 안으로 조금만 들어가거나 열대 산맥의 수목 한계선 근처로 가면 찾아볼 수 없다. 아이슬란드, 그린란드, 포클랜드 제도, 사우스조지아 섬, 남극 대륙 주변의 섬들에는 개미가 아예 없다. 티에라델푸에고의 추운 해안에서는 그들을 찾아보았자 헛수고이다. 하지만 다른 지역들에서는 사

그림 12-2 전형적인 아마존 우림 지역에 서식하는 개미들의 몸무게를 모두 합친 것은 그 지역에 서식하는 모든 척추동물들의 몸무게를 모두 합친 것보다 4배 더 많다.

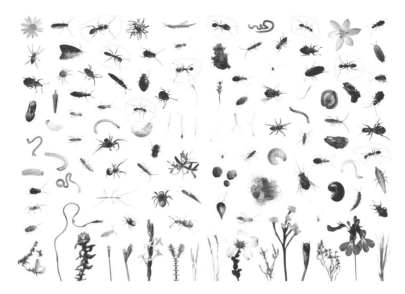

그림 12-3 개미의 편재성. 코스타리카의 몬테베르데에 있는 교살무화과의 갈라진 가지 하나에 쌓인 흙과 낙엽 약 30리터에서 찾아낸 다양한 작은 동물들. 사진에 나온 동물 100마리 중 개미(원으로 표시)가 8마리이다.

막에서 밀림에 이르기까지, 습지, 맹그로브 숲, 해안 같은 육상 서식지의 가장자리에 이르기까지 모든 육상 서식지에서 곤충 우점종으로서 번성한다. 나는 뉴햄프셔의 워싱턴 산에서 수목 한계선 너머에 사는 주요 고산종 개미 3종을 연구한 적이 있다. 그곳에서는 그 개미들을 아주 쉽게 찾아볼 수 있었다. 그들은 태양의 열기를 받기 위해 바위 밑에 집을 지었고, 유충의 성장 주기를 빨리 끝내고 9월에 기온이 뚝 떨어지면 군체 활동을 멈춘다. 하지만 뉴기니 사라와게트 산맥의 수목 한계선 너머에서는 아무리 뒤져도 개미 한 마리 보이지 않았다. 소철류로 가득한 황량한 사바나인 그곳에 머물려면 사람이든 개미든 매일 쏟아지는 차가운 비에 흠뻑 젖어야 한다.

진사회성 곤충은 인류보다 거의 상상도 할 수 없을 만큼 훨씬 더 오래된 존재이다. 개미는 목재를 먹는 흰개미와 더불어 1억 2000만 년 전보다 이전인 파충류의 시대 중반에 출현했다. 반면에 방계 친족들과 동맹자들끼리 이타적인 분업을 하고 조직된 사회를 갖춘 최초의 사람족은 기껏해야 300만 년 전에 출현했을 뿐이다.

그 차이가 어느 정도인지 감을 잡기 위해, 훗날 인류의 조상이 될 최초의 영장류의 아주 먼 조상인 작은 포유동물이 공룡 알을 찾아 백악기 초의 숲 속을 쪼르르 달려가는 모습을 상상해 보라. 그 동물은 쓰러진 침엽수 위로 기어 올라가서 뒷발로 나무 껍질을 헤집는다. 나무 속은 이미 얼마간 비어 있고, 심재는 곰팡이, 딱정벌레, 원시적인 주테르몹시스 속(*Zootermopsis*) 흰개미 군체에 먹혀 바스러진 상태이다. 이 빈 공간은 말벌처럼 생긴 스페코미르마개미(sphecomyrmine ant) 군체의 집 역할도 한다. 일개미들은 침입하는 포유동물의 다리에 마구 달려들어서, 피부의 틈새이든 부드러운 표면이든 닥치는 대로 쏘아 댄다. 우리 조상인 포유동물은 나무에서 펄쩍 뛰어내려서 다리를 마구 털고 발톱이 달린 발로 공격하는 개미들을 쓸어버린다. 나무 안에 스페코미르마개미만 한 독립 생활을 하는 말벌이 있었다고 해도, 포유동물은 거의 알아차리지 못했을 것이다.

이제 1억 년을 뛰어넘어 현대로 오자. 개미에게 공격받던 포유동물의 후손인 당신은 쓰러진 채 썩어 가는 작은 소나무 위에 올라선다. 백악기 숲을 이루던 침엽수의 후손이다. 백악기 흰개미 군체의 후손들은 매우 흡사하게 생긴 중생대 조상들과 마찬가지로 자신들이 차지하고 있던 공간의 컴컴한 구석으로 빠르게 숨는다. 같은 나무 속 공간에 살고 있던 고대 개미 군체의 후손들은 중생대 선조와 마찬가지로 다른 구석에서 우글거리며 밀려나와 당신을 물고 공격한다. 개미와 당신은 육상 세계의 주도권을 쥐고 있는 두 존재를 대표한다. 둘의 차이점은, 인류가 서서히

발전하여 마침내 진사회성 수준에 이르기 전에도 흰개미와 개미는 1억 년 동안 지구를 지배하는 진사회성 동물의 지위를 독점하고 있었다는 것이다.

최초의 개미는 독립 생활을 하는 날개 달린 말벌로부터 출현했다. 최초의 군체에 속한 일개미들은 땅과 낙엽 위아래를 기어 다니고 식물 위로 기어오르는 데 알맞게 진화했다. 그 시점에서 일개미들은 더 이상 날지 않게 되었다. 수정되지 않은 여왕개미는 날 수 있었지만, 공중에서 성호르몬을 방출해 날개 달린 수컷을 꾀어 짝짓기를 하기 위해 짧게 날 뿐이었다. 짝짓기가 끝나면 여왕개미는 내려앉아서 새 군체를 만들기 시

그림 12-4 개미 군체들의 싸움. 집(오른쪽 위)에서 나온 검은색의 페이돌레 덴타타 (*Pheidole dentata*)의 척후병들이 열마디 개미 종류인 솔레놉시스 인빅타(*Solenopsis invicta*)의 일개미들을 발견하고 싸움을 벌이고 있다. 페이돌레 덴타타 병정개미들이 크고 강한 턱으로 침입자를 물어 끊고 있다.

작하며, 두 번 다시 날지 않는다. 진화를 더 거친 끝에 중생대 개미는 지상의 썩어 가는 식생과 깊숙한 흙 속까지 모든 곳에서 자신의 영역을 넓히면서 본능에 따라 축소판 문명을 구축하는 데까지 나아갔다.

그들은 수천만 년 동안 새로운 종을 만들어 내는 한편으로 복잡성을 진화시켰다. 많은 종은 포식자, 즉 곤충, 거미, 쥐며느리 같은 땅에 사는 무척추동물을 잡아먹는 최고의 사냥꾼이 되었고, 그들의 후손은 지금도 우리 곁에 살고 있다. 또 개미는 질병과 사고로 죽은 작은 동물들의

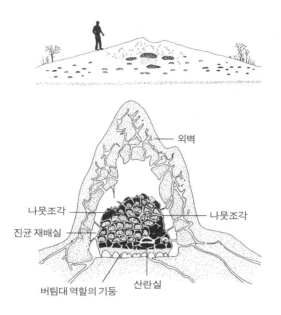

그림 12-5 개미 언덕을 만드는 흰개미인 아프리카의 마크로테르메스 속(*Macrotermes*) 군체의 집 단면. 위쪽 그림에 실린 집은 지름이 30미터이다. 아래쪽 그림은 환기가 이루어지는 구조를 보여 준다. 흰개미의 대사 활동으로 가열된 공기는 중앙에서 위로 올라가 언덕 위쪽의 출구로 빠져나가고, 신선한 공기가 가장자리에 뚫려 있는 지하 통로로 빨려 들어온다. 보통 흰개미 집 하나에 최대 100만 마리가 살지만, 공기가 끊임없이 흐르면서 집 안의 온도, 산소와 이산화탄소 농도는 거의 일정하게 유지된다.

잔해를 청소하는 자연의 장의사 역할도 겸했다. 그리고 그들은 탁월한 토양 개량자가 되었다. 이것은 육상 생태계 전체에 큰 영향을 미친 중요한 역할이었다. 심지어 그들의 영향력은 지렁이를 능가할 정도였다.

(매우) 엉성한 수준에서 추정하자면, 현재 살고 있는 개미의 수는 1경, 즉 10^{16}마리에 이른다. 개미 한 마리의 평균 무게가 사람 평균 몸무게의 100만 분의 1(10^{-6}배)이라면, 개미가 사람보다 100억 배(10^{10}배) 많으므로, 지구의 모든 개미를 더한 무게는 모든 사람을 더한 것과 비슷하다. 언뜻 보면 놀라울 수 있겠지만 실제로는 그렇지 않다. 살아 있는 모든 사람을

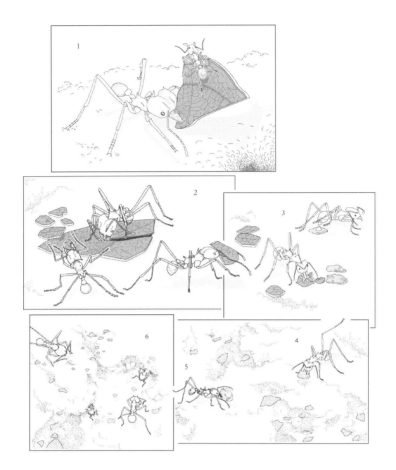

그림 12-6 아메리카 열대 지방의 우점종 곤충인 잎꾼개미의 조립 라인은 동물 세계에서 가장 복잡한 사회적 행동을 보여 준다. (1) 커다란 일개미는 신선한 식물을 찾아 잎 등을 잘라 집으로 가져온다. (2) 그들의 곁에는 기생 파리가 접근하지 못하도록 지키는 작은 개미들이 따라다닌다. (3) 둥지 안에서는 몸집이 더 작은 일개미들이 잎 등을 폭 1밀리미터로 조각낸다. (4, 5) 더 작은 일개미들이 조각을 씹어서 펄프로 만든다. (6) 작은 일개미들이 펄프를 밭에 뿌리고 거기에서 곰팡이를 기른다.

차곡차곡 쌓으면 한 변의 길이가 약 1.7킬로미터인 정육면체 안에 들어갈 것이다. 따라서 전 세계의 개미를 모아 쌓아도 비슷한 부피가 될 것이다. 둘 다 그랜드캐니언의 한구석에 얼마든지 숨길 수 있다. 이렇게 원형

그림 12-7 오스트레일리아베짜기개미(*Oecophylla smaragdina*)의 일개미들이 나무 꼭대기에서 나뭇잎을 끌어당겨서 벽을 세운 후 굼벵이처럼 생긴 애벌레에게서 빼낸 실로 잎들을 엮어 집을 짓고 있다.

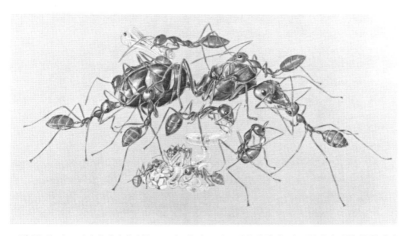

그림 12-8 아프리카베짜기개미(*Oecophylla longinoda*)의 군체. 이 그림에서 여왕, 주위에서 여왕을 돌보고 먹이를 먹여주는 몸집 큰 일개미, 굼벵이처럼 생긴 애벌레, 알, 번데기를 돌보는 더 작은 일개미 같은 계급으로 이루어진 개미 군체를 볼 수 있다.

질만으로 판단하면, 그들의 장엄함은 아주 미미해 보일 수 있다. 하지만 지구의 이 두 정복자는 경이로운 존재이다. 특히 개미와 자신을 관찰하고 비교하고 있는 우리 자신을 보라.

13장

사회성 곤충을 진화시킨 발명들

이제 사회성 곤충이 어떻게 육상의 무척추동물 세계를 지배하게 되었는지를 이야기할 차례가 되었다. 내가 지난 반세기 동안 해 온 연구도 그 이야기를 밝혀내는 데 기여했다. 이 자그마한 정복자들은 외계 침략자처럼 환경에 갑자기 쳐들어온 것이 아니다. 그들은 조용히 작은 걸음을 한 발 한 발 내딛으면서 수백만 년에 걸쳐 서서히 그 성취를 이루었다. 처음에 그들은 중생대 숲과 초원의 평범한, 드물기까지 한 요소였다. 그러다가 행동과 생리 측면에서 인간의 기술적 혁신에 맞먹는 혁신들을 이루었다. 각 혁신이 이루어질 때마다 그들은 새로운 생태적 지위로 진출했다. 환경을 통제하는 능력은 향상되었고, 개체수도 늘어났다. 5000만 년 전인 에오세 중반에 그들은 육지에 사는, 중간 크기에서 큰 크기까지의 무척추동물을 통틀어 가장 수가 많은 존재가 되었다.

쥐라기 말과 백악기 초 사이에 개미가 처음 출현했을 때, 흰개미는 이미 수만 년 전부터 번성하고 있었다. 하지만 둘은 같은 생태계의 전혀 다른 영역을 차지했다. 흰개미는 백악기로부터 수억 년을 더 거슬러 올라가서 고생대에 출현한 바퀴벌레처럼 생긴 조상의 후손이었다. (여기서 사람들이 자주 묻는 질문에 답하기로 하자. 진짜 개미와 흰개미를 어떻게 구분할까? 쉽다. 흰개미는 허리가 없다. 다시 말해 가슴과 배가 구분되지 않는다.) 흰개미는 소화관에 사는 리그닌(lignin) 분해 원생동물 및 세균과 긴밀한 생물학적 동반자 관계, 즉 공생 관계를 이룸으로써 죽은 나무를 비롯한 식물들을 소화하는 기술을 터득했다. 아주 오랜 시간이 흐른 뒤, 진화적으로 가장 발전한 종은 잎꾼개미처럼 두엄에서 곰팡이를 재배하여 식량을 생산하고, 보금자리에 환기 시설을 갖춘 진정한 도시를 건설했다. 그들은 분업 체계에 따라 각기 다른 일을 맡아 하는 복잡한 노동 계급도 만들었다.

어떤 의미에서 흰개미와 개미, 진화하는 두 계통 중에서는 개미가 더 우세해짐으로써 쌍둥이 곤충 제국을 다스리는 '여왕'이 될 운명이었다. 많은 개미 종은 흰개미를 먹는 쪽으로 분화한 반면, 개미를 먹는 법을 터득한 흰개미 종은 없기 때문이다. 하지만 위대해질 운명을 타고났다고 해서, 개미가 출현하자마자 즉각 돋보이는 존재가 된 것은 아니다. 중생대의 나머지 기간인 3000만 년이 넘는 세월을 개미는 독립 생활을 하는 수많은 온갖 곤충들에 둘러싸인 평범한 존재로 남아 있었다. 나는 다른 곤충학자들과 함께 이 최초의 개미를 찾아 중생대 화석 수지(호박이라고 한다.) 수천 점을 조사했다. 우리는 뉴저지, 앨버타, 시베리아, 미얀마의 알맞은 화석층에서 그것들을 찾아냈다. 우리가 찾아낸 개체의 화석은 1,000점이 못 되며, 같은 방식으로 보존된 곤충 가운데에서도 소수에 불과했다. 표본들의 연대는 수백만 년에 걸쳐 있었다.

과학자들은 이렇게 오래된 개미 화석이 있다는 사실을 처음에는 아예 몰랐다. 이 곤충들의 초창기 역사가 펼쳐졌을 것이 분명한 중생대는 우리에게 백지 그 자체였다. 그러다가 1967년에 나는 두 아마추어 수집가가 뉴저지 주의 약 9000만 년 전 백악기 말 지층에서 캐낸 메타세쿼이아 호박 화석 한 점을 손에 넣었다. 그 투명한 호박 안에는 일개미 두 마리가 멋지게 보존되어 있었다. 기존에 알려진 개미 화석보다 거의 두 배나 오래된 화석이었다. 호박을 손에 쥐고 있자니, 내가 지구에서 가장 성공한 두 곤충 집단 중 하나의 깊은 역사를 들여다보는 최초의 인간이라는 점을 실감했다. 내 인생에서 가장 짜릿한 순간 중 하나였다. (곤충 화석 한 점에 내가 그런 반응을 보였다는 사실을 독자들이 이해하지 못한다고 해도 이해할 수 있다.) 사실 너무나 흥분한 나머지 나는 그만 호박을 떨어뜨리고 말았다. 호박은 바닥으로 떨어져서 두 조각으로 깨졌다. 그 순간 나는 얼어붙었고 아연실색하여 멍하니 바닥만 내려다보고 있었다. 마치 명나라 시대의 가치를 따질 수 없는 도자기를 쓰러뜨려 산산조각낸 기분이었다. 다행히도 그날 행운은 계속 내 편이었다. 두 조각에 한 마리씩 개미가 훼손되지 않은 채 들어 있었다. 이 보물들을 자세히 살펴보니, 그 개미들의 해부 구조가 현생 개미와 말벌(개미의 조상이었음이 분명한 동물의 또 한 계통)의 중간임이 드러났다. 이러한 잡종 형질은 동료 연구자인 윌리엄 레이시 브라운(William Lacy Brown, 1913~1991년)과 내가 앞서 예측했던 내용과 놀라울 만큼 잘 들어맞았다. 우리는 이 신종에 스페코미르마(Sphecomyrma)라는 학명을 붙였다. '말벌개미'라는 뜻이었다. 오늘날 전 세계에서 개미가 차지한 명성 덕분에(어쨌거나 환경은 개미에게 의존하므로), 스페코미르마개미는 조류와 그 조상인 공룡의 중간 화석 중 최초로 발견된 시조새, 현생 인류와 조상 유인원을 잇는 '잃어버린 고리' 중 최초로 발견된 오스트랄로피테쿠스에 맞먹는 과학적으로 중요한 화석이 되었다. 그 후 이

사회성 곤충의 온전한 역사를 그리기 위해, 듬성듬성 빠진 중생대 개미 화석을 찾으려는 사냥이 계속되었다.

그 후 집중적인 탐사를 통해 더 많은 표본이 발견됨에 따라, 개미가 우점종으로 부상하게 된 것은 외부 환경에 일어난 변화 덕분임을 알게 되었다. 아직 중생대가 한창이던 1억 1100만 년~9000만 년 전에 개미가 살던 숲에서 근본적인 변화가 시작된 덕분에 그런 발전이 가능했다. 그 전까지 나무와 관목은 주로 겉씨식물이었다. 특히 야자나무처럼 생긴 소철류, 은행나무류(오늘날에는 한 종만이 남아 가로수 등 조경용으로 쓰인다.), 무엇보다도 오늘날 전 세계의 숲에서 자라는 소나무, 전나무, 가문비나무, 삼나무 등 '구과를 맺는' 침엽수가 주류였다. 개미와 흰개미가 그 경관에 출현했을 당시, 초식 공룡들은 겉씨식물을 뜯어먹고 있었다. 흰개미는 죽은 식물의 잔해를 먹었다. 개미는 죽은 겉씨식물의 줄기 속, 땅에 쌓인 낙엽, 그 아래의 부식토를 파고 들어가서 집을 지었을 가능성이 가장 높다. 그들은 땅 위를 기어 다니고 고사리를 기어오르고 나무의 수관 위를 돌아다니면서 먹이를 찾았다. 오늘날 곤충학자들이 연구할 만한 수지에 갇힌 곤충 화석은 꽤 많다. 주로 중생대에 가장 번성했던 침엽수에 속하는 메타세쿼이아에서 흘러나온 수지에 갇힌 것들이다. 화석 중에는 개미 진화의 초기 단계들을 재구성할 수 있을 만큼 세부적인 해부 구조가 남아 있는 것들도 있을 정도로 보존이 잘 된 것들이 많다.

다른 여러 동식물 화석들의 도움을 받아, 나는 동료 연구자들과 함께 그다음에 벌어진 일들을 재구성할 수 있었다. 지금으로부터 약 1억 3000만 년 전에 생명의 역사에서 가장 근본적이면서 중요한 변화 중 하나가 시작되어 1억 년 전에 정점에 이르렀다. 겉씨식물이 속씨식물로 대부분 대체된 것이다. 속씨식물은 오늘날 육상 환경의 대부분을 지배하고 있다. 세쿼이아와 그 친척들은 목련, 너도밤나무, 단풍나무 같은 우리에게 친숙한 나무들의 조상에 밀려났고, 소철류와 고사리류는 풀과 바닥에 붙어 자라는 초본성 속씨식물과 관목에게 자리를 내주었다.

속씨식물 혁명이 가능했던 것은 이 시기에 이루어진 두 가지 진화적 혁신 덕분이었다. 첫째, 씨(우리가 먹는 부분) 안에 배젖이 들어간 덕분에 가혹한 환경에서도 생존할 수 있게 되었고, 뿐만 아니라 장거리 산포도 가능해졌다. 둘째, 꽃과 꽃의 유혹적인 색깔과 향기 덕분에, 벌, 말벌, 꽃등에, 나방, 나비, 새, 박쥐처럼 한 식물 개체의 꽃에서 같은 종에 속한 다른 개체의 꽃으로 꽃가루를 옮기는 동물들이 진화할 수 있었다. 그 혁신들을 갖춘 속씨식물은 비교적 빠르게(지질학적 기준으로 볼 때) 전 세계로 퍼졌다. 수백만 년에 걸쳐 분포 범위와 개체수, 다양성이 증가하면서, 그들은 이용 가능한 생태적 지위를 모두 채우는 한편으로, 풍성하고 복잡한 식생을 조성함으로써 새로운 생태적 지위들을 만들어 냈다. 현재 지구에 속씨식물 종은 25만 종이 넘으며, 분류학적 과도 우리에게 매우 친숙한 장미과(장미와 친척들), 참나뭇과(너도밤나무류), 국화과(해바라기와 친척들)를 비롯해서 300개가 넘는다. 그들은 길섶, 초원, 과수원, 경작지의 가장자리에 무성하게 우거져 있으며, 지구 생태계 중에서 가장 다양성이 높은 열대림에서도 마찬가지이다.

개미는 속씨식물 진화라는 흐름에 올라탔다. 나는 이 공진화가 일어난 이유가 속씨식물 숲이 조성이 더 풍부하고 구조가 더 복잡해서 더 많은 종류의 작은 동물이 살기에 알맞았기 때문이라고 확신한다. 개미가 원래 기원했던 기존 겉씨식물 숲의 하층부와 낙엽층은 상대적으로 구조가 단순했다. 그 결과 곤충을 비롯한 작은 동물들이 이용할 수 있는 생태적 지위가 적었고, 따라서 그 숲에 사는 곤충, 거미, 지네, 기타 절지동물의 다양성도 낮았다. 오늘날까지 살아남은 겉씨식물 숲도 여전히 그렇게 다양성이 상대적으로 낮다. 새로운 숲의 속씨식물들 아래의

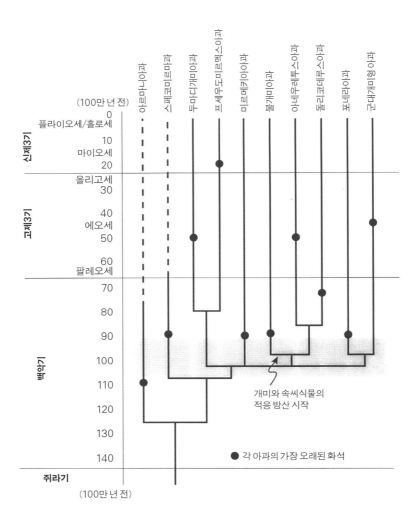

그림 13-1 파충류의 시대인 백악기에 오늘날까지 살고 있는 개미들이 출현하고 다양화되었다. 이 시기는 속씨식물이 지상의 식물상을 지배하기 시작한 시기와 일치한다.

토양과 낙엽층에는 절지동물에게 알맞은 훨씬 더 복잡한 환경이 형성되었고, 그것은 그 동물들을 먹는 개미에게도 마찬가지였다. 많은 개미 종들의 군체가 집을 짓는 낙엽층도 썩어 가는 잔가지, 굵은 나뭇가지, 잎

무더기, 씨 꼬투리 등으로 훨씬 다양해졌으며, 개미들은 훨씬 더 다양한 방식으로 방과 통로를 만들 수 있었다. 또 속씨식물 숲의 낙엽층은 위아래로 깊이에 따라 온도와 습도의 변화 폭이 더 컸다. 이런 이유들 덕분에 더 다양한 절지동물들이 낙엽층 속에서 먹이를 구할 수 있었다. 그 결과 개미들은 전 세계적으로 적응 방산을 이루었다. 전 세계에서 서식지와 식단을 다양화하고 확대하며 분화하는 종들이 점점 더 많이 출현했다. 개미가 차지할 만한 생태적 지위가 점점 더 늘어남에 따라, 개미 종의 수도 급증했다. 6500만 년 전 중생대가 끝날 무렵에는 오늘날 살고 있는 20여 개 개미 아과 대부분이 출현해 있었다.

개미 다양성의 대부분이 갖추어졌다고 할지라도, 곧바로 개미 동물상이 지금처럼 개체수와 군체의 수 측면에서 압도적인 지위를 차지하게 된 것은 아니었다. 곤충학자들이 호박과 암석 화석에서 찾아낸 가장 오래된 개미 화석들은 다른 곤충들의 화석에 비하면 수가 그리 많은 편이 아니다. 아마 중생대('파충류의 시대')가 저물 무렵과 그 뒤를 이은 신생대('포유류의 시대')의 초기 1500만 년 동안에 개미는 다시 두 가지 진화적 발전을 더 이룬 듯하며, 그 발전들 역시 오늘날 개미가 세계를 지배하는 데 토대가 되었다.

첫 번째 혁신은 많은 개미 종들이 식물의 수액을 먹고사는 곤충들과 별난 동반자 관계를 형성했다는 것이다. 진딧물, 깍지벌레, 가루깍지벌레 등 매미목의 여러 곤충들은 주둥이로 식물에 구멍을 뚫어 수액을 비롯한 액체를 빨아먹는다. 각 개체가 성장하고 번식하는 데 필요한 양분을 충분히 흡수하려면 수액을 대량으로 소화시켜야 한다. 또 섭식 방법의 특성 때문에 그들은 남는 액체를 비롯해서 물질을 다량으로 배설해야 한다. 몸에서 배출되는 끈적거리는 물질이 주변에 쌓이는 것을 막기 위해, 이 곤충들은 배설물을 물방울 형태로 내보내거나 분출함으로써

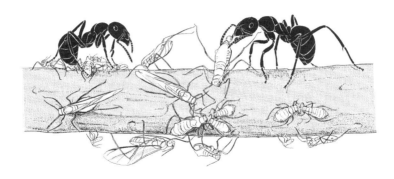

그림 13-2 개미를 지배자의 지위로 올려놓은 중요한 단계 중 하나는 수액을 빠는 흡즙 곤충들과 동반자 관계를 형성한 것이다. 개미는 영양가 있는 액체 배설물을 받는 대신 포식자와 기생 생물로부터 그들을 보호하기 시작했다. 그림은 유럽 산 개미 포르미카 폴리크테나(*Formica polyctena*)와 공생 관계인 진딧물 라크누스 로보리스(*Lachnus roboris*)이다.

땅이나 주변 식생에 떨어뜨린다. 이런 '감로(honeydew)'는 대다수의 개미 종에게는 만나(manna, 이스라엘 민족이 이집트에서 탈출하여 사막에서 헤맬 때 하늘에서 날마다 내려왔다는 기적의 음식 — 옮긴이)와 같다. 많은 개미 종이 아예 그것을 주식으로 삼는다.

개미의 등장은 동반자에게도 마찬가지로 이득을 주었고, 그 공생 관계는 오늘날까지 이어지고 있다. 주둥이로 식물의 표피를 꿰뚫을 때, 진딧물 같은 흡즙 곤충은 닻을 내리는 것처럼 말 그대로 먹이에 고정된다. 수액을 빠느라 움직이지 못하는 그들의 부드러운 몸은 식물의 잎에 우글거리는 온갖 포식자와 기생 생물의 먹이가 된다. 말벌, 딱정벌레, 풀잠자리, 파리, 거미 등은 한 식물에 붙어 있는 진딧물 전체를 단기간에 제거할 수 있다. 흡즙 곤충은 계속 보호를 받아야 하며, 그들의 배설물을 갈구하는 개미와의 동맹은 탁월한 안전 보장 전략이다. 많은 종류의 개미들은 지속적이고 풍부한 먹이 공급원을 자기 영토의 일부인 양 다룬다. 집에서 멀리 떨어져 있어도 그렇다. 개미들은 자기 영토에 속하다고 여기는 흡즙 곤충 무리로부터 적을 몰아낸다.

수백만 년에 걸쳐 진화하면서 개미는 더 나아갔다. 그들은 동반자였던 진딧물을 비롯한 흡즙 곤충들을 일종의 젖소로 변모시켰다. 마찬가지로 흡즙 곤충은 개미를 낙농가에 상응하는 존재로 변모시켰다. 공생하는 흡즙 곤충은 자신이 달라붙은 식물에 배설물을 흩뿌리지 않고 몸속에 지니고 있다가, 개미가 와서 더듬이로 가볍게 건드리면 액체 방울을 후하게 배출했다. 심지어 개미가 마시기 좋게 몸 끝에 매달고 있을 수 있게 진화했다. 진화하는 동안 공생의 동반자 양쪽은 번성했다. 물론 그렇지 못한 쪽도 있었다. 식물은 자신의 피에 해당하는 체액을 꽤 많이 잃었고, 흡즙 곤충을 사냥하는 포식자들은 때로 굶주렸다. 하지만 모두가 살아남았다. 그것은 '자연의 균형'이라고 하는 것의 좋은 사례이다.

어느 날 뉴기니 우림 속을 걷다가 나는 하층부의 한 관목에 달라붙어 수액을 빨아먹고 있는 커다란 깍지벌레들을 보았다. 거북 등딱지처럼 단단한 키틴질에 감싸인 그들의 몸은 폭이 거의 10밀리미터에 달했다. 그들 곁에는 개미들이 달라붙어서 무리 사이를 이리저리 오가면서 감로 방울들을 모으고 있었다. 그 순간 이 깍지벌레들이 꽤 크므로 내가 개미 역할을 할 수도 있지 않을까 하는 생각이 떠올랐다. 동시에 경비병 역할을 하는 개미들이 나를 내쫓을 만큼 크지 않아서 다행이라는 생각이 들었다. 비록 그들이 시도는 했지만 말이다. 나는 머리카락을 한 가닥 뽑아서 끝으로 깍지벌레 한 마리의 등을 건드렸다. 개미가 더듬이 끝으로 건드리는 것처럼 부드럽게 했다. 내가 바란 대로 관대하게 배설물이 한 방울 스며 나왔다. 나는 안경사가 쓰는 가느다란 핀셋에 방울을 묻혀서 맛보았다. 조금 단맛이 났다. 내가 개미였다면 영양을 섭취하기에 좋은 아미노산을 소량 얻었다는 것도 알았다. 물론 깍지벌레에게 나는 **개미였다**.

개미와 흡즙 곤충의 동반자 관계는 두 곤충이 지질학적으로 오랜 관계를 맺고 있는 동안 극도로 멀리까지 나아갔다. 현대의 많은 개미 종들은 이 다리 6개 달린 '소' 집단을 다목적 가축으로 기른다. 즉 단백질이 부족한 시기에는 그들 중 일부를 잡아먹는다. 소수의 종은 한 목초지에서 새로운 목초지로 소 떼를 몰고 다니는 것처럼 다 빨아먹은 식생에서 더 신선한 식생으로 흡즙 곤충을 몰고 다니는 데까지 나아갔다. 말레이시아의 한 종은 더 나아가 유목민이 되었다. 그들은 계속 높은 감로 수확량을 유지하기 위해 흡즙 곤충들과 함께 정기적으로 군체 전체를 이동시킨다.

개미와 매미목의 흡즙 곤충, 부전나빗과 나비들과 감로를 분비하는 모충 사이의 공생은 사소한 호기심거리에 불과한 것이 아니다. 그들은 전 세계에 넓게 퍼져 있으며, 많은 육상 생태계들을 하나로 엮는 먹이 사슬의 주요 고리에 속한다. 인류에게는 농업에 피해를 입히는 주요 해충이다. 개미의 입장에서는 공생 덕분에 육상 환경의 전혀 새로운 차원을 차지할 수 있었다. 그들은 한때 열대림의 상록수 꼭대기까지 올라갔다가 땅 위나 땅에 가까운 집으로 돌아오는 삶을 살아야 했다. 이제 그들은 땅 위 높은 곳에서도 계속 살아갈 수 있다. 많은 열대 지역에서 개미는 나무 수관에 사는 곤충 중 가장 수가 많다.

오랫동안 생물학자들은 개미가 나무 위 세계를 지배한다는 사실에 곤혹스러워했다. 그렇게 뛰어난 육식 동물이 나무 위에서 어떻게 그런 큰 개체군을 유지할 수 있단 말인가? 먹이 사슬의 꼭대기에 그렇게 엄청나게 많은 개체가 있다는 것은 생태학의 기본 원리에 어긋나는 듯했다. 육식 동물은 자기 몸무게보다 더 많은 양의 초식 동물을 먹는다고 여겨지기 때문이다. (대략적으로 추정하면 10배나 많은 물질을 소비해야 한다.) 인간이 쇠고기를 먹는 것도 마찬가지이다. 소는 풀을 먹고살며, 자기 몸무게보다 훨씬 더 많은 무게의 풀을 뜯어 먹어야 한다.

　이윽고 모험심 많은 젊은 생물학자들이 개미 공동체를 직접 관찰하기 위해 열대림 수관층으로 올라갔다. 그들은 놀라운 발견을 했다. 개미들은 육식 동물로서만 살아가는 것이 아니었다. 그들은 상당 수준 초식 동물이기도 했다. 더 정확히 말하자면, 그들은 **간접** 초식 동물이다. 나무 위에 사는 개미는 모충이나 깍지벌레와 달리 스스로 식물을 소화시킬 수 없다. 개미가 식물을 소화시키려면 소화계가 대폭 개량되어야 한다. 하지만 그들은 나무 꼭대기에서도 매미목의 흡즙 곤충들이 내놓는 영양가 있는 배설물을 먹으면 소화계를 개량하지 않고도 풍족하게 살아갈 수 있다. 개미들은 집 안팎에서 흡즙 곤충 무리를 세심하게 보살피고 통제한다. '개미의 텃밭'에서 살아가는 공생체들도 있다. 즉 개미는 난초, 브로멜리아드, 제스네리아(gesneriad) 같은 착생 식물들을 재배한다. 이 텃밭은 공생체들의 집이자 개미가 키우는 흡즙 곤충들을 위한 목초지 역할을 한다.

　나는 아마존과 뉴기니의 우림에서 이 텃밭 가꾸는 개미들을 직접 연구했다. 고백하지만, 기어오를 필요가 전혀 없는 가장 낮은 가지에 사는 것들을 연구했다. 나는 그들의 공격성에 무척 놀랐다. 내가 그들의 집을 건드리려 할 때마다, 일개미들이 집을 지키겠다고 떼 지어 몰려나와 내 몸을 닥치는 대로 깨물고 찌르며 유독한 분비물을 뿜어 댔다. 지면과 땅 위에 사는 개미 중 가장 사나운 것은 북반구에 사는 왕개미의 친척인 크기가 중간쯤 되는 캄포노투스 페모라투스(*Camponotus femoratus*)로서, 남아메리카 우림에 많다. 내가 만난 텃밭 농사꾼 캄포노투스 페모라투스는 집을 아예 건드리지도 못하게 했다. 바람을 등지고 약 1미터 안으로 다가가기만 해도, 그들은 내 냄새를 맡았다. 그러면 일개미 수백 마리가 우르르 몰려나와서 집 위를 우글우글 융단처럼 뒤덮고, 내 쪽으로 포름산을 연무처럼 뿜어 대기 시작했다. 그래도 안 떠나고 다가가려고 하면, 더 가까이에서 공격하기 위해 근처 식생 위에서 내 쪽으로 떨어져 내렸다. 페모라투스가 사는 나무에 올라가 본 사람이라면 굳이 설명하지 않아도 개미가 생태적 우점종임을 안다.

베짜기개미속(Oecophylla)에 속하는 적도 아프리카와 아시아의 베짜기개미들도 아마존의 캄포노투스 페모라투스에 못지않게 사납다. 베짜기개미 군체는 일개미들이 사슬을 이루어 나뭇잎들을 끌어당긴 뒤 굼벵이처럼 생긴 애벌레에게서 빼낸 실을 엮어서 둥지를 짓는다. 성숙한 군체는 한 그루에서 서너 그루에 걸쳐 나무의 수관에 이 비단 천막을 수백 개씩 짓는다. 베짜기개미의 세력권에 들어간 침입자는 누구든 두려움을 모르는 경비병 무리에게 물리고 포름산 분무 세례를 받게 된다. 전에 하버드 대학교에서 플라스틱 상자에 키우던 이 개미 군체의 일개미들이 탈출한 적이 있었다. 그중 일부는 내 책상 위로 올라가서 턱을 쫙 벌리고, 꽁무니를 치켜 올려 포름산을 뿜어낼 자세를 하고 나를 위협했다. 야외에서 그들이 보이는 사나운 행동은 거의 전설이 되어 있다. 제2차 세계 대전 때 솔로몬 제도에서 복무한 해병 저격수들은 나무 위로 올라갈 때 베짜기개미가 일본군 못지않게 무서웠다고 말했다. 물론 좀 과장이 섞여 있겠지만, 우리와 더불어 지구를 지배하는 곤충에게 걸맞은 찬사라 할 수 있다.

여러 해 동안 그들을 연구하면서 나는 개미를 비롯한 사회성 곤충들의 진화적 기원을 이해하는 데 도움을 줄 원리를 하나 간파했다. **에너지와 시간을 더 많이 들여서 집을 공들여 짓는 개미들일수록, 그것을 지킬 때 더 사납다는 것이다.** 이 원리는 나중에 진사회성의 기원 자체와 연결될 것이다.

많은 종류의 개미들이 나무 꼭대기에서 감로를 분비하는 곤충들과 동반자 관계를 완성하던 시기와 지질학적으로 볼 때 거의 같은 시대에,

다른 개미들은 전혀 다른 방향으로 서식지와 식단을 확대하고 있었다. 그들은 먹이와 사체로 이루어진 기본 식단에 씨앗을 추가했다. 그 혁신 덕분에 원래의 개미 동물상이 있던 숲에서 개미 종의 수와 군체의 밀도가 증가했다. 또 많은 개미 종들이 건조한 초원과 사막으로 진출할 수 있었다.

오늘날 씨앗을 먹는 개미 종의 상당수는 씨앗을 저장할 곡물 창고도 짓는다. 그 현상은 삼림 지역에 어느 정도 치우쳐 나타나지만, 삼림 지역에서든 어디에서든 그렇다는 사실이 드러난 것은 19세기에 들어서였다. 자연사 학자들이 레반트, 인도, 북아메리카 서부의 더 건조한 지역들에서 개미들을 연구하기 시작하면서였다. 나중에 '수확개미(harvester ant)'라고 불리게 될 군체의 땅속 집을 파헤쳤더니, 인근의 풀에서 수확한 씨들이 가득 들어 있는 방들이 나왔다. 그 뒤에야 솔로몬의 지혜가 이해되었다. "게으른 자여 개미에게 가서 그가 하는 것을 보고 지혜를 얻으라. 개미는 두령도 없고 감독자도 없고 통치자도 없으되, 먹을 것을 여름 동안에 예비하며 추수 때에 양식을 모으느니라."(「잠언」6장 6~8절)

어느 날 예루살렘의 성전산에 갔을 때, 나는 짱구개미속(Messor)의 한 수확개미 집 옆에 앉았다. 그 지역의 우점종 중 하나였다. 일개미들이 씨를 구멍을 통해 지하의 창고로 운반하고 있었다. 이 개미가 바로 솔로몬이 언급했던 바로 그 종이었고, 그가 개미들을 지켜본 곳이 바로 이 근처일 것이라고 생각하니 무척 즐거웠다.

3,000년 뒤 유대 땅에서 멀리 떨어진 곳에서 과학자들은 새로운 유형의 지혜를 찾아 개미를 비롯한 사회성 곤충들에 눈을 돌리기 시작했다. 비록 이 작은 생물들이 많은 점에서 우리와 근본적으로 다르다고 할지라도, 그들의 기원과 역사는 우리 자신의 기원과 역사에 빛을 던져 주었다.

4 부

사회성 진화를 일으키는 힘

14장

진사회성의 희소성 딜레마

    진사회성은 생명의 역사에서 이루어진 주요 혁신 중 하나였다. 이타적인 분업을 통해 여러 세대가 한 집단을 구성하는 진사회성을 통해 유기체보다 한 단계 높은 생물학적 복잡성을 지닌 초유기체가 형성되었다. 이것이 지구 생물계에 준 충격은 공기 호흡을 하는 수생 동물이 육지를 정복한 일에 맞먹는다. 그것은 곤충과 척추동물이 동력 비행을 발명한 일에 맞먹을 만큼 중요하다.

    하지만 그 성취는 진화 생물학이 아직 풀지 못한 수수께끼도 하나 내놓았다. 진사회성의 희소성이라는 문제이다. 운 좋은 말벌 집단 하나가 개미를 낳을 수 있었고, 목재를 먹던 바퀴처럼 생긴 곤충 집단 하나가 운 좋게 흰개미로 진화할 수 있었고, 그 둘이 육상 무척추동물 세계를 지배하게 되었다. 그렇다면 왜 생명의 역사에서 진사회성은 더 많이 출현하지 않은 것일까? 그리고 왜 생명의 역사에서 진사회성이 출현하는 데 그렇게 오래 걸린 것일까?

기회는 대단히 많았던 것 같다. 개미, 흰개미, 사회성 벌과 말벌이 출현하기 이전에 곤충에게는 진화적 사건 두 가지가 대규모로 장기간에 걸쳐 일어났다. 첫 번째 사건은 약 4억 년 전, 데본기에 시작되었다. 그 사건은 1억 5000만 년 뒤인 페름기 말에 끝났다. 지구의 동식물 대다수가 사라진 역대 최고의 대멸종 때문이었다. 그리하여 흔히 '양서류의 시대'라고 하는 고생대가 끝났다. 그 뒤를 이은 것이 중생대였다. 육지와 해양 양쪽에서 파충류의 시대가 시작되었다.

고생대는 석탄 숲, 즉 나무고사리와 까마득히 솟은 인목(鱗木)이 이룬 숲의 시대였다. 이런 숲과 그 주변에 흩어진 다른 육상 서식지들에는 곤충들이 우글거렸고, 곤충들의 다양성은 지금에 못지않았다. 고대의 하루살이, 잠자리, 딱정벌레, 바퀴 종류가 많이 살았다. 이 친숙한 곤충들뿐만 아니라 화석을 연구하는 전문가들만 아는 지금은 사라지고 없는 곤충들도 함께 있었다. 옛바퀴(paleodictyopteran), 원시갑충(protelytropteran), 메가세스콥테라(megasecopteran), 디아파놉테로데(diaphanopterodean) 같은 발음하기 어려운 이름을 지닌 것들이 살았다.

입자가 고운 암석에 눌린 화석 중에는 놀랄 정도로 보존 상태가 좋은 것들이 많다. 그래서 대개 그 곤충들의 해부학적 외부 구조를 현생 곤충의 것과 상세히 비교할 수 있다. 연구자들은 전 세계에서 채집된 표본들을 이용하여 일부 종의 생활사를 재구성하는 데 성공했고, 심지어 먹이까지 추론할 수 있었다. 하지만 아직까지 고생대 화석 중에서 진사회성 곤충은 발견된 적이 없다.

페름기를 종식시킨 대멸종 뒤에 트라이아스기가 시작되었고, 더불어

그림 14-1 고생대 중기부터 후기까지인 약 4억 년 전~2억 5000만 년 전, 다양한 곤충들이 번성했다. 그림은 나무고사리 한 그루에 살던 딱정벌레, 바퀴, 기타 멸종한 집단들에 속한 다양한 곤충들을 보여 주고 있다. 여기에서 사회성을 띤 종은 단 한 종도 발견되지 않았다.

중생대가 시작되었다. 이 대멸종으로 지구에 살던 생물 종의 90퍼센트가 사라졌다. 지구 역사상 가장 심각했던 이 격변의 원인이 무엇이었든 (대다수 전문가는 산만 한 유성체가 원인이었을 것이라고 믿는 반면, 일부 사람들은 지구조

판의 변동이나 지구 화학적 변화 같은 지구 내부의 사건에서 원인을 찾는 것을 선호한다.) 이 사건은 동식물들을 모조리 전멸시킬 뻔했다. 앞에서 말한 낯선 이름의 분류목들은 이때 사라졌지만, 소수의 딱정벌레, 잠자리, 그밖에 우리에게 덜 친숙한 집단들은 살아남아서 오늘날까지 이어지고 있다.

페름기 말의 대멸종에서 살아남은 곤충들은 급속히(지질학적으로 볼 때) 불어나서 육상 환경을 다시 채웠다. 그 종들은 불어나고 적응 방산함으로써 다양한 새로운 생활 양식을 습득했다. 수백만 년이 지나기 전에, 생존자들은 진화하여 사라진 다양성의 상당 부분을 새로운 종들로 대체했고, 곤충 세계는 다시 활기를 띠었다. 그렇기는 해도 트라이아스기 5000만 동안 공룡들이 진화적으로 엄청난 적응 방산을 이루고 있을 때에도 사회성 곤충은 여전히 출현하지 않았다. 적어도 우리가 찾아낼 수 있는 기록에서는 전무하다.

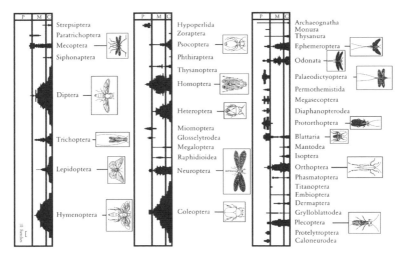

그림 14-2 고생대(P), 중생대(M), 신생대(C) 4억 년에 걸쳐 방대하기 그지없는 다양성을 자랑하는 곤충 가운데 진사회성이 출현한 사례는 극히 드물었고, 우리가 아는 한 중생대 전기까지는 아예 출현한 적이 없었다. 각 곤충 목별로 그려진 다이어그램의 폭은 시간이 흐르면서 과의 수가 어떻게 변했는지를 나타낸다.

마지막으로 쥐라기 전기인 약 1억 7500만 년 전, 해부 구조상 원시적인 바퀴처럼 생긴 최초의 흰개미가 출현했고, 2500만 년 뒤 개미가 등장했다. 당시만 아니라 오늘날까지 다른 진사회성 곤충, 아니 진사회성 동물의 출현은 매우 드물었다. 오늘날 곤충을 비롯한 절지동물은 약 2,600개 과가 있다. 초파릿과의 흔한 초파리, 호랑거밋과의 호랑거미, 바위겟과의 바위게 등이 여기에 속한다. 이 2,600과 중에서 진사회성 종을 포함한다고 알려진 것은 15과에 불과하다. 이중 6과는 흰개미로서, 모두 한 진사회성 조상의 후손인 듯하다. 진사회성은 개미에게서는 한 번, 말벌에게서는 독립적으로 세 번 출현했으며, 벌에게서는 적어도 네 번 혹은 아마도 그 이상 출현했을 것이다. 특히 꼬마꽃벌과(Halictidae)의 현생 진사회성 꼬마꽃벌 중에는 군체가 작고, 여왕이 거의 분화가 안 되어 있고, 독립 생활과 초기 진사회성 상태 사이를 진화적으로 오가는 경향이 있는, 진사회성 체제의 출발점에 가까이 있는 계통이 많다. 이 벌들은 크기가 꿀벌과 뒤영벌보다 훨씬 작으며, 여름에 국화과 식물의 꽃에 많이 모여든다. 벌들은 색깔이 아주 화려하다. 금속 느낌을 주는 파란색이나 초록색을 띤 것도 있고, 흑백의 띠무늬를 지닌 종류도 있다.

진사회성의 사례는 암브로시아나무좀에게서도 한 건 발견되었으며, 진딧물과 총채벌레에게서는 여러 건 발견되었다. 놀랍게도 딱총새웃과의 시날페우스 속(Synalpheus) 새우들에게서도 진사회성 행동이 세 차례 출현했다. 이들은 바다에 사는 해면동물 안에 집을 짓는다. 그런 드물거나 상대적으로 불안정한 진사회성은 화석 기록을 남기지 않은 채 사라졌을 가능성이 높다. 또 시날페우스 속 딱총새우에게서 진사회성이 여러 번 기원했다는 사실은 최근에야 밝혀졌다. 주로 생명의 비사회적 측면들에서 이루어진 이른바 유일한 혁신이라고 말하는 사례 23건을 분석한 지래트 베르메이(Geerat J. Vermeij)도 마찬가지로 유일하다는 말을 할

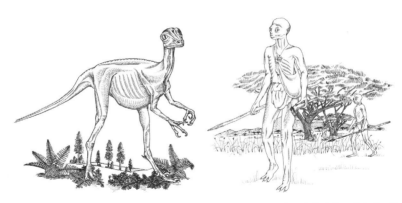

그림 14-3 왼쪽은 중생대 말에 살았으며 고등한 지능을 출현시킬 가능성이 있다고 여겨지는 형질 중 몇 가지를 지닌 두발 보행 공룡인 스테노니코사우루스(Stenonychosaurus)를 재현한 그림이다. 오른쪽은 고생물학자 데일 러셀(Dale Russell)이 상상한 '공룡인(dinosauroid)'이다. 이 상상의 존재는 인류보다 먼저 1억 년 전에 스테노니코사우루스로부터 진화했을 수도 있었지만, 그러지 못했다. 재현한 스테노니코사우루스를 토대로 데일 러셀이 그린 것이다.

때 신중을 기해야 한다고 했다. 하지만 불확실하다는 점을 인정한다고 해도, 별도의 노동 계급을 둔 개체수가 많은 고등한 진사회성 곤충들이 흔적 하나 남기지 않고 사라졌을 가능성은 낮다.

척추동물의 경우에는 무척추동물보다 진사회성이 출현한 사례가 더욱 적다. 땅속에 사는 아프리카의 벌거숭이두더지쥐에게서 두 차례 출현했다. 또 현생 인류로 이어지는 계통에서 한 차례 출현했는데, 무척추동물에게서 출현한 사례들과 비교하면 지질학적으로 아주 최근의 일이다. 겨우 300만 년 전에 출현했다. 둥지에 조력자를 두는 조류는 진사회성에 근접해 있다. 이런 새들의 경우에 젊은 새끼가 얼마간 부모 곁에 머문다. 하지만 그 새끼는 조금 더 지나면 둥지를 물려받거나 떠나서 자신의 둥지를 짓는다. 아프리카들개도 진사회성에 가까이 가 있다. 무리 중 계급과 서열이 가장 높은 으뜸 암컷(α-female)은 번식을 위해 굴에 머물고 나머지 무리가 먹이를 사냥한다.

지난 2억 5000만 년 동안 대형 동물들에게서 진사회성이 출현하는 기념비적인 사건이 벌어질 기회는 많았다. 중생대에 진화하던 공룡 계통 중에는 적어도 필수 조건 중 일부를 획득한 것들이 많았다. 인간만 한 몸집, 육식성의 식성, 무리 사냥, 두발 보행, 자유로운 손이 그러했다. 하지만 그중에 설령 원시적인 수준으로라도 진사회성에 이르는 마지막 단계를 밟은 종은 전혀 없었다. 그 후 신생대의 거의 전 기간인 6000만 년 동안, 한창 늘어나던 대형 포유동물 종들의 앞에도 똑같은 기회가 놓여 있었다. 게다가 포유동물 종과 그 자손 종의 평균 수명은 50만 년으로 비교적 짧았기에 적응 형질들이 새롭게 재편되는 속도가 빨랐다. 하지만 세계의 모든 비영장류 포유동물 중에서 두더지쥐만이, 그리고 수백만 년 동안 열대와 아열대 지방에 살았던 모든 영장류들 가운데 아프리카에 살던 대형 유인원 중 하나, 즉 호모 사피엔스의 선조만이 진사회성으로 넘어가는 문턱을 넘었다.

15장

곤충의 이타성과
진사회성이 규명되다

인류는 생물 종으로서 기원했으며, 이런 의미에서 사회성 곤충보다
더 낫지도 더 못하지도 않다. 우리의 조상들을 진사회성 문턱까지 밀어
붙인 다음, 그 문턱을 넘게 만든 유전적 진화의 원동력은 무엇이었을까?
생물학자들은 최근에야 이 수수께끼들을 풀기 시작했다. 우리는 훨씬
더 앞서 같은 길을 개척했던 동물 종들, 특히 사회성 무척추동물의 역사
에서 핵심적인 단서를 찾아낼 수 있을지 모른다. 연구자들은 진사회성
곤충과 다른 무척추동물들이 출현할 당시에 일어났을 법한 일의 전제
들을 논리적으로 어떤 식으로 조합하느냐, 또는 일어났을 수도 있었던
일들을 어떻게 수학적으로 이론화하느냐가 중요한 것이 아니라, 실험실
과 야외 조사 현장에서 발견한 실제로 **일어났던** 일들의 단서들을 현장과

연구실에서 끼워 맞추는 것이 핵심임을 깨달았다. 신중하게 한 번에 한 단계씩, 우리는 경험 증거를 토대로 이 이야기를 끼워 맞춰 왔다. 이렇게 도출된 유전학과 진화의 기본 원리들은 과학 본연의 정신에 따라 잠정적으로 인간 조건을 규명하는 데 쓰일 수 있다.

지난 세기 중반 윌리엄 모턴 휠러(William Morton Wheeler, 1865~1937년), 찰스 던컨 미처너(Charles Duncan Michener, 1918년~), 하워드 엔선 에번스 (Howard Ensign Evans, 1919~2002년) 같은 위대한 곤충학자들은 무척추동물, 특히 곤충의 이야기를 충실히 재구성하는 일을 시작했다. 더 젊은 과학자였던 나는 미처너와 에번스를 개인적으로 아주 잘 알았다. (미처너는 2012년에도 여전히 활발히 연구하고 있다.) 그리고 휠러는 내가 어린아이였던 1937년에 세상을 떠났지만, 나는 그의 연구를 매우 상세히 조사하고 그의 생애에 관해 꽤 많이 들었기에 사적으로 그를 알고 있었던 것처럼 느껴진다. 그 세 사람은 오늘날 생물학의 변경 지대에서 몹시 필요한 진정한 자연사 학자였다. 그들은 자신이 전공한 생물 집단의 모든 것을 알기 위해 매진했다. 미처너는 벌, 에번스는 말벌, 휠러는 개미의 세계적인 권위자가 되었다. 그들이 지닌 열정의 중심에는 분류학이 있었지만, 그들은 자신이 택한 대상의 생태학, 해부학, 생활사, 진화적 관계, 행동까지 샅샅이 파헤쳤다. 당신이 운 좋게 세 명 중 누군가와 야외 조사를 나갔다면, 그는 마주치는 모든 벌(미처너), 말벌(에번스), 개미(휠러)의 학명을 줄줄 읊고, 그때까지 그 종에 관해 배운 모든 것을 열정적으로 말해 줄 것이다. **그들 모두 다 자신의 생물에 대해 어떤 느낌을 지니고 있었다.** 그리고 바로 그 점이 중요했다.

야외 조사지와 실험실에서 일하는 이런 자연사 학자들이 쌓은 엄청난 생물학적 지식 덕분에, 사회적 행동이 가장 고도로 발전된 상태인 진사회성이 왜, 그리고 어떻게 진화했는지를 명확히 그려 낼 수 있게 되었다. 진화는 두 단계로 이루어졌다. 첫째, 진사회성을 달성한 모든 동물 종의 개체들은 예외 없이 이타적 협동을 통해 포식자, 기생 생물, 경쟁자 같은 적으로부터 항구적이고 방어 가능한 보금자리 또는 집을 지킨다. 둘째, 집단의 구성원들은 두 세대 이상으로 이루어지고 적어도 자신의 사적인 이익 중 일부를 집단의 이익을 위해 희생하는 방식으로 분업한 다. 이 단계에 도달하자, 진사회성이 출현할 무대가 마련되었다.

이 과정을 구체적으로 설명해 보자. 우선 집을 짓고 새끼를 기르는 독 립 생활 말벌을 생각해 보자. 조류와 악어류는 이 단계에 도달해 있다. 보통 말벌 종의 생활사를 보면, 새끼는 성숙하면 집을 떠나 분산하여 따 로 자신의 집을 짓고 번식한다. 조류와 악어류도 마찬가지이다. 다음 세 대의 적어도 일부가 떠나는 대신에 집에 머물러 있다면, 그렇게 형성된

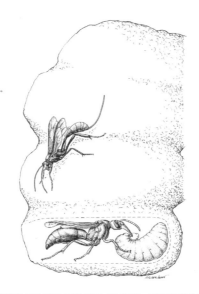

그림 15-1 독립 생활 말벌의 지속적인 먹이 공급. 집 안에는 애벌레에게 모충 조각을 먹이는 호리 병벌의 일종인 시나그리스 코르누타(Synagris cornuta) 암컷이 있다. 집 바깥에는 기생 맵시벌 인 오스프린코투스 비올라토르(Osprynchotus violator)가 숨어서 호리병벌의 애벌레를 공격 할 틈을 노리고 있다.

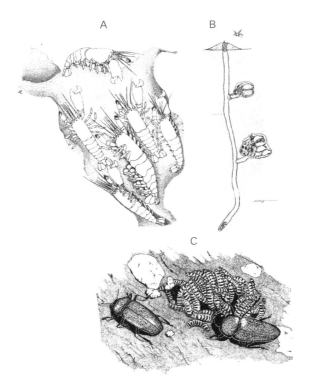

그림 15-2 진사회성 문턱의 양쪽에 있는 종들. (A) 해면동물 안에 굴을 파고 사는 원시적인 진사회성 시날페우스 속 딱총새우의 군체. 몸집이 큰 여왕(번식하는 개체)을 일꾼들이 둘러싸고 있으며, 한 마리가 집 입구를 지키고 있다. (B) 흙 속에 굴을 파고 사는 꼬마꽃벌과의 원시적인 진사회성 벌인 두플렉스줄애꽃벌(*Lasioglossum duplex*). (C) 애벌레를 먹이인 곰팡이 쪽으로 몰고 가는 프셀라파쿠스 속(*Pselaphacus*)의 버섯벌레 성체. 이 수준의 육아 활동은 곤충을 비롯한 절지동물들에게 널리 나타나지만, 진사회성의 출현으로 이어진 사례는 없다. 이 세 사례는 진사회성이 기원하려면 짓고 지키는 보금자리라는 선적응이 필요하다는 것을 보여 준다.

집단은 진사회성 문턱에 도달한 것이다. 그러면 그 장벽은 쉽게 넘을 수 있다. 비록 그런 뒤에 유지하기는 쉽지 않을지라도 말이다. 독립 생활을 하는 벌(그리고 같은 굴에 살지만 개별적으로 방을 만드는 방식으로 공동체 생활을 하는 벌) 중에는 집이나 개별 방을 단 하나만 겨우 지을 수 있는 작은 공간에 두 벌을 함께 집어넣는 것만으로도 원시적인 진사회성 상태로 전환시킬 수 있는 종들이 있다. 두 벌은 자연 상태의 원시적인 진사회성 벌 집단들에게서 관찰되는 형태의 쪼기 순서(pecking order)를 자동적으로 형성한다. 우월한 지위를 차지하게 되는 암컷, 즉 '여왕'은 둥지에 머물면서 번식하고 집을 지키는 반면, 복종하는 암컷, 즉 '일벌'은 먹이를 구해 온다.

자연에서는 같은 양상이 유전적으로 프로그램될 수 있다. 곤충의 새끼들이 집에 남아 어미를 돌봄으로써, 어미가 여왕이 되고 새끼들이 일꾼이 되는 식이다. 이 최종 단계를 달성하는 데에는 단 하나의 유전적 변화만 일어나면 된다. 분산 행동을 담당하는 뇌 프로그램을 침묵시킴으로써 어미와 새끼가 흩어져서 새 집을 짓는 것을 막는 대립 유전자(한 유전자의 변이 형태)를 얻는 것이다.

그런 식으로 결속된 집단이 출현하면 곧바로 집단 수준에 작용하는 자연 선택이 작동하기 시작한다. 이것은 집단에 속한 개체가 같은 환경에서 살아가는, 다른 면에서는 똑같은 독립 생활 개체보다 번식을 더 잘한다는, 혹은 더 못한다는 의미이다. 이 결과를 정하는 것은 구성원들 사이의 상호 작용에서 나오는 창발적 형질이다. 집을 확장하고 방어하고 넓히고 먹이를 구하며 덜 성숙한 새끼를 키우기 위해 서로 협력하는 것이 바로 그 형질이다. 다시 말해 독립 생활 곤충이라면 번식할 때 으레 혼자서 할 이 모든 행동을 협동을 통해 한다는 것이다.

집단의 창발적 형질을 만드는 대립 유전자가 집을 떠나 분산하도록 이끄는 경쟁 관계에 있는 대립 유전자보다 우세해질 때, 유전체의 나머지 영역에 작용하는 자연 선택은 자유롭게 더 복잡한 형태의 사회 조직을 형성할 수 있다. 그렇기는 해도 진사회성 진화의 첫 단계들에서는 이미 존재하는 지배와 분업 성향에 일차적으로 자연 선택이 작용한다. 나중에 유전체(즉 유전 암호 전체)의 나머지 영역 중 더 많은 부분이 집단 수준의 자연 선택에 참여함으로써 점점 더 복잡한 사회가 만들어진다.

혈연 선택과 '이기적 유전자'라는 기존의 전통적 관점은, 집단을 서로 유연 관계가 있기 때문에 협력하는 친족들 사이의 동맹체라고 본다. 비록 갈등의 소지가 있기는 해도, 그들은 군체의 요구에 응해 이타적으로 행동한다. 일꾼들은 자신의 번식 잠재력의 일부 또는 전부를 기꺼이 포기한다. 모두 공통 조상의 후손이므로 하나의 혈연으로 이어진 친족이며 유전자를 공유하기 때문이다. 따라서 각자는 자기 집단의 구성원들에게도 있는 동일한 유전자가 늘어나도록 도움으로써 자신의 '이기적' 유전자에 이바지한다. 그런 곤충은 어미나 자매의 이익을 위해 자신의 목숨을 내놓더라도, 친척들과 공유하는 유전자의 빈도를 증가시키게 될 것이다. 증식하는 유전자 중에는 이타적 행동을 만들어 내는 유전자도 포함되어 있을 것이다. 군체의 다른 구성원들이 비슷한 방식으로 행동한다면, 군체 전체는 이기적 개체들로만 이루어진 집단을 물리칠 수 있다.

이기적 유전자라는 관점은 지극히 합리적으로 보일 수 있다. 사실 대다수의 진화 생물학자는 그것을 거의 교리로 받아들여 왔다. 적어도 2010년까지는 그랬다. 그해에 나는 마틴 노왁, 코리나 타르니타와 함께 혈연 선택 이론이라고도 하는 포괄 적합도 이론이 수학적으로도 생물학적으로도 틀렸다는 것을 보여 주었다. 그 이론의 근본적인 결함 중 하나는 어미인 여왕과 새끼 사이의 분업을 '협동'으로 간주하고, 어미의 집에서 떠나는 것을 '배신'으로 다룬다는 것이다. 하지만 우리가 지적했다시피, 집단과 분업에 충실한가, 아닌가는 진화 게임이 아니다. 일꾼은 게임 참가자가 아니다. 진사회성이 확고히 자리를 잡고 나면 일꾼들은 여왕 표현형의 확장 사례, 다시 말해 여왕 자신의 유전자와 여왕과 교미를 한 수컷의 유전자의 또 다른 표현형이다. 사실상 일꾼은 여왕이 홀로 살아간다고 할 때 가능한 것보다 더 많은 새끼 여왕과 수컷을 낳을 수 있도록 돕는, 자신의 모습을 본떠 만든 로봇이다.

나는 이 새로운 관점이 논리적인 동시에 증거와도 들어맞는다고 본다. 이 관점이 옳다면, 진사회성 곤충의 기원과 진화는 개체 수준의 자연 선택이 추진하는 과정이라고 볼 수 있다. 자연 선택은 한 세대의 여왕에서 다음 세대의 여왕으로 진행되며, 각 군체의 일꾼들은 어미인 여왕의 확장된 표현형으로서 만들어진다고 보는 것이 가장 낫다. 여왕과 그 자식들을 합쳐서 초유기체라고 부르고는 하지만, 마찬가지로 유기체(생물)라고 부를 수도 있다. 우리가 집을 건드리면 공격하는 말벌 군체나 개미 군체의 일꾼은 어미인 여왕의 유전체가 만들어 낸 산물이다. 치아와 손가락이 자기 표현형의 일부인 것처럼, 방어하는 일꾼도 여왕이 지닌 표현형의 일부이다.

이런 식의 비교에는 한 가지 문제가 있는 듯도 하다. 물론 진사회성 일꾼은 어미뿐만 아니라 아비의 자식이기도 하므로, 어미인 여왕과 유전형이 일부 다르다. 따라서 군체에는 다양한 유전형이 있는 반면, 전통적인 의미의 생물을 구성하는 세포들은 클론(clone)들이므로 그 생물의 접합자에 들어 있던 유전체만을 지닌다. 하지만 자연 선택이라는 과정과 그것이 생물학적 조직화의 단일한 수준에서 작용한다는 점은 본질적으로 똑같다. 우리 각자는 잘 통합된 이배수체(diploid) 세포들로 이루어진 한 마리의 생물 개체이다. 진사회성 군체도 마찬가지이다. 당신의 신체 조직이 증식할 때, 각 세포의 분자 기구는 켜지거나 꺼짐으로써 손가락이나 치아를 만든다. 마찬가지로 진사회성 일꾼들은 성체로 발달할 때 군체의 다른 구성원들에게서 나오는 페로몬과 그밖의 환경적인 신호들의 영향을 받아 특정한 계급이 되도록 유도된다. 그 결과 일꾼들의 집단 뇌에 새겨진 잠재적인 업무 목록 중에서 하나 또는 일련의 과제를 수행하게 될 것이다. 일꾼은 한 가지 업무를 평생 맡는 일은 거의 없으며, 일정한 기간 동안 병사, 둥지 건설자, 보모, 또는 잡역부로 일한다.

물론 진사회성 군체 내 일꾼들 사이에 형질들의 유전적 다양성이 존재할 뿐만 아니라 군체에게 유익한 기능을 한다는 것도 사실이다. 질병 내성과 집의 공기 조절에 기여하는 형질들이 그렇다. 이렇게 보면 군체는 각자가 자기 유전자의 적합도를 최대화하기 위해 애쓰는 개체들의 집합이라고 볼 수 있지 않을까? (이것은 혈연 선택 이론의 관점이기도 하다.) 반드시 그렇게 볼 필요는 없다. 여왕의 유전체가 다음 두 영역으로 이루어져 있다고 보면 된다. 즉 유전자가 규정하는 형질이 불변성을 띨 필요가 있어서 대립 유전자들의 다양성이 비교적 낮은 영역과, 형질이 융통성을 띨 필요가 있어서 대립 유전자의 다양성이 상대적으로 높은 영역으로 이루어져 있다고 보면 된다. 유전적 불변성은 일꾼 계급 체계의 필수 조건이며, 계급들을 체계화하고 각자에게 업무를 분담시키는 수단이다. 대조적으로 군체의 질병 내성을 높이고 집의 공기 조절을 개선하다는 측면에서는 일꾼들 사이에 유전적 융통성이 있는 것이 바람직하다. 군체가 가진 유전 형질이 다양할수록, 그리고 더 많을수록, 질병이 집을 휩쓸 때 일부라도 살아남을 가능성이 더 높아진다. 그리고 온도, 습도, 공기 농도 같은 게 바람직한 상태에서 벗어났음을 알아차리는 민감성의 폭이 더 클수록, 집의 환경 구성 요소들을 군체의 생활에 더 적합하게, 더 나아가 최적 상태에 더 가깝게 유지할 수 있다.

여왕과 각 계급을 이룰 딸들 사이에 중요한 유전적 차이는 전혀 없다. 여왕과 수컷의 유전체가 융합되는 순간부터 각 수정란은 여왕도 일꾼도 될 수 있다. 그 수정란의 운명은 부화한 계절, 먹는 먹이, 뿌려지는 페로몬 등 발달하는 동안 각 군체 구성원이 경험하는 환경의 구체적인 특징에 따라 달라진다. 이런 의미에서 일꾼들은 어미인 여왕이 만들어 내는 자기 표현형 중 이동성을 띤 부분인 로봇이다.

'원시적으로' 단순한, 다시 말해 여왕과 자식인 일꾼 사이에 해부학적 차이가 거의 없는 사회성 막시류 군체(개미, 벌, 말벌)에서는 일꾼이 스스로 번식하려고 시도하기 때문에 갈등이 빚어지고는 한다. 다른 일꾼들은 대개 그 찬탈자를 방해함으로써 여왕의 지위를 보호한다. 찬탈자가 알을 낳으려 할 때마다 그 찬탈자를 단순히 육아실에서 쫓아내기만 할 수도 있다. 또는 마구잡이로 찬탈자 위에 올라타서 불구로 만들거나 죽이는 식의 처벌을 가할 수도 있다. 찬탈자가 어떻게 해서든 육아실에 몰래 알을 낳으면, 동료 일꾼들은 그 알을 냄새로 찾아내 먹어 치운다. 그런 갈등의 수준이 찬탈자와 여왕 사이의 유전적 차이와 상관 관계가 있음을 보여 주는 연구들이 많이 나와 있다. 이 현상 중 일부는 유전적으로 개체가 내는 냄새에 차이가 있으며, 그것이 대립의 수준을 결정한다는 식으로 설명할 수도 있다. 설령 그렇다고 할지라도, 그런 갈등이 여왕에서 여왕으로 진행되는 개체 수준의 자연 선택에 반하는 증거일까 하는 의문은 남는다. 하지만 찬탈자를 한 포유동물의 몸에 있는 암세포에 상응하는 것이라고 보면, 반하는 증거가 아니다. T 세포, T 세포 수용체, B 세포 생산, 주조직 적합성 복합체를 수반하는 포유동물의 복잡한 세포 기구는 여왕의 자식들 사이의 유전적 다양성과 똑같은 기능을 한다. 즉 감염과 고삐 풀린 세포의 성장을 저지하는 기능을 하는 것이다.

　군체의 성공 또는 실패가 여왕과 그 로봇 같은 자식들의 집합체가 독립 생활을 하는 개체들 및 다른 군체들과 얼마나 잘 경쟁하느냐에 달려 있다는 의미에서, 집단 선택은 일어난다. 집단 선택은 여왕(그리고 여왕의 군체)이 다른 여왕들과 경쟁하는 경우 선택의 표적을 정확히 식별하는 데 유용한 개념이다. 하지만 일꾼 개체의 이익이 군체의 이익과 맞서는 상황에서 군체 진화가 일어난다는 식으로 다수준 선택 개념을 가지고 사회성 곤충의 유전적 진화 모형을 구축하려고 하는 것은 더 이상 유용한 생각이 아닐지도 모른다.

게다가 곤충 군체 내 이타성이라는 개념 자체는 멋진 비유이기는 하지만 과학적 분석 가치는 거의 없다. 게다가 그 이타성이 자신의 번식을 희생시킨다는 의미라면, 다수준 선택 개념으로 그것을 설명하겠다는 목표는 착각일 가능성이 높다. 개체 선택을 통해 걸러진 유전자를 지닌 어미는 자신의 다윈주의적 적합도를 더 높이기 위해 일꾼을 만들 힘을 지니고 있다. 그 힘을 앗아 가면, 어미는 파멸한다.

놀랍게도 미숙한 형태이기는 해도, 다윈도 『종의 기원』에서 똑같은 생각을 내비친 바 있다. 그는 불임인 일개미가 어떻게 자연 선택을 통해 진화할 수 있었나 하는 문제를 놓고 오랫동안 고심했다. 그는 그 난제가 "처음에는 난공불락처럼 보였고, 사실상 내 이론 전체를 파멸시킬 것"이라고 걱정했다. 그러다가 그는 우리가 오늘날 **표현형 가소성**(phenotypic plasticity)이라고 말하는 개념을 통해 그 수수께끼를 해결했다. 그는 어미인 여왕과 자식들을 함께 외부 환경의 선택 표적으로 삼았다. 다윈은 개미 군체가 한 가족이라고 하면서 이렇게 주장했다. "선택은 개체뿐만 아니라 가족에게도 적용될 수 있고, 그럼으로써 바람직한 결과를 가져올 수도 있다. 따라서 맛 좋은 채소를 요리하면, 그 개체는 파괴된다. 하지만 재배자는 같은 개체에서 얻은 씨를 뿌리며, 거의 같은 품종이 나오리라고 확신을 갖고 예상한다. …… 그래서 나는 사회성 곤충도 그러했을 것이라고 믿는다. 특정 구성원의 불임 상태와 상관이 있는 약간 변이된 구조나 본능은 …… 군체에 유리했고, 그 결과 생식 능력이 있는 자식에게 같은 변이를 가진 불임 구성원들을 생산하는 성향을 물려주었다."

맛 좋은 채소는 멋진 비유이다. 초유기체는 자신을 시중드느라 바쁜 하인인 딸들을 갖춘 여왕이다. 나는 현대 생물학 덕분에 그런 생물이 어떻게 출현했는지를 이제는 설명할 수 있다고 믿는다.

16장

곤충의 대도약

　이제 일반 독자를 위해 단순화했지만 아직 빠르게 발전하고 있으면서 몇몇 현안에서 도전을 받고 있는 학술 주제에 걸맞은 양식으로 구축된 과학적 논증을 하나 제시할 것이다.

　다윈부터 현재에 이르기까지, 진사회성의 기원과 진화에 대한 연구는 막시류에 속한 대규모 종 집단에 초점을 맞추어져 왔다. 막시류는 개미, 벌, 침이 있는 말벌을 포함한 곤충목이다. 막시류 내에서 기생성 말벌과 비기생성 잎벌 및 송곳벌은 유연 관계가 더 멀다. 이들은 우리 곁에 우글거리지만 우리는 거의 알아차리지 못한다. 이 곤충 수천 종의 자연사를 살펴보면서, 곤충학자들은 독립 생활을 하는 개체에서 고도의 진사회성 군체로 이어졌음이 분명한 진화의 세세한 단계들을 끼워 맞추어 왔다. 진사회성으로 이어지는 단계들을 논리적으로 맞는 순서에 따라 제대로 결합할 수 있다면 이 지식은 각 단계에 작용한 유전적 변화와 자연 선택의 힘에 실마리를 포함하게 될 것이다.

막시류를 비롯한 곤충들을 분석하여 이끌어 낸 확실한 원리 하나는 지금까지 강조해 왔듯이 진사회성을 이룬 종들이 모두 방어가 가능한 보금자리에 모여 산다는 것이다. 두 번째 원리는 덜 확정되었지만 그럼에도 아마 보편적인 것일 텐데, 그 방어가 적, 즉 포식자, 기생 생물, 경쟁자에 대한 행동이라는 것이다. 마지막 원리는 다른 모든 조건이 같다면, 사회를 이루고 생활하는 종이, 그 사회가 아무리 작다고 해도, 어떤 고정된 집의 주변 지역에서 자원을 채취하는 활동과 수명이라는 측면 모두에서 독립 생활을 하는 근연종보다 더 낫다는 것이다.

알려진 모든 사례에서 진사회성 진화의 초기 단계들에서 이용된 자원은 의지할 수 있는 먹이 공급원을 포함하는 서식 영역 내에 있으면서 일꾼들이 지키는 집이다. 잘 연구된 한 단계를 보면, 구멍벌과 대모벌 같은 침을 지닌 매우 다양한 말벌들에서 암컷은 집을 지은 뒤에, 애벌레가 먹을 수 있도록 마비시킨 먹이를 갖다놓는다. 전 세계에서 알려진 침을 지닌 말벌 5만~6만 종 가운데, 적어도 일곱 가지 계통이 독자적으로 진사회성을 달성하는 데까지 나아갔다. 대조적으로 막시류에서 기생성이거나 침을 지니지 않는다고 알려진 7만 여 종 가운데 진사회성 종은 전혀 없다. 이 종들의 암컷은 먹이에서 먹이로 옮겨 가면서 알을 낳는다. 또 매우 다양한 잎벌과 송곳벌에 속하는 5,000종 중에도 진사회성을 지닌 것은 없다. 잎벌 중에는 잘 통합된 집단을 형성하는 종류도 많지만 그들도 마찬가지이다. 잎벌들은 진사회성으로 넘어가는 고개 꼭대기에 있는 듯하다. 즉 단순한 돌연변이가 하나만 일어나면 진사회성으로 넘어갈 듯이 보인다. 하지만 그 고개를 넘어간 종은 전혀 없다. 여왕과 일벌 계급을 갖춘 종은 전혀 없다.

막시류 외에 나무좀과(Scolytidae)와 긴나무좀과(Platypodidae)에 속하는 나무좀과 암브로시아나무좀 수천 종은 모두 죽은 나무를 보금자리 겸 먹이로 삼는다. 이 작은 곤충 중 상당수는 굴을 파고 그 안에서 새끼를 기른다. 하지만 여러 세대의 개체들이 공존할 수 있도록 살아 있는 나무의 속재목까지 굴을 파고 들어가 사는 종류는 거의 없다. 긴나무좀과의 종 가운데에는 오스트레일리아의 유칼립투스 나무에 굴을 파는 나무좀인 플라티푸스 인콤페르투스(*Platypus incompertus*) 한 종만이 진사회성을 갖춘 것으로 알려져 있다. 이 종은 보금자리를 계속 유지하기 때문에 그들의 서식지에서는 얼기설기 터널 망이 발달할 것으로 추정되며, 길면 37년까지 같은 가족이 세대를 이어 가면서 계속 사는 듯하다.

이것과 비슷하게, 진사회성을 지녔다고 알려진 소수의 진딧물과 총채벌레 종은 모두 벌레혹을 만든다. 종양처럼 부풀어 오른 벌레혹은 다양한 식물들에서 생긴다. 벌레혹이 왜 생기는지 호기심이 있는 사람이라면, 살아 있는 식물에서 갓 생긴 벌레혹을 잘라 보라. 그러면 대개 벌레혹을 만드는 곤충들이 보일 것이다. 진딧물과 총채벌레의 군체는 벌레혹 안 공간에 살면서 자신이 만든 안전하고 방어 가능한 집에서 먹이를 풍족하게 공급받는다. 대조적으로 진딧물의 알려진 나머지 대다수 종, 진딧물과 유연 관계가 가까운 솜벌레 약 4,000종, 총채벌레 약 5,000종은 가끔 긴밀한 집단을 형성하지만, 벌레혹을 만들거나 분업을 하지는 않는다.

전 세계의 알려진 십각류 약 1만 종 가운데 아메리카 열대 지방의 얕은 바닷물에 사는 시날페우스 속의 딱총새우 몇 종만이 독특하게 진사회성 수준에 도달했다. 시날페우스 속 딱총새우는 십각류 중에서 해면동물에 굴을 파서 둥지를 짓고 지킨다는 점에서도 유달리 독특하다.

독립 생활 조상에서 기원한 종에게 진사회성 군체로 진화할 성향을 미리 부여한 두 번째 형질은 꼬마꽃벌과의 벌에 대한 연구에서 발견되었다. 연구자들이 실험적으로 꼬마꽃벌과의 케라티나 속(*Ceratina*)과 라시오글로숨 속(*Lasioglossum*)의 독립 생활을 하는 두 벌을 한곳에 몰아넣자, 그 곤충들은 집 짓기, 먹이 구하기, 집 지키기 등에서 다양한 방식으로 분업하려는 시도를 반복했다. 게다가 라시오글로숨 속의 적어도 두 종에서는 암컷들 사이에 한 벌이 주도하고 다른 벌이 따르는 양상이 나타났다. 이러한 상호 작용은 원시적인 진사회성 종의 특징이다.

독립 생활 벌에게서 나타나는 이 놀라운 사회적 행동의 전조는 명백한 다윈주의적 토대를 갖고 있지 않다. 그것보다는 독립 생활 종의 일과 생활사를 통제하는 기존 기본 계획의 산물인 듯하다. 이 기본 계획에 따라, 독립 생활 개체는 한 업무가 끝난 뒤에 다른 업무로 옮겨 가는 경향이 있다. 진사회성 종에서는 이 단순한 노동 알고리듬이 동료가 이미 끝냈거나 그 시점에 떠맡고 있는 업무를 회피하는 방향으로 변형된다. 그 결과 군체에서 필요로 하는 만큼 일의 범위가 더 확장된다.

따라서 독립 생활을 하지만 새끼에게 지속적으로 먹이를 공급하는 벌은 진사회성으로의 급속한 진화적 전환을 이룰 스프링을 장착하고 있는 셈이라고 말할 수 있다. 자연 선택은 진사회성의 특징인 분업을 선호하기 때문이다.

우리는 이것을 생물학적 인과 관계에서 한 단계 낮은 수준에서 이것을 설명할 수 있다. 다시 말해 신경계 자체가 작동하는 방식 속에서 초기 사회적 행동의 스프링이 장착된 이유를 찾아볼 수 있다. 독립 생활을 하는 두 벌을 억지로 함께 있도록 했을 때 일어나는 자기 조직화는 진사회성 종에서 노동 분업의 기원을 '고정된 문턱(fixed-threshold)'으로 설명하는 모형에 들어맞는다. 고정된 문턱 모형은 특정한 과제를 맡아 하도록 촉발하는 데 필요한 자극의 양이 개체마다 다르다고 말한다. 그 변이는 유전적 차이에서 비롯될 수도 있고 그렇지 않을 수도 있다. 함께 있는 두 마리 이상의 개미나 벌이 똑같은 과제와 마주치면, 필요한 자극의 세기가 가장 낮은 개체가 먼저 일을 하기 시작한다. 그 행동은 다른 개체들의 행동을 억제하며, 따라서 다른 개체들은 수행할 수 있는 다른 과제가 어떤 것이든 그쪽을 맡을 가능성이 더 높다. 따라서 대립 유전자 하나가 바뀌어 융통성 있는 결과를 낳음으로써, 다시 한번 신경계에 단순한 변화가 일어난다면, 선적응한 종이 진사회성의 문턱을 충분히 넘을 수 있을 것이다.

독립 생활을 하는 종에게 진사회성의 문턱 가까이에 다가간다는 것은 방어 가능한 집을 짓는 방향으로 점점 나아간다는 것을 의미한다. 문턱에 다가가는 것은 개체 수준에서 일어나는 기존의 자연 선택을 통해 우연한 방식으로 일어난다. 어떤 진사회성 대립 유전자가 성공하여 집단 전체로 퍼질지는 순전히 운에 달려 있다. 그것의 운명은 집 주변의 특정한 환경이 개체보다 진사회성 집단을 선호하느냐에 달려 있는 것이다.

모든 필수 조건들이 충족될 때, 즉 알맞은 선행 진사회성 형질들이 자리 잡고, 아주 낮은 수준으로라도 집단 내에 진사회성 대립 유전자가 존재하고, 마지막으로 집단 활동을 선호하는 환경 압력이 존재할 때, 독립 생활을 하는 종은 진사회성의 문턱을 넘을 것이다. 이 진화 단계의 놀라운 측면은 새로운 형태의 행동이 필요하지 않다는 것이다. 일반적으로 많은 무작위 돌연변이들의 사례에서 볼 수 있듯이, 기존 행동을 침묵시키기만 해도 변화가 일어난다. 예를 들어 성장한 자식이 부모가 있는 집을 떠나지 않게 막기만 하면 된다.

이렇게 함으로써 가족은 한 집에 머물게 된다. 이 문제를 다른 식으로 보면, 자식들이 어미인 여왕과 공유하는 진사회성 유전자는 자식들이 가진 유연한 표현형 중 하나를 발현시킴으로써 그들을 로봇으로 만든다. 이런 의미에서 나는 원시적인 군체가 초유기체라고 주장해 왔다. 초유기체는 본질적으로 한 마리의 생물이다. 다만 일반 세포가 아니라 복종하도록 미리 정해진 생물들로 이루어지고, 그 생물들에게 일을 분담시키는 생물이다.

진사회성 또는 우리가 이타성이라고 부르는 것은 부모가 이미 집을 짓고 있고 새끼에게 지속적으로 먹이를 공급할 때, 한 대립 유전자 또는 대립 유전자 집합의 유연한 발현을 통해 생겨날 수 있다. 집에 머무는 가족들을 선호하는 집단 형질에 작용하는 집단 선택만 있으면 된다. 그러면 생태적 우점 또는 생태계 정복을 향해 나아갈 수 있다. 생물학적 조직화의 새 단계에 올라선다. **여왕이 새로 낳은 일꾼 계급을 거느리기 시작한 작은 걸음이 곤충에게는 큰 도약이 되었다.**

진사회성 문턱을 넘는 것은 궁극적으로는 외부 환경이 어미와 어미가 거느린 작은 군체에 압력을 가함으로써 이루어진다. 이 환경 압력은 정확히 무엇을 가리킬까? 야외에서든 실험실에서든 이 주제를 다룬 연구는 거의 시작조차 되지 않았지만, 몇 가지 시사적인 연구 사례가 나와 있다. 진정한 이야기가 어떠할지 어렴풋이 보여 주는, 큰 그림의 작은 부분을 드러내는 사례들이다. 예를 들어 독립 생활을 하면서 둥지를 짓는 나나니벌인 암모필라 푸베스센스(*Ammophila pubescens*)의 암컷들은 토양에 굴을 파는데, 같은 굴에 위쪽에 방을 만들고 모충을 집어넣는다. 하지만 매번 둥지를 열고 닫을 때마다, 그 지역을 계속 돌아다니는 기생 파리에게 많은 알을 잃는다. 이때 경비 역할을 하는 다른 나나니벌 암컷이 곁에 있다면, 알을 잃는 비율이 크게 줄어들 것이라고 가정해도 지극히 타당하다. 더 나아가 둘이 지속적으로 먹이를 공급하는 쪽으로 전환할 수 있다면, 즉 알에서 부화한 애벌레에게 모충을 계속 가져다주면서 키울 수 있고, 어미와 다 자란 자식이 한 집에 함께 머물러 있다면, 진사회성을 이룩할 수 있다.

이 적응과 그것에서 도출되는 전이의 구체적인 사례는 원시적인 진사회성 꼬마꽃벌과 쌍살벌에게서 볼 수 있다. 최근에 연구자들이 밝혀낸 한 가지 시사적인 사례를 보면, 많은 식물 종에서 꽃가루를 모으다가 단 서너 종에서만 꽃가루를 모으는 쪽으로 전환한 꼬마꽃벌이 두 종 있는데, 그들은 원시적인 진사회성 생활에서 독립 생활로 회귀했다. 이 전환이 이루어진 이유는 자명하다. 곤충 세계에서는 한정된 식물 종만 먹는 방법을 썼을 때 다른 식물을 먹는 곤충들과 경쟁하여 이길 수 있다면, 그쪽으로 분화하는 일이 흔하다. 아마 유전적인 변화에서 비롯될 것일 텐데, 생활사에 그런 변화가 일어나면 수확기의 길이가 줄어들고 세대가 겹칠 가능성도 사라진다. 따라서 진사회성 군체가 형성될 가능성과 집을 지키는 벌이 있음으로써 얻는 이점도 사라진다.

반대 방향으로의 진화도 쉽게 상상할 수 있고, 일어날 가능성이 아주 높다. 더 다양한 먹이 식물에 적응하면 여러 세대가 공존하고 따라서 한 집에서 여러 세대가 함께 살 무대가 마련된다. 원시적인 진사회성 말벌에게서도 세대 겹침에 관한 비슷한 증거들이 나왔다. 진사회성으로 진입할 때, 각 자식이 태어난 집을 떠나서 홀로 살아가는 독립 생활에 비해 소집단을 이루어 생활하는 집단 생활이 더 유리하다면, 딸들에게 머무는 성향을 가져다주는 대립 유전자는 대체로 집단에 고정될 수 있다. 그런 일이 일어날 때, 사실상 여왕은 흩어질 딸들을 낳는 쪽에서 로봇 같은 조력자를 낳는 쪽으로 전환한다. 그 명령은 융통성이 있다. 즉 번식기에 암컷 자손 중 일부는 흩어져서 새 군체를 시작하도록 프로그램된 새 여왕으로 자랄 수 있다.

진사회성으로 나아가는 마지막 단계, 어미 집에서 나와 흩어지라고 명령하는 유전자를 침묵시키는 대립 유전자 하나 또는 대립 유전자 소집합이 추가되는 일은 현실 세계에서 아주 드물다. 예를 들어 엄청나게 다양한 현생 개미 종들 전체에서, 날개 달린 번식하는 암컷과 날개 없는 일개미 암컷이 공존하는 것이 군체 생활의 기본 형질이다. 고대 집단들인 파리(파리목)와 나비(인시목)를 토대로 판단할 때, 날개의 발달은 날개 달린 곤충들 전체에 걸쳐 전혀 변하지 않은 조절 유전자망을 통해 이루어진다. 무려 1억 5000만 년 전, 최초의 개미(혹은 그들의 직접 조상)에게서 날개 발달을 조절하는 유전자망에 변화가 일어났다. 유전자 중 일부가 먹이나 다른 어떤 환경 요인의 영향을 받아 활동을 멈추게 된 것이다. 그럼으로써 날개 없는 일꾼 계급이 생겨났다.

작은 유전적 변화가 증폭되어 더 큰 사회적 변화를 낳는다는 것을 보여 주는 또 다른 유용한 사례는 열마디개미의 일종인 솔레놉시스 인빅타(*Solenopsis invicta*)의 여왕 수와 세력권 행동에 영향을 미친 변화이다. 1930년대 중반 남아메리카 남부에서 온 화물을 따라 들어온 군체에서 유래한 미국의 이 초기 열마디개미 군체들에는 제 기능을 하는 여왕이 한 마리 또는 몇 마리씩 있었다. 또 군체들은 냄새를 토대로 한 세력권 행동을 보였으며, 그 결과 군체마다 세력권을 넓히기 위해 집을 지었다. 그러다가 1970년대에 이 열마디개미 계통에서 다른 계통이 출현하기 시작했다. 새 계통은 군체에 여왕이 많았고 더 이상 세력권을 지키지 않았다. 두 계통의 차이를 낳은 것이 주요 유전자인 Gp-9에 일어난 변이임이 드러났다. 과학자들은 두 계통의 Gp-9 대립 유전자 서열을 분석했다. 그 유전자의 산물은 같은 집의 구성원인지를 후각적으로 인지하는 데 관여하는 분자였다. 여왕이 많은 계통의 대립 유전자는 자기 집의 구성원과 다른 군체의 구성원을 식별하는 능력뿐만 아니라 알을 낳을 여왕 후보를 식별하는 능력을 약화시키거나 없애는 것이 분명하다. 뒤의

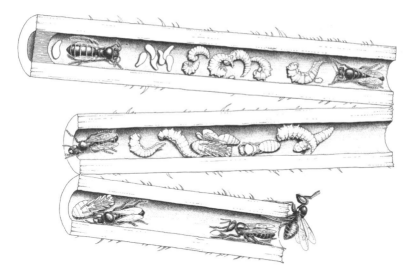

그림 16-1 란타나의 속이 빈 줄기에 둥지를 짓는 타이완의 원시적인 진사회성 꿀벌인 브라운사피스 사우테리엘라(*Braunsapis sauteriella*)의 군체. 왼쪽 위에 커다란 알과 함께 있는 것이 여왕벌이다. 일벌들은 굼벵이처럼 생긴 애벌레들에게 꽃가루 덩어리를 먹인다. 꽃가루는 줄기 속의 빈 벽에 둔다.

이유 때문에 군체는 여왕 수를 조절하는 중요한 수단을 잃었고, 그것은 군체의 조직에 심각한 결과를 가져왔다.

날개 상실 및 군체 내 후각 인지의 사례와 달리, 진사회성의 가장 초기 수준에 해당하는 유전적 단계가 정확히 어떤 특성을 지녔는지는 아직 모르지만, 머지않아 유전적 연구를 통해 밝혀질 것이다. 생물학자들은 쌍살벌속(*Polistes*)의 말벌들에서 나타나는 일벌 대 여왕벌의 유연한 차이의 유전적 토대가, 독립 생활 막시류에서 겨울잠을 조절하는 발달 생리 관련 유전적 토대와 동일하다고 주장해 왔다. 환경에 반응하여 그렇게 전환하는 것이 정말로 중요할 수도 있다. 기이하게 들리겠지만, 그 전환을 일으키는 것이 반드시 돌연변이로 출현하여 집단 선택을 통해 퍼져서 빈도가 높아지는 대립 유전자 하나 또는 대립 유전자 집합일 필요는 없다. 그 핵심 대립 유전자가 집단 선택보다는 개체의 직접 선택을 통해 이전에 집단에 고정되어, 대부분의 환경에서는 일반적으로 독립 생활 행동을 야기하고, 드문 극단적인 환경에서는 진사회적 행동을 일으키는 것일 수도 있다. 그럴 때 공간적으로 또는 시간적으로 적절한 환경이 되면 전환이 일어나서 진사회성 행동은 표준이 될 것이다. 나무줄기 속에 둥지를 만드는 일본의 꼬마광채꽃벌(*Ceratina flavipes*)은 진사회성의 문턱에 이른 종의 잠재력과 미래를 보여 준다. 꼬마광채꽃벌 암컷의 대다수는 홀로 집을 짓고 꽃가루와 꿀을 구하는 독립 생활을 하지만, 그들이 지은 집 가운데 0.1퍼센트 남짓에서는 두 개체가 협력한다. 이 협력이 일어날 때 둘은 분업을 한다. 한 마리는 알을 낳고 집 입구를 지키며, 다른 한 마리는 먹이를 구해 온다.

땅속에 집을 짓는 꼬마꿀벌의 일종인 할릭투스 섹스킨크투스(*Halictus sexcinctus*)도 진사회성의 문턱에서 유전적 유연성을 드러내는 사례이다. 이 종은 사회성 진화의 문턱에 놓인 칼날 위에서 균형을 잡고 있다. 그리스 남부에서는 한 유전적 계통의 암컷들이 협력하는 군체가 발견되었으며, 세력권 행동을 하는 한 마리의 암컷이 자식들을 일벌로 거느리는 또 다른 계통도 발견되었기 때문이다.

비록 일부 직접적 개체 선택이 진사회성의 기원에 나름의 역할을 했을 수도 있지만, 진사회성을 유지하고 정교하게 다듬는 힘은 필연적으로 환경에 토대를 둔 집단 선택이다. 그 힘은 집단 전체의 창발적 형질에 작용한다. 가장 원시적인 사회성 개미, 벌, 말벌의 행동을 조사한 결과는 지배 행동과 생식 분업뿐만 아니라, 페로몬 분비를 토대로 한 일종의 경보 전달 체계도 이런 집단 선택의 영향을 받는 형질에 속할 가능성이 아주 높다는 것을 보여 준다. 앞에서 주장한 바를 다시 한번 강조하자면, 진사회성의 최초 단계에 있는 종은 유전적 키메라이다. 진사회성 군체에서 새로 출현한 형질들은 집단을 선호하는 반면, 진사회성 사건이 일어나기 전 수백만 년 동안 직접적 개체 선택의 표적이 되어 왔던 유전체의 나머지 부분 중 상당수는 개체의 분산과 개체별 번식을 선호한다. 여기서 후보 곤충 종이 아주 짧은 진화적 거리만 이동해도 집단 선택의 결속 효과는 직접적 개체 선택의 해체 효과를 능가할 수 있다. 진사회성 군체를 형성하는 데에는 소수의 창발적 형질만 있으면 되기 때문이다. 그 거리는 자식을 키울 집을 짓는 것을 포함하여 특정한 선적응 집합을 통해 줄일 수 있다. 이 선적응들의 상대적인 희소성에 직접적 개체 선택을 상쇄시켜야 한다는 진사회성의 높은 기준을 조합하면, 동물계의 역사 내내 진사회성이 희소했던 이유를 충분히 설명할 수 있을지 모른다.

진사회성의 문턱을 건너는 데 필요한 유전적 변화는 창설자와 그 자식을 집에 머물도록 하는 대립 유전자를 창설자가 지니는 것뿐이다. 체형과 행동의 측면에서 진사회성에 필요한 융통성뿐만 아니라, 집단 구성원들의 상호 작용에서 나올 중요한 창발적 형질들은 선적응이 제공한다. 그러면 집단(군체 수준의) 선택은 즉시 이 양쪽 형질들에 작용하기 시작한다. 이것만 있어도 사회 조직을 극도로 정교한 것으로 만들기에 충분한 잠재력이 된다. 사실 이런 진화는 개미, 벌, 흰개미에게서 많이 이루어져 왔다.

진사회성의 최초 단계에서 집에 남는 자식은 진사회성을 획득하기 이전의 조상에게서 물려받은 기존의 기본 행동 규칙에 따라 일꾼 역할을 할 것이라고 예상할 수 있다. 그 후 육아 유전자가 먹이 찾기 유전자보다 먼저 발현되도록 경로가 변경되어 조상의 성체 발달 기본 계획의 정상적인 순서가 역전되는 후속적인 유전자 변화를 통해 형태학적인 일꾼 계급(더 크고 번식 능력을 지닌 여왕 계급과 구별되는 계급)이 출현하게 된다. 이 경로 변경은 전반적인 기본 계획을 규정하는 대립 유전자들의 표현형 가소성 중 일부를 보존하도록 프로그램되어 있다. 해부학적으로 구별되는 일꾼 계급의 출현은 진화의 미로에서 '돌아올 수 없는 지점'일 것이다. 즉 진사회성 생활을 되돌릴 수 없는 지점이다. 군체 충성파가 말을 할 수 있다면 그들은 페로몬의 언어로 이렇게 말할지도 모른다. "우리 모두는 6개의 다리로 함께 설 것이다. 아니면 함께 몰락할 것이다." 균형과 협동이 있어야 한다. 여왕이 너무 많아지면 군체를 유지할 일꾼이 부족해질 것이다. 일꾼이 너무 많아지면 군체 주변의 먹이가 부족해질 것이다. 병사가 충분히 없다면 포식자들이 집을 궤멸시킬 것이다. 집 바깥으로 나가는 먹이 채취자가 부족하면 군체는 굶어 죽을 것이다.

17장

자연 선택은 어떻게
사회적 본능을 빚어내는가

찰스 로버트 다윈은 『인간과 동물의 감정 표현(*The Expression of the Emotions in Man and Animals*)』(1873년)에서 본능이 자연 선택을 통해 진화한다는 개념을 처음으로 내놓았다. 풍부한 사례를 곁들이면서 단순한 문체로 서술된 이 책은 그의 걸작 네 권 중 마지막으로 씌어진 저서이자가장 덜 알려진 것이기도 하다. 이 책에서 그는 각 종을 정의하는 행동형질이 해부 구조와 생리적 형질과 마찬가지로 유전된다고 주장했다. 다윈은 그런 형질이 출현하여 오늘날까지 존재하는 이유는 과거에 생존과 번식에 도움을 주었기 때문이라고 말했다.

다윈의 근본적인 통찰력이 옳았음은 후속 연구들을 통해 계속 입증되었다. 우리가 오늘날 행동에 관해 이해하고 있는 내용은 상당 부분 그 통찰력을 토대로 하고 있다. 한 세기 뒤에 현대 동물 행동학의 선구자 중한 명인 콘라트 차하리아스 로렌츠(Konard Zacharias Lorenz, 1903~1989년)가다윈을 심리학의 수호 성인이라고 말한 이유도 그 때문이다.

하지만 인간의 본능이 돌연변이와 자연 선택의 산물이라는 개념은현대 과학에 가장 극심한 논란을 불러일으켰다. 그 개념은 1950년대에버러스 프레더릭 스키너(Burrhus Frederic Skinner, 1904~1990년)가 내놓은 급진적인 행동주의의 맹공격을 받고서도 살아남았다. 스키너는 동물과 인간의 모든 행동이 개체 발달의 어떤 단계에서 어떤 식으로든 이루어진학습의 산물이라고 했다. 그 후 20년에 걸쳐 자연 선택이 본능을 빚어냈다는 개념은 뇌가 빈 서판이라는 개념을 물리쳤다. 적어도 동물을 둘러싼 논쟁에서는 그러했다. 하지만 그로부터 20년이 더 흐를 때까지도 빈서판 개념은 인간의 사회적 행동을 둘러싼 논쟁에서는 계속 버텨 왔다.사회 과학과 인문학 분야의 많은 연구자들은 마음이 전적으로 환경과역사의 산물이라는 주장을 계속 펼쳐 왔다. 그들은 자유 의지가 존재하며 강력한 영향을 미친다고 주장했다. 마음은 궁극적으로 의지와 운명을 따른다는 것이다. 그들은 이윽고 마음에서 일어나는 진화는 문화적진화밖에 없다고 주장하기에 이르렀다. 유전자에 토대를 둔 인간 본성따위는 없다는 것이다.

사실 본능과 인간 본성이 자연 선택의 산물이라는 증거는 당시에도이미 압도적으로 많았다. 지금도 검증할 때마다 새로운 증거가 추가되고있으며, 양과 엄밀함 측면에서 압도적인 수준에 도달했다. 이제 본능과인간 본성은 점점 더 유전학, 신경 과학, 인류학의 연구 주제로 부각되고있으며, 사회 과학과 인문학 내에서도 그렇다.

본능이 어떻게 자연 선택을 통해 진화한다는 것일까? 논의를 가능한한 단순화하기 위해, 참나무와 소나무가 섞인 숲에 둥지를 튼 조류 집단이 있다고 상상해 보자. 새들은 대립 유전자 하나, 즉 특정한 유전자의 여러 형태 중 하나가 상상할 수 있는 가장 단순한 방식으로 지정하는 유전적 성향에 따라, 참나무에만 둥지를 짓는다고 하자. 그리고 이 대립 유전자를 a라고 하자. 대립 유전자 a의 영향 때문에, 새들은 둥지를 지을 때가 되면 자동적으로 참나무로 향한다. 같은 숲에 있는 수많은 소나무보다 참나무를 더 선호한다. 그들의 뇌는 참나무를 정의하는 어떤 특징들을 자동으로 선택한다. 특징은 수관의 높이나 윤곽일 수도 있고, 위쪽 가지들의 모습이나 느낌일 수도 있다.

그러다가 숲의 환경이 바뀐다. 국지적인 기후 변화와 새로운 질병의 유입으로 참나무가 희귀해진다. 새로운 조건에 더 잘 적응한 소나무는 빈 공간을 채우기 시작한다. 시간이 흐르자 소나무가 숲의 우점종이 된다. 그사이에 새들에게서는 같은 유전자의 다른 형태인 대립 유전자 b가 출현한다. 참나무를 선호하는 대립 유전자 a의 돌연변이이다. 대립 유전자 b는 사실 새로운 돌연변이가 아닐 수도 있다. 아마 과거에 드물게 반복적으로 출현했던 돌연변이를 통해 낮은 빈도로나마 늘 존재해 왔을 수도 있다. 또는 근처의 숲에서 주로 소나무에 둥지를 틀던 집단에 속한 새 한 마리가 길을 잃고 이 숲으로 들어오면서 소나무를 좋아하는 대립 유전자 b가 도입된 것일 수도 있다.

어떻게 기원했든 이 두 번째 대립 유전자 b를 지닌 새는 참나무가 아니라 소나무에 둥지를 짓는 쪽을 선호한다. 참나무가 줄어들고 소나무가 늘어나면서 변화해 가는 숲에서는 이제 b가 a보다 더 낫다. 조금 더 정확히 말하자면, b를 지닌 새가 a를 지닌 새보다 더 낫다. 세대가 지날수록 조류 개체군 전체에서 b의 빈도는 증가한다. 이윽고 a를 완전히 대체할 수도 있고 그렇지 않을 수도 있다. 어느 쪽이든 진화가 일어난 것이다. 조류 집단의 유전자에 일어난 이 변화는 새들의 유전 암호 나머지 전

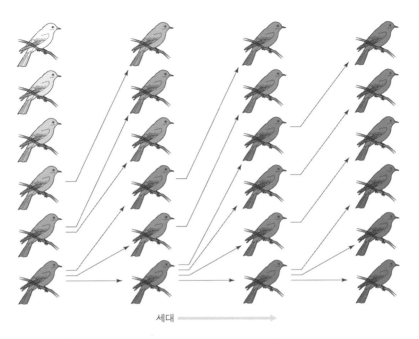

세대 ⟶

그림 17-1 한 유전자의 두 가지 형태(대립 유전자)가 서로 다른 형질(이 가상의 사례에서는 색깔)을 만들 때, 어느 한쪽(짙은 파란색)이 생존이나 번식, 혹은 양쪽에 더 기여한다면 유전자를 통해 가장 단순한 형태의 진화가 일어난다.

체에 비하면 미미하다. 이것은 '소진화'의 사례이다. 하지만 그 결과는 엄청나다. 대립 유전자 a가 우세했다가 b가 우세한 쪽으로 바뀜으로써 조류 종은 이제 주로 소나무로 뒤덮인 숲에서 계속 살아갈 수 있다. 이 진화적 변화는 자연 선택을 통해 이루어진 것이다. 변화하는 자연 환경이 이전에 우세했던 대립 유전자 a가 아니라 b를 선택했다. 서식지–선택의 결과로 한 본능이 다른 본능으로 대체되었다.

모든 종의 모든 개체군에서, 행동을 포함하여 그 종의 모든 형질들에서 그런 돌연변이는 끊임없이 일어나고 있다. 그 돌연변이는 대립 유전자 a가 b로 바뀌는 것처럼 DNA의 '문자'인 염기쌍에 무작위로 일어나는 변화일 수도 있고, 서열이 중복되어 DNA 분자의 일부가 늘어나서 생기는 것일 수도 있다. 또는 그 DNA 부분을 지닌 염색체 수의 배치가 바뀌어서 일어날 수도 있다. 대부분의 돌연변이는 이런저런 식으로 그 생물에게 해를 끼치며, 그 결과 곧 사라진다. 아니면 기껏해야 극도로 낮은 '돌연변이' 수준을 벗어나지 못한 채 유지된다. 하지만 이전에 참나무만 찾던 새에게 소나무 숲이라는 새로운 세계를 열어 준 가상의 돌연변이 대립 유전자 b처럼, 극히 드물게 생존 능력이나 번식 능력, 혹은 양쪽에 이점을 주는 돌연변이도 있다. 그 이점에 힘입어 그 돌연변이는 개체군 내에서 빈도가 증가한다. 대부분은 나쁘지만 극히 드물게 좋은 추가 돌연변이들도 그 유전 암호의 여기저기에서 계속 출현한다. **따라서 진화는 언제나 일어나고 있다.**

비록 유전 암호가 수십억 개에 달하는 문자로 이루어져 있고 그 수십억 개의 DNA 문자들 전체에 걸쳐 돌연변이 대립 유전자를 비롯한 새로운 유전적 변화가 흔히 일어나고 있기는 해도, 어느 특정한 유전자에 그런 사건이 일어날 가능성은 거의 없다. 한 세대, 한 유전자에 돌연변이가 일어날 확률은 대개 100만, 혹은 1000만 개체 중에서 1개체에 일어나는 수준이다. 하지만 소나무를 선호하는 대립 유전자 b라는 가상의 돌연변이 사례에서처럼, 어떤 변화가 생존과 번식에 도움을 준다면, 그것은 빠르게 퍼질 수 있다. 이를테면 10세대도 채 지나지 않아 그 대립 유전자의 빈도는 10퍼센트에서 90퍼센트로 증가할 수도 있다. 설령 제공하는 이점이 아주 미미한 것이라고 할지라도 말이다.

진화의 동역학을 밝힌 과학 문헌들은 엄청나게 많다. 한 세기에 걸쳐 야외 조사지와 실험실에서 얻은 경험적인 연구 자료와 수학 이론을 결합시킨 것들이다. 이 지식을 토대로 현재의 진화 생물학은 범위, 정교함, 힘을 계속 확장하고 있다. 연구자들은 유성 생식과 무성 생식, 특정한 유전 현상의 분자적 토대를 포함하여 다양한 현상들을 계속 규명하고 있다. 또 과학자들은 세포와 생물이 발달할 때 여러 유전자들 사이에 일어나는 상호 작용과 소진화에 다양한 환경 압력들이 미치는 영향도 밝혀내고 있다.

유전자 수준에서 일어나는 진화라는 주제는 더 깊이 들어가면 다가가기 어려운 전문적인 내용이 될 수 있다. 그렇기는 해도 본능과 사회적 행동의 유전적 토대를 이해하는 데 중요하면서도 쉽게 와 닿는 몇 가지 총괄적인 원리를 이끌어 낼 수는 있다.

이 원리 중 하나는 유전의 단위와 진화를 추진하는 과정에서 선택의 표적이 되는 대상이 서로 다르다는 것이다. 유전의 **단위**는 유전 암호의 일부를 이루는 유전자 하나 또는 유전자 집합이다(숲의 사례에서는 대립 유전자 *a*와 *b*). 한편 선택의 **표적**은 유전의 단위에 암호로 담겨 있고 환경의 선호 또는 불호의 대상인 형질 하나 또는 여럿의 조합이다. 사람의 경우에는 고혈압에 걸리는 성향이나 질병 내성이, 새의 경우에는 둥지 자리를 고르는 본능적인 성향이 이런 표적의 사례이다.

자연 선택은 대개 **다수준적**이다. 세포와 생물, 또는 생물과 군체처럼 생물학적 조직화의 둘 이상의 수준에 있는 표적들을 규정하는 유전자에 작용한다. 다수준 선택의 극단적인 사례는 암에서 찾아볼 수 있다. 암세포는 생물 자체를 희생시키면서 통제를 벗어나 자라고 증식할 수 있는 돌연변이체이다. 그리고 하나의 생물은 생물학적 조직화의 수준에서 한 단계 더 높은, 세포들의 공동체이다. 세포 수준에서 일어나는 선택은 바로 위의 수준인 생물에서 이루어지는 선택과 반대 방향으로 작용할 수 있다. 통제 불능의 암세포는 자신이 속한 세포들의 공동체(생물)를 병들게 하고 죽인다. 반대로 세포들의 공동체는 암세포의 성장을 통제할 때 건강을 유지한다.

어미의 유전체를 확장시킨 로봇 같은 개체들로 이루어진 진사회성 곤충의 군체와 달리, 진정으로 협력하는 개체들로 이루어진 인류 사회 같은 군체에서, 유전적으로 서로 다른 구성원 개체 수준에서 이루어지는 선택은 이기적 행동을 부추긴다. 반면에 인류 사회 같은 군체 사이의 선택은 대개 군체 구성원들의 이타성을 함양한다. 사기꾼들은 자원 중 더 많은 몫을 가져가거나 위험한 일을 회피하거나 규칙을 깨거나 함으로써 군체 내에서 승자가 될 수도 있다. 하지만 사기꾼들의 군체는 협력자들의 군체에 진다. 군체가 얼마나 치밀하게 조직되고 통제되느냐는 사기꾼의 수에 비해 협력자의 수가 얼마나 많으냐에 달려 있으며, 사기꾼의 수는 종의 역사 및 지금까지 이루어진 개체 선택 대 집단 선택의 상대적인 세기에 의존한다.

집단 사이의 선택만이 작용하는 형질(표적)도 각 집단에서 구성원들 사이의 상호 작용을 통해 출현한다. 공동체 과제를 수행할 때의 의사 소통, 분업, 지배, 협동이 바로 그런 상호 작용에 속한다. 이 상호 작용이 그것을 사용하는 군체를 그 상호 작용을 덜 하거나 다른 상호 작용을 하는 군체보다 더 선호한다면, 그 상호 작용을 빚어내는 유전자들은 세대가 흐를수록 군체의 개체군 전체로 퍼질 것이다.

개체 선택 대 집단 선택은 한 사회의 구성원들 사이에 이타성과 이기성, 미덕 대 죄가 혼재된 양상을 빚어낸다. 군체의 한 구성원이 평생 혼인 생활에 충실하다면, 그 개체는 설령 자기 자식을 더 늘린다는 측면에서는 혜택을 보지 못한다고 할지라도 사회에는 혜택을 준다. 전투에 나서는 군인은 자기 나라에는 혜택을 주겠지만, 전투에 나서지 않는 사람보다 죽을 위험을 더 많이 안고 있다. 이타주의자는 집단에 혜택을 주지만, 자신의 에너지를 아끼고 신체적 위험을 회피하는 무사안일주의자나 겁쟁이는 남에게 사회적 비용을 전가하게 된다.

고등한 사회적 행동의 진화를 이해하는 데 핵심이 되는 두 번째 생물학적 현상은 **표현형 가소성**이다. 표현형을 살펴보기로 하자. 표현형은 적어도 어느 정도는 유전자를 통해 정해지는 생물의 형질이라고 정의된다. 앞에서 말한 가상의 사례로 돌아가자면, 새가 참나무나 소나무에 둥지를 짓는 성향은 표현형이다. 표현형에 대비되는 용어는 유전형이다. 유전형은 참나무나 소나무를 선택하는 경향을 빚어내는 유전자, 여기서는 대립 유전자 *a* 또는 *b*를 가리킨다. 어느 특정한 유전형이 빚어낸 표현형은 손의 손가락 5개나 눈의 색깔처럼 엄격한 것일 수도 있다. 또는 개체가 발달하는 환경에서 예측 가능한 양상에 따라 정확한 발현 형태가 달라지는 융통성을 띤 것일 수도 있다. 대립 유전자 *b*는 소나무를 택하는 성향을 빚어낼 수 있지만, 아마도 드물게는 몇몇 조건에서는 새가 참나무를 선택할 수도 있다.

일부 생물학자들조차 모르는 덜 알려진 사실은 표현형 가소성 자체가 어느 정도로 자연 선택을 받느냐 하는 것이다. 고전적인 사례를 하나 들면, 라눈쿨루스 아쿠아티쿠스(*Ranunculus aquaticus*, 매화마름과 비슷한 종―옮긴이)는 어느 식물(또는 식물의 어느 부위)에서 자라느냐에 따라 동일한

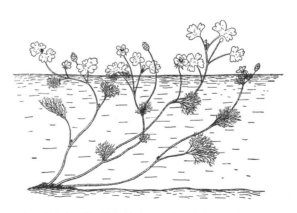

그림 17-2 극도의 표현형 가소성을 지닌 라눈쿨루스 아쿠아티쿠스. 달리는 높이에 따라 잎 형태가 달라진다.

유전형에서 두 가지 잎 중 하나가 날 수 있다. 물 위에서는 넓게 갈라진 잎이 나고, 물속에서는 솔잎 같은 잎이 자란다. 한 개체에 두 종류의 잎이 다날 수도 있다. 한 잎이 수면 위아래에 걸쳐 있다면, 위쪽은 넓적하고 아래쪽은 솔잎 모양이다.

마지막으로 자연 선택을 통한 진화를 생각할 때는 어떤 구조나 과정이 어떻게 작용하는지를 뜻하는 **근접 원인**(proximate causation)과 그 구조나 과정이 애당초 왜 존재하는지를 말하는 **궁극 원인**(ultimate causation)을 구분하는 것이 중요하면서도 반드시 필요하다. 둥지를 지을 곳을 참나무에서 소나무로 바꾼 가상의 새를 생각해 보자. 이 진화의 근접 원인은 참나무보다 소나무를 더 선호하는 성향을 부여하는 대립 유전자 b를 지닌 것이다. 더 정확히 말하면, 대립 유전자 b는 참나무에서 소나무로 둥지 짓기 행동의 변화를 매개하는 내분비계와 신경계의 발달을 규정한다. 궁극 원인은 환경이 가하는 선택압이다. 즉 참나무의 쇠퇴와 소나무의 득세는 원래 우세했던 대립 유전자 a보다 돌연변이체인 대립 유전자 b를 유리하게 만든다. 집단 전체에서 대립 유전자 a가 b로 바뀌는 것은 자연 선택 과정이다.

개별 사례에서, 특히 인류 진화라는 복잡한 다수준적 과정에서는 근접 원인과 궁극 원인을 혼동하기 쉽다. 예를 들어 우리는 인류의 지능이 진화적으로 발달한 것이 불의 제어나 직립 보행의 습득이나 끈질긴 추적 사냥법의 채택이나 그것들의 조합에서 유래했다는 글을 자주 접한다. 이런 혁신들이 인류의 진화에서 획기적인 사건이었음은 분명하지만, 그것들은 원동자(prime mover)가 아니다. 그것들은 현생 인류의 고등한 사회적 행동으로 이어지는 경로에 놓인 예비 단계들이었다. 소수의 진화하는 곤충 종을 진사회성의 문턱으로 끌어올린 항구적인 보금자리와 지속적인 먹이 공급처럼, 각 단계는 나름의 근접 원인과 궁극 원인을 지닌 적응 사례였다. 최종 단계는 현대 호모 사피엔스 뇌의 형성이었고, 그 뇌는 오늘날까지 이어지는 창의성의 폭발을 일으켰다.

18장

사회성 진화의 힘

자연 선택이 생물학적 조직화의 어느 수준에서 작용하느냐 하는 문제는 사회적 행동의 진화에서 대단히 중요한 문제이다. 집단에 소속되는 것이 큰 이점을 주기 때문에, 자연 선택이 개체를 표적으로 하여 어떤 식으로든 후손들이 집단을 이루고 이타적으로 협력하도록 하는 것일까? 아니면 설령 자신의 자식을 남기지 못하더라도 친족들이 같은 유전자를 공유하고 있고, 그 유전자들이 다음 세대로 전달될 수 있기 때문에, 친족끼리 서로 알아보고 이타적 집단을 형성하는 것일까? 그것도 아니라면, 유전적 이타주의자들이 비이타적 집단을 이길 만큼 서로 협력하고 잘 조직된 집단을 이루는 것일까?

최근에 보강된 많은 증거들은 마지막(세 번째) 설명이 답이라고 가리킨다. 다시 말해 집단 선택이 답이라는 것이다. 왜 그러한지 설명하기 위해, 사회성 곤충의 기원을 다룬 16장 「곤충의 대도약」에서 그랬듯이, 과학 문헌에 종종 쓰이는 설명 방식을 훨씬 더 많은 일반 독자를 위해 단순화하기로 하자. 이 문제를 자세히 다루는 이유는 내가 이 분야에서 오랜 세월 연구를 해 왔고, 최근 들어 그 근본 이론의 한 부분이 열띤 논쟁의 대상이 되었기 때문이다. 다음의 내용은 과학의 최전선에서 이제 막 가져온 따끈따끈한 소식이라고 할 수 있다.

집단 선택으로 옮겨 가기 이전 40년 동안, 고등한 사회적 행동의 진화를 낳은 궁극 원인에 관한 표준적인 설명은 포괄 적합도 이론, 다시 말해 혈연 선택 이론이었다. 포괄 적합도 이론은 혈연이 사회적 행동의 기원에 핵심 역할을 한다고 말한다. 본질적으로 이 이론은 한 집단의 구성원들이 유연 관계가 더 가까울수록, 이타적이고 협력적일 가능성이 더 높으며, 따라서 그런 집단을 이룬 종은 진사회성을 향해 진화할 가능성이 더 높다고 말한다. 이 개념은 직관적으로 강력한 호소력을 지닌다. 개미와 인류 모두 친족을 선호하며 혈통으로 하나가 된 집단을 형성하는 경향을 보이지 않을 이유가 어디 있단 말인가?

포괄 적합도 이론은 40년 넘게 모든 형태의 사회적 행동의 유전적 진화를 해석하는 데 큰 영향을 미쳤다. 그것은 특히 방계 이타성(collateral altruism)을 규명하는 수단으로서 탁월했다. 방계 이타성이란 개체가 스스로 자식을 낳기보다는 자신이 다음 세대에 기여할 비율 중 일부를 집단의 다른 구성원에게 넘기는 것을 말한다.

포괄 적합도는 혈연 선택의 산물이다. 개체가 형제자매와 사촌 등 방계 친족의 번식에 영향을 끼치는 수단이다. 엄밀한 생물학적인 의미에서, 방계 친족의 유전적 적합도는 높아지고 이타주의자 자신의 유전적 적합도는 낮아질 때, 개체는 이타적인 영향을 끼친다고 말할 수 있다. 개체의 '포괄 적합도'는 개체의 적합도, 다시 말해 성장해서 각자 대를 이어 가는 자식의 수에, 자신의 행동이 형제자매, 고모, 삼촌, 사촌 등 방계 친족들의 적합도에 미치는 영향을 더한 것이다. 그 이론은 개체 자신의 포괄 적합도와 그 집단의 적합도가 어느 한쪽이 줄어든다고 할지라도 총괄적으로 증가한다면 이타성의 유전자도 종 전체에서 증가할 것이라고 말한다. 혈연 선택 개념은 처음부터 과학자와 일반 대중에게 매력적으로 다가갔으며, 단순해 보였고, 사회 생활에서 이타성이 중요한 이유를 확인해 주는 듯했기에 높은 평가를 받았다.

혈연 선택 개념은 1955년 영국 생물학자 존 버든 샌더슨 홀데인(John Burdon Sanderson Haldane, 1892~1964년)이 처음으로 발표했지만, 온전한 이론적 토대는 1964년에 같은 영국인인 윌리엄 도널드 해밀턴(William Donald Hamilton, 1936~2000년)이 구축했다. 해밀턴이 발표한 '사회 생물학의 $E = mc^2$'이 될 주요 공식은 부등식인 $rb > c$였다. 이타적 행동의 수혜자가 받는 혜택 b에 그 이타주의자와의 근친도 r를 곱한 값이 이타주의자가 치르는 비용 c보다 크다면, 집단 내에서 이타성을 빚어내는 대립 유전자의 빈도가 증가한다는 의미이다. 원래 홀데인과 해밀턴은 매개 변수 r를 공통 혈통의 결과로서 이타주의자와 수혜자가 공유하는 유전자의 비율이라는 의미로 썼다. 예를 들어, 이타주의자가 치르는 비용보다 한 형제나 자매($r = 1/2$)에게 돌아가는 혜택이 2배 크거나 사촌($r = 1/8$)에게 돌아가는 혜택이 8배 클 때, 이타성은 진화할 것이다. 엉성한 사례를 들어 이 개념을 표현하자면, 당신이 이타적으로 행동하여 자식을 낳지 못하지만, 당신이 자매를 위해 이타성을 발휘한 결과 그녀가 낳은 자식의 수가 2배 이상 늘어난다면 당신은 이타성 유전자의 증가에 기여하는 것이 된다.

혈연 선택 개념을 가장 명쾌하게 밝힌 문헌은 홀데인의 원래 논문이었다.

당신은 익사할 확률이 10분의 1인 불어난 강물에 뛰어들어 아이를 구하도록 행동에 영향을 미치는 희귀한 유전자를 지니는 반면, 그 유전자를 지니지 않은 나는 강둑에 서서 아이가 익사하는 광경을 지켜본다고 하자. 아이가 당신의 자식이거나 형제자매라면, 아이도 그 유전자를 지닐 가능성이 절반은 있으므로, 어른이 가진 그 유전자 1개가 사라질 때 아이들이 가진 그 유전자 5개를 구할 수 있을 것이다. 당신이 손자나 조카를 구한다면, 그 이득은 2.5개에 불과할 것이다. 사촌을 구한다면, 효과는 아주 미미할 것이다. 당신이 사촌의 자식을 구하려 한다면, 집단은 이 가치 있는 유전자를 얻기보다는 잃을 가능성이 더 높아진다. 하지만 나는 익사할 뻔한 사람을 두 번 구한 적이 있었는데(내 자신은 거의 위험하지 않은 상태에서), 그 순간 그런 계산을 할 여유 따위는 전혀 없었다. 구석기 시대 사람들은 그런 계산을 하지 않았다. 이런 행동을 하게끔 하는 유전자가 아이들의 대부분이 생명의 위험을 무릅쓴 사람의 꽤 가까운 친척들인 다소 작은 집단에서만 퍼질 가능성이 있으리라는 점은 명백하다. 소집단을 제외하면 그런 유전자가 어떻게 자리 잡을 수 있었는지 떠올리기가 쉽지 않다. 물론 구성원들이 말 그대로 형제자매들인 벌집이나 개미집 같은 공동체에서는 상황이 더 낫다.

내가 혈연 선택 개념을 처음 접한 것은 해밀턴의 1964년 논문이 나온 다음해였는데, 처음에 나는 그 개념에 회의적이었다. 곤충 사회의 사회 조직이 대단히 다양하고 당시는 그 모든 것이 어떻게 존재하게 되었는지를 전혀 몰랐기에, 나는 그런 복잡성을 해밀턴 부등식 같은 극도로 단순한 방정식에 끼워 맞출 수 있을지 의구심을 품었다. 또 나는 그 분야의 신참자이자 28세의 젊은(진화 생물학자치고는) 연구자가 혁신적인 새 접근법을 찾아냈다는 것이 믿기지 않았다. (이렇게 감정적인 반응을 보일 당시에 나 자신도 35세라는 비교적 젊은 나이였다는 사실은 외면하고서 말이다.) 하지만 자세히 살펴본 끝에 나는 마음을 바꾸었다. 나는 혈연 선택 이론의 독창성과 유망한 설명에 매료되었다. 1965년 나는 해밀턴과 공동으로, 런던의 왕립 곤충 학회에서 대부분 호의적이지 않은 청중 앞에서 그 개념을 옹호했다.

윌리엄 해밀턴은 당시 자신의 연구가 옳다고 확신했지만, 풀이 죽어 있었다. 혈연 선택에 대한 논문은 그의 박사 논문이었는데, 거부당했기 때문이다. 나는 그와 함께 런던의 거리를 걸으면서 그를 격려하고자 애썼다. 논문을 다시 제출하면 받아들여질 것이라고 확신하며, 그 논문이 우리 분야에 중요한 영향을 미칠 것이라고 장담했다. 내 말은 양쪽 다 옳았음이 드러났다. 나는 하버드로 돌아왔고, 그 후 『곤충 사회들(*The Insect Societies*)』(1971년), 『사회 생물학: 새로운 종합(*Sociobiology: The New Synthesis*)』(1975년), 『인간 본성에 대하여(*On Human Nature*)』(1978년)에서 혈연 선택과 포괄 적합도를 돋보이는 위치에 올려놓았다. 이 세 권을 통해 나는 사회적 행동에 관한 지식들을 종합하여 집단 생물학을 토대로 한 새 분야를 창설했으며, 거기에 사회 생물학이라는 이름을 붙였다. 사회 생물학은 나중에 진화 심리학(evolutionary psychology)을 낳았다. 하지만 1960년대와 1970년대에 내게 영감을 준 것은 추상적인 형태의 해밀턴 부등식 자체가 아니었다. 그것보다는 해밀턴이 내놓은 한 가지 명석한 주장이었다. 처음에 그 공식에 시선을 끌어당기는 힘을 부여한 것이 바로 나중에 반수배수성 가설(haplodiploid hypothesis)이라고 불리게 될 이 주장이었다. 반수배수체(haplodiploidy) 성 결정 메커니즘에 따르면 수정란이 암컷이 되고 미수정란이 수컷이 된다. 그 결과 딸과 어미 사이(근친도 $r=1/2$, 공통 혈통이어서 유전자의 절반이 같다.)보다 자매들 사이(근친도 $r=3/4$, 공통 혈통이어서 유전자의 3/4이 같다.)의 유연 관계가 더 가깝다. 공교롭게도 반수배수체 성 결정 메커니즘은 개미, 벌, 말벌을 포함하는 분류목인 막시류의 성 결정 방법 이다. 그래서 해밀턴은 이타적 자매들로 이루어진 군체가 통상적인 이 배수체 성 결정 메커니즘을 가진 다른 분류목들에서보다 막시류에서 더 자주 진화하는 것으로 예상된다고 주장했다.

1960년대와 1970년대에 진사회성이 진화했다고 알려진 종은 모두 막시류에 속했다. 따라서 반수배수성 가설은 강력하게 뒷받침되는 듯 했다. 반수배수성과 진사회성이 인과적으로 연결되어 있다는 믿음은 1970년대와 1980년대에 일반적인 과학 논평과 교과서에 실리는 표준적 인 논리가 되었다. 심지어 뉴턴 역학 수준의 개념으로 인식되었다. 즉 개 별 생물학 원리에서 중요한 진화적 결과인 진사회성의 출현까지 논리적 으로 연결할 수 있다고 본 것이다. 그것은 혈연이 핵심 역할을 한다는 가 정을 토대로 한 사회 생물학 이론이라는 초구조(superstructure)에 신빙성 을 부여했다.

그러나 1990년대에 들어서 반수배수성 가설은 몰락하기 시작했다. 흰개미는 이 설명 모형에 결코 들어맞은 적이 없었다. 그리고 반수배수 체 성 결정 메커니즘보다 이배수체 성 결정 메커니즘을 따르는 것으로 밝혀진 진사회성 종 집단들이 더 많이 발견되었다. 기는나무좀과의 암 브로시아나무좀 한 종, 해면동물에 굴을 파고 사는 시날페우스 속 딱총 새우 가운데 독자적으로 진화한 몇몇 계통들, 벌거숭이두더지쥐의 서 로 독자적으로 진화한 두 계통이 그렇다. 그 결과 반수배수체 성 결정 메커니즘과 진사회성의 관계는 통계적 유의성이 없는 수준으로 떨어졌 다. 그 결과 사회성 곤충 연구자들은 대부분 반수배수성 가설을 버리고 말았다.

그 사이에 혈연 선택과 포괄 적합도 이론의 기본 가정들에 맞지 않는 증거들이 추가로 쌓여 갔다. 하나는 이른바 진사회성 형질이라고 추정 되는 것이 동물계의 역사 내내 풍부히 존재했음에도, 진사회성을 획득 한 종이 드물다는 것이다. 독립 생활을 하도록 진화한 종들 중에는 반수 배수체나 클론인 것들이 대단히 많은데, 후자는 근친도가 가능한 최고 수준($r=1$)임에도, 진사회성으로 나아간 사례가 단 한 종도 없었다.

또 가까운 혈연 관계를 이타성의 진화에 맞서게 하는 경향을 일으키 는, 상쇄하는 선택압들도 존재한다는 것이 드러났다. 개미인 포고노미르 멕스 오키덴탈리스(*Pogonomyrmex occidentalis*)와 아크로미르멕스 에키나티 오르(*Acromyrmex echinatior*)에서 드러난 것처럼, 집단 선택이 더 큰 유전적 다양성을 선호하는 사례가 그렇다. 적어도 후자에서는 다양성이 질병 내성을 강화한다. 또 포고노미르멕스 바디우스(*Pogonomyrmex badius*)에서 볼 수 있는 것처럼 일개미들을 세분하는 경향을 만드는 유전적 다양성 도 있다. 그럼으로써 분업이 더 분명해지고 군체의 적합도가 향상된다. 비록 후자는 아직 검증되지 않은 가능성이지만 말이다. 게다가 유전적 다양성을 통해 둥지 온도의 안정성을 증가시키는 현상도 꿀벌과 불개미 속(*Formica*) 개미의 집에서 발견된다. 혈연 관계의 이점에 맞서는 그밖의 요인들로는 족벌주의 군체 내의 분열 효과, 군체 구성원들의 유전적 근 친도를 최대화하는 근친 교배의 전반적인 부정적 효과가 있다.

상쇄하는 힘은 대부분 집단 선택을 통해 진화한다. 더 정확히 말하 자면 진사회성 곤충에서는 군체 사이의 선택을 통해 진화한다. 다시 말 하지만, 이 수준의 선택은 개체 수준의 선택보다 높은 수준에서 이루어 진다. 그것은 집단 구성원 사이의 상호 작용에서 나온 유전적 토대를 지 닌 형질들, 특히 계급 결정, 분업, 의사 소통, 공동 협력을 통한 집짓기 같 은 형질에 작용한다. 여기서 집단이란 하나의 단위로서 번식하고 독립 생활을 하는 개체나 같은 종의 다른 집단과 경쟁할 만큼 경계가 충분히 정해진 것을 말한다.

적어도 이론상 진사회성의 진화에서 서로서로 상쇄하는 다양한 힘들은 개체의 적합도와 관련해서 각 형질이 얻는 혜택 b와 비용 c로 나타낼 수 있고, 따라서 해밀턴 부등식은 보존되는 듯이 보일 수도 있다. 하지만 실제로 그렇게 하려면 혜택 b와 비용 c를 측정하는 것을 포함하여 포괄 적합도를 철저히 규명해야 한다. 또 그런 측정을 하려면 야외 조사지와 실험실에서 대단히 어려운 연구들을 수행해야 한다. 이런 측정값을 얻은 사례는 전혀 없을 뿐만 아니라, 내가 아는 한 시도된 적도 없다. 더군다나 근친도인 r를 정의하는 데에도 수학적으로 어려운 점들이 있다. 이 어려움 때문에 집단 선택이 포괄 적합도를 통해 표현된 혈연 선택과 같은 것이라는 부정확한 주장이 이따금 반복적으로 제기되고는 한다.

수많은 독자를 확보한 클린턴 리처드 도킨스(Clinton Richard Dawkins, 1941년~)를 비롯하여 이 주제에 관한 글을 쓰는 저자들은 대부분 여전히 믿음을 버리지 않고 있지만, 1990년대 초부터 나는 의구심을 갖기 시작했다. 나는 진작에 이렇게 물었어야 한다고 생각했다. 포괄 적합도 이론이 지난 30년 동안 유전적인 사회성 진화의 지배 패러다임으로서 이타성과 이타성에 토대를 둔 사회를 설명하는 데 어떤 기여를 해 왔는가? 그 이론은 혈연 간 근친도를 측정하도록 자극했고 그 측정을 사회 생물학에서 으레 해야 하는 통상적인 절차로 만들었다. 물론 그것도 나름 가치가 있었다. 연구자들은 그 이론을 써서 새로 번식하는 개미 군체에서 성비 투자에 교란이 일어나는 사례들을 예측했다. 그 자료들은 잘 들어맞는다기보다는 대체로 기복이 심한 편이기는 해도 전반적으로는 설득력이 있었다. (하지만 뒤에서 짧게 다루겠지만, 거기에서 이끌어 낸 결론은 결함을 가지고 있었다.) 또 혈연 선택 이론은 근친도가 지배 행동과 군체 통제에 미치는 영향도 제대로 예측했다. 벌과 말벌은 유연 관계가 더 가까울 경우 그렇지 않을 경우보다 서로 덜 싸운다. 하지만 이 연구 자료에서 근친도가 핵심이라는 단 하나의 결론만 내릴 수 있는 것은 아니다. 마지막으로 포괄 적합도 이론은 원시적인 진사회성 종의 여왕벌이 단 한 번만 짝짓기를 한다고 예측하는 데 쓰여 왔다. 하지만 이 사례에서 제시된 증거는 독립 생활하는 벌 종을 대조군으로 삼지 않았기에, 아직은 그 어떠한 결론도 내릴 수 없다.

그토록 오랫동안 이론적인 연구가 집중적으로 이루어졌음에도 결과는 어떤 기준으로 보더라도 빈약하기 그지없다. 대조적으로 같은 기간에 이루어진, 진사회성 생물들, 특히 진사회성 곤충들을 대상으로 한 경험적인 연구들은 개체 선택과 집단 선택 양쪽 수준에서 계급 구조, 의사 소통, 생활사를 비롯한 많은 현상들을 풍부하고 상세히 밝히면서 발전했다. 이런 발전 중 포괄 적합도 이론으로부터 자극을 받았거나 그 이론의 도움을 받아 이루어진 것은 거의 없다. 그 이론은 대체로 자기만의 추상적인 세계를 이루는 쪽으로 진화해 왔다.

포괄 적합도 이론의 약점 중 상당 부분은 해밀턴 부등식의 다양한 해석들에서 근친도 r의 정의, 즉 혈연 또는 친족이라는 개념 자체가 느슨하게 사용되는 데에서 온다. 포괄 적합도 이론가들은 원래 r를 근친도, 다시 말해 집단의 구성원들이 가계도에서 얼마나 가까운가로 정의했다. 예를 들어 자매는 사촌보다 더 가깝다. 이것은 두 개체가 공통 조상을 지님으로써 공유하는 유전자의 평균 수를 정확히 파악하는 완벽하게 타당한 정의이다. 하지만 이 근친도 정의를 실제 및 이론상의 대다수 사례에서 해밀턴 부등식에 적용할 수 없다는 사실이 곧 드러났다. 그 결과 혈연 선택 모형을 다수준 자연 선택 모형과 등치시키도록 고안된 것들을 비롯하여, 그 모형의 특정한 필요 사항을 충족시키기 위해 그때그때 서로 다른 정의들이 쓰이게 되었다. 심지어 어떤 상황에서는 공통의 혈통에서 유래했든 아니든 간에, 아니 독자적인 돌연변이를 통해 유래한 것이라고 해도, 한 대립 유전자를 공동으로 지니면 혈연 또는 친족이라고 불렀다.

다시 말해 시간이 흐르자 원래 근친도로 정의되었던 r가 해밀턴 부등식을 작동시키는 것이라면 무엇이든 가능하다는 것만이 학자들 사이의 유일한 동의 사항이 된 듯했다. 그럼으로써 그 부등식은 이론적 개념으로서 의미를 상실했고, 실험을 설계하거나 자료를 비교 분석하는 도구로서는 거의 무용지물이 되었다. 예를 들어, 표지 기반 협동(tag-based cooperation)이라는 단순한 모형에서도 r를 계산할 때 세 변수의 상관 관계를 참작해야 한다. 먼저 집단 내에서 세 개체를 무작위로 고른 뒤, 한 개체를 협력자로 택하고, 다른 두 개체에는 행동이나 모습을 똑같게 하는 식으로 같은 표현형 표지(비유적으로 '초록색 수염'이라고 말하고는 한다.)를 붙여야 한다. 포괄 적합도 이론을 멀리서만 접한 대다수의 생물학자들은 측정값을 실제로 계산했을 때, 그 '근친도'라는 매개 변수의 배후에 일관성 있는 생물학 개념이 전혀 없다는 것을 알고 놀란다.

본질적으로 많은 모형들은 번식이 보상에 비례한다는 개념을 토대로 한 자연 선택·게임 이론적 접근법을 쓴다. 대체로 자연 선택이 적어도 어느 정도는 다수준적임을 보여 주는 것은 어렵지 않다. 일차 표적 형질 수준에서 일어난 자연 선택의 결과는 아래로는 분자에서, 위로는 개체군까지 생물학적 조직화의 다른 수준으로 퍼져 나가기 때문이다. 자연 선택·게임 이론 모형들의 상당수는 혈연 선택의 용어로 고쳐 쓸 수 있으며 그렇게 해 왔다. 다시 말하지만, 혈연 선택 접근법은 개체의 적합도를 직접 살펴보는 대신에, 개체의 행동이 자신과 집단의 모든 개체들에 미치는 영향을 고려한다. 다른 개체들에 미치는 영향은 각 수혜자가 행위자와 '유연 관계가 얼마나 가까운지'에 따라 달라진다.

계산법이 다양한 이 문제에 아주 단순한 해결책이 있다는 사실을 쉽게 보여 줄 수 있다. 자연 선택의 역동적인 과정에 관한 일반적인 기술을 하나 내놓은 뒤에, 그것을 양쪽 방식으로 해석해 보는 것이다. 그렇게 해 보면, 표준적인 자연 선택을 이용한 해석은 모든 사례에 적합한 반면, 혈연 선택을 이용한 해석은 극소수의 사례에는 적용 가능할지 몰라도, '근친도' 개념을 그 의미가 상실되는 지점까지 잡아 늘이지 않고서는 모든 상황을 포괄하도록 일반화할 수 없다는 것이 드러날 것이다.

해밀턴 부등식은 매우 제한된 조건에서만 집단 내의 협력자 수가 유의미한 수준으로 증가하는 것을 허용한다. 이것은 더 철저하게 이루어진 근본적인 분석을 통해 명확히 드러난 사실이다. 그리고 해밀턴 부등식은 그 조건들이 시간의 흐름에 상관없이 일정한 정상 분포(stationary distribution)를 이룬다고 보기에, 근본적으로 역동적인 진화의 과정을 기술하기에 적합하지 않다.

실제 집단에서 혈연 선택의 한계를 평가하는 데 필요한 한 가지 중요한 개념은 약한 선택(weak selection, 개체들의 표현형 차이가 적어서 유리하거나 불리한 정도가 미미한 상황에서 이루어지는 선택 — 옮긴이)이다. 유전형들이 경쟁함으로써 펼쳐지는 게임은 근친도에 토대를 둔 반응에다가 개체 사이의 다른 모든 유전적 차이에 토대를 둔 반응에서 비롯되는 선택, 따라서 평생에 걸쳐 개체에게 일어나는 모든 일과 그 반응을 통해 이루어지는 선택을 포함한다. 두 개체가 근친도 면에서 서로 아주 가깝다면, 혈연 선택을 겪을 수도 있지만 — 그것이 실제로 존재한다면 — 그런 뒤에 근친도는 개체들 사이에 존재하는 나머지 유전체의 변이를 줄이고, 존재하는 변이들에 선택압을 분산시켜 가능한 역동적인 진화의 양을 줄인다. 특정한 가정들과 약한 선택 아래에서 포괄 적합도 접근법과 다수준 선택 접근법은 동일하다. 하지만 약한 선택에서 벗어나거나 가정들이 충족되지 않으면, 혈연 선택 접근법은 의미를 상실할 정도로 범위를 넓히고 추상화하지 않고서는 일반화될 수 없다. 이 점을 염두에 두면, 다음 질문을 하는 것이 이치에 맞는다. 모든 것에 적용되는 일반 이론(다수준 자연 선택)과 일부 사례에만 적용되는 이론(혈연 선택)이 있고, 극소수 사례에서만 후자가 다수준 선택이라는 일반 이론에 부합된다면, 어디에서든 그저 일반 이론을 적용하면 되지 않겠는가?

설상가상으로 사회성 진화에서 혈연 관계가 핵심적인 역할을 한다는 근거 없는 믿음은 생물학 연구가 이루어지는 통상적인 순서를 뒤집어 왔다. 대부분의 과학에서 그렇듯이, 진화 생물학에서도 검증된 최선의 방법은 경험적인 연구를 하면서 도출된 문제를 정의한 뒤, 그것을 푸는 데 필요한 이론을 선택하거나 고안하는 것이었다. 그런데 포괄 적합도 이론에서는 거의 모든 연구가 정반대 방향으로 이루어졌다. 혈연 관계와 혈연 선택이 핵심적인 역할을 한다고 가정한 다음, 그 가설을 입증할 증거를 찾는 식이었다.

이 접근법의 가장 기본적인 결함은 경쟁하는 여러 가설들을 고려하지 못하게 한다는 것이다. 포괄 적합도 이론이 적용되기 이전에 특정한 사례를 생물학적으로 상세히 조사할 때에는 그런 대안적인 접근법들에 주의를 쉽게 기울일 수 있었다. 다양한 저자들이 혈연 선택의 증거로 제시한, 가장 세심하게 분석된 사례들조차, 동등하게 타당한 표준적인 자연 선택 이론으로 쉽게 설명할 수 있었다. 그 사례들은 뻔히 드러나는 개체 선택 또는 집단 선택, 혹은 양쪽을 다 수반한다. 혈연 선택이 일어날 수도 있지만, 그것이 진화의 원동력이라고 압도적인 설명을 제시한 사례는 전혀 없다.

경쟁하는 여러 가설들이 필요함을 입증하는 고전적인 사례는 미생물막과 포자낭을 형성하는 세포 점균류이다. 자유 생활을 하는 단세포 생

THE SOCIAL CONQUEST OF EARTH

216 지구의 정복자

물은 생물막을 형성하거나 세균 같은 유전적 균주끼리 모여 조밀한 집합체(점균류)를 이룬다. 그리고 나서 상당수는 자신의 번식을 줄이거나 희생하는 태도를 취한다. 명백히 집단의 이익을 위해서이다. 포괄 적합도 이론가들은 혈연 선택이 이 이타성의 원동력이라고 주장해 왔다. 하지만 '이기적인' 개체 선택을 압도하는 집단 선택이 더 명백하고 포괄적인 설명처럼 보인다.

진사회성 개미, 벌, 말벌의 짝짓기 횟수를 자세히 조사했을 때에도 그것과 비슷한 다수준의 선택압들이 작용한다는 사실이 명백히 드러났다. 포괄 적합도 이론가 집단은 상대적으로 원시적인 사회 조직을 지닌 종에서는 암컷이 수컷 한 마리와만 짝짓기를 함으로써 유연 관계가 높은 자식을 낳는다는 것을 알아냈다. 그들은 자신들의 자료를 혈연 선택과 상관 관계가 있는 증거로서 제시한다. 하지만 그들은 그 진사회성 종들과 유연 관계가 가까운 독립 생활 종에 대해서도 상응하는 자료를 제시했어야 했는데, 그렇지 않았다. 즉 단일한 짝짓기가 진사회성 행동의 출현을 선호한다는 결론을 지지할 대조군이 전혀 없었던 것이다. 사실 그런 독립 생활을 하는 종의 여왕도 수컷 한 마리하고만 짝짓기를 한다고 가정하는 것이 논리적이다. 혈연 선택과 무관한 이유로 말이다. 그 젊은 암컷은 짝짓기를 하기 위해 바깥에 오래 머물다가는 포식자에게 잡아먹힐 위험이 증가하기 때문이다. 마찬가지로 중요한 점은 그 포괄 적합도 연구자들이 고도의 군체 조직을 갖춘 막시류 종들 중 상당수에서 여왕이 여러 수컷과 짝짓기를 하는 행동이 어떻게 기원했을지를 언급했다는 점이다. 그들은 그것이 진화의 나중 단계에서 혈연 선택이 느슨해졌음을 시사한다고 결론지었다. 하지만 그들은 자신들의 자료에서 유달리 큰 규모의 일꾼 집단을 갖춘 종에서 여러 수컷과의 짝짓기가 거의 최대한으로 나타난다는 사실을 간과했다. 여기서는 큰 군체를 위협하는 병원체에 내성을 갖는 것을 선호하거나 정자를 저장하는 것을 선호하거나, 또는 양쪽을 다 선호하는 집단 선택을 원동력이라고 보는 편이 더 설득력이 있다.

표준적인 자연 선택 이론을 이용해서 개별 사례들을 평가함으로써 얻은 고등한 사회적 행동의 기원에 관한 두 번째 부류의 설명은 집단 구성원 사이의 불화를 생리와 행동 진화의 한 요인이라고 본다. 구성원들의 유연 관계가 멀수록, 효과적으로 의사 소통을 하고 환경의 똑같은 단서에 반응하고 서로의 행동을 정확히 조율할 가능성이 더 줄어든다. 유전적으로 매우 다양한 집단은 조화가 덜 이루어지고, 따라서 집단 선택을 통해 제거되는 경향이 있다. 같은 원리가 한 생물의 암세포라는 좀 더 친숙한 사례와, 암세포와는 생물학적 조직화 수준이 전혀 다른 생물의 한 종을 둘 이상의 자식 종으로 나누는 유전적 격리 메커니즘에 극단적으로 적용된다. 더구나 미생물 사회에서는 개체 선택과 집단 선택의 상호 작용이 참여하는 세포들의 불화를 억제하는 것으로 볼 수 있다. 포괄 적합도 이론과는 다른 관점에서 본 이 해석에 따르면, 성공적으로 협력하는 세포들은 같은 유전형의 가소성을 띤 형태들이며, 군체 형성은 돌연변이 표현형들의 불화에 맞서 작용하는 집단 선택의 산물이다.

꿀벌의 여왕벌 생산을 통제하는 영양 공급의 역할에도 같은 논리가 적용된다. 꿀벌 군체에서는 일벌들이 특수한 먹이인 로열 젤리를 계속 먹인 애벌레가 여왕벌로 자란다. 또 곤충 사회에서는 전반적으로 일벌의 번식을 통제하기 위해서도 먹이 공급을 억제하고 감시해야 한다. 이 두 가지 현상은 때로 혈연 선택과 그것의 산물인 포괄 적합도로 설명되어 왔지만, 혈연 선택을 아예 배제시키고 대신에 집단 선택을 바탕으로 해서 불화가 줄어듦으로써 일어난다고 말하는 설명도 적어도 동등한 설득력을 지닌다.

개미 군체가 새 여왕개미 대 수컷의 생산에 투자하는 먹이의 양을 조절하는 방식과 이유를 설명하는 논리는 오랫동안 포괄 적합도 이론의 버팀목이 되어 왔다. 어미가 단 한 차례만 짝짓기를 한다면, 이론상 수컷 대 암컷의 성비가 일대일이 되기를 바라야 한다. 딸인 일꾼, 새 여왕, 번식하는 수컷인 아들과 유연 관계가 동등하기 때문이다. (공통 혈통을 통해 유전자의 절반을 공유한다.) 하지만 1976년 로버트 트리버스(Robert L. Trivers, 1943년~)와 호프 헤어(Hope Hare)가 제안한 뒤 포괄 적합도 이론가들이 개미 종들을 대상으로 상세히 다듬은 개념에 따르면, 일꾼들은 자매인 새 여왕에게 더 많은 투자가 이루어지기를 바라야 한다. 반수배수체 성 결정 메커니즘을 따르기 때문에 혈통을 공유한 일꾼과 새 여왕의 유전자는 4분의 3이 같기 때문이다. 반면에 일꾼들과 오라비인 수컷들은 유전자의 4분의 1만이 같다. 그 논리에 따르면, 어미인 여왕과 딸인 일꾼은 군체가 생산하는 새 번식 개체들의 성비를 놓고 갈등을 빚는다고 봐야 한다. 많은 연구들은 실제로 새 여왕을 더 선호하는 쪽으로 성비가 치우쳐 있음을 보여 주었다. 따라서 여왕과의 갈등에서 일꾼들이 이기는 듯하며, 그럼으로써 포괄 적합도 이론은 입증된다.

　개미 번식 개체들의 성비 결정을 설명하는 포괄 적합도 접근법은 진화 생물학에서 가장 정교하면서 상세히 다루어진 이론에 속한다. 하지만 그것은 두 가지 가정을 토대로 한다. 첫 번째는 근친도가 성비의 주된 결정 요인이라는 가정이다. 두 번째는 첫 번째 가정에서 파생된 것으로 군체 내에서 집단 수준의 근친도가 서로 다른 집단끼리 갈등을 빚는다는 것이다. 이 두 가정 중 하나 또는 둘 다 틀렸다면? 혈연 선택 개념을 쓰지 않고서 기본적인 자연 선택 이론으로도 더 단순하면서 더 직설적인 설명을 내놓을 수 있다. 군체 전체의 목표는 장래 부모가 될 개체를 다음 세대에 가능한 한 많이 남기는 것이다. 일반적으로 개미 종들 중에는 수컷이 새 여왕보다 더 작고 더 가벼워서 여왕과 차이가 아주 많이 나는 종도 있다. 여왕은 새 군체를 만들기 위해 몸에 무거운 지방분을 지녀야 하기 때문이다. 수컷은 생산비가 더 적게 들므로, 만일 에너지 투자가 일대일로 이루어진다면 짝짓기를 할 수 있는 수컷이 여왕보다 많아진다. 대체로 젊은 번식 개체들이 짝짓기를 할 기회는 단 한 번뿐이므로, 평균적으로 볼 때 수컷을 더 많이 생산한다는 것은 군체에게 낭비일 것이다. 물론 군체가 다른 군체들의 성비 생산 비율 변화나 혼인 비행 때 수컷의 사망률이 더 높다는 것을 알 수만 있다면, 다른 비율을 택할 수도 있을 것이다. 하지만 그렇지 못하므로, 새 여왕 쪽으로 에너지 투자 비중을 높이는 것이 어미인 여왕과 딸인 일꾼에게는 가장 이익이 된다. 혈연 선택의 가정들을 버리고 군체 수준의 선택을 추가한 이 설명은 포괄 적합도 이론이 내놓은 설명보다 자료에 더 부합된다. 어미인 여왕이 여럿이고 노예를 부리는 군체를 이루는 종에서는 새 여왕이 대개 따로 새 군체를 창설하지 않으므로 몸에 무겁게 양분을 지닐 필요가 없고, 따라서 일대일에 가까운 이상적인 성비가 나올 것으로 예측되며, 실제로 그렇다. 이 추세는 자료와도 부합된다. 성비가 이 경우보다 더 변동하는 것은 군체가 새 여왕과 수컷을 짝짓기 비행에 나서도록 하거나 짝짓기를 할 때까지 집에 머물게 하는 식으로 특정한 환경에서 선택압이 가해지기 때문인 듯하다.

전혀 다른 상황에 놓여 있는 주홍거밋과의 스테고디푸스 리네아투스(*Stegodyphus lineatus*)를 대상으로 마찬가지로 상세한 실험 분석이 이루어졌다. 주기적으로 아(亞)사회성(subsociality)을 띠는 이 종의 새끼들은 부모를 가리지 않고 인위적으로 뒤섞어 놓은 집단보다 형제자매끼리 모아놓은 집단이 공동의 먹이에서 더 많은 양분을 뽑아낸다. 혈연 선택 가설을 받아들인 연구자들은 인위적으로 뒤섞어 놓은 집단에서는 새끼들이 남에게 착취당하는 일을 피하기 위해 소화 효소를 먹이에 주입하는 것을 꺼린다고 설명한다. 하지만 간단히 계산해 봐도, 그런 행동이 소화 효소를 주입하지 않는 개체들까지 포함하여 각 개체가 얻는 평균 먹이양을 줄인다는 것을 알 수 있다. 오히려 공동체의 먹이 섭취량 감소는 유연관계가 없는 거미 새끼들 사이의 불화 분위기나 노골적인 갈등으로 더 잘 설명할 수 있다.

상속에 대한 기대 또는 가능성은 혈연 기반의 이타성처럼 보이는 것을 빚어낼 수 있는 세 번째 과정이지만, 상속 가능성은 개체 수준 선택의 직접적인 결과라고 설명하는 것이 더 단순하고 더 현실적이다. 소수의 조류와 포유류 종에서는 다 자란 새끼가 자신이 태어난 보금자리에 남아서, 부모가 어린 동생들을 키우는 일을 돕는다. 그럼으로써 그들은 자신의 번식 시기를 늦추는 대신 부모의 번식을 강화한다. 포괄 적합도 연구자들은 이 현상이 혈연 선택에서 비롯된다고 말해 왔으며, 모든 종에 걸쳐 근친도와 보금자리에 머무는 개체가 부모를 돕는 정도 사이에 양(+)의 상관 관계가 있음을 보여 줌으로써 자신들의 주장을 뒷받침해 왔다. 하지만 이전에 발표된 다양한 종들의 생활사 연구 자료들을 더 철저히 조사한 사람들은 이미 다른 설명을 내놓았다. 거기에는 개체 수준의 선택으로 강하게 치우친 다수준 선택이 수반된다는 것이다. 혈연 선택과 무관한 특정 조건에서도, 다 자란 젊은 새끼는 태어난 보금자리에 머무는 쪽을 선호했다. 보금자리를 지을 자리나 세력권 어느 한쪽이나 양쪽이 유달리 희소하거나, 성체 사망률이 낮거나, 성체 사망률이 안정된 환경을 바탕으로 상대적으로 크게 변하지 않을 때 등이 그런 조건에 속한다. 부모를 돕던 젊은 조력자 개체는 오래 머문 끝에 부모가 죽은 뒤 보금자리나 세력권을 물려받는다. 포괄 적합도 연구자들이 많은 종들에게서 찾아낸 혈연 관계와 조력자 현상 사이의 양의 상관 관계는 극소수의 자료 측정값에만 토대를 둔다. 그리고 이것은 일부 종에게서 흔히 쓰이는 '들르기 전략(floating strategy)'으로 논리적으로 설명할 수 있다. 이 전략은 개체가 이 둥지 저 둥지로 돌아다니면서 도움을 여러 둥지들에 분산시키는 것이다. 들르는 곳이 많을수록, 각 둥지의 평균 근친도와 각 둥지에 제공하는 도움은 줄어든다.

나는 웨스트플로리다의 한 붉은벼슬딱따구리(red-cockaded woodpecker) 개체군을 방문했을 때 조력자 현상을 개인적으로 조사하고, 그 새들에게 인식표를 붙이고 야생에서의 생활사를 추적하는 연구자들과 세세한 사항을 놓고 토론을 했다. 내가 아는 한 딱따구리 종 가운데 살아 있는 나무의 줄기를 파서 둥지를 짓는 것은 붉은벼슬딱다구리밖에 없다. 젊은 수컷이 그런 둥지를 짓는 데에는 1년이 걸리기도 하며, 둥지는 기존 식구들의 세력권 바깥에 지어야 한다. 둥지를 다 지을 때까지 아들과 딸은 원래 둥지에 머무는 편이 유리하다. 게다가 머무는 동안 부모 중 한쪽 또는 양쪽이 사망하면, 그 둥지를 물려받을 수도 있다. 부모로서도 다 자란 자식이 조력자로서 도움을 주기만 한다면 머무는 것을 받아들이는 편이 유리하다.

포괄 적합도 이론의 핵심적인 추론 줄기는 다음과 같이 요약할 수 있다. 혈연 선택은 일어난다고 여겨지며, 사실상 많은 생물학 체계에서 불가피하다고 추정된다. 혈연 선택이 일어날 때, 해밀턴 부등식은 가장 단순한 사례에서 적어도 이타성의 유전자가 집단 전체에서 증가할지 아닐지를 예측한다. 해밀턴 부등식을 한 집단의 모든 구성원에게 적용하면 그 집단의 포괄 적합도를 계산할 수 있고, 그 포괄 적합도를 알면 그 집단의 어떤 개체군이 이타성을 토대로 한 사회 조직을 향해 진화하고 있는지의 여부를 예측할 수 있다.

하지만 이 가정들 중 어느 것도 입증된 적이 없다. 유전적 근친도를 측정하고 포괄 적합도 논리를 사용해 온 경험론자들은 자신들의 추론이 확고한 이론적 토대 위에 놓여 있다고 생각해 왔다. 하지만 그렇지 않다. 포괄 적합도는 적용시킬 수 없을 만큼 수많은 제약 조건이 붙은 특수한 수학적 접근법이다. 그것은 널리 믿어지는 것과 같은 일반 진화론이 아니며, 진화의 역동적인 과정도, 유전자 빈도의 분포도 설명하지 못한다.

포괄 적합도 이론이 작동할 수도 있는 극단적인 사례에서는 자연에 흔히 존재하지 않는 생물학적 조건이 필요하다. 이 계는 '약한 선택'이라는 수학적 한계까지 나아가야 한다. 약한 선택에서는 집단의 모든 구성원들이 가진 적합도가 거의 같으며, 대안이 되는 다른 모든 반응들도 거의 동등한 비율로 존재해야 한다. 게다가 군체 구성원 사이의 모든 상호 작용은 가산적(加算的)이어야 하고 일대일 짝을 이루어야 한다. 사실 우리는 상호 작용이 일대일 짝 사이에서 이루어지지 않는 사회를 아주 많이 알고 있으며 이 사회들은 모두 이 조건에 위배된다. 또 다른 종류의 상호 작용들은 군체의 조건이 끊임없이 변함에 따라 어느 정도는 상승 효과를 보이는 경향이 있다. 마지막으로 포괄 적합도 이론은 상호 작용의 세기가 접촉 사례에 따라 달라질 수 없어서, 전체가 주기적으로 갱신되어야만 하는 정적인 구조에만 쓸 수 있다.

이 이론 생물학적 현안은 중요하다. 포괄 적합도 이론이 내놓은 직관이 일반적으로 옳다는 잘못된 생각이 널리 퍼져 있기 때문이다. 사실 야외 조사지와 실험실의 연구자들이 통상적으로 전개하는 종류의, 세부 사항까지 철저히 정의된 모형을 갖추지 않은 포괄 적합도 이론의 논리는 잘못 되기 쉽다. 그 추론이 얼마나 잘못될 수 있는지는 수학적으로 증명할 수 있다. 예를 들어 근친도의 모든 측정값이 두 계에서 똑같음에도 한쪽은 협동을 선호하고 다른 쪽은 그렇지 않을 수 있다. 반대로 두 집단의 근친도가 측정값에서 스펙트럼의 서로 반대편 끝에 있는데도 똑같이 협동의 진화를 뒷받침할 수 없는 구조를 지닐 수도 있다.

흔히 볼 수 있는 또 다른 오해는 포괄 적합도 계산이 표준적인 자연 선택 모형의 계산보다 단순하다는 것이다. 그렇지 않다. 포괄 적합도를 끼워 맞춰 그 추상적 모형을 작동시킬 수 있는 희귀한 사례들에서는 두 이론이 동일하며 똑같은 정량적 값들을 측정할 것을 요구한다.

사회성 진화에 대한 이 기존 패러다임은 40년이 흐르면서 점점 취약해졌고, 결국 실패했다. 과정으로서의 혈연 선택에서 협동 조건으로서의 해밀턴 부등식에 이르기까지, 그리고 군체 구성원의 다원주의적 지위를 설명하는 포괄 적합도에 이르기까지 이 추론 경로는 제대로 작동하지 않는다. 만약 동물에게서 혈연 선택이라는 것이 정말로 일어난다면, 그것은 쉽게 바뀔 수 있는 특수한 조건에서만 일어나는 약한 형태의 선택일 것이 분명하다. 포괄 적합도라는 개념은 현실적이고 구체적인 생물학적 의미를 가질 수 없는 수학적 허깨비일 뿐이다. 게다가 유전적 토대를 지닌 사회 체계의 진화 동역학을 추적하는 데에도 쓸 수 없다.

포괄 적합도 이론의 불행은 하나의 추상적 공식인 해밀턴 부등식으로 점점 더 복잡다단해지는 사회성 진화를 한 겹 한 겹 풀어 설명할 수 있다고 믿은 데에서 기원했다. 수학적 논리와 경험적 증거 양쪽 다 이 믿음을 논박할 수 있다. 그렇다면 고도의 사회적 행동을 이해하려면 어떤 방향으로 나아가는 것이 최선일까?

19장

새로운 진사회성 이론

복잡한 생물학적 체계의 진화적 기원은 처음부터 끝까지 역사적 단계들이 누적된 것으로 보아야만 제대로 재구성할 수 있다. 각 단계에서 경험적으로 알려져 있는 생물학적 현상에서 시작해야 하고, 그런 것이 알려져 있다면 이론상 가능한 다양한 현상들을 살펴봐야 한다. 한 단계에서 다음 단계로 나아갈 때마다 다른 모형이 필요하며, 각 전이는 잠재적인 원인과 결과라는 자체 맥락에 놓을 필요가 있다. 이것이 고도의 사회성 진화와 인간 조건 자체의 깊은 의미에 도달하는 유일한 방법이다.

이타적인 것처럼 보이는 분업을 수반한 진사회성을 낳았을 법한 최초의 단계는 독립 생활을 하는 개체들이 자유롭게 뒤섞인 개체군 내에서 집단이 형성되는 것이다. 이론상 현실에서 이런 일이 일어날 수 있는 방법은 많다. 보금자리를 지을 자리나 종에게 특화된 먹이 자원이 국지적으로 분포할 때, 자식이 부모 곁에 머물 때, 떼 지어 이주하다가 정착하기 전에 반복해서 계속 갈라질 때, 알려진 섭식지로 향하는 지도자를 따를 때 집단이 형성될 수 있다. 국소적인 상호 인력에 끌려서 무작위로 모일 수도 있다.

집단이 형성되는 방식은 아마 진사회성을 향한 발전이 이루어질 가능성에 심각한 영향을 미칠 것이다. 집단의 응집성과 지속성을 강화하는 것은 가장 중요한 방식에 속한다. 예를 들어 앞에서 강조했듯이, 현존하는 원시적인 진사회성 종을 포함하고 있다고 알려진 모든 진화 계통들(침이 있는 말벌, 꼬마꽃벌과 어리호박벌, 해면동물에 집을 짓는 딱총새우, 테르몹시스류흰개미, 군체성 진딧물과 총채벌레, 암브로시아나무좀, 벌거숭이두더지쥐 등)은 방어 가능한 보금자리 또는 집을 짓고 그 집에 들어가 사는 군체를 형성한다. 서로 유연 관계가 없는 개체들이 협력해서 작은 요새를 만드는 사례도 소수 있다. 예를 들어 서로 유연 관계가 없는 주테르몹시스 앙구스티콜리스(*Zootermopsis angusticollis*)의 군체들은 전투를 되풀이하다가 합쳐져서 단일한 결합 왕가를 지닌 초군체를 형성한다. 하지만 동물 진사회성의 대다수 사례에서 군체는 수정을 한 여왕 한 마리(막시류)나 짝을 지은 한 쌍(흰개미)에서 시작된다. 따라서 대부분 군체는 번식하지 않는 일꾼으로 일하는 자식들을 추가함으로써 성장한다. 소수의 더 원시적인 사회성 종에서는 외부 일꾼을 받아들이거나 유연 관계가 없는 창시자 여왕들끼리 협력함으로써 군체 성장을 촉진하기도 한다.

가족이 집단을 이루면 진사회성 대립 유전자의 전파가 촉진될 수 있지만, 그 자체가 고도의 사회적 행동을 낳는 것은 아니다. 고도의 사회적 행동을 낳는 원인 역할을 하는 것은 방어 가능한 안전한 보금자리, 특히 만드는 데 비용이 많이 들고 먹이를 지속적으로 공급할 수 있는 영역 안에 있는 보금자리가 주는 이점이다. 이 일차적인 조건 때문에, 곤충이 원시적인 군체를 형성할 때, 유전적 근친도는 진사회적 행동의 원인이 아니라 결과가 된다.

두 번째 단계는 진사회성으로 나아갈 가능성을 더욱 높이는 다른 형질들의 우연한 누적이다. 가장 중요한 것은 보금자리에서 자라는 새끼들을 꼼꼼히 보살피는 행동이다. 꾸준히 먹이를 공급하는 행동이나 육아실을 청소하는 행동이나 새끼들을 지키는 행동이나 이 세 가지를 어떤 식으로든 결합한 행동을 말한다. 독립 생활을 하는 조상에게서 나타난 방어 가능한 보금자리를 짓는 행동과 마찬가지로, 이 선적응들도 개체 수준의 선택을 통해 출현한다. 훗날 진사회성의 기원에서 어떤 역할을 맡을 것이라고는 전혀 예견하지 않은 상태에서 말이다. (자연 선택은 미래를 예측할 수 없으므로 예견 따위는 아예 없다.) 선적응은 적응 방산의 산물이다. 적응 방산은 종이 갈라져서 서로 다른 생태적 지위로 퍼져 나가는 것이다. 자신이 분화한 생태적 지위에 따라서, 다른 종보다 강력한 선적응을 획득할 가능성이 더 높은 종도 있다. 예를 들어, 일부 종은 상대적으로 포식자가 별로 없는 서식지에서 살게 될 수도 있다. 새끼를 절박하게 보호할 필요가 덜하기 때문에, 그들은 사회성 진화 측면에서 답보 상태에 빠지거나 아예 독립 생활 쪽으로 진화할 가능성이 높다. 반면에 위험한 포식자가 우글거리는 서식지에서는 진사회성 문턱 가까이 다가가서, 문턱을 넘을 가능성이 더 높아질 것이다. 이 단계에 적용되는 이론은 적응 방산 이론으로서, 이미 많은 연구자들이 진사회성 연구와 무관하게 연구했다.

고도의 사회적 행동으로 나아가는 진화의 세 번째 단계는 진사회성 대립 유전자의 출현이다. 돌연변이로 생길 수도 있고 외부에서 돌연변이 개체가 들어올 수도 있다. 적어도 선적응한 막시류(벌과 말벌)에게서는 점

돌연변이(point mutation) 하나로 이 사건이 일어날 수도 있다. 게다가 이 돌연변이가 반드시 새로운 행동을 유발해야 하는 것은 아니다. 그저 기존 행동을 없애기만 하면 된다. 진사회성의 문턱을 넘으려면 암컷과 다 자란 새끼가 흩어져서 따로 새로운 집을 짓기 시작하는 행동을 안 하기만 하면 된다. 기존 집에 남아 있기만 하면 된다. 이 시점에서 환경의 선택압이 충분히 강하다면, 선적응이 스프링처럼 작동하고 집단의 구성원들은 진사회성 군체로 넘어가는 상호 작용을 시작한다.

진사회성 유전자는 아직 밝혀지지 않았지만, 기존 형질에 있는 돌연변이를 침묵시킴으로써 사회성 형질에 주된 변화를 만든다고 알려진 유전자 또는 유전자 집합은 적어도 두 가지 있다. 이 사례들과 그것들이 이론 및 유전적 분석의 발전에 기여할 것이라는 전망에 힘입어, 우리는 동물 진사회성 진화의 네 번째 단계로 나아간다. 원시적인 사회성을 띠는 벌이나 말벌의 가족에서처럼 부모와 딸린 새끼들이 한 집에 머물기 시작하자마자 집단 선택이 진행된다. 특히 군체 구성원들의 상호 작용이 빚어내는 창발적 형질들을 표적으로 삼는 선택 말이다. 이 선택압은 경계음이나 화학 신호를 갖춘 경보 체계를 만들 것이다. 군체 구성원들은 다른 군체의 구성원과 구분되는 냄새를 지니게 될 것이다. 또 한 집의 동료를 새로 발견한 먹이로 이끄는 수단도 창안할 가능성이 높다. 적어도 더 발전된 단계에서는 번식을 담당한 왕족과 부양을 담당한 일꾼 계급의 해부 구조와 행동이 서로 달라지도록 진화할 것이다.

집단 선택이 작용하는 창발적 형질들에 주목하면, 이론 연구의 새로운 방향을 모색하는 것도 가능하다. 번식하는 부모와 번식하지 않는 새끼의 역할 차이가 유전적으로 결정되는 것이 아니라는 점도 새롭게 조명받고 있는 현상 중 하나이다. 원시적인 진사회성 종에서 얻은 증거들이 말해 주듯이, 그것은 같은 유전형의 서로 다른 표현형을 의미한다. 다시 말해, 여왕과 일꾼은 계급과 분업을 규정하는 유전자들이 동일하다. 비록 다른 유전자들은 크게 다를지라도 말이다. 이 상황은 군체를 하나의 생물, 아니 더 정확히 말하자면 하나의 초유기체로 보는 견해를 뒷받침한다. 더군다나 사회적 행동에 관한 한, 일꾼은 각 여왕의 확장 사례일 뿐, 혈통은 여왕에서 여왕으로 이어진다. 집단 선택은 여전히 일어나지만, 여왕 및 여왕 유전체의 체외 투영물의 형질들로서 선택된다고 여겨진다. 이 인식으로 새로운 형태의 이론적 탐구 영역이 열렸을 뿐만 아니라, 새로운 방향의 경험 연구를 통해서만 해결할 수 있는 질문들도 제기되었다.

네 번째 단계는 집단 선택을 추진하는 환경의 힘을 파악하는 것이며, 그것은 집단 유전학과 행동 생태학을 결합한 연구의 논리적 주제이다. 이 분야의 연구는 거의 시작되지조차 않았다. 그것은 어느 정도는 초기 진사회성의 진화를 야기한 환경 선택압에 대한 연구가 상대적으로 소홀했던 데에 원인이 있다. 더 원시적인 진사회성 동물의 자연사, 그리고 특히 보금자리의 구조와 그것을 격렬하게 방어하는 행동은 진사회성 기원의 핵심 요소가 기생 생물, 포식자, 경쟁 군체를 포함한 적을 방어하는 것임을 시사한다. 하지만 이러한 가설 및 경쟁할 가능성이 있는 다른 가설들을 검증하려는 야외 연구와 실험 연구는 거의 이루어진 적이 없다.

다섯 번째이자 마지막 단계에서 (군체들 사이의) 집단 선택은 더 높은 수준의 진사회성 종의 생활사와 계급 체계를 빚어낸다. 그 결과 많은 진화 계통은 고도로 분화하고 정교한 사회 체제를 진화시켜 왔다. 그런 체제의 궁극적 형태는 사람에게서가 아니라 곤충에게서, 특히 가장 고등한 수준의 곤충들에게서 발견된다. 꿀벌, 침 없는 벌, 잎꾼개미, 베짜기개미, 군대개미, 흰개미에게서 말이다.

정리해서 말하면, 진사회성 진화에 대한 완전한 이론은 실험으로 입증해야 할 일련의 단계들로 이루어질 것이며, 다음과 같은 단계들이 포함될 것이다.

1. 집단의 형성.
2. 집단을 치밀하게 만드는, 최소한이자 필수적인 선적응 형질 조합의 출현. 적어도 동물에게서는 가치 있고 방어 가능한 보금자리가 그 조합에 포함되어야 한다. 이 보금자리 의존성은 가족이 원시적인 진사회성 집단이 될 가능성이 높아지도록 미리 결정한다. 곤충과 다른 무척추동물에게서는 부모와 새끼가, 척추동물에게서는 확대 가족이 여기에 해당한다.
3. 집단의 지속성을 빚어내는 돌연변이의 출현. 집단의 지속은 분산 행동을 제거함으로써 이루어질 가능성이 가장 높다. 안전한 보금자리는 이 단계에서도 집단의 출현율을 유지하는 핵심 요소로 남아 있다. 원시적인 진사회성은 스프링으로서 장착된 선적응 때문에 즉시 출현할 수도 있다. 더 이전 단계에서 진화한 이 선적응들은 뜻하지 않게 집단으로 하여금 진사회적으로 행동하게 만든다.
4. 곤충에게서는 로봇 같은 일꾼의 출현이나 집단 구성원들의 상호 작용에서 나온 창발적 형질들이, 환경의 힘이 가하는 집단 수준의 선택을 통해 다듬어진다.
5. 집단 수준의 선택은 곤충 군체의 생활사와 사회 구조에 변화를 일으키며, 때로는 기이하게 극단으로 치달아 정교한 초유기체를 만든다.

마지막 두 단계가 곤충과 다른 무척추동물에게서만 일어난다는 점을 생각하면 궁금증이 인다. 인간은 어떻게 자신만의 독특한 문화에 기반을 둔 사회 조건을 형성했을까? 유전적 과정과 문화적 과정의 결합은 인간 본성에 어떤 흔적을 남겼을까? 다시 말해, **우리는 무엇인가?**

5 부

우리는 무엇인가

20장

인간 본성이란

분명히 모두가 동의할 것이다. 인간 본성의 명쾌한 정의가 인간 조건 전체를 이해하는 열쇠임을 말이다. 하지만 조금만 생각해 보면 그 정의를 얻기란 극도로 어려운 일임을 알 수 있다. 인간 본성이 일상 생활 속에서 드러난다는 것은 분명하다. 그것의 직관적인 표현은 창작 예술의 내용이자 사회 과학의 토대이다. 하지만 그것의 진정한 정체는 여전히 모호하다. 이렇게 인간 본성이 계속 모호한 채로 남아 있는 데에는 정서적이면서 지극히 인간적인 이유가 하나 있기 때문인지도 모른다. 변형되지 않은 날것 그대로의 인간 본성이 드러나고, 그리하여 '철학자의 돌'을 손에 쥐게 된다면, 그것은 무엇일까? 그것은 어떤 모습일까? 우리가 그것을 좋아하게 될까? 더 나은 질문은 이러할 것이다. 우리는 정말로 알고 싶은 것일까?

많은 학자들을 포함하여 대부분의 사람들은 아마도 인간 본성을 적어도 어느 정도는 계속 어둠 속에 놔두기를 원하지 않을까? 그것은 대중 담론이라는 열띤 논쟁 속에서 살아가는 괴물이다. 개인마다 지닌 나름의 자존심과 기대는 인간 본성에 대한 인식을 왜곡시킨다. 경제학자들은 대체로 인간 본성의 주변을 맴돌았던 데 반해, 용감하게 그것을 찾아 나섰던 철학자들은 예외 없이 길을 잃고 헤맸다. 신학자들은 그것을 신과 악마에게 내맡기고 포기하는 경향이 있다. 무정부주의자에서 파시스트에 이르기까지 정치 이데올로그들은 인간 본성을 자신에게 유리한 쪽으로 정의해 왔다.

지난 세기에 대다수의 사회 과학자들은 인간 본성의 존재 자체를 아예 부정했다. 그들은 산더미 같은 증거들을 외면한 채, 모든 사회적 행동이 학습되는 것이고 모든 문화는 대대로 전달되는 역사의 산물이라는 교조적인 견해를 고수했다. 대조적으로 보수적인 종교의 지도자들은 인간 본성이 신이 내려 준 고정 자산이라고 믿는 경향을 보여 왔다. 신의 뜻을 이해할 수 있는 특권을 지닌 이들이 신자들에게 설명한 바에 따르면 말이다. 한 예로 교황 바오로 6세는 1969년 회칙인 「인간 생명 (*Humanae Vitae*)」에서 이렇게 설명했다. "인간은 지고하신 하느님께서 인간의 본성 자체에 새겨 넣으신 법칙들을 따르지 않고서는, 온 정성을 다해도 자신이 열망하는 진정한 행복을 얻을 수 없다. 이 법칙들은 현명하게 그리고 소중하게 지켜야 한다." 그는 특히 인간 본성의 신성한 법칙이 인공 피임을 금한다고 말했다.

나는 인간 본성을 명쾌히 정의할 수 있을 만큼 과학과 인문학의 다양한 분야에서 증거들이 풍족하게 나오고 있다고 믿는다. 하지만 정의를 제시하기에 앞서, 무엇이 인간 본성이 아닌가부터 설명하기로 하자.

우선 인간 본성은 그것의 토대를 이루는 유전자가 아니다. 유전자는 인간 본성을 만들어 내는 뇌, 감각계, 행동의 발달 규칙들을 규정한다. 또 인류학자들이 발견한 보편적인 문화적 특징들을 뭉뚱그려서 인간 본성이라고 정의할 수도 없다. 한 가지 예를 들어 보자. 다음은 조지 피터 머독(George Peter Murdock, 1897~1985년)이 1945년에 발표한 고전적인 연구 결과에 집대성된 것으로, 인간 관계 지역 파일(Human Relations Area Files, Inc., HRAF. 전 세계 20여 개국 300여 개의 연구 기관이 참여하고 있는 민족지학·인류학 연구 콘소시엄 ― 옮긴이)에서 조사한 수백 개 사회들에서 공통적으로 발견할 수 있는 행동과 제도 예순일곱 가지이다.

> 나이 서열, 운동 경기, 신체 장식, 달력, 청결 훈련, 공동체 조직, 요리, 협동 노동, 우주론, 구애, 춤, 장식 예술, 점, 분업, 해몽, 교육, 종말론, 윤리학, 민족 식물학, 예절, 신앙 치료, 가족 잔치, 불 피우기, 민간 전승, 음식 금기, 장례 의식, 놀이, 몸짓, 선물 주기, 정치 체제, 인사하기, 머리 모양, 환대, 주택, 위생, 근친상간 금기, 상속 규칙, 농담, 혈연 집단, 혈연 명명법, 언어, 법, 행운 미신, 주술, 혼례, 식사 시간, 의약, 조산술, 처벌, 개인 이름, 인구 정책, 양육, 임신 관례, 재산권, 초자연적 존재 달래기, 사춘기 풍습, 종교 의식, 거주 규칙, 성적 규제, 영혼 개념, 지위 분화, 외과 수술, 도구 제작, 거래, 방문, 날씨 조절, 천 짜기.

이 목록이 인류를 규정하는 진정한 특징일 뿐만 아니라, 밑바탕을 이루는 유전적 성향에 관계없이 어떤 행성계에 있는 어떤 종이든 인류 수준의 고등한 지능과 복잡한 언어에 도달할 정도로 진화하려면 불가피하게 갖추어야 하는 것들이라고 가정하고 싶은 유혹을 느낀다. 하지만 그렇지 않다는 것이 거의 확실하다. 대형 육상 동물이 다른 문화적 형질들의 조합을 갖추는 쪽으로 진화하는 세계도 상상할 수 있기 때문이다. 그런 이론상의 보편적인 특징들 하나하나가 유전적인 표지를 지녔다고 기대한다면 성급한 행동일 것이다. 아무튼 인간의 보편적인 특징들은 더 깊은 무언가의 예측 가능한 산물로 보는 편이 더 낫다.

인간 본성의 밑바탕을 이루는 유전 암호는 더 밑에 놓인 물질 분자에 너무 가깝고, 문화의 보편적인 특징들은 유전 암호와 너무 멀리 떨어져 있다. 그렇다면 유전되는 인간 본성을 찾기에 가장 좋은 곳은 그 사이, 즉 유전자들이 규정하는 발달 규칙들 속일 것이다. 그 규칙들을 통해 문화의 보편적인 특징들이 만들어진다.

인간 본성은 유전되는 마음 발달상의 규칙적인 속성들로서 우리 종에 공통된 것을 가리킨다. 그 속성들은 '후성 규칙(epigenetic rule)'으로서, 머나먼 선사 시대에 오랜 기간에 걸쳐 일어난 유전적 진화와 문화적 진화의 상호 작용을 통해 형성된 것이다. 이 규칙들은 우리의 감각 기관이 세계를 지각하는 방식, 우리가 기호 체계로 세계를 표상하는 방식, 자동적으로 스스로에게 열어 두는 대안들, 가장 쉽고 가장 많은 보상을 얻는 반응 등에서 드러나는 유전적 편향을 말한다. 처음에 생리학적 수준과 몇몇 사례에서는 유전적 수준에 초점을 맞추는 식으로, 후성 규칙은 우리가 색깔을 보고 언어학적으로 분류하는 방식을 바꾼다. 또 기본적인 추상적 형태와 복잡성 수준에 따라 예술적 도안을 심미적으로 평가하도록 한다. 대체로 성적으로 더 매력적인 사람이 누구인지를 판단하게도 한다. 뱀이나 높이처럼 환경의 위험 요소에 대해 두려움이나 공포를 느끼는 정도, 특정한 얼굴 표정과 신체 언어 유형으로 의사 소통을 하는 방식, 아기와 친밀한 정도, 부부의 애정 수준 등 행동과 생각의 다양한 범주들에 걸쳐 사람마다 차이를 보이는 것도 이 후성 규칙에서 비롯된다. 대부분의 후성 규칙은 분명히 수백만 년 전에 살았던 포유동물 조상에게로 거슬러 올라가는 아주 오래된 것들이다. 한편 언어 발달의 단계들처럼 수십만 년밖에 안 된 것들도 있다. 또 적어도 한 가지, 즉 어른이 우유에 든 젖당에 내성을 띠게 되고, 그로부터 일부 집단이 유제품 기반의 문화를 구축할 가능성을 갖추게 된 것은 수천 년밖에 안 되었다.

'후성적(epigenetic)'이라는 단어에서 나중에 덧붙인다는 의미의 **epi-**라는 접두사가 시사하듯이, 생리적 발달 규칙들처럼 유전적으로 새겨진 것이 아니다. 그 규칙들은 심장 박동과 호흡 같은 자율 '행동'처럼 의식의 통제 너머에 있는 것이 아니다. 그것들은 눈 깜박임이나 무릎 반사 같은 순수한 반사 작용보다 덜 엄격하다. 가장 복잡한 형태의 반사는 놀람 반사이다. 누군가의 뒤로 몰래 다가가서 갑자기 소리를 지르거나 두 물체를 쾅 하고 부딪쳐 큰소리를 내면, 그는 이마엽이 반응을 처리할 수 있는 시간보다 더 빨리, 1초도 안 되는 순간에 몸을 이완시키고 눈을 감고 입을 벌리면서 고개를 앞으로 숙이고 무릎을 살짝 구부릴 것이다. 자연에서든 현대 사회에서든 이 반응은 뒤따를 가능성이 높은 충돌이나 충격에 즉각적으로 반응할 수 있도록 무의식적으로 대비시키는 역할을 한다. 다른 상황이었다면 이 반응이 적이나 포식자의 습격으로부터 그의 목숨을 구했을 수도 있다. 놀람 반응은 유전자가 엄격하게 규정한 것이지만, 그것은 우리가 직관적으로 인식하는 인간 본성의 일부가 아니다. 그것은 전적으로 의식 너머에서 이루어지는 전형적인 반사이다.

후성 규칙이 빚어내는 행동들은 반사처럼 새겨져 있는 것이 아니다. 새겨져 있는 것은 그 행동이 아니라 후성 규칙이며, 따라서 인간 본성의 진정한 핵심을 이루는 것은 바로 후성 규칙이다. 이 행동들은 학습되지만, 이 학습 과정을 심리학자들은 '준비된 학습'이라고 말한다. 준비된 학습은 배우는 성향, 따라서 이 대안을 저 대안보다 강화하는 성향을 타고났음을 가리킨다. 우리는 다른 대안을 택하도록, 혹은 대안을 적극적으로 회피하도록 '역(逆)준비된(counterprepared)' 상태이기도 하다. 예를 들어, 우리는 뱀에 대한 두려움을 공포증에 이를 정도까지 아주 빨리 학습하도록 준비되어 있지만, 거북과 도마뱀 같은 다른 파충류에 대해서는 그 정도의 혐오감을 가질 정도까지는 본능적으로 준비되어 있지 않다. 우리는 준비된 학습을 통해 하천이 가로지르는 공원에서는 아름다움을 찾도록 이끌리지만, 컴컴한 숲 속에서는 같은 일에 역준비되어 있다. 그런 반응들은 우리에게 '자연스러워' 보인다. 설령 학습되는 것이 분명함에도 말이다. 그리고 바로 그것이 요점이다.

학습과 관련된 그런 후성 규칙은 어떻게 진화한 것일까? 나는 1970년대에 그 과정을 깊이 생각하기 시작했다. 유전 대 환경, 유전자 대 문화라는 주제를 놓고 열띤 논쟁이 벌어지면서 정치적인 양상을 띠던 시대였다. 나는 유전자의 진화가 문화의 진화에 어떤 식으로 영향을 미치는가가 그 문제의 근원이라고 보았다. 이 상호 작용은 유달리 흥미로운 난점을 지닌 이론적 도전 과제를 하나 제시한다는 것이 드러났다.

1979년 나는 출중한 능력을 지닌 젊은 이론가 찰스 럼스던(Charles J. Lumsden, 1949년~)에게 이 주제를 공동 연구하자고 제안했다. 곧 우리는 이 수수께끼를 1개가 아니라 2개의 미해결 문제로 다루어야만 풀어낼 수 있다는 것을 깨달았다. 첫 번째 문제는 본능적인 것, 따라서 인간 본성의 비문화적인 토대를 파악하는 것이었다. 두 번째 문제는 더욱 다루기 어려운 것이었는데, 유전자의 진화와 문화의 진화 사이의 인과적 관계였다. 우리는 그것을 '유전자-문화 공진화(gene-culture coevolution)'라고 부르기로 했다. 인간의 사회적 행동의 많은 속성들이 종 전체를 볼 때나 한 집단의 구성원별 차이를 볼 때나 유전으로부터 영향을 받는다는 것이 이미 뚜렷이 드러나던 시기였다. 또 인간 본성의 타고난 속성들이 적응 형질로서 진화했다는 것도 명백해졌다. 또 우리는 해결의 열쇠가 사람들이

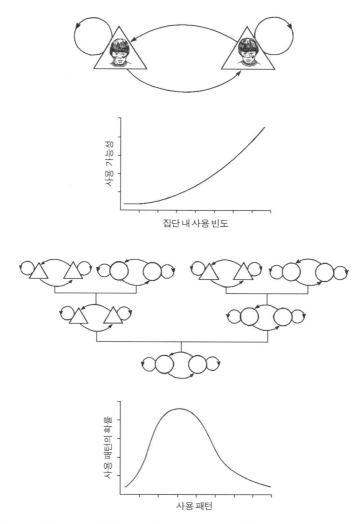

그림 20-1 유전자-문화 공진화의 동역학. 브라질 타피라페 족(Tapirapé)의 신체 장식 사용 양식을 바탕으로, 개인의 의사 결정이 문화 사이의 다양성 형성으로 나아가는 단계들을 나타낸 것이다. 진행 과정들은 유전자-문화 공진화 이론에 따라 추상적 형태로 표현되어 있다. 위 그림에서 아래로 설명해 간다면 다음과 같다. 개인은 자신의 몸을 장식할지 말지 선택할 수 있고, 한 대안에서 다른 대안으로 특정한 비율로 옮겨 간다. 그의 전환 비율 남들이 어떤 대안을 선호하는지 표현하는 빈도에 따라 달라진다. 한 부족 집단(세 번째 그림)이나 사회에서 각 개인은 신체 장식을 사용하거나 사용하지 않는다. 위의 정보로부터 인류학자는 특정한 시점에 집단이 장식을 쓸 확률, 즉 특정한 사용 패턴이 존재할 확률을 추정할 수 있다.

문화를 배우는 방식에서 보여 주는 준비성과 역준비성이라고 추정했다. 그 후 2년에 걸쳐 럼스던과 나는 유전자-문화 공진화 이론을 최초로 구축하여 내놓았다.

다른 연구자들은 유전자-문화 공진화라는 개념을 받아들였다. 문화적 진화 쪽에 훨씬 더 중점을 두기는 했지만 말이다. 그들은 유전적 진화를 주로 문화를 구축할 능력을 낳은 힘이나 문화적 진화와 따로 나란히 뻗은 두 경로 중 하나로서 보았다. 둘의 상호 작용, 후성 규칙, 공진화를 일으키는 유전적 구성 요소에는 거의 주의를 기울이지 않았다.

1970년대와 1980년대에 '인간 본성'의 일부라고 으레 인용되고는 하는 유전적 속성들이 문화적 진화의 일부 측면에 영향을 미친다는 분명한 증거가 상당히 많이 나와 있었는데도, 이렇게 일방적인 태도를 취했다는 점은 흥미롭다. 이 편견은 인간 본능의 존재 자체를 아예 부정하는, 마음이 '빈 서판'이라는 견해를 방어하기 위해 지나치게 신중을 기한 결과일 수 있다. 1970~1980년대에 연구자들은 대체로 '프로메테우스 유전자(Promethean gene)' 가설이라고 불릴 법한 것을 더 선호했다. 이 견해의 옹호자들은 유전적 진화가 문화를 낳았지만, 문화를 구축할 능력을 빚어냈다는 의미에서만 그렇다고 주장했다. 소수의 눈에 띄는 예외가 있기는 하지만, 이 시기의 사회 과학자들은 빈 서판 뇌와 프로메테우스 유전자 개념을 사회 과학과 인문학의 자율성을 선언하는 한 방법으로서 받아들였다. 게다가 생물학과 무관한 이 사회성 진화 관점은 두 번째 핵심 가설인, 인류의 심적 동일성(psychic unity)에서 추론한 것이다. 이 가설은 인류 문화가 너무나 짧은 기간에 진화했기에 유전적 진화가 일어날 시간이 없었을 것이라고, 적어도 인류를 다른 동물 종들과 가르는 범용 프로메테우스 유전형(all-purpose Promethean genotype) 등장 이후로는 일어나지 못했다고 본다.

언뜻 생각할 때, 문화적 진화가 정말로 유전적 진화를 억제하거나 더 나아가 뒤집는 경향이 있는 것처럼 보일지도 모른다. 모닥불, 주거지, 따뜻한 옷의 이용 덕분에 인류는, 그런 것들이 없었다면 겨울에 살아남기가 불가능했을 지역까지 퍼져 나가 세계 각지에서 살아남고 번성할 수 있었다. 게다가 개선된 사냥 기술과 경작 방법 덕분에 인류는 정상적이라면 굶어 죽었을 서식지에서 번성할 수 있었다. 그렇다면 이렇게 묻는 것이 합리적일 것이다. 문화적 변화가 그렇게 단기간에 같은 결과를 빚어낼 수 있다면, 왜 유전자의 통제를 받겠는가?

사실 문화적 진화는 분명히 유전적 진화를 억제하는 경향이 있다. 그렇다고 해도 세계의 많은 서식지들에는 낯선 새 음식, 질병, 기후대를 포함하여, 자연 선택이 이끄는 유전자 변화를 통해 마주치게 될 ─ 아니 적어도 더 효과적으로 충족될 ─ 새로운 도전 과제와 기회가 풍부하다. 약 6만 년 전 아프리카를 탈출한 뒤에 일어난 새로운 돌연변이들의 폭발로 그런 적응 가능성을 지닌 새 유전자들이 많이 만들어졌다. 다양한 집단들이 세계의 나머지 지역들에 정착했을 때 각 집단에서 유전적 진화가 일어나지 않았다면 오히려 그것이 놀라운 일일 것이다.

최근 수천 년 동안 일어나고 있는 유전자-문화 공진화의 교과서적인 사례는 성인의 젖당 내성 발달이다. 이전의 모든 인류 세대들에서 젖당을 소화할 수 있는 당으로 전환시키는 효소인 락타아제는 유아에게서만 생산되었다. 아이가 젖을 떼면, 몸은 자동적으로 락타아제 생산을 중단한다. 그러다가 9,000~3,000년 전에 북유럽과 동아프리카의 다양한 지역에서 독립적으로 목축이 발달했을 때, 우유를 계속 마실 수 있도록 어른이 되어도 락타아제를 계속 생산하게 만드는 돌연변이가 문화적으로 퍼졌다. 우유와 유제품을 이용함으로써 그들은 생존과 번식 면에서 엄청난 이득을 얻었다. 젖소, 염소, 낙타 무리는 1년 내내 가장 생산적이고 신뢰할 수 있는 인류의 식량 공급원에 속한다. 유전학자들은 락타아제 생산을 계속 유지하는 돌연변이가 독립적으로 네 번 일어났다는 것을 발견했다. 유럽에서 한 번, 아프리카에서 세 번이었다.

젖당 내성 발달은 생태학자와 인류 진화 연구자들이 '생태적 지위 구성(niche construction)'이라고 부르는 것의 한 가지 예이다. 락타아제 생산의 유전자-문화 공진화 사례에서는 새로운 주요 식량 원천으로서 소의 가축화가 이루어지면서 새로운 생태적 지위가 만들어졌다. 그 돌연변이 유전자들은 아주 낮은 빈도로 있다가 기존의 더 오래된 변이들을 빠르게 대체했다. 게다가 그 유전자들은 단백질을 만드는 유전자였다. 단백질은 특정한 조직에 변화를 일으키는 주된 수단이 되며, 여기서 조직은 소화관이다.

지난 반세기에 걸쳐 인류학자들과 심리학자들은 그렇게 서로 얽힌 공진화 과정들을 많이 발견해 왔다. 종합하면 그 과정들은 젖당 내성의 국지적인 획득과는 종류가 다른 유전적 변화 집합을 형성한다. 그것들은 현생 인류에게서 보편적이며, 현생 호모 사피엔스가 출현하기도 전에 기원한 오래된 것이다. 적어도 일부는 600만 년 전 인류와 침팬지가 갈라진 시점보다 오래되었다. 그것들은 인지와 감정 수준에서 작용하여 언어와 문화의 진화에 깊고 폭넓은 영향을 미쳐 왔다. 그것들은 직관적으로 '인간 본성'이라고 불리는 것의 상당 부분을 이룬다.

근친상간 회피는 가장 중요하면서도 가장 많이 이해된 사례 중 하나이다. 근친상간 금기는 보편적인 문화적 특징이다. 인류학자들이 연구한 수백 개 사회는 모두 사촌끼리의 혼인은 용인하며 때로 장려하기도 하지만, 형제자매와 이복 형제자매 사이의 혼인은 금한다. 역사 시대에 극소수의 사회는 일부 구성원들의 형제-자매 간 근친상간을 제도화했다. 잉카 인, 하와이 인, 타이 인 일부, 고대 이집트 인, 짐바브웨의 모노모타파 족(Monomotapa), 우간다의 앙칼레 족(Ankale), 부간다 족(Buganda), 부니오로 족(Bunyoro), 콩고의 니안자 족(Nyanza), 수단의 잔데 족(Zande)과 실루크 족(Shilluk), 다호메안 족(Dahomean)이 그렇다. 각 사례에서 그 풍습은 의례를 수반했고, 왕족이나 그 밖의 고위 집단에 한정되었다. 정치 권력은 부계를 통해 대물림되었고, 남자는 아내를 여럿 두는 것이 허용되었기에 근친상간이 아닌 관계로부터도 자식을 볼 수 있었다.

다른 사회들은 형제-자매 간 근친상간을 엄격하게 금한다. 대다수의 문화에서는 금기와 법으로 근친상간에 대한 개인의 혐오감을 사회적으로 강화한다. 그 문화들은 근친상간으로 결함 있는 아이를 낳을 위험이 있음을 잘 알고 있다. 평균적으로 개인이 가진 23쌍의 염색체 중에는 어느 정도 결함이 있거나 극단적일 때에는 치명적인 열성 유전자를 지닌 곳이 적어도 두 군데 있다. 각 자리에서 두 염색체 중 하나에만 열성 유전자가 있고, 다른 하나에는 정상 유전자가 있다. 양쪽 염색체가 다 결함 있는 유전자를 지니면, 그 사람은 유전병에 걸린다. 아니 적어도 그 병에 걸릴 가능성이 더 높다. 결함은 자궁에서 나타날 수도 있고, 그러면 자연 유산이 일어난다. 반면에 두 유전자 중 하나가 정상이라면, 그 유전자가 결함 유전자의 영향을 억제하여 개인은 정상적으로 발달한다. 그래서 '열성'이라고 한다. 즉 그 유전자는 정상적인 '우성' 유전자가 있을 때에는 가려진다. 지금은 이 취약한 자리에 단백질 암호를 지닌 유전자가 있을 수도 있고 유전자 사이에 있는 DNA의 조절 영역이 들어 있을 수도 있음을 안다. 황반 변성, 염증 창자 질환, 전립선암, 비만, 제2형 당뇨병, 선천성 심장병 등이 유전적 측면에서 뚜렷하게 열성이든 대체로 열성이든 간에 이런 질병에 속한다.

근친상간의 파괴적인 결과는 인간만이 아니라 식물과 다른 동물에게서도 나타나는 일반적인 현상이다. 온건하든 심각하든 근친 교배의 결과에 취약한 종들은 거의 다 어떤 식으로든 생물학적으로 프로그램된 방법을 사용하여 근친상간을 회피한다. 유인원, 원숭이, 그밖의 인간 이외의 영장류들에서는 그 방법이 두 수준에서 쓰인다. 첫째, 짝짓기 양상이 연구되어 있는 사회성 동물 19종 모두에서 젊은 개체들은 인간의 족외혼에 상응하는 행동을 하는 경향을 보인다. 그들은 완전한 성체 크기에 이르기 전에 태어난 집단을 떠나 다른 집단에 합류한다. 마다가스카르의 여우원숭이, 구대륙과 신대륙의 원숭이 종들 대다수에서는 수컷이 이주한다. 아프리카의 붉은콜로부스원숭이, 망토개코원숭이, 고릴라, 침팬지에서는 암컷이 떠난다. 중앙아메리카와 남아메리카의 짖는원숭이는 암수가 모두 떠난다. 이 다양한 영장류 종들의 활동적인 젊은 개체들은 공격적인 어른들의 집단에서 내쫓기는 것이 아니다. 오히려 그들은 지극히 자발적으로 떠나는 듯하다.

인류에게서는 똑같은 현상이 족외혼의 형태로 일어난다. 젊은 어른, 대개 여성이 부족 사이에 교환된다. 각각의 문화에서 여성 교환을 통한 족외혼은 여러 결과를 낳으며, 인류학자들에 의해 자세히 분석되어 왔다. 하지만 족외혼의 기원을 심오한 유전적 가치를 지닌 본능으로 설명하려면, 다른 모든 영장류 종에서 나타나는 보편적인 패턴을 살펴볼 필요가 있다.

궁극적으로 기원이 무엇이든, 번식 성공에 어떤 영향을 미치든, 성적으로 완전히 성숙하기 전의 젊은 영장류가 이주하면 근친 교배 가능성은 크게 줄어든다. 여기에다가 제2차 저지선까지 더하면 근친 교배를 막는 장벽은 더 강화된다. 태어난 집단에 그대로 머물러 있는 가까운 친족 사이에 성 행위를 회피하는 태도가 바로 그것이다. 남아메리카의 마모셋과 타마린, 아시아의 마카쿠원숭이, 개코원숭이, 침팬지를 비롯하여 성적 발달이 자세히 연구된 인간 이외의 모든 사회적 영장류 종에서 암컷과 수컷 성체들은 모두 '웨스터마크 효과(Westermarck effect)'를 보인다. 어릴 때 가까이 지낸 개체들끼리는 성 행위를 기피하는 현상이다. 어미와 아들은 교미하는 일이 거의 없으며, 함께 자란 형제와 자매는 더 먼 친척들에 비해 짝짓기를 하는 사례가 훨씬 적었다.

이 원초적인 반응은 핀란드 인류학자 에드워드 알렉산더 웨스터마크 (Edvard Alexander Westermarck, 1862~1939년)가 원숭이와 유인원이 아니라 인류에게서 발견하여, 1891년에 그의 걸작 『인류 혼인사(The History of Human Marriage)』에서 처음 소개했다. 그 후 이 현상이 있음을 뒷받침하는 연구가 많이 이루어졌다. 가장 설득력 있는 것은 스탠퍼드 대학교의 아서 울프(Arthur P. Wolf) 연구진이 수행한 타이완의 '동양식(童養媳, 고대 옥저 사회의 민며느리제와 비슷한 중국의 매매혼의 일종 — 옮긴이)' 연구였다. 동양식은 예전에 중국 남부에 널리 퍼져 있던 풍습으로, 친척이 아닌 여아를 입양하여 자신의 아들과 평범한 남매 관계로 키워서 훗날 혼례를 올리는 것이다. 이 풍습은 남녀의 성비 불균형과 경제적 풍요가 결합되어, 혼인 시장에서 결혼 적령기의 여성을 두고 남성 사이에 경쟁이 극심해지자, 아들의 혼인 상대를 미리 확보하고자 한 것이 동기가 된 것 같다.

울프의 연구진은 1957년부터 1995년까지 약 40년 동안, 19세기 말과 20세기 초 사이에 동양식으로 결혼한 타이완 여성 1만 4200명의 개인사를 추적했다. 연구진은 통계 자료뿐만 아니라, 타이완 어로 '심푸아(sim-pua, 媳婦仔)', 즉 '어린 양딸'이라고 불리는 이 여성들, 그리고 이 여성들의 친구들과 친척들을 개인적으로 면담해 자료를 보강했다.

의도한 것은 아니었겠지만 연구진은 인간의 한 가지 주된 사회적 행동이 심리적으로 어떻게 기원했는지를 알려줄 통제된 실험을 접한 셈이었다. 심푸아와 남편은 생물학적으로 친척이 아니므로, 유전적 유사성 때문이라고 생각할 수 있는 요인들은 모두 배제할 수 있었다. 하지만 그들은 타이완 가정에서 여느 형제자매들이 접하는 친밀한 관계 속에서 성장했다.

결과는 웨스터마크의 가설이 옳음을 명확히 보여 준다. 장래 아내가 될 여성이 생후 30개월이 되기 전에 입양되었다면, 대개 나중에 그녀는 사실상의 오빠와 혼인하지 않겠다고 거부했다. 그래서 합방시키기 위해 부모가 강요하는 사례가 종종 있었고, 심지어 체벌 위협까지 받은 이들도 있었다. 또한 동양식 부부는 같은 공동체의 '일반 혼인' 부부보다 이혼율이 3배나 높았다. 자식의 수도 거의 40퍼센트가 적었고, 조사 대상인 동양식 여성의 3분의 1이 불륜을 저질렀다고 했다. 반면에 일반 혼인 여성이 불륜을 저지른 비율은 약 10퍼센트였다.

울프의 연구진은 꼼꼼하게 일련의 교차 분석을 한 끝에, 부부의 한쪽 또는 양쪽이 생후 30개월 이내에 가까이 함께 지내는 것이 핵심 억제 요인임을 밝혀냈다. 이 결정적 시기에 더 오래, 더 가까이 지낼수록 훗날 미치는 효과는 더 강했다. 분석해 보니, 입양 경험, 입양한 가정의 경제력, 건강, 혼인 연령, 자매 간 경쟁심, 진정한 유전적인 남매끼리 혼인하는 것이라고 착각함으로써 빚어질 수 있는 자연적인 근친상간 회피 등 생각할 수 있는 다른 요인들은 그 영향력이 줄어들거나 배제되었다.

이스라엘의 집단 공동체 키부츠(Kibbutz)에서도 의도하지 않은 비슷한 실험이 이루어졌다. 키부츠의 아이들은 일종의 놀이방에서 전통 가정의 형제자매처럼 친밀하게 지내면서 자랐다. 1971년 인류학자 조지프 셰퍼(Joseph Shepher) 연구진은 이 환경에서 자란 젊은 어른들의 혼인 2,769건을 조사했는데, 태어난 이래로 같은 키부츠에서 죽 함께 지낸 또래 집단의 구성원끼리 혼인한 사례는 전혀 없었다. 키부츠의 어른들이 그다지 반대하지 않았음에도, 이성 간 성 행위가 일어났다는 보고도 전혀 없었다.

이 사례들과, 다른 사회들에서 보고된 일화적인 수많은 증거들은 인간의 뇌가 단순한 경험 법칙을 따르도록 짜여 있다는 점을 확연하게 보여 준다. **인생의 초창기에 친하게 알고 지낸 사람에게는 성적인 관심을 결코 갖지 마라.**

이것이 웨스터마크 효과가 아니라 그저 형제자매와 부모 자식 사이의 근친상간이 결함 있는 자식을 낳을 수 있다는 것을 인식한 지능과 기억의 결과물일 가능성은 없을까? 그럴 가능성은 없다. 인류학자 윌리엄 더럼(William H. Durham)은 사람들이 근친상간의 결과를 어떤 형태로든 합리적으로 이해하고 있는지를 알아보기 위해 전 세계 60개 사회에서 사람들이 지닌 믿음들을 조사했다. 그 결과를 어느 정도 수준으로라도 인식하고 있는 사회는 20개에 불과했다. 예를 들어 아메리카 대륙의 북서부 태평양 연안에 거주하는 틀링기트 족(Tlingit)은 가까운 친족끼리 혼인하면 결함 있는 아이가 태어날 수도 있다는 사실을 명확히 이해하고 있었다. 그 사실을 상당한 수준으로 알고 있을 뿐만 아니라 그것을 설명하기 위한 속설까지 만들어 낸 사회들도 있었다. 스칸디나비아의 라플란드 인(Lapps)들은 근친상간을 하면 '마라(mara)'라고 부르는 불행이 자식에게 전달된다고 했다. 비슷한 인식을 갖고 있던 뉴기니의 카파우쿠 족(Kapuku)은 근친상간을 하면 생명 물질이 변질된다고 믿었다. 인도네시아의 술라웨시 족(Sulawesi)은 더 원대하게 해석했다. 그들은 가까운 친족처럼 툭탁거리는 관계에 있는 사람과 성 관계를 가질 때마다 자연이 혼란에 빠진다고 했다.

신기하게도 더럼의 60개 사회 중 56개는 근친상간을 주제로 한 신화를 하나 이상 지니고 있었지만, 5개 사회에서만 그것이 나쁜 효과를 미친다는 내용이 담겨 있었다. 오히려 근친상간이 유익한 결과를 가져온다고 말하는 신화를 지닌 사회가 조금 더 많았다. 특히 거인과 영웅을 낳는다는 신화가 그러했다. 하지만 그런 사회들도 근친상간을 비정상적인 것이라고 여기지는 않더라도 특수한 사례로 보았다.

웨스터마크 효과는 유전자-문화 공진화가 낳은 후성 규칙 중 하나이다. 개인이 가능한 여러(이 사례에서는 둘) 대안 중에서 문화를 통해 하나를 선택하여 대물림하는 유전적 성향을 지닌다는 점에서 그렇다. 의학 유전학(medical genetics)에서 말하는 암, 알코올 중독, 만성 우울증 등 알려진 1,000가지가 넘는 유전병 중 많은 것들의 '감수성(susceptibility)' 유전자도 비슷한 사례들이다. 그런 유전자를 지녔다고 해서 반드시 그 형질을 지녀야 한다고 선고받은 것은 아니다. 특정한 환경에서 그 형질이 나타날 가능성이 평균적인 사람보다 더 높다는 것뿐이다. 당신이 중피종에 걸리기 쉬운 유전적 성향을 지니고 있는데 석면 먼지가 누출되는 건물에서 일한다면, 직장 동료들보다 그 병에 걸릴 가능성이 더 높다. 당신이 알코올 중독에 빠지기 쉬운 유전적 성향을 지니고 있는데 술을 즐겨 마시는 친구들과 어울린다면, 유전적 성향이 덜한 친구들보다 중독될 가능성이 더 높다. 문화에 영향을 끼치지만 자연 선택을 통해 출현한 후성적 행동 규칙들은 방식은 같으면서도 정반대의 효과를 일으킨다. 그 규칙들은 규범이며, 그 규범에서 크게 벗어나면 문화적 진화나 유전적 진화, 또는 양쪽을 통해 제거될 가능성이 높다. 이 관점에서 볼 때, 유전자-문화 공진화의 유전적 규칙과 질병 감수성은 둘 다 미국 국립 보건원이 쓰는 '후성적'이라는 용어의 광의의 정의인 '유전자 서열에 의존하지 않는 유전자 활성과 발현의 조절상의 변화'에 들어맞는다. 이 정의는 '유전자 활성과 발현의 유전성을 띤 변화(세포나 개체의 자손에 나타나는)와 반드시 유전성을 띠는 것은 아닌 세포의 전사 수준에서 일어나는 안정하고 장기적인 변화를 둘 다' 포함한다.

마찬가지로 잘 연구된 유전자-문화 공진화의 두 번째 사례는 색 이름이라는 전혀 다른 범주에 속한 것이다. 과학자들은 인간의 색깔 지각 (색각)을 그것을 규정하는 유전자들에서 색깔 지각의 언어 표현이라는 최종 단계까지 추적해 왔다.

색깔은 자연에는 존재하지 않는다. 적어도 자연에서 뇌가 소박하게 생각하는 형태로는 존재하지 않는다. 가시광선은 연속적인 파장으로 이루어져 있으며, 거기에 고유의 색깔 같은 것은 전혀 없다. 색깔 지각은 빛을 감지하는 망막의 원뿔 세포 및 원뿔 세포와 연결된 뇌의 신경 세포가 이 서로 다른 파장에 따라 부여하는 것이다. 색깔 지각은 빛 에너지가 원뿔 세포들의 세 가지 다른 색소에 흡수되면서 시작된다. 생물학자들은 들어 있는 감광 색소에 따라 원뿔 세포를 파란색, 초록색, 빨간색 세포로 분류한다. 빛 에너지는 분자 반응을 촉발하고, 이 반응은 전

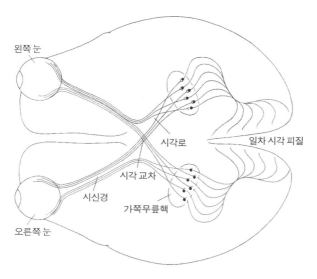

그림 20-2 뇌의 색깔 만들기. 빛의 진동수들은 망막에서 넓은 범주들로 나뉘고, 그 범주들이 뇌에서 색깔로 분류된다. 망막이 생성하는 신경 신호는 시신경을 통해, 시각 정보를 전달하고 조직하는 주요 중추인 시상의 가쪽무릎핵으로 향한다. 시상에서 시각 정보는 일차 시각 피질을 비롯한 뇌 영역들에 있는 처리 중추들로 보내진다.

기 신호를 통해 시신경을 이루는 망막 신경절 세포로 전달된다. 여기에서 파장 정보들이 결합되어 신호를 만드는데, 이 신호들은 두 축을 따라 분포해 있다. 뇌는 나중에 초록색에서 빨간색까지가 한 축을 이루고, 파란색에서 초록색까지가 한 축을 이룬다고 해석한다. 노란색은 파란색과 빨간색의 혼합물이라고 정의된다. 예를 들어, 한 신경절 세포는 빨간색 원뿔 세포에서 오는 입력에 흥분하고 초록색 원뿔 세포에서 오는 입력에는 억제될 수 있다. 따라서 그 세포가 전달하는 전기 신호의 세기에 따라 뇌는 망막이 빨간색 또는 초록색 빛을 얼마나 많이 받는지를 안다. 신경절 세포들은 수많은 원뿔 세포에서 오는 이런 총체적인 정보를 뇌로 전달한다. 정보는 시각 교차를 거쳐 뇌의 거의 한가운데 자리한 중계소 역할을 하는 신경 세포들의 덩어리인 시상의 가쪽무릎핵으로 전달되었다가 최종적으로 뇌 맨 뒤쪽에 있는 일차 시각 피질의 세포들로 전해진다.

이제 색깔 부호가 붙은 시각 정보는 몇 밀리초 사이에 뇌의 각 영역으로 흩어진다. 뇌가 어떻게 반응하느냐는 시각 정보가 불러내는 다른 종류의 정보와 기억에 의존한다. 예를 들어, 그런 조합이 불러내는 패턴은 '이것은 미국 국기이다. 국기의 색깔은 빨간색, 흰색, 파란색이다.'처럼 그 패턴을 가리키는 단어들을 생각나게 할 수 있다. 인간 본성의 이 명백해 보이는 특성을 생각할 때에는 다음의 비교 사례를 염두에 두는 것이 좋다. 우리 바로 옆에서 날고 있는 곤충은 인간과 다른 파장들을 지각하고, 종에 따라 그것들을 다른 색깔들로 나누거나 전혀 나누지 않으며, 그 곤충이 말을 할 수 있다면 그 색 이름들은 우리의 단어로 번역하기가 어려우리라는 것을 말이다. (인간과 다른) 곤충의 본성 덕분에 곤충의 깃발은 우리의 깃발과 전혀 다를 것이다. '이것은 개미 깃발이다. 색깔은 자외선과 초록색이다.' (개미는 인간이 볼 수 없는 자외선을 볼 수 있는 반면, 인간이 볼 수 있는 빨간색은 볼 수 없다.)

세 원뿔 색소의 화학적 특성, 즉 색소를 이루는 아미노산의 조성과 아미노산 사슬이 접힌 모양은 밝혀져 있다. 그 색소들을 규정하는 X 염색체에 있는 유전자들의 염기 서열과 색맹을 일으키는 유전자 돌연변이도 알려져 있다.

따라서 상당히 잘 이해된 유전되는 분자적 과정을 통해, 인간의 감각계와 뇌는 가시광선의 연속적인 파장들을 나누어 우리가 색깔 스펙트럼이라고 부르는 분리되어 있는 단위로 배열한다. 이 배열은 생물학적으로 보면 근본적으로 임의적이다. 수십만 년에 걸쳐 진화했을 수 있는 수많은 배열 중 하나일 뿐이다. 하지만 문화적인 의미에서는 임의적이지 않다. 유전적으로 진화했기에, 그것은 학습이나 명령을 통해 바꿀 수가 없다. 색깔이 없다면 존재할 수 없는 인류의 문화 형질들은 모두 이 단순한 분자적 과정에서 유래한 것이다. 생물학적 현상으로서의 색깔 지각은 가시광선이 가진 진동수 이외의 또 다른 주요 특성인 빛의 세기에 대한 지각과 대조적이다. 조광기 스위치를 부드럽게 돌려 빛의 세기를 서서히 바꾸면, 우리는 실제 그대로 그 변화를 연속적인 과정으로 지각한다. 하지만 단색광을 사용해 한 번에 한 가지 파장만을 비추면서 한 파장에서 다른 파장으로 차례로 옮겨 가면, 우리는 연속적이라고 지각하지 않는다. 가장 짧은 파장에서 가장 긴 파장까지 차례로 비출 때, 우리는 먼저 넓은 파란색 영역(적어도 다소 그 색깔이라고 지각하는 파장 대역)을 보고, 이어서 초록색, 노란색, 마지막으로 빨간색 영역을 본다. 모든 색깔들을 결합한 흰색과 빛이 없는 상태인 검은색도 있다.

전 세계에서 만들어진 색 이름들은 이 똑같은 생물학적 제약을 토대로 편향되어 있다. 1960년대에 이루어진 유명한 실험이 하나 있다. 오버턴 브렌트 벌린(Overton Brent Berlin, 1936년~)과 폴 케이(Paul Kay, 1934년~)는 아랍 어, 불가리아 어, 광둥 어, 카탈로니아 어, 헤브루 어, 이비비오 어 (Ibibio), 타이 어, 첼탈 어(Tzeltal), 우르두 어(Urdu) 등 20개 언어의 모어(母語) 화자들이 지닌 색깔 개념을 살펴보았다. 연구진은 실험 참가자들에게 직접적이고 정확한 방식으로 색 이름을 기술하도록 했다. 실험 참가자들에게 먼셀 색 체계(Munsell color system)에 따라 좌우로는 색상이 바뀌도록, 아래위로는 위쪽으로 갈수록 명도가 높아지도록 색깔 스펙트럼을 배열한 뒤, 자기 언어의 주요 색 이름들을 그 이름의 의미와 가장 일치하는 색깔과 맞추어 보도록 했다. 색 이름의 기원과 발음은 언어마다 현저히 달랐지만, 화자들은 색 체계에서 파란색, 초록색, 노란색, 빨간색이라는 주요 색깔들에 적어도 근사적으로라도 상응하는 지점에 색 이름들을 일치시켰다.

색깔 지각과 색 이름에 관련된 학습 편향은 1960년대 말에 엘리너 로시(Eleanor Rosch, 1938년~)가 한 실험을 통해 뚜렷이 드러났다. 로시는 인

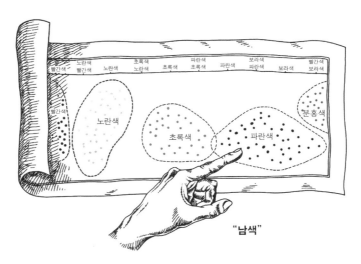

그림 20-3 선천적인 원색 지각 능력이 색 이름의 진화를 이끈다는 것을 보여 준 벌린-케이 실험. 모어 화자가 쓰는 색 이름들은 빛의 진동수가 변할 때 색깔 지각이 가장 안정적으로 이루어지는 지점에 대응한다.

지의 '자연 범주'를 조사하기 위해, 뉴기니의 다니 족이 색깔을 가리키는 단어를 단 하나도 가지고 있지 않다는 사실을 이용했다. 다니 족에게는 **밀리**(mili, 대강 '어둠'에 해당한다.)와 **몰라**(mola, '빛')라는 단어밖에 없다. 로시는 다음과 같은 질문을 생각했다. 다니 족 어른이 색 이름을 배울 경우, 주요 색깔이라고 선천적으로 지각하는 색깔에 대응하는 색 이름을 더 쉽게 터득할까? 다시 말해, 유전적 제약은 문화적 혁신의 방향을 어느 정도 구속할까? 로시는 다니 족 실험 참가자 68명을 두 집단으로 나누었다. 한 집단에게는 색 체계의 주요 색깔 범주(파란색, 초록색, 노란색, 빨간색)에 대응하는 새로 창안한 색 이름들을 가르쳤다. 다른 문화들의 자연적인 어휘들 대부분이 가리키는 색깔들이었다. 두 번째 집단에는 다른 언어들에서 주요 색깔 범주들에서 벗어난, 즉 중심에서 벗어난 색깔을 가리키는 새로운 색 이름들을 가르쳤다. 그러자 색깔 지각의 '자연적인' 성향에 들어맞는 단어들을 배우는 첫 번째 집단은 덜 자연적인 색 이름들을 배우는 두 번째 집단보다 학습 속도가 약 2배 더 빨랐다. 또 그들은 색 이름들을 선택하라고 했을 때 덜 머뭇거리면서 그 이름들을 택했다.

이제 유전자에서 문화로의 전이를 완결짓는 질문에 답해야 할 때가 되었다. 색깔 지각의 유전적 토대와 그것이 색 이름에 미치는 전반적인 효과를 생각할 때, 형질은 문화마다 얼마나 달라질 수 있는 것일까? 우리는 적어도 일부는 그 답을 알고 있다. 웨스터마크 효과와 그것이 빚어내는 근친상간 회피 사례에서는 모든 사회가 거의 완벽하게 일치한다. 하지만 색 이름은 이것과 전혀 다른 양상을 띤다. 몇몇 소수 사회는 색깔에 그다지 구애받지 않은 채 원시적인 색깔 분류 체계로도 그럭저럭 잘 살아간다. 반면에 기본 색깔을 다시 세기와 색조에 따라 여러 가지로 세분하는 사회도 있다. 세분된 어휘들이 가리키는 색깔들은 서로 널찍이 떨어져서 뚜렷이 구분된다.

그림 20-4 파울 클레(Paul Klee, 1879~1940년)의 「새로운 조화(New Harmony)」(1936년)를 볼 때, 시선은 먼저 붉은 사각형을 향했다가 색 이름들의 진화 순서를 대체로 따르면서 다른 색깔들로 옮겨 가는 경향이 있다. 하지만 생리적 과정과 문화적 과정이 연결되어 있는지의 여부는 아직 검증되지 않았다.

이 세분된 어휘들의 색깔 간격이 임의로 설정된 것일까? 결코 그렇지 않다. 후속 연구에서 벌린과 케이는 각 사회가 두 가지와 열한 가지 사이의 기본 색 이름을 사용하며, 그 색 이름들의 초점은 먼셀 색 체계에서 파악된 네 가지 기본 색깔 집합들을 중심으로 흩어져 있다는 것을 알아냈다. 우리가 쓰는 색 이름을 쓰자면, 그 열한 가지 색깔은 검은색, 흰색, 빨간색, 노란색, 초록색, 파란색, 갈색, 자주색, 분홍색, 오렌지색, 회색이다. 이 열한 가지의 각 색 이름 또는 색 이름들의 조합은 각 문화의 한 색 이름과 등치시킬 수 있다. 예를 들어 우리가 '분홍색'이라고 말할 때, 다른 언어에는 그것에 상응하는 이름, 즉 우리의 '분홍색' 그리고/또는 '오렌지색'을 뜻하는 이름이 있을 수 있다. 다니 족의 언어는 그 이름 중 두 가지만 사용하지만, 영어는 열한 가지를 모두 사용한다. 단순한 분류 체계를 지닌 사회에서 복잡한 분류 체계를 지닌 사회로 넘어갈 때, 기본 색 이름들의 조합은 대체로 다음과 같은 계층적인 방식으로 증가한다.

- 두 가지 기본 색 이름만 지닌 언어는 그 이름들을 검은색과 흰색을 구분하는 데 쓴다.
- 세 가지 색 이름만 지닌 언어는 그 이름들을 검은색, 흰색, 빨간색을 구분하는 데 쓴다.
- 네 가지 색 이름만 지닌 언어는 그 이름들을 검은색, 흰색, 빨간색, 초록색 또는 노란색을 구분하는 데 쓴다.
- 다섯 가지 색 이름만 지닌 언어는 그 이름들을 검은색, 흰색, 빨간색, 초록색, 노란색을 구분하는 데 쓴다.
- 여섯 가지 색 이름만 지닌 언어는 그 이름들을 검은색, 흰색, 빨간색, 초록색, 노란색, 파란색을 구분하는 데 쓴다.
- 일곱 가지 색 이름만 지닌 언어는 그 이름들을 검은색, 흰색, 빨간색, 초록색, 노란색, 파란색, 갈색을 구분하는 데 쓴다.
- 나머지 네 가지 기본 색깔인, 자주색, 분홍색, 오렌지색, 회색이 추가될 때에는 그런 선후 관계가 전혀 없다.

실제로는 그렇지 않다는 것이 분명하지만, 기본 색 이름들이 무작위로 조합되는 것이라면, 인간의 색 이름들은 수학적으로 가능한 2,036가지 서열에서 아무렇게나 뽑은 순서로 늘어날 것이다. 벌린-케이 진행 순서는 그 색 이름들이 대부분 스물두 가지 서열에서만 뽑은 것임을 시사한다.

그 후의 계속된 연구들은 한 언어의 색 이름을 다른 언어들의 색 이름들과 일치시킬 수 있을 만큼, 색깔의 열한 가지 기본 단어들이 실재한다는 것을 입증해 왔다. 일대일, 일대다, 다대일로 대응시키든 그렇지 않든 말이다. 하지만 각 색 이름이 가리키는 색깔의 초점이 정확히 어디인가는 언어마다 다르다. 위치는 색 이름이 가리키는 각 기본 초점 영역의 색깔이 얼마나 중요한가에 따라 달라지는 듯하다. 또 그 위치가 그 기본 색깔을 인접한 다른 기본 색깔과 얼마나 잘 구분하느냐에도 달려 있다.

색깔 범주와 언어의 관계를 통해 진화한 유전자-문화 공진화에서 한 가지 근본적인 질문은 한쪽이 다른 쪽에 얼마나 영향을 미치는가이다. 벤저민 리 워프(Benjamin Lee Whorf, 1897~1941년)가 1930년대 말과 1940년대 초 사이에 내놓은 유력한 가설은 언어가 나머지 세계에서 우리가 지각하는 것을 남에게 전달할 뿐만 아니라 사실상 우리가 지각하는 것에도 영향을 미친다는 것이다. 색 이름의 사례를 가지고 이야기하자면, 현재까지의 연구들은 중간 견해, 즉 뇌가 어떤 식으로든 진정한 색깔을 걸러 내고 왜곡하기는 하지만 색깔 범주를 전적으로 결정하는 것은 아니라는 견해를 선호한다.

최근에 뇌 활동에 대한 MRI 연구를 통해 색깔과 언어의 관계를 보여 주는 직접적인 증거들이 나오고 있다. 색깔 범주의 지각은 오른쪽 시야와 더 강한 상관 관계를 보인다. 실험 대상자들에게 색깔 범주들을 다양한 순서로 보여 줄 때, 오른쪽 시야에 같은 색깔 범주에 속한 색깔들보다 서로 다른 범주에 속한 색깔들이 나타나면 뇌 활성 패턴이 더 강해졌다. 그것은 예상할 수 있는 일이다. 하지만 다른 색깔 범주들은 좌반구의 언어 영역에 더 강한 활성을 불러일으켰다. 이 결과는 언어 영역이 시각 피질에 어느 정도 하향식 활성 통제력을 발휘함을 시사한다.

진화 심리학자들도 인류 문화가 일반적으로 색 이름들을 추가할 때 왜 특정한 순서로 색깔 범주들을 선택하는가 하는 질문을 나름대로 탐구하기 시작했다. 가능성이 엿보이는 한 가지 추측은 빨간색이 우위에 있어서, 진화 순서상 일찍 출현했다는 것이다. 앙드레 페르난데스(André A. Fernandez)와 몰리 모리스(Molly R. Morris)에 따르면, 한 가지 설득력 있는 설명은 빨간색과 오렌지색이 나무 열매 특유의 색깔이라는 것이다. 나무 위에 살던 초기 영장류는 거의 갈색과 초록색뿐인 환경에서 이 색깔을 향해 움직이는 것이 유리하다는 점을 알아차렸을 것이다. 이 가설에 따르면, 일부 종은 사회성을 띠게 되었을 때 자신이 성적으로 준비되었음을 광고하기 위해 이 색깔을 택했다고 한다. 본능 진화의 일반 이론은 빨간색을 비롯한 불그스름한 색조가 조상인 구대륙 영장류에게서 '의례화되어' 시각적 의사 소통에 쓰이게 되었다고 본다.

21장

문화의 문턱

콩고 구알루고(Goualougo) 삼각지의 숲에서 한 침팬지가 아래쪽의 어린 나무에서 가느다란 가지를 꺾어 잎을 다 뜯어낸다. 그런 다음 그 가지로 옆에 있는 흰개미 언덕을 쑤신다. 언덕 안에서는 몸이 부드럽고 하얀 일꾼 흰개미들이 가지를 피해 달아난다. 한편 병정 흰개미들은 몰려들어 바늘처럼 뾰족한 턱으로 가지를 깨문다. 그들은 결사적으로 가지를 꽉 물고 늘어진다. 침팬지는 그렇다는 것을 잘 안다. 침팬지는 병정 흰개미들이 어느 정도 몰려들 때까지 잠시 기다렸다가, 가지를 쑥 뺀 다음 죽 훑어 가며 병정 흰개미들을 떼어 먹는다. 이 행동은 다른 지역에서는 볼 수 없다. 그것은 다른 침팬지 개체군에는 없는 일부 개체군의 국지적인 침팬지 문화 중 일부이며, 침팬지 개체는 다른 개체를 지켜봄으로써 그것을 학습한다.

네그루 강과 브랑쿠 강 사이, 브라질과 베네수엘라에 걸쳐 있는 야노마뫼 족의 땅에서 한 마을의 소규모 무리가 공동 주택을 떠나서 3킬로미터 떨어진 하천으로 향한다. 그들은 물에 팀보(timbó) 나무에서 채취한 독을 뿌린 뒤, 기다렸다가 물 위로 떠오른 물고기들을 거둔다. 잡은 물고기는 집으로 가져와서 마을 사람들과 나눈다. 이 행위는 여름에 이루어진다. 다른 시기에는 여성들이 홀로 하천으로 간다. 그들은 손으로 물고기를 잡아서 아가미 부위를 입으로 물어 죽인다. 알래스카의 앞바다에서는 전혀 다른 수준의 고기잡이가 이루어진다. 심해 어부들이 수심 1,000미터가 넘는 태평양 바다까지 낚싯바늘이 줄줄이 달린 긴 낚싯줄을 내린다. 그들이 잡는 것은 은대구이다. (영어로는 sablefish, black cod, butterfish라고 불린다.) 잡은 물고기는 깨끗이 손질하여 냉동한 뒤, 해변에 있는 시장에서 판매되어 전 세계의 고급 식당과 가정 식탁에 오른다.

낚시 행위는 수백만 년 동안 있었을 가능성이 높은 행동이, 처음에는 극도로 느리게, 그 뒤로 점점 더 빠르게, 마지막으로는 폭발적으로 빠르게 진화한 형태의 특수한 문화이다. 은대구가 식탁에 오르기까지의 경로는 신석기 시대의 여명기 이래로 인간의 마음에서 흘러나와서 갈라지기도 하고 합류하기도 하면서 흐르다가 이윽고 함께 현대 지구 문명이라는 실체를 빚어낸 수많은 문화적 범주 중 하나일 뿐이다. 우리는 문화를 발명하지 않았다. 침팬지와 선행 인류의 공통 조상이 그것을 발명했다. 우리는 진화를 통해 조상으로부터 물려받은 것을 다듬었다.

인류학자들과 생물학자들이 폭넓게 정의한 바에 따르면, 문화는 한 집단을 다른 집단과 구분하는 형질들의 조합이다. 문화 형질은 처음에 한 집단에서 창안되거나 다른 집단에게서 배운 다음에 집단의 구성원들 사이에 전파되는 행동이다. 또 대다수 연구자들은 인간의 행동이 훨씬 더 복잡하다고 해도 동물로부터 인간에게로 이어지는 연속성을 강조하려면, 문화 개념이 동물과 인간에게 똑같이 적용되어야 한다는 데에 동의한다.

동물에게 나타난다고 알려진 가장 높은 수준의 문화는 침팬지와 그들의 가까운 친척인 보노보의 것이다. 아프리카에 흩어져 있는 침팬지 개체군들을 비교 연구한 결과는 문화 형질의 수가 매우 많으며, 그런 형질들의 조합이 개체군마다 다르다는 것을 보여 준다.

집단 구성원끼리의 모방이 문화 형질의 전파에 기여한다는 것은 두 침팬지 무리를 대상으로 한 실험을 통해 뒷받침되어 왔다. 연구자들은 두 무리에서 지위가 높은 암컷을 한 마리씩 골라서 특수하게 고안된 용기에서 먹이를 꺼내는 법을 몰래 시연해 보였다. 보상으로 먹이를 주자, 침팬지들은 금방 배웠다. 한쪽은 '찌르기' 기술을, 다른 한쪽은 '들어올리기' 기술을 배웠다. 각 암컷은 자기 무리로 돌아간 뒤에도 보았던 방법을 계속 실천했다. 곧 무리의 대다수는 같은 방법을 써서 용기를 열기 시작했다. 그러한 전파는 교사 침팬지를 직접 모방한 것의 결과일 수도 있지만, 학생들이 먹이 용기의 기계적인 움직임을 지켜봄으로써 스스로 학습한 것의 결과일 가능성도 있다. 후자가 옳다는 것이 드러난다면, 후속 연구를 통해 침팬지와 인간의 사회적 학습이 전혀 다르다는 것이 드러날 수도 있다.

오랑우탄과 돌고래도 진정한 의미의 문화를 지니고 있다는 설득력 있는 연구 결과들이 제시되어 왔다. 돌고래에게 볼 수 있는 문화적 혁신과 전파의 놀라운 사례는 오스트레일리아 샤크 만의 병코돌고래가 보여 준, 해면동물을 이용하여 고기잡이를 하는 행동이다. 그 해역의 몇몇 암컷 돌고래들은 해면동물 조각을 주둥이에 붙인 뒤, 만의 바닥에 있는 물고기의 좁은 은신처에 쑤셔 넣는다. 그러면 거기에 숨어 있던 물고기가

표 21-1 사회적으로 학습된 행동들의 조합을 기준으로 구분한 아프리카 야생 침팬지 집단들의 문화.

	돌로 견과류와 열매를 깬다	잎을 씹어서 스펀지처럼 만든다	물속에 들어간다	잔가지로 흰개미를 낚는다	비가 내리려 할 때 춤을 춘다	돌팔매질을 한다	작은 동물을 사냥한다	머리 위로 손뼉을 쳐서 남을 훈련시킨다	주의를 끌기 위해 이빨로 잎을 뜯는다
아시리크, 세네갈	×	×	-	-	?	×	×	×	-
퐁골리, 세네갈	×	×	×	×	×	×	×	-	×
보수, 기니	×	×	×	-	×	×	×	-	×
타이 국립공원, 코트디부아르	×	×	-	-	×	×	×	×	×
구알루고 삼각지, 콩고	-	×	-	×	×	-	-	×	-
부동고, 우간다	-	×	-	-	×	-	×	-	-
키발레 국립공원, 우간다	-	×	-	×	×	×	×	×	×
곰베 국립공원, 탄자니아	×	×	-	×	×	×	×	×	-
마할레-K 구역, 탄자니아	-	-	-	×	×	×	×	×	×
마할레-M 구역, 탄자니아	-	×	×	×	×	×	×	×	×

은신처 밖으로 뛰쳐나오게 된다. 돌고래가 문화를 지닌다고 해도 크게 놀랄 필요는 없다. 돌고래는 모든 동물 중에서 원숭이와 유인원 다음으로 지능이 높다. 또 돌고래는 사회적 상호 작용을 할 때 모방 행동, 즉 흉내내기에 열중하는 경향이 있다. 따라서 샤크 만의 혁신가들이 자신들이 만든 문화를 전파하는 문화 전파자이기도 할 가능성이 높아 보인다. 그렇다면 수백만 년에 걸쳐 진화한 돌고래를 비롯한 영리한 고래류는 왜 더 이상의 사회성 진화를 이루지 못한 것일까? 세 가지 이유가 눈에 띈다. 영장류와 달리, 그들은 집이나 야영지가 없다. 그들은 앞발 대신에 지느러미발이 있다. 그리고 물속에 살기에 그들은 결코 불을 제어할 수 없다.

문화의 정교화는 장기 기억에 의존하며, 인류는 다른 모든 동물보다 이 능력이 더 뛰어나다. 엄청나게 확장된 앞뇌에 저장된 방대한 양의 기억 덕분에 우리는 탁월한 이야기꾼이 될 수 있다. 우리는 살면서 경험한 일들을 회상하고 꿈을 떠올릴 수 있고, 그것들을 원료로 삼아 과거와 미래의 시나리오를 창작한다. 우리는 실제 행동이든 상상한 행동이든 자신의 행동이 가져올 결과를 의식하면서 살아간다. 마음속으로 이런저런 상황을 가정하면서 다양한 이야기들을 펼칠 수 있기에, 우리는 나중에 올 쾌락을 생각하면서 당장의 욕망을 억누를 수 있다. 장기 계획을 가지고 있기에 우리는 잠시만이라도 감정의 충동을 물리칠 수 있다. 개인이 저마다 독특하며 소중한 이유는 바로 이 내면의 삶이 있기 때문이다. 누군가가 세상을 떠날 때, 그것은 경험과 상상으로 가득 채워졌던 도서관 하나가 사라지는 셈이다.

죽음으로 얼마나 많은 것을 잃게 될까? 나는 많다고 생각하는 쪽인데, 아마 다른 사람들도 대개 그렇게 생각할 것이라고 믿는다. 이따금 나는 눈을 감고 모바일과 인근 앨라배마 걸프 해안의 1940년대 풍경을 떠올리고는 한다. 소년이 된 나는 다시 한번 통통한 타이어와 고정 기어가 달린 슈윈(Schwinn) 자전거를 타고 모바일의 한쪽 끝에서 반대쪽 끝까지 여행한다. 더 세세한 장면들이 더 생생하게 떠오른다. 내 확대 가족도 기억난다. 식구마다 나름의 인간 관계가 있고, 그 지인들은 다시 다른 사람들과 일부 기억을 공유한다. 그들은 자신을 중심으로 세상이 돌아가고 시간이 흘러간다고 생각하면서 살았을 것이다. 모바일 지역이 긴 세월이 흘러도 거의 변하지 않을 것이라고 여기면서 지냈을 것이다. 어느 것 하나, 아무리 자질구레한 것이라고 해도 중요하지 않은 것은 없었다. 적어도 얼마간은 말이다. 공동체가 기억하는 모든 것은 어떤 형태로든 어떤 식으로든 누군가에게는 중요했다. 지금 그들은 모두 사라지고 없다. 그들의 방대한 집단 기억에 담겨 있던 것들은 거의 다 잊혀졌다. 나는 내가 죽으면 내 기억과 더불어 이 옛 세계와 그 세계가 품고 있던 방대한 지식도 사라지리라는 것을 잘 안다. 하지만 이 모든 기억의 그물, 기억의 도서관 하나가 사라지더라도 그것이 인류의 중요한 일부였다는 것을 안다. 바로 그것이 내가 살아온, 그리고 살아가는 이유이다.

동물도 장기 기억을 지니며, 그 기억은 생존에 기여한다. 비둘기는 많으면 1,200장까지 사진을 기억할 수 있다. 다람쥐처럼 도토리를 저장하는 새인 클라크잣까마귀(Clark's nutcracker)는 생포해서 실험을 해 보니, 도토리가 저장된 69개의 방 중에서 25개의 방을 기억할 수 있었고, 그 기억은 무려 285일까지 지속되었다. 놀랄 일도 아니지만, 개코원숭이는 이 새들의 능력을 초월한다. 시험 결과 이 지능이 뛰어난 영장류는 적어도 5,000개의 항목을 기억하고 그 기억을 적어도 3년 동안 유지할 수 있었다. 인간은 알려진 그 어떤 동물보다도 장기 기억 능력이 훨씬 더 뛰어나다. 내가 아는 한 인간의 장기 기억 능력을 근사적으로라도 측정할 수 있는 방법은 아직 나와 있지 않다.

의식을 지닌 인간의 뇌가 지닌 위대한 재능은 시나리오를 짜는 능력, 그리고 시나리오를 짜려는 거부할 수 없는 타고난 충동이다. 의식적인 마음은 이야기 한 편을 짤 때 뇌에 축적된 장기 기억 중 일부만을 불러낸다. 이 과정이 어떻게 이루어지는지는 아직 논란거리이다. 한 신경 과학자 집단은 장기 기억의 단편들이 장기 기억 저장소에서 불려 나와 작업 기억에 모여서 시나리오를 만든다고 주장한다. 같은 자료를 토대로 또 다른 학파는 단순히 장기 기억의 각성을 통해 그 과정이 이루어진다고 믿는다. 즉 뇌의 한 영역에서 다른 영역으로 기억이 옮겨질 필요가 없다는 것이다.

어느 쪽이 옳든 사람속이 300만 년 동안 상대적으로 빠르게 진화하면서 다른 어떤 동물도 이루지 못한 무언가를 빚어냈다는 점은 분명하다. 바로 100억 개가 넘는 신경 세포로 이루어진 거대한 뇌 피질에 자리한 기억 은행이다. 신경 세포 하나는 평균 1만 개의 가지를 뻗어서 다른 신경 세포들과 연결되어 있다. 뇌 조직의 기본 단위인 이 연결을 통해 복잡한 회로와 중계소가 만들어진다. 회로와 중계소로 이루어지는 망은 모듈(module)이라고도 하는데, 인간의 모든 본능과 뇌의 기억은 이 망을 통해 편제된다.

뇌 구조가 대단히 복잡하다는 사실은 처음에 유전학의 이론적 모형을 진화론에 적용하는 일을 어렵게 만들었다. 인간의 유전체에는 단백질 암호를 지닌 유전자가 2만 개밖에 없다. 그중에서 우리의 감각계와 신경계를 빚어내는 것은 일부에 불과하다. 바로 여기에 문제가 있다. 그토록 적은 유전자를 갖고 어떻게 그토록 복잡한 세포 구조를 프로그램할 수 있는 것일까?

유전자 부족이라는 난제는 발달 유전학에서 나온 개념을 통해 해결되어 왔다. 연구자들은 우선 하나의 프로그램으로 모듈들을 복제한 다음, 별도의 프로그램(그리고 별도의 유전자)이 자신이 속한 뇌 영역에 맞게 분화하도록 각 모듈 조직에 명령을 내리는 식으로 여러 모듈을 만들 수 있음을 밝혀냈다. 여기에서 뇌 바깥의 환경에서 받는 입력을 통해 분화가 더 이루어질 수도 있다. 단순하게 비유하자면, 지네가 100쌍의 다리를 만들기 위해 수백 개의 유전자가 필요한 것은 아니다. 몇 개만 있으면 된다. 뇌 발달이 유전적으로 어떻게 조절되는지 아직 모르는 부분이 많지만, 적어도 인간의 유전자가 그 일을 어떻게 해 내는지는 이론적으로 설명할 수 있게 되었다.

유전자가 인간의 뇌를 만드는 과정이 이제 더 이상 압도적인 수수께끼가 아니게 되었으므로, 우리는 마음과 언어의 기원 문제로 방향을 돌릴 수 있게 되었다. 과학자들은 뇌가 빈 서판이라는 개념을 버린 지 오래이다. 문화의 모든 것이 학습을 통해 뇌에 새겨진다는 이 낡은 관점은 진화가 일군 것이 오로지 엄청난 장기 기억 용량을 토대로 한 비범한 학습능력뿐이라고 본다. 지금은 다른 관점이 우세하다. 뇌가 선천적으로 복잡한 구조라는 것이다. 뇌가 구축되는 방식의 한 결과물, 즉 그 구조의 한 산물인 의식적인 마음은 유전적 진화와 문화적 진화의 복잡한 상호작용인 유전자-문화 공진화에서 비롯되었다는 것이다.

유전학자와 신경 과학자뿐만 아니라 고고학자도 언어와 마음의 진화적 기원을 이해하는 일에 참여해 왔다. 파악하기 힘든 이 모호한 사건들의 단계와 시기를 역추적하기 위해, 그들은 '인지 고고학(cognitive archaeology)'이라는 새로운 학문을 창시했다. 언뜻 생각할 때, 그런 잡종 분야가 성공할 가능성은 거의 없어 보일 수도 있다. 어쨌거나 고대의 인류가 남긴 증거라고는 뼈 외에, 모닥불의 재, 도구 파편, 먹고 남긴 음식 잔해, 이런저런 쓰레기밖에 없으니 말이다. 그럼에도 연구자들은 새로운 분석과 실험 방법을 써서 다음과 같은 결론을 이끌어 낼 수 있었다. 추상적 사고와 구문론적 언어는 적어도 7만 년 전에 출현했다는 것이다. 이 결론의 열쇠가 된 것은 특정한 유물들이었다. 즉 그 유물들을 만드는 데 필요한 정신 과정들을 추론하여 결론을 얻었다. 이 추론에서 특히 중요한 것은 창자루 끝에 돌촉을 붙이는 방식이다. 이 방식은 유럽의 네안데르탈인과 아프리카의 호모 사피엔스가 무려 20만 년 전에 쓰기 시작했다. 이 방식 자체는 상당한 기술적 혁신이었지만, 추론과 의사 소통 측면에서는 말해 주는 것이 거의 없다. 하지만 최근에 분석한 결과, 약 7만 년 전 호모 사피엔스에게 인지적 진화 연구에 새 장을 열어 줄 중요한 발전이 일어났음이 드러났다. 그 연구는 이무렵에 '자루 붙이기(hafting)'가 훨씬 더 정교해졌다고 결론 내렸다. 창을 만드는 데에는 떼어낸 돌촉을 불에 달구고 모양을 다듬는 것에서 시작하여 아카시아나무의 진이나

그림 21-1 네안데르탈인의 문화는 그 종의 역사 내내 그다지 발전하지 않았다. 그것은 지능의 영역들을 연결하여 추상적 패턴을 만들고 복잡한 시나리오를 상상하는 일을 할 수 없었기 때문일 가능성이 높다.

밀랍 등으로 창 끝에 붙이는 것에 이르기까지 여러 단계를 거쳐야 했다. 토머스 윈(Thomas Wynn)은 이 과정이 인지에 관해 우리에게 말해 주는 것이 무엇인지를 탁월하게 요약했다.

> 장인들은 재료의 특성(접착력 같은 것)을 이해하고, 온도가 어떤 영향을 미칠지 판단하고, 빠르게 변하는 독립 변수들을 놓고 이쪽저쪽으로 주의를 옮겨 가며, 자연에서 얻은 다양한 재료들에 맞춰 융통성을 발휘해야 했다.

그렇다면 언어는? 추상 개념을 빚어내고 그것들을 복잡한 시나리오로 결합할 수 있는 의식적인 마음은 주어, 동사, 목적어의 순서를 갖춘 구문론적 언어도 만들어 냈을지 모른다.

어느 종의 기원을 탐구할 때에는 으레 비교 생물학으로 눈을 돌리게 마련이다. 유연 관계가 가까운 다른 종들이 어떻게 살고, 어떻게 진화했을지 알기 위해서이다. 그래서 사람의 마음이 어떻게 기원했는지 탐구하는 과학자들은 네안데르탈인(호모 네안데르탈렌시스)을 자세히 살펴보게 되었다. 그럼으로써 그들에 관해 꽤 많은 것을 밝혀냈다. 현생 인류의 자매종인 그들은 호모 사피엔스가 아프리카에서 고등한 인지 능력을 획득하고 있던 시절 내내 유럽에 살고 있었다. 그들은 그곳에서 20만 년 넘게 살았다. 우리가 얻은 자료로 볼 때 마지막 네안데르탈인은 약 3만 년 전 스페인 남부에서 사망했다. 그 종은 더 적응력이 뛰어난 호모 사피엔스가 유럽 대륙의 북쪽과 서쪽으로 퍼져 나감에 따라 그들에게 밀려서 멸종했을 것이 거의 확실하다.

처음에는 공정한 경쟁이었다. 네안데르탈인은 처음에 호모 사피엔스가 아직 아프리카에 있을 때에는 대등한 존재였다. 처음에 그들의 석기는 호모 사피엔스의 것 못지않게 정교했다. 그들의 칼은 곧고 가장자리

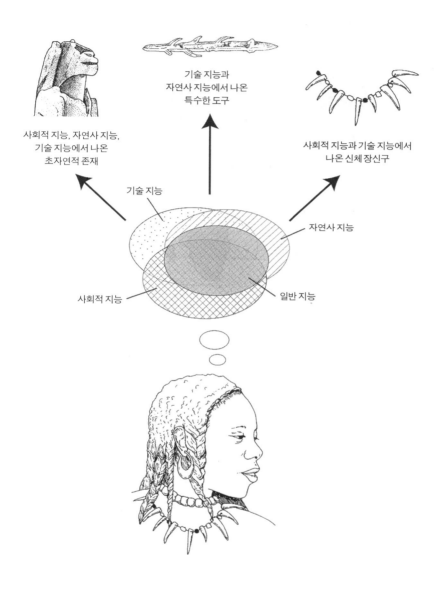

기술 지능과
자연사 지능에서 나온
특수한 도구

사회적 지능, 자연사 지능,
기술 지능에서 나온
초자연적 존재

사회적 지능과 기술 지능에서
나온 신체 장신구

기술 지능

자연사 지능

사회적 지능

일반 지능

그림 21-2 후기 구석기 시대 호모 사피엔스의 지능과 문화의 발전. 후기 구석기에 인류 문화가 대폭 발전한 것은 서로 다른 영역들에 저장된 기억들을 연결하여 새로운 형태의 추상 개념과 비유를 생성하는 능력 때문이었음이 분명하다.

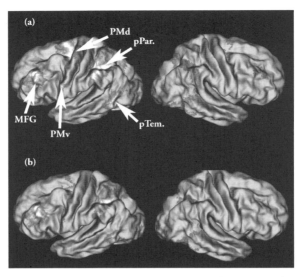

그림 21-3 현생 인류의 뇌에서 일어나는 마음 영역들의 복잡한 상호 작용. 어른이 도구를 사용하는 사례를 생각할 때(a)와 같은 도구를 무언극으로 표현할 때(b) 뇌에서 활성을 띠는 영역들이 서로 다르다. 기능적 자기 공명 영상법(fMRI)으로 얻은 뇌 활성 지도이다.

가 예리했으며, 아마 뼈에서 살을 발라 내는 데 쓴 듯했다. 또 써는 데 썼을 가능성이 높은, 가장자리가 톱니처럼 된 칼도 있었다. 창은 날카로운 돌촉을 단순히 자루에 동여매어 만들었다. 네안데르탈인의 도구들은 대형 동물을 잡는 사냥꾼으로서의 생활에 걸맞게 고안된 듯하다. 네안데르탈인은 학자들의 예상대로 육식 동물 사냥꾼답게 큰 무리를 지어다녔다. 그들은 고기를 구워 먹었고 아마 훈제도 했을 것이다. 또 옷을 입었고, 혹독한 겨울에는 밋밋한 야영지에 불을 피워서 온기를 유지했다. 최근에 이루어진 네안데르탈인에 대한 유전자 염기 서열 분석 결과 (이것만으로도 놀라운 과학적 성취라고 할 만하다.)를 통해, 우리는 그들도 언어 능력과 연관이 있는 *FOX2* 유전자를 지녔다는 것을 알게 되었다. 또 호모 사피엔스만이 지닌 것으로 추정되었던 특정한 염기 서열을 그들도 갖고 있었다. 따라서 그들은 언어를 지녔을지도 모른다. 네안데르탈인 어른

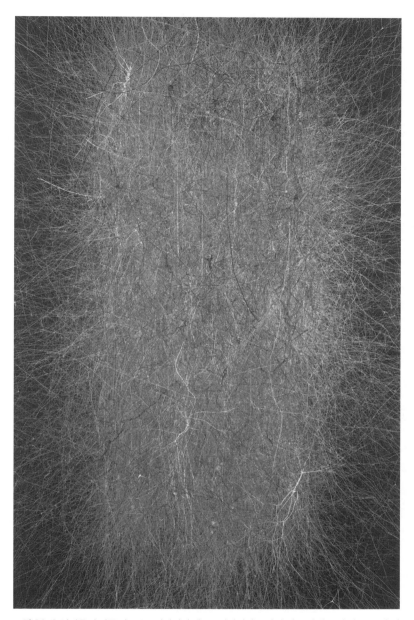

그림 21-4 설치류의 뇌를 가로 0.5밀리미터 세로 2밀리미터로 잘라 낸 조각에 들어 있는 10만 개의 신경 세포를 시각화한 모습. 이 모형을 토대로 인간의 뇌가 얼마나 복잡한지 상상할 수 있다. 사람의 뇌에는 이런 종류의 기본 연산 단위가 수백만 개 들어 있다.

그림 21-5 문화의 창의성 폭발이 이루어진 무대인 매머드 스텝 지대는 사진의 경관과 비슷한 현재의 북극권 국립 야생 생물 보호 구역의 계곡의 초원과 산림에 보존되어 있다. 빙하기 때 초기 호모 사피엔스는 유라시아의 대륙 빙하 남쪽으로 진출하여 대형 동물을 사냥하고 자매종인 호모 네안데르탈렌시스를 대체했다.

은 호모 사피엔스보다 평균적으로 뇌가 조금 더 컸다. 유아와 아이의 뇌도 그들이 우리보다 더 빨리 자랐다.

네안데르탈인은 호모 사피엔스에 필적하는 다른 인류 종이기에 모든 면에서 흥미로우며, 우리 종과 비교할 수 있는 진화적 실험 사례이다. 하지만 아마 가장 흥미로운 점은 그들이 누구였느냐가 아니라 그들이 왜 더 발전하지 못했는가일 것이다. 그들이 존속했던 20만 년 동안 그들의 기술이나 문화는 거의 발전하지 않았다. 도구 제작 과정에서 이런저런 사소한 개선도 전혀 없었고, 예술도 없었고, 신체 장신구도 전혀 없었다. 적어도 우리가 지금까지 찾아낸 고고학 증거에 따르면, 전혀 없었다.

그사이에 호모 사피엔스는 발전을 거듭했고, 네안데르탈인이 사라질 무렵에 사피엔스는 경이로운 인지적 성취를 이루었다. 최초의 집단이 다뉴브 강을 따라 북쪽으로 나아가서 유럽의 심장부로 들어간 것은 약 4만 년 전이었다. 그로부터 1만 년 뒤, 후기 구석기 시대를 특징짓는 혁신들이 시작되었다. 우아한 동굴 예술, 인간의 몸에 사자의 머리를 단 상을 비롯한 조각상, 뼈피리, 원하는 곳에 불을 피워서 사냥감을 몰아 잡는 행위, 독특한 복장을 한 샤먼이 그것이다.

호모 사피엔스를 이 수준으로 밀어붙인 것은 무엇일까? 전문가들은 늘어난 장기 기억, 특히 꺼내어 작업 기억에 집어넣을 수 있는 장기 기억과 단기간에 시나리오를 짜고 전략을 세우는 능력이 아프리카를 탈출하기 직전과 이후에 유럽을 비롯한 각지에서 호모 사피엔스가 정복 전쟁을 수행하는 데 핵심 역할을 했다는 데에 동의한다. 복잡한 문화의 문턱까지 밀고 간 추진력은 무엇이었을까? 그것은 집단 선택이었을 것이다. 서로의 의도를 읽고 협력하는 한편, 경쟁하는 집단의 행동을 예측할 수 있는 구성원들을 지닌 집단은 그것보다 능력이 떨어지는 집단보다 엄청난 이점을 지니고 있었을 것이다. 집단 구성원 사이의 경쟁도 분명히 있었을 것이고, 그 경쟁은 한 개인을 남보다 유리하게 만드는 형질의 자연 선택으로 이어졌다. 하지만 새 환경으로 진출하고 강력한 적수와 경쟁하는 종에게 더 중요한 것은 집단 내의 단결과 협동이었다. 다시 말해 도덕, 지도자에 대한 복종, 종교적 열정, 전투 능력이 상상력 및 기억과 결합됨으로써 승자를 낳았다.

22장

언어의 기원

인류를 지구의 정복자 지위로 끌어올린 혁신들의 폭발은 결코 그 능력을 불어넣는 어떤 하나의 돌연변이에서 비롯된 것이 아니다. 고생하던 우리 선조들에게 내린 어떤 신비적인 영감에서 나온 것은 더욱더 아니다. 새로운 땅과 풍부한 자원이라는 자극의 산물도 아니었다. 말, 사자, 유인원 같은 상대적으로 덜 발전한 종들도 그런 자극은 누렸다. 그것보다는 서서히 전환점에 다가갔다가, 이윽고 호모 사피엔스에게 대단히 높은 수준의 문화 능력을 부여할 인지력의 문턱을 넘는 식으로 이루어졌을 가능성이 가장 높다.

이러한 과정은 적어도 200만 년 전 아프리카에서 호모 에렉투스의 선조인 호모 하빌리스에게서 시작되었다. 그 시점에 선행 인류들의 앞뇌가 5억 년간의 동물 진화 역사에서 그 어떤 복잡한 구조에서도 볼 수 없었던 경이로운 성장을 시작했다. 이 변화를 촉발한 것은 무엇일까? 가장 발전된 수준의 사회 조직화 행동 양식인 진사회성에 필요한 선적응들은 이미 모두 이루어져 있었고, 그때까지 존재했던 여러 오스트랄로피테쿠스 종들도 그 점에서는 다를 바 없었다. 하지만 그들은 어느 누구도 급속한 대뇌 성장이라는 경로로 들어서지 못했다. 나는 사람속으로 나아간 발전의 단서가 생명의 역사에서 진사회성 문턱을 어떻게든 넘은 소수의 동물 종들이 지닌 결정적인 선적응들 중에 있다고 믿는다. 약 24종의 곤충과 갑각류에서 벌거숭이두더지쥐에 이르기까지 진사회성을 획득한 동물들은 예외 없이 집을 짓고 지켰으며, 그럼으로써 그 종의 군체 구성원들은 집 밖을 돌아다니면서 군체를 유지할 수 있을 만큼 충분한 먹이를 모을 수 있었다. 그런 군체가 독립 생활을 하는 개체와 경쟁하여 이기는 드문 사례가 일어났을 때, 그들은 흩어져 독립 생활이라는 새로운 생활사를 시작하는 대신에 집단 생활을 하던 집에 함께 남는 쪽을 택했다.

호모 에렉투스가 기원할 무렵, 그리고 이쪽이 더 가능성이 높기는 하지만, 그것보다 앞서 호모 에렉투스의 직계 조상인 호모 하빌리스의 시대에 소집단들이 야영지를 세우기 시작했다는 것은 결코 우연의 일치가 아니다. 그들이 동물의 방어 가능한 안전한 집에 상응하는 야영지를 만들 수 있었던 것은, 채식에서 잡식으로 식단을 바꾸면서 고기에 상당히 의존하게 되었기 때문이다. 그들은 죽은 동물의 고기를 찾아 먹거나 산 동물을 사냥했고, 시간이 흐르자 구운 동물의 고기라는 고열량 음식에 의존하게 되었다. 고고학적 증거들은 그들의 무리가 현대의 침팬지와 고릴라 무리가 하듯이 열매를 비롯한 식물성 먹이를 채취하기 위해 세력권 안을 계속 돌아다니는 행동을 더 이상 하지 않게 되었음을 시사한다. 이제 그들은 방어 가능한 자리를 골라 요새화했고, 일부가 사냥을 하러 나가 있는 동안 일부는 남아서 새끼들을 지켰다. 야영지에 통제 가능한 불이 도입되자, 이 생활 방식의 이점은 확고해졌다.

하지만 고기와 모닥불만으로는 당시 일어난 뇌의 급격한 크기 증가를 충분히 설명할 수 없다. 나는 빠진 부분을 찾으려면 마이클 토마셀로(Michael Tomasello, 1950년~)의 연구진이 지난 30년 동안 발전시켜 온 생물 인류학의 '문화 지능 가설(cultural intelligence hypothesis)'을 살펴보아야 한다는 데에 어느 정도 확신을 갖고 있다.

토마셀로의 연구진은 인간의 인지 기능과 우리의 가장 가까운 유전적 친척인 침팬지를 비롯한 다른 동물 종들의 인지 기능의 일차적이면서 핵심적인 차이가 공동의 목표와 의도를 달성하기 위해 협력하는 능력이라고 지적한다. 인간만이 지닌 특수한 능력은 극도로 큰 작업 기억에서 나오는 지향성(intentionality)이다. 우리는 이 능력 덕분에 마음 읽기의 전문가이자 문화 창안의 세계 챔피언이 되었다. 우리는 고도의 사회 조직화를 이룬 다른 종들과 마찬가지로 서로 긴밀하게 상호 작용할 뿐만 아니라, 한 발 더 나아가 서로 협력하려는 충동을 타고났다. 이것은 인간만의 것이다. 우리는 긴밀하고도 적절히 협력하면서, 상황에 맞춰 자신의 의도를 표현하고 남의 의도를 탁월하게 읽어 내면서 도구와 보금자리를 만들고, 아이들을 가르치고, 식량을 구할 원정 계획을 세우고, 편을 갈라 놀이를 하는 등 인간으로서 살아남기 위해 필요한 거의 모든 일을 한다. 수렵 채집인들이든 월스트리트의 중역들이든 모임에서 남을 평가하고 얼마나 믿을 만한지 추정하고 남의 의도를 예측하면서 이런저런 잡담을 주고받는다는 점에서는 매한가지이다. 우리의 지도자들은 사회적 지능을 발휘하여 정치 전략을 짠다. 사업가들은 경쟁자와 소비자의 의도를 읽어서 거래를 하고, 예술가들은 의도를 표현하는 데 몰두한다. 개인으로서의 우리는 문화 지능을 쓰지 않고서는 단 하루도 살아갈 수 없다. 설령 우리의 내밀한 생각 속에서만 반복하여 **쓴**다고 하더라도 말이다.

인간은 사회 관계망 속에 얽혀 있다. 물고기가 물을 떠나서는 살 수 없듯이, 우리는 자신이 진화한 이 마음 환경이 아닌 다른 곳은 상상하기가 어렵다. 유년기부터 우리는 남의 의도를 읽고, 관심사가 같다는 기미가 조금이라도 보이면 금방 협력하는 성향을 지니고 있다. 한 실험에서는 아이들에게 용기의 뚜껑을 따는 법을 보여 주었다. 그런 다음 어른들에게 뚜껑을 따는 법을 몰라 쩔쩔 매는 시늉을 하라고 했다. 그러자 아이들은 하던 일을 멈추고 도와주러 방 건너편으로 왔다. 침팬지를 같은 상황에 두고 실험해 보니, 협동 의식이 훨씬 덜 발달한 그들은 그런 노력을 전혀 하지 않았다.

또 침팬지들의 지능을 검사하여, 글자를 배우지 않은 생후 2.5세 미취학 아동들의 지능과 비교한 실험도 있다. 물리적, 공간적 문제(예를 들어, 숨겨 놓은 보상물을 찾아내거나, 양이 다른 것을 구분하거나, 도구의 특성을 이해하거나, 손에 닿지 않는 물건을 막대기를 써서 꺼내는 문제)를 풀 때 침팬지와 어린아이는 거의 대등했다. 반면에 다양한 사회성 검사에서는 어린아이가 침팬지보다 더 높은 점수를 받았다. 어린아이는 시범을 지켜볼 때 더 많은 것을 배웠고, 보상물을 찾는 데 도움이 되는 단서들을 더 잘 이해했고, 남들의 시선을 따라가서 표적을 찾아냈고, 보상물을 찾는 과정에서 남의 행동 의도를 파악했다. 인간은 모든 도전 과제를 능란하게 해결해 내는 고도의 일반 지능을 가졌기 때문이 아니라, 사회 생활의 전문가로서 태어났기 때문에 성공한 듯하다. 의사 소통과 의도 읽기를 통해 협동함으로써, 집단은 독립 생활을 하는 개인보다 훨씬 많은 것을 성취한다. 심지어 개인이 독립 생활을 하면서는 아무리 노력해도 얻을 수 없는 것까지 얻어 낸다.

호모 사피엔스의 초기 집단, 혹은 아프리카에 있던 그들의 직계 조상이 세 가지 자질의 조합을 획득했을 때, 그들의 사회적 지능은 정점에 이르렀다. 먼저 그들은 주의를 공유하는 법을 발전시켰다. 다시 말해, 어떤 사건이 일어나거나, 어떤 일을 할 때 남들과 같은 대상에 주의를 기울이는 성향을 갖게 되었다. 그들은 공동의 목표를 달성하려면(혹은 그런 시도를 하려는 남들을 방해하려면) 함께 행동할 필요가 있음을 고도로 인식하게 되었다. 그리고 그들은 '마음 이론(theory of mind)', 즉 자신의 마음 상태를 남들이 공유할 것이라는 인식을 획득했다.

이 자질들이 충분히 계발되었을 때, 오늘날 널리 쓰이는 것들에 상응하는 언어들이 창안되었다. 이 발전은 6만 년 전 아프리카에서 탈출하기 전에 일어난 것이 확실하다. 그무렵에 개척자들은 그들의 현생 후손들에 맞먹는 온전한 언어 능력을 지녔고, 아마도 정교한 언어를 썼을 것이다. 이 결론을 뒷받침하는 주된 증거는 현대 오스트레일리아 원주민 집단, 즉 아프리카에서 오스트레일리아로 온 개척자 집단의 직계 후손으로서 현재까지 살아남은 집단의 구성원들이 모두 그런 고도로 발전한 언어와 그것을 창안하는 데 필요한 마음 속성들을 지니고 있다는 것이다.

언어는 인류 사회성 진화의 '성배'였으며, 인류는 그것을 찾아냈다. 일단 이 성배를 손에 쥐고 나자, 언어는 인류에게 거의 마법 같은 힘을 주었다. 언어는 임의의 기호와 단어를 이용하여 의미를 전달하고 메시지를 거의 무한정 만들어 낸다. 인간의 감각이 지각할 수 있는 모든 것, 인간의 마음이 상상할 수 있는 모든 경험과 꿈, 우리가 분석하고 구축할 수 있는 모든 수학 명제를 적어도 엉성하게라도 표현할 수 있다. 언어가 마음을 창조한 것이 아니라, 그 반대라고 보는 것이 논리적인 듯하다. 인지 능력의 진화는 초기 정착지에서 활발하게 벌어지던 사회적 상호 작용에서 출발하여, 의도를 읽고 그것에 따라 행동하는 능력의 점진적 향상과의 상승 작용을 거쳐서, 타자와 바깥 세계를 추상화하는 능력이 생겨나고, 마지막으로 언어가 등장하는 순서로 발달했다. 인간 언어의 싹은 언어를 가능하게 하는 데 필수적인 마음의 특성들이 모여서 상승 작용을 이루는 방식으로 공진화함에 따라 출현한 것 같다. 반대로 언어의 싹이 그런 특성들보다 먼저 출현했을 가능성은 아주 낮다. 마이클 토마셀로의 연구진은 그 점을 다음과 같이 말했다.

> 언어는 기본적인 것이 아니다. 파생된 것이다. 유아는 기본적인 인지적 및 사회적 기술들을 이용하여 다른 영장류가 하지 않는 방식으로, 사물을 가리키고 남에게 서술하고 정보를 전달함으로써 사물을 보여 줄 수 있으며, 영장류 중에서 독특한 방식으로 남과 협력하고 관심을 공유하는 행동을 할 수 있는데 언어는 바로 그 기술들을 토대로 한다. 여기서 일반적인 질문이 하나 제기된다. 언어가 남들의 주의를 이끄는 조정 장치의 집합이 아니라면 대체 무엇이란 말인가? 이런 기본적인 기술들이 없는 언어적 의사 소통이라는 개념이 사실상 이치에 맞지 않는데, 언어가 의도를 이해하고 공유하는 일을 맡는다고 어찌 말할 수 있단 말인가? 따라서 언어가 인류와 다른 영장류의 주된 차이점인 것은 분명하지만, 우리는 그것이 사실상 남의 의도를 읽고 공유하는 인간만의 능력에서 파생된 것이라고 믿는다. 또 그 능력은 서술적 몸짓, 협동, 가식, 모방 학습 등 언어와 함께 출현한 인간만이 지닌 다른 기술들의 토대이기도 하다.

동물도 언어를 지닌다는 말을 흔히 한다. 아마 가장 놀라운 사례는 꿀벌이 벌집 위에서, 또 새 집으로 이주할 때 모여 있는 동료 벌들 위에서 춤을 춤으로써 추상적인 신호를 전달하는 일일 것이다. 춤을 추는 벌은 실제로 표적의 방향과 거리를 전한다. 즉 꿀과 꽃가루가 있는 곳이든 새 집 후보지이든 표적에 대한 방향과 거리에 대한 정보를 전하는 것이다. 하지만 그 신호 규약은 변하지 않으며, 아마 수백만 년 동안 그래 왔을 것이다. 또 그 춤은 인간의 단어와 문장을 이루는 추상적인 기호가 아니다. 그것은 벌들에게 표적까지 가는 비행 경로를 재연해 보이는 것이다. 춤을 추는 벌이 원을 그린다면, 표적이 집 가까이 있다는 뜻이다. ("표적을 찾으려면 집 근처를 둘러보라.") 8자를 계속 그리며 추는 꼬리춤은 표적이 더 멀리 있음을 뜻한다. 8자, 그리스 어의 세타(θ)에 더 가까운 꼬리춤 궤적의 중간 부분은 태양과의 각도를 통해 방향을 가리키고, 중간 부분의 길이는 표적과의 거리에 비례한다. 벌의 춤은 분명 인상적이지만, "출구로 나가서 오른쪽으로 돈 뒤에 첫 번째 신호등이 나올 때까지 곧장 갔다가 반 블록을 내려가서 식당을 찾아. 바로 다음 모퉁이에 있어."라는 식으로 말할 수 있는 것은 인간뿐이다.

벌을 비롯한 다른 동물들의 의사 소통과 달리, 인간의 언어는 '원격 표상(detached representation)'을 할 수 있다. 즉 주변에 있지 않은, 아니 더 나아가 존재하지 않는 대상과 사건까지도 가리킬 수 있다. 게다가 인간의 언어는 분위기를 조성하거나, 강조할 부분을 두드러지게 하거나, 한 구절에 이 의미가 아니라 저 의미를 부여할 수 있다. 바로 특정한 단어를 강조하고 흐름을 조절하는 운율을 통해 정보를 추가할 수 있다. 인간의 언어는 역설, 즉 구절에 글자 그대로의 의미가 아니라 다른 의미를 담는 섬세하게 조율된 과장법과 오도의 유희로 가득하다. 언어는 드러내 놓고 말하는 대신에 메시지를 간접적으로 넌지시 암시함으로써 설득력 있는 부정의 가능성을 열어 놓을 수 있다. 노골적인, 심지어 진부하기까지 한 성적인 유혹("우리 방으로 갈까요?"), 정중한 요청("타이어 교체를 도와주시면 평생 고마움을 잊지 않겠습니다."), 위협("잘 지켜. 잘못되면 네 책임이야."), 매수("경관님, 딱지 대신 이걸로 안 될까요?"), 기부 요청("리더십 프로그램에 도움을 좀 주셨으면 합니다.") 등이 그런 사례이다. 그 주제를 연구하는 스티븐 핑커(Steven Pinker, 1954년~) 같은 학자들이 설명했듯이, 간접 화법은 정보를 전달하고 화자와 청자 사이의 관계를 성사시키는 두 가지 기능을 한다.

언어는 인간 존재의 핵심이므로, 언어의 진화사를 아는 것은 중요하다. 언어의 진화사를 연구하는 학자들은 언어가 가장 사라지기 쉬운 유물이라는 점 때문에 곤란을 겪는다. 고고학적 증거는 약 5,000년 전, 글쓰기가 출현한 시점까지만 거슬러 올라간다. 그무렵에 호모 사피엔스에게 중요한 유전적 변화가 일어났고, 전 세계의 모든 사회에서 한결같이 정교한 언어 규칙들이 자리 잡았다.

언어에는 진화의 산물이라고 말할 수 있는 몇 가지 패턴이 존재한다. 그 흔적 중 하나는 대화할 때의 순서 교대(turn-taking)이다. 오랫동안 화자가 교대할 때 지체되는 시간 간격이 문화마다 다르다는 것이 속설로서 널리 알려져 있었다. 예를 들어, 북유럽 사람들은 한 사람이 말하고 다른 사람이 대답하기까지 시간이 꽤 걸린다고 알려져 있다. 또 코미디언들이 종종 흉내 내듯이, 뉴욕의 유대 인들은 한 사람이 말을 끝내자마자 거의 동시에 말을 한다고 여겨진다. 하지만 전 세계 10개 언어의 화자들을 대상으로 대화를 주고받을 때의 시간 간격을 실제로 측정했더니, 모두가 말이 겹치는 것을 피하며(끼어들기를 할 때는 예외이다.), 화자가 교대될 때의 시간 간격이 거의 동일하다는 것이 드러났다. 반면에 서로 다른 언어를 쓰는 화자들 사이의 대화에서는 교대 시의 시간 간격에 상당한 차이가 나타났다. 대화하는 이들이 의미와 의도를 이해하는 데 시간이 걸리기 때문이다. 이 수긍이 가는 효과가 바로 문화마다 대화를 나누는 속도가 다르다는 인식을 낳은 근원일 것이다.

초기 언어 진화의 또 한 가지 흔적은 최근에 규명되었는데, 비언어적 발성에서 언어보다 더 오래되었을 법한 발화들이 있다는 것이다. 예를 들어, 유럽에서 영어를 모어로 쓰는 화자와 나미비아 북부의 문화적으로 고립된 오지 마을에서만 쓰이는 힘바 어(Himba)의 화자 사이에 부정적인 감정(분노, 혐오, 두려움, 슬픔)을 전달하는 발성이 동일하다는 것이 밝혀졌다. 대조적으로 긍정적인 감정(성취, 재미, 감각적 쾌락, 안심)을 전달하는 비언어적 발성은 일치하지 않았다. 이런 차이가 나타나는 이유는 아직 모른다.

하지만 언어의 기원에 관한 근본적인 질문은 대화의 순서 교대나 언어 이전의 발화가 아니라, 문법이다. 단어와 구절을 잇는 순서는 학습되는 것일까, 아니면 어떤 식으로든 타고나는 것일까? 1959년 이 주제를 놓고 스키너와 에이브럼 놈 촘스키(Avram Noam Chomsky, 1928년~) 사이에 역사적인 논쟁이 벌어졌다. 촘스키가 1957년에 나온 스키너의 책『언어 행동(Verbal Behavior)』에 장문의 서평을 쓴 것이 시작이었다. 행동주의의 창시자인 스키너는 언어가 모두 학습되는 것이라고 했다. 촘스키는 동의하지 않았다. 촘스키는 온갖 문법 규칙들이 따라붙는 언어를 학습한다는 것은 아이에게 대단히 복잡한 일이기에 아이가 주어진 시간에 그것을 다 기억할 수는 없다고 주장했다. 처음에는 촘스키가 논쟁에서 이기는 듯했다. 그 후 촘스키는 발달하는 뇌에서 자연스럽게 출현한다는 일련의 규칙들을 내놓아 자신의 논지를 보강했다. 하지만 이 규칙들은 거의 이해할 수 없는 방식으로 표현되었다. 다음은 그 유감스러운 사례 중 하나이다.

요약하자면, 0-층위 범주(zero-level catergory)의 흔적이 적절히 지배되어야 한다는 가정 아래 다음과 같은 결론에 도달했다.

1. VP는 I에 의해 a-표지된다.

2. 어휘적 범주들만이 L-표지자이므로, VP는 I에 의해 L-표지되지 않는다.

3. a-지배는 (35)의 제약이 없으면 자매 관계로 제한된다.

4. 단지 X^0-연쇄의 종단 요소만이 a-표지나 격-표지를 할 수 있다.

5. 핵어의 핵어로의 이동은 A-연쇄를 형성한다.

6. 지정어와 핵어의 일치, 그리고 연쇄들은 동일 지표를 갖는다.

7. 연쇄 동지표 표시는 확대 사슬의 구성 요소에도 적용된다.

8. I의 우연한 동지표 표시는 존재하지 않는다.

9. I-V는 핵어-핵어 일치의 한 형태이다. 이러한 동지표 표시가 양상동사로 한정된다면, (174) 형태의 기저 생산 구조는 부가 구조로 간주된다.

10. 동사는 그 동사의 a-표지된 보어를 고유 지배하지 못할 수도 있다. (스티븐 핑커, 김한영 등 옮김, 『언어 본능』(동녘사이언스, 2008년) ― 옮긴이)

학자들은 뇌의 작용에 관한 이 심오하고 새로운 깨달음처럼 보이는 것을 이해하고자 애썼다. (1970년대에 나도 그중 한 명이었다.) '심층 문법(deep grammar)' 또는 '보편 문법(universal grammar)' 등 여러 명칭으로 불린 그것은 술자리와 대학 세미나에서 선호되는 주제였다. 촘스키는 오랜 세월 성공을 거두었다. 다른 어떤 이유가 있어서가 아니라, 이해된다는 모욕을 거의 겪지 않았기 때문이다.

이윽고 분석가들은 촘스키와 그 추종자들이 말하는 것을 이해할 수 있는 언어와 다이어그램으로 나타낼 수 있게 되었다. 그중에 스티븐 핑커의 베스트셀러 『언어 본능(The Language Instinct)』(1994년)은 가장 이해하기 쉽고 공감이 가는 축에 속했다.

하지만 촘스키를 해독했다고 해도, 의문은 그대로 남았다. 보편 문법이 정말로 있을까? 언어를 배우려는 압도적으로 강력한 본능이 있다는 것은 분명하다. 또 아이의 인지 발달 단계에서 학습이 가장 빨리 이루어지는 결정적 시기가 있다는 것도 확실하다. 사실 언어 습득이 대단히 빨리 이루어지고, 아이가 너무나 열심히 배우려고 한다는 점을 생각할 때, 스키너의 주장을 그렇게 전적으로 내칠 수 없을지도 모른다. 아마 유년기 초에 단어와 단어 순서에 대한 지식을 대단히 효율적으로 배울 능력과 시기가 있으므로, 문법을 위한 특수한 뇌 모듈이 필요하지 않을지도 모른다.

사실 최근에 이루어진 실험과 야외 연구 등을 통해, 언어의 진화가 '심층 문법'과 다르다는 견해가 등장하기 시작했다. 이 견해는 개별 문화의 언어가 진화할 때 '준비된 학습'을 수반한 후성 규칙들이 작용한다고 본다. 그런데 이 이 규칙들은 아주 폭넓은 제약을 가한다. 심리학자이자 철학자인 대니얼 네틀(Daniel Nettle)은 그것이 언어학 연구에 새 방향을 제시할 가능성을 다루어 왔다.

인간의 모든 언어는 똑같은 기능을 수행하며, 언어들이 그 기능을 하기 위해 쓰는 구분들의 집합은 아마 고도로 제약되어 있을 것이다. 그 제약들은 인간 마음의 보편적인 구조에서 나오며, 그 구조는 듣고 말하고 기억하고 배우는 방식을 통해 언어 형식에 영향을 미친다. 하지만 이런 제약 내에서 언어마다 변이 폭이 있다. 예를 들어, 주어, 동사, 목적어의 주요 범주들은 언어마다 전형적인 순서가 다르다. 주로 구문, 즉 단어들의 순열 조합을 통해 문법적인 구분을 하는 언어가 있는 반면, 주로 형태론, 즉 단어들의 내부 변형을 통해 구분을 하는 언어도 있다.

지금은 비생산적인 다이어그램을 붙들고 씨름하는 일에서 벗어나 언어를 생물학 쪽으로 더 끌어당김으로써, 언어라는 수수께끼를 더 깊이 파헤칠 가능성을 보여 주는 새로운 길들이 많이 존재한다. 유전적 진화이든 문화적 진화이든 또는 양쪽 다이든, 외부 환경이 언어 진화상의 제약들을 넓히거나 좁히는 방식을 연구하는 것이 그중 하나이다. 단순한 사례를 하나 들자면, 따뜻한 기후대에서 사용되는 언어들은 조합된 소리들이 더 낭랑하게 울리도록, 자음을 더 적게 쓰고 모음을 더 많이 쓰도록 진화해 왔다. 이 경향을 단순히 음향학적 효율성의 문제로 설명할 수도 있다. 낭랑한 소리는 더 멀리 전달되며, 그것은 따뜻한 기후에서 사람들이 야외에서 보내는 시간이 더 많고 더 멀리 돌아다니는 경향이 있다는 점과 들어맞는다.

언어의 다양성을 빚어내는 또 한 가지 요인은 유전적인 것일 수도 있다. 문법과 단어의 의미를 전달하기 위해 음성의 높낮이를 사용하는 것과 음성 높낮이의 발달에 영향을 미치는 ASPM과 마이크로세팔린(Microcephalin)이라는 유전자들의 빈도 사이에는 지리적 상관 관계가 있다.

언어의 진화를 이끄는 마음의 핵심 속성들은 언어 자체보다 먼저 출현한 것이 거의 분명하다. 그것들의 근원은 더 앞서 출현한 더 근본적인 인지 구조 안에 있다고 추정된다. 세계 각지에서 널리 쓰이는 크리올 어, 피진 어, 수화 등 최근에 진화한 언어들에서 단어 순서가 다양하다는 사실은 구문(構文, syntax) 발달에 융통성이 있음을 보여 준다. 구문이 일찍이 기존 언어들과 접촉함으로써 편향될 수 있다고는 하지만, 그런 편향의 영향을 받지 않았다고 할 수 있는 사례가 적어도 하나 있다. 알사이드 베두인 족(Al-Sayyid Bedouin)의 수화이다. 이 집단의 구성원들은 모두 이스라엘의 네게브 지역에 살며, 모두 선천적인 청각 장애인이다. 이 집단은 2세기 전에 150명이 세웠으며, 그들은 창시자의 아들 5명 중 2명의 후손들이었다. 모두 13번 염색체의 13q12 영역에 있는 한 열성 유전자 때문에 모든 주파수의 소리를 듣지 못하는, 언어 습득 이전의 농아였다.

그때부터 근친 교배가 죽 이어진 결과, 현재 3,500명에 이르는 알사이드 베두인 족은 모두 같은 장애를 지닌다. 이 공동체는 초창기에 개발된 수화를 사용한다. 이 수화는 독자적으로 발달한 단어 순서를 지닌다. 이 수화는 인근 사회들에서 쓰이는 다른 수화뿐만 아니라 그 사회들 안팎에서 쓰이는 구어와도 구조가 다르다.

사람들이 과제를 수행할 때 하는 활동들의 순서를, 그 순서를 기술하는 데 쓰는 단어의 순서와 비교한 연구들도 문법의 자연적인 다양성을 보여 주고 있다. 한 연구에서는 네 언어(영어, 터키 어, 스페인 어, 중국어)의 화자들에게 사진들을 이용하여 사건을 재구성하도록 하고, 또 따로 말로 해 보라고도 했다. 비언어적 의사 소통을 할 때에는 모든 실험 대상자들이 똑같은 순서를 사용한다는 것이 드러났다. (행위자-피행위자-행위였다. 이 것은 언어의 주어-목적어-동사 순서와 비슷하다.) 대체로 그것은 사람들이 실제로 행동 시나리오를 생각하는 순서이기도 하다. 하지만 그들이 말로 했을 때 쓴 언어들은 일관성이 떨어졌다. 세계의 많은 언어들은 단어 순서가 '행위자-피행위자-행위'와 똑같다. 더 중요한 점은 새롭게 개발되는 몸짓 언어들도 그렇다는 사실이다. 따라서 우리의 더 심층적인 인지 구조에는 단어 순서를 편향시키는 후성 규칙이 들어 있는 듯 보이지만, 그것의 최종 산물인 문법은 고도의 융통성을 띠고 학습된다. 그러니 스키너와 촘스키 둘 다 어느 정도는 옳았지만, 스키너가 더 옳았던 듯하다.

기초적인 문장 구성 규칙인 구문의 진화가 다양한 경로를 취했다는 사실은, 개인의 언어 학습을 인도하는 유전적 규칙이 설령 있다고 해도 거의 없음을 시사한다. 최근에 닉 채터(Nick Chater)와 동료 인지 과학자들이 구축한 유전자-문화 공진화의 수학적 모형들은 그 이유에 대한 개연성이 높은 설명을 제시하고 있다. 그 설명은 간단하다. 언어 환경이 너무나 빠르게 변하는 바람에 자연 선택을 위한 안정한 환경이 조성되지 않는다는 것이다. 언어는 세대마다 아주 빠르게 변하고, 문화마다 다르기 때문에 유전적 진화가 일어날 수 없다. 따라서 문장 구조를 규정하는 추상적인 구문 원리들을 비롯한 언어의 임의성과 유전자 표지가 진화를 통해 뇌에 특수한 '언어 모형'을 구축해 왔다고 기대할 이유가 거의 없다. 연구자들은 이렇게 결론 내린다. "인간 언어 습득의 유전적 토대는 언어와 공진화한 것이 아니라, 대부분 언어의 출현보다 앞서 형성되었다. 다윈이 시사했듯이, 언어와 그 기본 메커니즘이 들어맞는 것은 언어가 인간의 뇌에 들어맞도록 진화했기 때문이며, 그 반대가 아니다."

나는 자연 선택이 독립된 보편 문법을 빚어내지 못한 것이 문화의 다양화에 주된 역할을 했고, 그 융통성과 잠재적인 창의성으로부터 인간 재능이 꽃 피웠다고 해도 그다지 무리는 아니라고 믿는다.

23장

문화적 차이의 진화

유전자-문화 공진화, 즉 유전자가 문화에 끼치는 영향과 반대로 문화가 유전자에 미치는 영향은 자연 과학, 사회 과학, 인문학에 똑같이 중요하다. 이 공진화 연구는 이 세 가지 큰 분야들을 인과적 설명의 망으로 연결하는 방법을 제공할 것이다.

이 주장이 지나치게 대담하다고 느껴진다면, 사회들 사이의 문화적 변이를 생각해 보라. 두 사회가 같은 범주에 속한 서로 다른 문화 형질, 이를테면 일부일처제 대 일부다처제, 혹은 호전적인 정책 대 평화적인 정책 같은 문화 형질을 지닌다면 그 변이 양상 및 심지어 그 범주 자체의 진화적 생성이 전적으로 문화적인 것이며, 유전자와는 아무 관련이 없다고 믿기 쉽다.

그러나 이렇게 성급한 판단을 내리는 이유는 유전자와 문화의 관계를 제대로 이해하지 못했기 때문이다. 유전자가 규정하는 것, 혹은 규정하는 데 기여하는 것은 이 형질이냐, 또는 상반되는 저 형질이냐가 아니라, 형질들의 빈도와 문화적 혁신으로 그것들을 이용할 수 있게 되었을 때 그 형질들이 이루는 패턴이다. 유전자의 발현은 가소성을 띨 수 있으며, 그럴 때 한 사회는 여러 대안 중에서 하나 이상의 형질을 고를 수 있다. 또는 가소성 없이 모든 사회가 한 형질만 택하도록 할 수도 있다.

해부학적 형질의 가소성 정도를 보여 주는 익숙한 사례를 살펴보자. 지문의 일반적인 발달을 규정하는 유전자는 발현 가소성이 아주 커서, 사람들 사이에 엄청난 변이를 만든다. 완전히 똑같은 지문을 지닌 사람은 전 세계를 뒤져도 찾을 수 없다. 대조적으로 손의 손가락 수를 규정하는 유전자는 매우 엄격하다. 손가락 수는 5개, 언제나 5개이다. 발달할 때 극단적인 사건이 벌어지거나 유전자에 돌연변이가 일어날 때에만 손가락 수가 달라질 수 있다.

가소성 다양화의 원리는 문화 형질들에도 쉽게 적용된다. 로인 클로스(loin cloth, 허리 주위를 천 등으로 가리거나 휘감는 아주 기본적인 의복 — 옮긴이)에서 흰색 넥타이에 이르기까지 복식 유행을 따르는 일반적인 양상은 유전적인 토대를 지닌다. 하지만 그것을 규정하는 유전자가 극도의(하지만 무한하지는 않은) 가소성을 띠고 그것에 따라 표현되는 감정이 다양하기 때문에, 개인은 평생 수십 가지에서 수백 가지의 대안 중에서 고르게 된다. 정반대 극단에 놓인 사례는 근친상간 회피이다. 웨스터마크 효과(아주 어릴 때부터 친하게 함께 자란 아이들은 자란 뒤에 심리적으로 성 관계를 거부하는 현상) 때문에, 모든 정상적인 가정 환경에서 자란 사람들은 본능적으로 근친상간을 회피한다.

발달 생물학자들은 유전자 자체의 유무와 마찬가지로, 유전자의 발현 가소성 정도도 자연 선택을 통한 진화의 대상임을 발견해 왔다. 자기 집단에서 유행하는 최신 옷차림을 따르고, 자신의 직급, 직업, 지위에 걸맞은 장신구를 걸치는 일은 개인의 성공에 중요하다. 인류 진화사의 대부분에 걸쳐 존재했던 더 단순한 사회에서는 때로는 그것이 생사를 가를 정도로 중요한 문제였다. 웨스터마크 효과의 사례도 모든 사회에서, 그리고 모든 상황에서 중요했고, 근친 교배의 치명적인 효과를 막는 자동적인 방어 체계를 모든 인류에게 제공하는 역할을 했다.

모든 사회와 거기에 속한 모든 개인은 유전적 적합도, 즉 유전자-문화 공진화를 통해 무수한 세대에 걸쳐 형성된 규칙들을 놓고 게임을 한다. 근친상간 회피처럼 어떤 규칙이 절대적일 때, 게임에서 쓸 수 있는 전략은 하나밖에 없다. 여기서는 '외교배(outbreed)'가 그렇다. 반면에 환경의 일부가 예측 불가능할 때에는 발현 가소성을 통해 획득한 혼합 전략을 활용하는 편이 현명하다. 한 형질이나 반응이 먹히지 않으면, 유전적 목록에 들어 있는 다른 형질이나 전략을 사용하는 것이다. 문화의 한 범주가 가진 발현 가소성의 정도는 앞으로 일어날 일에 대한 명시적인 판단이 아니라, 유전자-문화 공진화가 일어난 지난 세대에 그 형질이나 행동이 대응해야 했던 도전 과제들이 어느 정도였느냐에 달려 있다.

1970년대 이래로 생물학자들은 가소성의 진화를 빚어냈을 가능성이 가장 높은 유전적 과정들을 파악하는 데 성공해 왔다. 단백질의 아미노산 조성에 근본적인 변화를 일으키는, 단백질 암호를 지닌 유전자에 생긴 돌연변이 때문은 아닌 것으로 파악하고 있다. 그것보다는 조절 유전자에 일어난 변화 때문일 가능성이 더 높다. 조절 유전자는 단백질이 생산되는 속도와 조건을 결정한다. 조절 유전자에 작은 변화가 일어난다는 말이 별 일 아닌 것처럼 들리겠지만, 그 변화는 해부 구조와 생리 활동을 크게 바꿀 수 있다. 또 몸의 특정 부위와 특정한 생리 과정을 더 정확히 겨냥할 수 있다. 게다가 발달하는 생물에 영향을 미치는 자극들 중에서 어떤 특정 자극에 민감하도록 프로그램할 수도 있다. 그럼으로써 각 환경에 가장 적합한 변이체가 나올 수 있다. 마지막으로 조절 유전자에 생기는 돌연변이는 발달 과정에서 일어나는 상호 작용에 영향을 미치므로, 단백질 암호를 지닌 유전자에 생기는 돌연변이보다 해를 덜 끼칠 가능성이 높다. 그 돌연변이는 새 단백질을 만드는 것이 아니다. 새 단백질은 구조나 행동의 변화를 수반하므로, 그런 변화가 일어난다면 생물의 나머지 발달 과정을 교란시킬 가능성이 높다. 조절 유전자에 일어나는 돌연변이는 그것보다는 기존 유전자의 생산량을 변화시킴으로써 이전의 구조나 행동을 세밀하게 조정하도록 한다.

개미를 비롯한 사회성 곤충들은 그런 적응적 가소성의 진화가 극단적으로 이루어진 사례이다. 개미나 흰개미 군체의 일꾼들은 다른 종으로 착각할 만큼 군체 내의 다른 개체들과 모습이 크게 다른 사례가 많다. 하지만 한 수컷과만 짝짓기를 한 여왕에게서 유래한 군체에서 성별이 같은 개체들은 계급에 관계없이 모두 유전적으로 거의 동일하다. 그들의 해부 구조와 행동이 서로 다른 것은 미성숙한 상태일 때 남보다 먹이를 덜 먹거나 더 먹음으로써, 더 작거나 더 큰 성체로 자랐기 때문이다. 미성숙 단계에서는 신체 조직들이 성장하는 비율이 저마다 다르므로, 더 크거나 더 작은 개체는 신체 비율도 달라진다. 또 미성숙한 개체는 군체의 성체들이 내뿜는 페로몬에도 민감하게 반응하는데, 그 반응 때문에 발달 방향과 다 자랐을 때의 크기가 달라진다. 연구자들은 군체 구성원들을 계급으로 나누는 데 관여하는 또 다른 요인들도 찾아냈다. 각 계급은 자신이 맡은 일을 평생 하도록 분화했다. 하나의 군체가 실질적인 유전적 변이가 전혀 없는 상태에서 미수정 상태의 여왕들, 작고 순한 일꾼들, 머리와 턱이 기괴하게 커진 몸집 큰 병정을 생산할 수 있다.

특히 개미의 사례를 살펴보자. 가소성이 낮은 정교한 개미 계급들은 '적응적 집단 통계학(adaptive demography)'이라는 복잡한 과정의 일부일 뿐이다. 이 계급들은 분업화한 특정한 일을 수행할 뿐만 아니라, 군체 전체의 계급 비율이 최적의 상태로 유지되도록, 자연 사망률에 맞추어진 특정한 비율로 새로운 개체가 생산되게끔 프로그램되어 있다. 예를 들어, 베짜기개미에서 집 바깥의 일을 대부분 수행하고 적으로부터 집을 방어하는 몸집이 큰 개미들은 집 안에서 애벌레를 돌보는 일을 하는 더 작은 일개미들보다 사망률이 더 높다. 그래서 군체는 몸집 큰 개체를 더 작은 개체보다 더 많이 생산함으로써, 두 계급의 개체수가 최적 상태에서 균형을 이루도록 유지하는 듯하다.

인류의 문화적 변이는 주로 사회적 행동의 두 특성에 따라 정해지며, 이 두 특성은 자연 선택을 통해 진화한다. 첫 번째 특성은 후성 규칙이 가진 편향의 정도이다. 옷차림 유행은 이 편향이 아주 낮은 반면, 근친상간 회피는 아주 높다. 문화적 변이의 두 번째 특성은 집단의 구성원 각자가 그 형질에 적응한 같은 사회의 일원들을 모방할 가능성이다. ('사용 패턴에 대한 민감성'이라고 할 수 있을 것이다.)

유전자 대 문화라는 어려운 문제의 해결책을 살펴보기 위해, 먼저 유전적으로 서로 다른 세 문화 범주들을 생각해 보자. (그림 23-1 참조) 셋 중 하나를 골라서 둘로 나뉜 각 마디의 아래쪽에 점을 찍어 보자. (아래로 갈수록 남의 행동을 모방하려는 진화적 경향이 더 커지기 때문에 둘로 나뉜다.) 각각의 점이 두 사회를 나타낸다고 하자. 두 사회는 서로 다른 문화 형질을 선택했을 가능성이 높다. 선택할 때 따른 규칙들은 유전적으로 동일한데도 말이다. 이 특성들은 후성 규칙과 남을 모방하려는 성향이며, 둘 다 유전자-문화 공진화를 통해 기원했다.

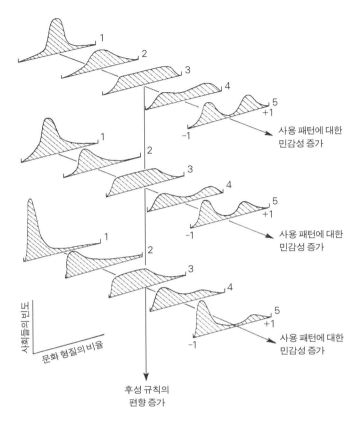

그림 23-1 같은 문화 범주에 속한 두 형질(근친상간 회피와 옷차림 유행 같은 형질)이라는 단순한 사례를 토대로 한 문화적 변이의 진화. 후성 규칙에 대한 편향이 다른 문화의 세 범주(위에서 아래로)에서 두 형질 중 하나를 선택하는 사회의 수로 측정한 문화적 변이를 나타낸 것이다. 남을 모방하려는 성향은 남들의 형질 사용에 민감하게 반응하는 정도로 해석된다.

유전자-문화 공진화의 얽히고설킨 양상은 인간 조건을 이해하는 토대이다. 그것은 복잡하며 언뜻 보면 기이하고 낯설어 보일지 모른다. 하지만 진화론을 안내자로 삼아서 올바로 측정하고 분석한다면, 그것을 핵심 요소들로 분해하는 것이 가능하다.

24장

도덕과 명예의 기원

인간은 본래 선한데 악의 힘이 타락시키는 것일까? 아니면 인간은 본래 악하므로, 선의 힘만이 구제할 수 있는 것일까? 사람은 양쪽을 다 지닌다. 그리고 우리의 유전자를 바꾸지 않는 한 영원히 그럴 것이다. 인간의 딜레마는 우리 종이 진화한 방식에 예정되어 있었으며, 따라서 인간 본성의 바꿀 수 없는 한 부분이 되었기 때문이다. 인류와 그들의 사회 질서는 본래 불완전할 수밖에 없으며, 그 점에서 다행스럽다. 끊임없이 변화하는 세계에서는 불완전성만이 줄 수 있는 융통성이 필요하니 말이다.

선과 악의 딜레마는 다수준 선택을 통해 생겨났다. 즉 개체 선택과 집단 선택이 한 개인에게 동시에, 하지만 대체로 서로 반대 방향으로 작용한 결과이다. 개체 선택은 한 집단의 구성원들 사이에 생존과 번식을 위한 경쟁이 벌어짐으로써 일어난다. 그것은 각 구성원에게 다른 구성원들과의 관계에서 근본적으로 이기적인 본능을 빚어낸다. 대조적으로 집단 선택은 환경을 이용하는 능력 차이나 직접적인 충돌, 또는 양쪽 모두를 통해 사회 사이에 경쟁이 벌어져서 일어난다. 집단 선택은 서로에게 이타적인 경향을 띠는(하지만 다른 집단의 구성원에게는 아니다.) 본능을 빚어낸다. 개체 선택은 우리가 죄악이라고 부르는 것의 상당수를 빚어내는 반면, 집단 선택은 미덕의 많은 부분을 형성한다. 둘은 결합되어 우리 본성의 더 못한 부분과 더 잘난 부분 사이에 충돌을 빚어 왔다.

개체 선택은 정확히 정의하자면, 한 집단의 다른 구성원들과 경쟁하는 개체들의 차등적인 수명과 번식력을 말한다. 집단 선택은 다른 집단과의 경쟁에서 비롯된, 집단 구성원 사이의 상호 작용 형질을 규정하는 유전자의 차등적인 수명과 평생 번식력을 뜻한다.

다수준 선택이 일으키는 영구적인 불화를 어떻게 생각하고 거기에 어떻게 대처해야 할지가 사회 과학과 인문학의 역할이다. 그것을 어떻게 설명할지는 자연 과학의 역할이며, 만일 성공한다면, 자연 과학이 나서서 세 거대한 학문 분야의 조화를 더 수월하게 이룰 수 있는 방안을 마련해야 한다. 사회 과학과 인문학은 근접 원인, 즉 인간의 느낌과 생각이 외부로 표현된 현상들에 몰두한다. 생명 현상을 관찰하고 기록하는 데 몰두하는 자연사가 생물학과 관련이 있는 것과 마찬가지로, 사회 과학과 인문학은 인간의 자기 이해와 관련이 있다. 이 분야들은 개인이 어떻게 느끼고 행동하는지를 기술하며, 역사와 연극을 통해 인간 관계가 만드는 수많은 이야기 중 한 대목을 들려준다. 하지만 이 모든 것은 하나의 상자 안에 들어 있다. 감각과 생각이 인간 본성에 지배되고, 인간 본성도 하나의 상자 안에 들어 있기 때문에, 그것들도 그 안에 갇혀 있다.

인간 본성은 진화할 수 있었던 엄청난 수의 가능한 본성 중 하나일 뿐이다. 우리가 지닌 본성은 우리를 낳은 유전적 조상들이 수백만 년에 걸쳐 헤쳐 온 있을 법하지 않은 경로의 산물이다. 인간 본성을 진화사적 궤적의 산물이라고 볼 때, 비로소 우리가 가진 감각과 생각의 궁극 원인이 드러난다. 근접 원인과 궁극 원인을 결합시켜야만 우리는 자기 이해를 이룰 열쇠를 얻을 수 있다. 우리 자신의 진정한 모습을 보고, 그런 다음 상자 바깥을 탐험할 수단을 말이다.

인간 조건의 궁극 원인을 탐구하려면, 인간 본성에 작용하는 자연 선택의 수준들이 완벽하게 구분되는 것이 아님을 알아야 한다. 아마 족벌주의에서 비롯되는 혈연 선택도 포함될 것이다. 이기적 행동은 몇 가지 방식으로, 예를 들어 발명과 기업가 정신 따위를 통해 집단의 이익을 촉진할 수 있다. 6만 년 전 인류가 아프리카를 탈출하기 전후에 인지 진화의 최종적 마무리가 이루어지고 있을 때, 메디치 가문, 카네기 가문, 록펠러 가문에 대응하는 사람들이 살았을 가능성이 높다. 자기 사회에도 혜택을 주는 방식으로 자신과 자기 가족의 발전을 이루었을 사람들 말이다. 집단 선택도 나름대로 부족을 위해 눈부신 활약을 한 개인들에게 특권과 지위로 보상을 함으로써 개인의 유전적 이익을 촉진했다.

그렇기는 해도 유전적인 사회성 진화에는 냉엄한 법칙이 하나 있다. 이기적 개인이 이타적 개인을 이기는 반면, 이타주의자들의 집단은 이기주의자들의 집단을 이긴다는 것이다. 이 승리는 결코 완결될 수 없다. 즉 선택압 사이의 균형은 어느 한쪽 극단으로 옮겨 가지 않기 때문이다. 개체 선택만이 지배한다면, 사회는 해체될 것이다. 집단 선택만이 지배한다면, 인류 집단은 개미 군체와 비슷해질 것이다.

한 사회의 구성원 개인은 개체 선택의 표적으로서 만들어진 유전자와 집단 선택의 표적인 유전자를 함께 지닌다. 각 개인은 집단의 다른 구성원들과 인간 관계로 연결된다. 개인의 생존과 번식 능력은 어느 정도는 이 관계를 이루는 사람들과의 상호 작용에 의존한다. 혈연 관계는 인간 관계의 구조에 영향을 미치지만, 포괄 적합도 이론이 잘못 생각하는 것처럼 진화를 일으키는 열쇠는 아니다. 중요한 것은 인간 관계 안에서 일상 생활을 이루는 무수한 동맹, 호의, 정보 교환, 배신을 낳는 유전적 성향이다.

선사 시대 내내, 인류의 인지 능력이 진화하고 있을 때, 각 개인의 인간 관계는 자신이 속한 집단의 인간 관계망과 거의 동일했다. 사람들은 100명 이하(아마 30명이 평균이었을 것이다.)의 무리를 이루어서 흩어져 살았다. 그들은 이웃 무리를 알고 있었고, 현대의 수렵 채집인들의 생활을 통해 판단할 때, 이웃 무리와 어느 정도 동맹을 형성했을 것이다. 그들은 교역을 했고 젊은 여성을 교환했으며, 약탈에 맞서거나 보복 공격을 하기도 했다. 하지만 각 개인의 사회적 실존의 핵심을 이룬 것은 무리였고, 무리의 단결은 그것이 구성하는 인간 관계의 결속력을 통해 치밀하게 유지되었다.

약 1만 년 전 신석기 시대에 마을, 그리고 이어서 군장 사회와 국가가 출현하면서, 인간 관계의 성격은 대폭 바뀌었다. 인간 관계는 커지면서 쪼개져서 단편적이 되었다. 이 하위 인간 관계들은 서로 겹치게 되었고 동시에 계층적인 것으로 변했으며 빈 구멍이 많아졌다. 개인은 식구, 같은 종교 신자, 동료 일꾼, 친구, 낯선 사람으로 이루어진 만화경 같은 인간 관계 속에서 살았다. 사회적 실존은 수렵 채집인 세계에 살 때보다 훨씬 더 불안정해졌다. 현대 산업 사회에서 인간 관계는 우리가 물려받은 구석기 시대의 마음을 당혹스럽게 할 만큼 복잡해졌다. 우리의 본능은 역사 시대에 들어서기 전 수십만 년 동안 우세했던, 작고 통일된 무리의 인간 관계를 갈망한다. 우리 본능은 변화한 문명에 준비하지 못한 상태

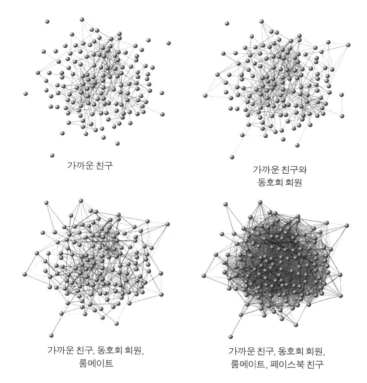

가까운 친구

가까운 친구와
동호회 회원

가까운 친구, 동호회 회원,
룸메이트

가까운 친구, 동호회 회원,
룸메이트, 페이스북 친구

그림 24-1 대학생 140명의 사회 관계망을 나타낸 이 그림처럼 현대 사회의 사회 관계망은 선사 시대와 역사 시대 초기에 비해 훨씬 더 크고 더 심하게 삐걱거린다. 페이스북 같은 인맥을 형성하는 인터넷 혁명은 최근에 사회 관계망을 새로운 수준으로 끌어올렸다.

로 남아 있다.

이 추세는 인간의 가장 강력한 충동 중 하나인 집단을 이루려는 성향에 혼란을 일으켰다. 우리는 초기 영장류 조상들에게서 시작된 한 가지 충동(도저히 어쩔 수 없는 욕구라고 하는 편이 더 낫겠다.)의 지배를 받는다. 모든 사람은 강박적인 집단 추구자이며, 따라서 지극히 부족주의적인 동물이다. 인간은 확대 가족, 조직 종교, 이데올로기 조직, 인종 집단, 운동 동호회, 혹은 그것들의 조합 속에서 다양하게 자신의 욕구를 충족시킨다. 온갖 가능성이 널려 있다. 각 집단에서는 지위 경쟁도 일어나지만, 집단 선택 특유의 결과물인 신뢰와 미덕도 찾아볼 수 있다. 하지만 걱정도 든다. 무수히 겹치는 집단들로 가득한 이 변화하는 지구촌 세계에서 대체 누구에게 충성 맹세를 해야 하나?

그 모든 것을 관통하면서 우리의 본능은 여전히 명령을 내리고 혼란을 일으키고 있지만, 그중 몇 가지는 현명하게 따른다면 우리를 구할 수도 있다. 예를 들어, 우리는 공감하고, 자제한다. 최근에 아주 많이 쏟아져 나온 연구 결과들 덕분에, 도덕 충동이 뇌에서 어떻게 작동하는지를 알아보는 것이 가능해졌다. 여기서 황금률을 설명하는 것이 가능성 있는 출발점 역할을 해 왔다. 황금률은 아마 모든 조직 종교에서 공통으로 발견되는 유일한 가르침일 것이다. 황금률은 모든 도덕 추론의 토대이다. 위대한 신학자이자 철학자인 랍비 힐렐(Hillel, 기원전 110~기원후 10년)은 어느 로마 인이 한 발로 서 있는 동안 토라의 가르침을 모두 설명할 수 있냐고 하자 이렇게 답했다. "당신이 하기 싫은 일을 남에게 시키지 마시오. 나머지는 모두 주석일 뿐이라오."

그 답은 '강제 공감(coercive empathy)'이라고 표현했어도 다를 바 없었을 것이다. 이 말은 사이코패스가 아닌 한, 남들의 고통을 자동적으로 느낀다는 의미이다. 신경 생물학자 도널드 파프(Donald W. Pfaff)는 『페어플레이의 신경 과학(The Neuroscience of Fair Play)』에서 뇌가 주요 부위로 나뉘어 있을 뿐만 아니라 자신에게 맞서 나뉘어 있다고도 주장한다. 우리는 스트레스나 분노를 일으키는 자극이 촉발하는 원초적 두려움을 분자와 세포 수준에서 꽤 많이 이해해 왔다. 그 두려움은 이타적 행동이 적절할 때 두려움을 유발하는 생각을 자동으로 차단함으로써 상쇄된다. 적대적이고 폭력적일 수 있는 행동을 향해 치달을 때, 개인은 심리적으로 자기 자신을 '잃는다.' 감정들이 충돌할 때, 개인은 자신의 정체성을 조금 남에게 이전한다.

야누스 같은 우리 종의 뇌는 신경 세포, 호르몬, 신경 전달 물질이 뒤얽힌 대단히 복잡한 체계이다. 뇌는 맥락에 따라 서로를 다양하게 강화하거나 상쇄시키는 과정들을 만들어 낸다.

두려움은 어느 정도는 편도를 지나는 신경 신호의 흐름이다. 편도는 두려움, 두려움의 기억, 두려움의 억압에 한꺼번에 기여하는 신경 세포 회로들과 연결되어 있는 아몬드 모양의 뇌 구조물이다. 이 연결들을 지나는 신호들은 통합되었다가 앞뇌와 중간뇌의 다른 영역들로 전달된다. 두려움이라는 감정은 편도에서 나오는 반면, 감정을 일으키는 특정한 사람이나 대상에 관한 더 복잡한 두려운 생각은 대뇌 피질의 정보 처리 중추에서 나오는 듯하다.

공포와 분노의 억압이 자동적인 특성을 지닌다는 두 번째 단서는 앞쪽 띠이랑과 섬엽의 회로들에서 발견되었다. 이 두 부위는 통각을 정서 반응과 연결하는 데 도움을 준다. 이 회로들은 자신의 고통에 대한 반응뿐만 아니라 남의 고통을 지각하는 데에도 영향을 미친다.

저명한 과학자인 파프는 최근의 뇌 연구들에서 나오는 단편적인 결과들을 엮어서 큰 그림을 만드는 것에 신중한 입장이지만, 그도 인간의 행동을 이해하는 데 명백히 중요한 그런 현상을 설명할 설득력 있는 작업 가설을 세우는 것이 적어도 가치가 있다고는 여긴다. 두려움이든 심리적 스트레스이든 다른 어떤 정서로 촉발된 것이든, 뇌 회로에 새겨진 흐리기(blurring) 과정을 통해, 윤리적으로 수용할 수 있는 행동 대안들의 목록이 거의 무한히 길다는 점을 설명할 수 있다. 파프는 가상의 사례를 들어 이 과정을 설명한다.

이 이론은 네 단계로 구성된다. 첫 번째 단계에서, 개인은 남에게 어떤 행동을 취할지 생각한다. 예를 들어, 애벗 부인은 베서 씨의 배를 칼로 쑤셔 버릴까 생각한다. 모든 행동이 그렇듯이, 그 행동을 취하기 전에 행위자의 뇌에서는 그 장면이 펼쳐진다. 일을 저지르려는 사람은 그 행동이 남에게 미칠 결과를 이해하고 내다보고 떠올릴 수 있다. 두 번째로 애벗 부인은 행동의 표적인 베서 씨를 눈앞에 떠올린다. 세 번째가 중요한 단계이다. 그녀는 남과 자신의 차이를 흐릿하게 한다. 자신의 행동이 베서 씨에게 미칠 결과, 그의 창자가 입을 끔찍한 상처와 피범벅이 된 모습을 떠올리는 대신에, 그녀는 그의 피투성이가 된 창자와 자신의 피투성이가 된 창자를 정신적, 감정적으로 구분하지 못하게 된다. 네 번째 단계는 결정이다. 애벗 부인은 이제 베서 씨를 공격할 가능성이 줄어든다. 그의 공포를 공유하기 때문이다. (아니, 더 정확히 말하자면, 그녀는 자신이 품고 있던 생각을 그가 알았을 때 겪을 공포를 공유한다.)

신경 과학자가 보기에, 칼을 휘두르려 한 사람이 내린 윤리적 결정을 설명하는 이 이론에는 매우 흥미로운 점이 하나 있다. 정보를 애써 습득하거나 저장하는 것이 아니라, 정보의 상실만을 수반한다는 것이다. 복잡한 정보를 배우고 기억에 저장하는 일은 머리를 쓰고 수고해야 하는 과정인 반면, 정보의 상실은 전혀 힘들이지 않고 일어나는 듯하다. 이 이론이 요구하는 정체성 흐리기는 기억에 수반되는 많은 메커니즘 중 어느 하나가 억제된다고 하면 설명할 수 있다. 애벗 부인과 베서 씨의 사례에서는 정체성 흐리기(개체성 상실)가 일어난 결과, 공격자가 일시적으로 자신을 남의 입장에 놓게 된다. 그녀는 공포를 공유하게 되어 비윤리적 행동을 피한다.

윤리적 의사 결정에 관한 이 설명이 옳다면, 진화 생물학이 이해하고 있는 집단 선택의 내용과 들어맞는 부분이 있을 것이다. 자연 선택이 집단 전체에 이익을 주는 구성원들의 상호 작용을 선호해 왔기 때문에, 인류가 도덕적인 성향(옳은 일을 하고, 자제하고, 때로는 위험까지 무릅쓰면서 남을 돕는 것)을 띤다는 것 말이다.

집단 선택은 공감의 본능을 빚어냈을 뿐만 아니라, 인간 본성의 더욱 중요한 형질인 협동도 적어도 어느 정도 설명할 수 있다. 2002년 에른스트 페어(Ernst Fehr, 1956년~)와 시몬 게히터(Simon Gächter, 1965년~)는 그 과학적 문제를 다음과 같이 명쾌하게 정립했다. "인간의 협동은 진화의 수수께끼이다. 다른 생물들과 달리, 인간은 때로 큰 집단 속에서 유전적인 유연 관계가 없는 낯선 이들과, 또 두 번 다시 만날 일이 없을 이들과 자주 협동을 하며, 번식상의 이익이 작거나 없을 때에도 그렇다. 이 협동 양상은 혈연 선택의 진화론과 신호 전달 이론이나 호혜적 이타성 이론과 관련된 이기적 동기로 설명할 수 없다."

이미 지적했다시피 혈연 선택은 이 역설의 해답이 될 수 없다. 초기 수렵 채집인 무리에게서는 혈연 선택이 작용했다고 생각할지도 모르겠다. 가까운 친족들이 소규모 무리를 지었을 테니까 말이다. 하지만 수학적 분석 결과들은 혈연 선택 자체가 역동적인 진화적 힘으로 작용할 수 없다고 말한다. 협력자가 다른 유전적 협력자와 만날 가능성이 더 높아지는 식으로 가까운 친족끼리 함께 모일 때, 그 자체로는 협동의 출현을 촉진하는 결과가 나오지 않을 것이다. 협력자를 많이 포함한 집단이 협력자를 덜 포함한 집단과 맞서 경쟁하면서 일어나는 집단 선택만이 종 수준에서 더 크고 더 넓은 규모의 본능적인 협동을 빚어낼 것이다.

이 세기의 첫 10년 동안 생물학자들과 인류학자들은 협동의 진화를 집중적으로 연구해 왔다. 그들이 내린 결론은 협동이라는 현상이 인류의 선사 시대에 타고난 반응들의 조합을 통해 나타났다는 것이다. 개인들의 지위 추구, 높은 지위에 있는 개인에 대한 집단적인 끌어내림, 집단의 규범을 너무 벗어난 이들을 자진하여 처벌하고 징벌하려는 충동이 그런 반응에 속한다. 이 행동 각각은 이기심과 이타성의 요소를 함께 지닌다. 이 모든 것은 원인과 결과로 뒤얽혀 있으며, 집단 선택을 통해 출현했다.

스티븐 핑커는 『빈 서판(*Blank Slate*)』에서 의식을 지닌 뇌에서 생기는 뒤얽힌 충동들을 꼼꼼히 열거했다.

> 경멸, 분노, 혐오 같은 타인 비난(other-condemning) 감정은 사기꾼을 처벌하는 작용을 하고, 감사, 고양시키는 감정, 도덕적 경외, 감동 등의 타인 칭찬(other-praising) 감정은 이타주의자에게 보상하는 기능을 한다. 동정, 공감, 연민 같은 타인 고통(other-suffering) 감정은 어려운 수혜자를 도와주는 기능을 하고, 죄 의식, 수치, 당혹 등의 자의식적(self-conscious) 감정은 남을 속이지 않거나 속인 결과를 바로잡는 기능을 한다. (스티븐 핑커, 김한영 옮김, 『빈 서판』(사이언스북스, 2002년)를 참조했다. ─ 옮긴이)

끈질긴 모순 감정과 모호성은 우리의 마음을 지배하는 낯선 영장류가 물려준 열매이다. 인간이 된다는 것은 남들을, 특히 자신이 번 것보다 더 많이 받는 듯이 보이는 이들을 끌어내리는 것이기도 하다. 엘리트 계층 내에서도 남보다 더 높은 지위에 오르기 위해, 질시하는 경쟁자들이 층층이 차지하고 있는 지위들 사이를 헤치고 나아가기 위한 미묘한 게임이 펼쳐진다. 겸손한 태도를 보이는 것, 더욱 겸손해지는 것이 필수 전략이다. 이 일은 까다롭기 그지없다. 17세기 수필가 프랑수아 드 라 로슈푸코(François de La Rochefoucauld, 1613~1680년)는 이렇게 간파했다. "겸손은 행운에 취한 이들에게 따라붙게 마련인 시샘과 경멸을 초래할까 하는 두려움에서 비롯된다. 마음이 강하다고 과시하는 것은 소용없는 짓이다. 최고의 지위에 오른 이들의 겸손함은 자신의 지위를 더 크게 보이려는 욕망에서 비롯된다."

연구자들이 '간접 호혜성(indirect reciprocity)'이라고 부르는 것도 평판을 높이는 데 도움이 된다. 설령 행동이 평소와 다를 바 없다고 해도, 이 호혜성을 통해 이타적이고 협동심이 있다는 평판이 따라붙는다. 독일의 한 격언은 이 전술을 잘 보여 준다. "선행을 하면 널리 알려라.(Tue Gutes und rede darüber.)" 그러면 문이 열릴 것이고, 우정과 동맹의 기회가 증가한다.

모두가 그 게임을 알고 있기에 사람들은 자신만 안전하다면 언제나 기꺼이 맞대응을 한다. 사람들은 위선에 매우 민감하며, 나무랄 데가 없다고는 할 수 없는 사람이 높은 지위로 올라갈 때면 언제든 끌어내릴 준비가 되어 있다. 평등주의자, 다른 이를 끌어내리려는 자, 다시 말해 거의 모든 사람은 가공할 병기고를 갖추고 있다. 혹평, 농담, 풍자, 비웃음은 거만하고 지나치게 야심적인 사람을 약화시키는 강력한 무기이다. 비꼬기(put-down)도 좋은 무기이다. 재치를 토대로 한 이 기술은 대화의 양넘이라고 흔히 일컬어진다. 역사상 가장 잘 알려져 있으면서 가장 탁월하다고 할 만한 것은 영국 극작가 새뮤얼 푸트(Samuel Foote, 1720~1777년)가 제4대 샌드위치 백작인 존 몬태규(John Montagu, 1718~1792년)에게 한 대답일 것이다. 백작이 성병에 걸려 죽지 않으면 교수형을 당할 것이라고 경고하자, 푸트는 이렇게 대꾸했다. "그건 제가 백작님의 부인을 받아들이느냐, 백작님의 도덕을 받아들이느냐에 달려 있겠네요."

물론 인간의 협동에는 건방진 자를 무너뜨림으로써 협동을 지키고 효율을 유지하는 차원을 넘어서 훨씬 더 많은 것이 담겨 있다. 정상적인 사람이라면 모두 진정한 이타주의를 실천할 수 있다. 우리는 병들고 다친 사람을 돌보고, 가난한 사람을 돕고, 누군가를 여읜 사람을 위로하고, 심지어 낯선 이를 구하기 위해 목숨까지 무릅쓴다는 점에서 동물 가운데 독특하다. 많은 이들이 위기에 빠진 사람을 돕고는 이름도 안 남긴 채 사라지고는 한다. 혹은 그 선행이 알려졌을 때에는 자신의 영웅적 행위를 당연한 일이었다며 평가 절하한다. "할 일을 했을 뿐인데요, 뭘." 또는 "제가 그런 상황에 처했다면 남들도 똑같이 했을 텐데요, 뭐."

미국의 경제학자 새뮤얼 볼스를 비롯한 연구자들이 주장해 왔듯이, 진정한 이타주의는 존재한다. 그것은 집단의 힘과 경쟁력을 강화하며, 인류가 진화하는 동안 집단 수준의 자연 선택을 통해 선호되어 왔다.

추가적인 연구들에 따르면 평등주의 또는 끌어내리기가 고도로 발전한 현대 사회들에서도 유익하다고 한다. (하지만 아직 결정적으로 입증되지는 않았다.) 교육과 의료에서부터 범죄 대책과 집단 자존감에 이르기까지, 주민들의 삶의 질을 높이기 위해 최선을 다하는 사회는 가장 부유한 부자와 가장 가난한 사람 사이의 소득 차이가 가장 작다. 2009년 리처드 윌킨슨(Richard Wilkinson)과 케이트 피케트(Kate Pickett)가 한 분석에 따르면, 세계에서 가장 부유한 나라와 미국의 주 23곳 가운데, 일본, 북유럽 국가들, 미국의 뉴햄프셔 주가 부의 편차가 가장 적고 평균 삶의 질이 가장 높다고 나왔다. 영국, 포르투갈, 미국의 나머지 주들이 꼴찌였다.

사람들은 끌어내리고 협동하는 데에서만이 아니라 다른 데에서도 본능적인 쾌락을 얻는다. 협동하지 않는 이들(무임 승차자, 범죄자)과 심지어 지위에 걸맞은 수준의 기여를 하지 않는 이들(무책임한 부자)에게 가해지는 처벌을 즐긴다. 악한 자를 쓰러뜨리려는 충동을 최대로 이용하는 것은 선정적인 폭로 기사와 범죄 실화 기사를 즐겨 쓰는 언론이다. 사람들은 악행을 저지르는 자와 게으른 자가 처벌받는 모습을 보고 싶어 안달하지만 않는다. 정의를 구현하는 일에 기꺼이 동참한다. 손해를 무릅쓰면서까지 말이다. 빨간불인데 지나가는 동료 운전자를 비난하고, 고용주를 밀고하고, 중범죄를 경찰에 신고하는 등 많은 사람들은 설령 그 나쁜 행위자를 개인적으로 알지 못하고 자신의 시간을 빼앗길 위험을 무릅쓰고서 선량한 시민 의식을 발휘할 것이다.

그런 '이타적 처벌'의 집행은 뇌에서 양쪽 앞섬엽(bilateral anterior insula)을 활성화한다. 이곳은 고통, 분노, 혐오를 통해 활성화되는 뇌 중추이기도 하다. 그것은 사회에 더 큰 질서를 부여하고 공공재의 이기적인 유용을 줄인다. 그것은 처음부터 자신과 친족에게 궁극적으로 미칠 영향까지도 심사숙고하는 이타주의자의 합리적인 계산에서 나오는 것이 아니다. 진정한 이타성은 부족의 공익을 추구하는 생물학적 본능에 토대를 두며, 집단 선택에서 나왔다. 선사 시대에 이타주의자의 집단이 이기적으로 구는 개인들의 집단보다 우세했기 때문에 생긴 결과이다. 우리 종은 호모 오이코노미쿠스(Homo oeconomicus, 경제적 사람)가 아니다. 우리 인류는 더 복잡하고 흥미로운 무언가이다. 우리는 우리가 지닌 것을 갖고 최선을 다하면서, 예측 불가능하고 무자비하게 위협적인 세계를, 상충되는 충동들을 지닌 채 헤치고 나아가는 불완전한 존재, 호모 사피엔스이다.

그리고 평범한 이타주의적 본능 너머에는 더 미묘한 어떤 것이 있다. 그것은 본래 덧없는 것이지만 잘만 활용한다면 큰 변화를 일으킬 수 있는 것이다. 바로 명예심이다. 그것은 타고난 공감 능력과 협동의 본능에서 태어나는 감정이다. 그리고 우리 종족을 구원할 수도 있는 이타성의 마지막 무기이기도 하다.

물론 명예심은 양날의 검이다. 한쪽 날은 전쟁에서 헌신과 희생을 낳는다. 이 반응은 집단에 위협으로 여겨지는 적에게 맞서서 자신을 방어하려는 원초적인 집단 본능에서 나온다. 1914년 제1차 세계 대전의 형언할 수 없는 비극이 아직 제대로 펼쳐지기 전, 그리고 자신의 죽음을 맞이하기 전, 젊은 영국 시인 루퍼트 브룩(Rupert Brooke, 1887~1915년)은 그것이 빚어내는 분위기를 완벽하게 포착했다.

불어라, 나팔을 불어라! 그들은 우리에게 가져왔나니,

그토록 오랫동안 잊었던 신성함을, 그리고 사랑을, 또한 고통을.

명예를 되찾았노라, 왕으로서,

그리고 백성들에게 녹봉을 지급했노라

그리고 우리는 다시 고귀함을 얻었노라

그리고 우리의 유산을 물려받았노라

이 검의 반대쪽 날은 군중과 맞서고, 때로는 주류 도덕 법칙이나 더 나아가 종교 자체와 맞서는 개인의 명예를 추구한다. 철학자 콰메 앤서니 애피아(Kwame Anthony Appiah, 1954년~)는 『명예 규약: 도덕 혁명은 어떻게 일어나는가(The Honor Code: How Moral Revolutions Happen)』에서 이 점을 탁월하게 표현했다. 조직적인 불의에 맞선 개인과 소수 집단의 저항을 기술한 다음 대목을 보자.

당신은 도덕이 홀로 일하지는 않는다는 이런 이야기들에서 명예가 하는 일이 무엇이냐고 물을 수도 있다. 도덕을 이해하면 군인은 포로의 인간 존엄성을 능욕하지 못할 것이다. 도덕을 이해하지 못한 군인의 행동을 받아들이지 않게 될 것이다. 그리고 지긋지긋하게 학대받아 온 여성들은 학대자가 처벌을 받아 마땅하다는 점을 알게 될 것이다. 하지만 군인에게 옳은 일을 하고 옳지 않은 일을 비난하는 차원을 넘어서, 자기편의 누군가가 못된 짓을 할 때에도 조치를 취해야 한다고 고집하게 만드는 것은 명예심이다. 남의 행위에 휘말렸다고 느끼기 위해서는 명예심이 있어야 한다.

그리고 당신 같은 여성들에게 재판받을 권리를 거의 주지 않는 사회에서 역경에 굴하지 않고 자신의 그 권리를 주장하려면 자신이 존엄하다는 감각을 가지고 있어야 한다. 그리고 모든 여성이 자신이 당한 야만적인 강간에 대해 단지 분노하고 복수하기 위해서가 아니라, 자국의 여성들이 마땅히 받아야 할 존중을 받도록 자신의 나라를 개혁하려는 결의를 하게 만드려면 자신이 존엄하다는 감각을 그녀들이 가지고 있어야 한다. 그런 선택을 한다는 것은 힘든 삶을 살아가는 것이기도 하다. 때로는 위험도 무릅써야 한다. 또 그것은 당연히 명예로운 삶을 살아가는 것이다.

도덕에 대한 자연주의적 이해는 절대적인 교리와 단정적 판단으로 이어지지 않을 뿐만 아니라, 종교적 및 이데올로기적 교리에 맹목적으로 기대지 말라고 경고한다. 종종 그렇듯이, 그런 교리가 오도될 때에는 대개 무지(無知)에 토대를 두기 때문이다. 그 교리가 정립될 때 의도하지 않았지만 어떤 중요한 요소가 누락되고는 한다. 예를 들어, 가톨릭 교회가 인공 피임을 금지한 것을 생각해 보자. 그것은 1968년 바오로 6세 한 사람이 회칙 「인간 생명」을 통해 내린 결정이었다. 그가 제시한 이유는 언뜻 볼 때에는 전적으로 합리적인 듯하다. 그는 신의 의도가 성교의 목적을 아이를 잉태하는 것으로만 한정짓는 것이었다고 가정했다. 하지만 그 회칙의 논리는 잘못되었다. 거기에는 핵심적인 사실 하나가 빠져 있다. 심리학과 번식 생물학에서 나온 많은 증거들, 특히 주로 1960년대 이후에 나온 것들은 성교에 또 다른 추가 목적이 있음을 말해 준다. 인간 여성은 외부 생식기를 숨기고 배란기에 있음을 광고하지 않는다는 점에서 다른 영장류 암컷과 다르다. 그 결과 남녀 모두는 결합하면, 지속적으로 빈번하게 성교를 하게 된다. 이 행위는 유전적으로 적응성을 띤다. 여성과 아이가 아버지의 도움을 계속 받도록 해 주기 때문이다. 여성에게는 번식과 무관하게 쾌락을 주는 성교를 통해 남성의 헌신적인 행동을 확보하는 것이 중요하며, 많은 상황에서는 그것에 사활이 걸려 있기도 한다. 사람의 아기는 잘 조직된 커다란 뇌와 높은 지능을 획득하기 위해, 발달하는 동안 유달리 긴 기간을 무력한 상태로 지내야 한다. 설령 치밀하게 조직된 수렵 채집인 사회라고 해도 어머니가 공동체에서 받는 지원은 성적으로, 또 정서적으로 결합된 짝이 제공하는 것에 비할 수가 없다.

지식 부족 때문에 교조적인 윤리가 잘못된 방향으로 나아가는 두 번째 사례는 동성애 혐오증(homophobia)이다. 여기서도 기본 논리는 인공 피임에 반대하는 것과 거의 같다. 번식 의도가 없는 섹스는 일탈 행위이자 죄악임이 분명하다는 것이다. 하지만 수많은 증거들은 정반대 방향을 가리킨다. 유년기에 그 성향이 출현하는 진정한 동성애는 유전성이다. 그 형질이 언제나 고정된 것이라는 의미가 아니라, 개인이 동성애자로 자랄 가능성의 더 많은 부분을 유전자가 규정하며, 그 유전자는 이성애자로 자라게 하는 유전자와 다르다는 것이다. 게다가 유전적 영향을 받는 동성애가 단지 돌연변이에서 비롯된다고 보기에는, 동성애가 전 세계의 인간 집단들에서 너무 흔하다. 집단 유전학자들은 경험 법칙을 이용하여 동성애자의 비율이 일정 수준을 유지하는 이유를 설명한다. 전적으로 무작위적 돌연변이로만 생길 수는 없는 어떤 형질은, 그것을 지닌 사람의 번식을 줄이거나 차단한다고 해서 없앨 수 없다면, 어떤 다른 종류의 표적에 작용하는 자연 선택이 선호하는 것이 분명하다고 말이다. 예를 들어, 약한 수준의 동성애 성향을 빚어내는 유전자는 이성애자에게 경쟁적 이점을 제공할 수도 있다. 혹은 동성애가 특수한 재능이나 독특한 성격, 특수한 역할이나 직업에 기여함으로써 집단에 이점을 제공할 수도 있다. 문자 이전의 사회와 현대 사회 모두에서 그렇다는 증거가 많이 있다. 어느 쪽이든 동성애자가 성적 선호도가 다르고 번식을 덜 한다는 이유로 동성애를 용인하지 않는 사회는 잘못된 것이다. 동성애의 존재는 인류의 다양성에 어떻게 건설적으로 기여하느냐로 평가해야 한다. 동성애를 비난하는 사회는 자신에게 해를 입히는 것이다.

도덕 추론의 생물학적 기원을 연구함으로써 얻은 원리가 하나 있다.

노예제, 아동 학대, 대량 학살에 대한 반대처럼 세계 어디에서든 예외 없이 반대해야 한다고 모든 사람이 동의할 만큼 가장 명확한 윤리 규범들의 너머에는 본질적으로 길을 찾기가 어려운 더 넓은 회색 지대가 자리하고 있다. 윤리 규범임을 선언하고 그것을 토대로 판단을 내리려면, 그 문제를 왜 이쪽 또는 저쪽으로 보려는지 철저히 이해할 필요가 있으며, 거기에는 관련된 감정들의 생물학적 역사도 포함시켜야 한다. 이 연구는 아직 이루어지지 않고 있다. 사실, 여태껏 거의 생각한 적도 없다.

우리 자신에 대한 이해가 깊어지면 도덕과 명예에 대한 우리의 생각은 어떻게 될까? 많은 경우에, 아니 아마 대다수의 경우에 오늘날 대부분의 사회가 공유하는 윤리 규범들이 생물학을 토대로 한 현실주의의 시험을 견뎌 낼 것임을 나는 결코 의심하지 않는다. 반면에 인공 피임 금지, 동성애 혐오, 어린 소녀의 강제 혼인 같은 것들은 그렇지 못할 것이다. 어떤 결과가 나오든 윤리 철학은 과학과 문화 양쪽을 토대로 자신의 윤리 규범들이 재구축될 때 혜택을 볼 것이 분명해 보인다. 그런 식으로 더 심화된 이해가 교조주의적 도덕가들이 그토록 격렬하게 경멸한 '도덕적 상대주의'와 다를 바 없다고 하더라도, 나는 그대로 받아들이련다.

25장

종교의 기원

　과학과 종교 사이의 갈등사에서 아마겟돈(이렇게 강한 비유를 써도 된다고 한다면 쓰고 싶다.)은 지난 20세기에 가장 격렬하게 시작되었다. 그것은 과학자들이 종교의 토대를 설명하려고 시도한 결과이다. 그 과학자들에게 종교는 인류가 자신의 자리를 찾기 위해 애써야 하는 별도의 세계도 아니었고, 현존하는 신에 대한 경배도 아니었으며, 자연 선택을 거친 진화의 산물일 뿐이었다. 근본적으로 이 갈등은 사람들 사이의 투쟁이 아니라 세계관 사이의 싸움이다. 사람은 폐기할 수 없지만, 세계관은 그럴 수 있다.

　사람이 신의 모습을 본떠 만들어졌을까, 아니면 신이 사람의 모습을 본떠 만들어졌을까? 이것이 바로 종교와 과학을 토대로 한 세속주의의 핵심적인 차이점이다. 어느 쪽을 선택하느냐에 따라 인간의 자기 이해와 사람들이 서로를 대하는 방식은 대단히 심오한 영향을 받게 된다. 대다수 종교의 창조 신화와 그 형상들이 이야기하는 것처럼 신이 자신의 모습을 본떠 인간을 만들었다면, 신이 사적으로 인류를 책임진다고 가정하는 것이 온당하다. 반면에 신이 자신의 모습을 본떠 인간을 만든 것이 아니라면, 태양계는 우주에 있는 약 100해(10^{22}) 개의 행성계 중에서 특이하지 않을 가능성이 꽤 높다. 후자가 옳을 수도 있겠다는 생각이 널리 퍼진다면, 조직 종교를 믿는 사람들은 크게 줄어들 것이다.

이제 우리는 궁극적인 질문에 이르렀다. 내가 보기에 신학자들은 수 세기에 걸쳐 쓸데없이 그 문제를 줄곧 복잡하게만 만들어 온 듯하다. 신은 과연 존재할까? 신이 있다면, 그는 인격신일까? 즉 답을 줄 것이라고 기대하면서 기도를 올려도 좋을 신일까? 그리고 만일 정말로 그렇다면, 우리는 앞으로 1조 년의 1조 배 동안 (일단은) 평화롭고 안락하게 영원히 살아갈 것이라고 기대해도 좋을까?

이런 기본 질문들을 두고 20세기에 종교 신자들과 세속적인 과학자들은 서로 멀어졌다. 1910년《미국의 과학인(American Men of Science)》에 실린 조사에 따르면, '위대한(저명한)' 과학자들을 대상으로 조사했을 때에는 인격신을 믿는 사람이 32퍼센트로서 아직 비율이 꽤 높았고, 영생을 믿는 사람은 37퍼센트에 달했다. 1933년에 조사했을 때에는 신을 믿는 과학자는 13퍼센트, 영생을 믿는 과학자는 15퍼센트로 줄어들었다. 감소 추세는 계속 이어진다. 1998년에 미국 연방 정부의 지원을 받는 엘리트 과학자들의 단체인 미국 국립 과학 아카데미(National Academy of Science, NAS)의 회원들은 거의 다 무신론자로 이루어져 있었다. 신이나 영생을 믿는다고 말한 과학자는 10퍼센트에 불과했다. 그리고 그중 생물학자는 2퍼센트도 채 안 되었다.

현대 문명 사회에서는 조직 종교에 속해 있는지의 여부가 일반 대중에게 그다지 중요한 의미를 지니지 않는다. 한 예로, 미국인과 서유럽 인의 신앙심은 큰 차이를 보인다. 1990년대 말의 여론 조사 결과를 보면, 하느님이나 다른 어떤 형태의 보편적인 생명력을 믿는 미국인은 95퍼센트를 넘은 반면, 영국인은 61퍼센트였다. 예수가 신 또는 신의 아들이라고 보는 미국인은 84퍼센트였지만, 영국인은 46퍼센트에 불과했다. 1979년의 여론 조사에 따르면, 미국인의 70퍼센트는 사후 세계가 있다고 믿었지만, 이탈리아 인은 46퍼센트, 프랑스 인은 43퍼센트, 스칸디나비아 인은 35퍼센트만 믿었다. 오늘날 일주일에 한 번 이상 교회에 가는 미국인은 거의 45퍼센트에 이르지만, 영국인은 13퍼센트, 프랑스 인은 10퍼센트, 덴마크 인은 3퍼센트, 아이슬란드 인은 2퍼센트에 불과하다.

나는 미국인의 대부분이 서유럽 인의 후손인데, 이렇게 대륙 간에 큰 차이가 나타나는 이유가 무엇이냐는 질문을 종종 받는다. 또 성서 문자주의가 널리 퍼져 있고 미국인의 절반이 생물 진화를 부정한다는 점도 상당히 당혹스럽다. 미국 기독교 근본주의자 중에서 높은 비율을 차지하는 복음주의 종파인 남부 침례교의 신자로 자란 나는 『킹 제임스 성경』의 힘과 그 아래 모인 이들의 따스함과 관용, 점점 신을 믿지 않게 되어 가는 문화 속에서 그들이 느끼는 고립감을 아주 잘 안다. 변질될 수도 없고 의심할 수도 없는 성경은 모든 영적 욕구를 충족시키는 장치이다. 존엄한 성경 구절들은 한없이 퍼 올릴 수 있는 의미의 샘이다. 그 안에서 신자들은 외로울 때 동료를 얻고, 슬플 때 위안을 얻고, 도덕적 잘못을 저질렀을 때 구원을 기대한다. 한 유명한 찬송가는 이렇게 말한다. "죄짐 맡은 우리 구주 나의 좋은 친구라. 걱정 근심 무거운 짐 우리 주께 맡기세!" 미국인 중에 근본주의 프로테스탄트가 차지하는 비율이 그렇게 높은 데에는 역사적인 이유가 있으며, 그 설명은 역사가에게 맡기련다. 하지만 조롱과 이성이 자신들의 문화를 파괴할지도 모른다고 믿는 이들에게, 나는 다시 한번 생각해 보라고 말하겠다. 지적이고 교양 있는 사람들이 자신의 정체성과 삶의 의미를 종교와 동일시하는 상황들이 있으며, 이 사례가 바로 그렇다.

인격신, 혹은 신들, 또는 비물질적인 정령은 믿지 않는다고 해 보자. 그렇다면 우주를 창조했다는 신성한 힘은 어떻게 보아야 할까? 우리 모두는 그런 창조주를 숭배해야 할까? 그가 우리에게 별 관심을 갖지 않는다고 해도? 이것은 이신론(deism)의 논리이다. 물질적 존재는 무언가 또는 누군가의 목적에 따라 시작되었다는 것이다. 만일 그렇다면, 우주가 탄생한 이유는 대폭발 이후 137억 년이 지난 오늘날까지도 밝혀지지 않은 셈이다. 소수의 진지한 과학자들은 적어도 어떤 창조주가 틀림없이 있다고 주장해 왔다. 그들의 추론에서 핵심이 되는 것은 인간 원리(anthropic principle, '인류 원리'라고도 한다.)이다. 물리학 법칙과 그 매개 변수들이 행성계가 진화하고 그 안에서 탄소 기반의 생명체가 진화할 수 있도록 세밀하게 조정되어 있다는 것이다. 우리에게 알맞은 물리적 실체들과 힘들이 우리를 둘러싸고 있는 일종의 궁극적인 골디락스(Goldilocks, 천문학에서 너무 뜨겁지도 차갑지도 않아서 생명체가 거주하기에 알맞은 공간을 가리키는 말 — 옮긴이) 우주를 만들고 있다는 것이다. 너무 모자라지도 않고 너무 넘치지도 않게 우리에게 딱 맞는 우주인 셈이다. 예를 들어, 대폭발이 조금 더 강력했다면, 물질들이 너무 빨리 흩어져서 항성과 행성은 형성되지 못했을 것이다. 인간 원리가 흥미롭다는 점은 인정해야 한다. 하지만 역사가 토머스 딕슨(Thomas Dixon)은 그것의 문제점을 지적한다.

물리 상수들이 이렇게 저렇게 배열된 것을 보고서 우리가 놀랄지 말지 어떻게 알겠는가? 어떤 조합이든 간에 도저히 있을 법하지 않게 보이리라는 점은 분명하다. 아무튼 이런 주장들에서 가정하는 식으로 정말로 이 상수들이 단순히 자연적으로 고정되어 있거나 우리가 이해하지 못하는 방식으로 서로 연결되어 있는 것이 아니라 자유롭게 변할 수 있을지 우리가 어찌 알겠는가? 그리고 단지 가능성이 있다는 차원이 아니라, 수조 개의 다른 우주가 실제로 존재한다고 치자. 그럴 때 정말로 우리는 자신의 존재와 물리적 조성에 관해 덜 놀라게 될까? (처음에 놀랐다고 가정한다면 말이다. 물론 솔직히 나는 놀라지 않았다.)

이 반론은 데이비드 흄(David Hume, 1711~1776년)의 철학에 담긴 통찰력을 떠올리게 한다. "훨씬 더 친숙한 다른 수많은 주제들에서 인간 이성의 불완전함과 심지어 모순들이 발견되었으므로, 나는 우리의 관찰 범위를 아주 멀리 벗어난, 너무나 숭고한 주제에 대한 그 허약한 추정이 어떤 식으로든 성공을 거둘 것이라는 예상을 결코 할 수 없다."

이 통찰에 반하여 어떤 수단으로든 우리가 우주의 물리 법칙을 지고한 초자연적 존재의 증거라고 해석하기로 했다고 하자. 그러면 이 행성에서 펼쳐진 생물의 역사를 어떤 신의 개입 탓으로 돌리는 것은 엄청난 신념의 도약이 될 것이다. 생물학과 인류학에서 나온 증거가 무언가를 의미한다면, 플라톤과 칸트 식으로 인간 존재의 개별 특성과 별개로 존재하는 보편적인 윤리 규범을, 따라서 클라이브 스테이플스 루이스(Clive Staples Lewis, 1898~1963년)를 비롯한 기독교 옹호론자들이 그토록 유창하게 설파했던 신이 준 도덕 법칙을 상상하는 것도 똑같은 수준의 실수를 저지르는 셈이 된다. 그 대신에 종교와 도덕의 기원을 자연 선택이 이끈 인류 진화사의 특수한 사건이라고 설명하는 것이 모든 면에서 타당하다.

우리 앞에 놓인 수많은 증거들은 조직 종교가 부족주의의 한 표현이라고 말한다. 모든 종교는 신자들에게 그들이 특수한 집단에 속해 있으며 자신들의 창조 신화, 도덕 규범, 신에게 받은 특권이 다른 종교들이 내세우는 것보다 더 우월하다고 가르친다. 신자들의 자선 행위를 비롯한 이타주의적 행동은 같은 종교의 신자들에게 집중된다. 외부인에게까지 확장될 때에는 대개 개종시킴으로써 동족과 동맹자의 규모를 늘리기 위함이다. 경쟁 관계에 있는 여러 종교들을 살펴보고 개인과 사회에 가장 낫다고 판단되는 것을 선택하라고 사람들에게 설교하는 종교 지도자는 아무도 없다. 종교 사이의 갈등은 전쟁의 직접 원인까지는 아니어도 촉진제일 때가 종종 있다. 독실한 신자들은 다른 모든 것보다 자신의 신앙에 더 높은 가치를 부여하며 의문을 제기하면 즉시 분개한다. 조직 종교의 힘은 진리 추구가 아니라 사회 질서와 개인의 안전에 얼마나 기여하는지를 토대로 한다. 종교의 목표는 개인을 부족의 의지와 공익에 복종시키는 것이다.

종교에서 비논리성은 약점이 아니라 핵심 강점이다. 기이한 창조 신화를 받아들임으로써 구성원들은 하나로 결속된다. 다양한 기독교 종파들은, 예수를 따르는 이들은 곧 천국으로 가고, 뒤에 남은 이들은 1,000년 동안 시련을 겪으며, 그 후 세상의 종말이 찾아올 것이라는 믿음을 공유한다. 종파에 따라 견해가 다르지만, 예수의 살을 먹고 그의 피를 마심으로써(둘 다 실체 변화(transubstantiation)를 통해 말 그대로 가능해졌다.) 지상의 예수와 함께하기를 권하기도 한다. 그런 교리를 대놓고 의심하는 외부인은 개인의 프라이버시를 침해하고 모욕을 주는 사람으로 간주된다. 의심을 제기하는 내부인은 처벌해야 할 이단자이다.

현실 세계에서 그렇게 강렬하게 작동하는 부족주의적 본능은 부족끼리 경쟁하는 상황에서 작용하는 집단 선택을 통해서만 진화적으로 출현할 수 있다. 종교 신앙의 색다른 특성들은 더 높은 생물학적 조직화 수준에서 일어나는 동역학의 논리적 결과이다.

전통적인 조직 종교의 핵심은 창조 신화이다. 현실 세계의 역사에서 그런 신화들은 어떻게 기원했을까? 일부는 새 땅으로의 이주, 전쟁에서의 승리나 패배, 대홍수나 화산 폭발 같은 기념비적 사건의 전승되는 기억에서 유래했다. 각각의 기억은 세대를 거치면서 재가공되고 의례화되었다. 신성한 존재들이 이렇게 만들어진 기억의 풍경 속에 등장할 수 있었던 것은 예언자들과 신자들의 개인적인 사유 과정에 힘입어서였다. 그들은 신이 자신들과 똑같은 감정, 이성, 동기를 지니기를 기대한다. 예를 들어, 구약 성경에서 야훼는 때와 장소에 따라 자신의 신자들과 똑같이 사랑하고 질투하고 분노하고 복수한다.

또 사람들은 자신의 인간성을 동물, 기계, 장소, 심지어 허구적인 존재에까지 투사한다. 인간 통치자로부터 보이지 않는 신성한 존재에게로 그런 전이가 일어나는 것은 비교적 쉽다. 예를 들어, 아브라함의 세 종교(유대교, 기독교, 이슬람교) 모두에서 신은 그 종교들이 발원한 사막 왕국들과 마찬가지로 가부장적이다.

창조 신화의 가장 환상적인 요소, 이를테면 악마와 천사의 등장, 보이지 않는 존재의 목소리, 죽은 자의 부활, 궤도상에서 멈춘 태양 같은 환상적인 요소도 물리학 법칙이 아니라 현대 생리학과 의학의 관점에서 이해하는 편이 더 쉽다. 씨족 지도자들과 샤먼들은 늘 꿈, 약물로 유도된 환각, 정신 질환의 발작에 사로잡혀 있는 동안 신이나 정령과 대화를 하는 경향이 있다. 특히 가위눌림 때 생생하다. 건강한 사람들이 잠을 자다가 가위눌리면 위협하는 괴물과 압도적인 두려움으로 가득한 다른 세계로 진입한다. 심리학자 앨런 체니(J. Allan Cheyne)가 연구한 한 실험 대상자는 "양팔을 쫙 펼친 움직이는 형체의 그림자가 보였는데, 초자연적이고 사악하다는 것을 절대적으로 확신할 수 있었다."라고 했다. 또

한 사람은 "자신의 귀에 이해할 수 없는 소리를 질러 대는 반은 뱀이고 반은 인간인 존재"가 실제로 눈앞에 있었다고 마찬가지로 확신했다. 가위눌림 때 보이는 진짜 같은 심상은 외계인에게 납치되는 경험과 매우 흡사하다. 그 경험은 적어도 몇몇 사례에서는 뇌 마루엽(두정엽)의 과다 활동과 관련이 있다. 또 가위눌릴 때 날거나 추락하거나 유체 이탈하는 경험도 일어난다고 보고되어 있다. 가위눌림의 일차적인 감정은 두려움이지만, 그 감정은 때로 흥분, 희열, 환희로 바뀌기도 한다.

창조 신화를 창작하는 데 더욱 중요한 것은 환각제였다. 환각제는 환상을 더 길게 이어지고, 상징으로 가득하고, 꿈꾸는 자에게 신비한 것들로 들어찬 이야기로 바꾸어 놓는다. 원시 사회에서 샤먼과 그 추종자들은 환각제를 써서 정령 세계와 소통했다. 아마존 강 유역의 원주민 부족들 사이에서 널리 쓰이는 환각제인 아야와스카(ayahuasca)는 그중에서도 특히 많은 연구가 이루어진 물질이다. 아야와스카의 주술에 걸리면 현실처럼 생생한 환각을 경험한다. 환각들은 처음에는 뒤죽박죽이지만, 곧 엮여서 어떤 이야기를 펼치게 된다. 기이한 기하학적 문양, 재규어, 뱀, 기타 동물들, 자신의 죽음과 저승으로의 여행 등 다양한 장면들이 눈앞에 떠오른다. 콜롬비아 시오나 족(Siona)의 한 주민은 야게(yagé), 즉 아야와스카가 일으키는 환각을 이렇게 묘사했다.

그때 한 늙은 여인이 다가와서 커다란 천으로 나를 감싸고 자신의 젖을 물렸다. 그래서 나는 달아났다. 아주 멀리 달아나다가 문득 빛으로 가득한 곳에 와 있다는 것을 알아차렸다. 너무나 깨끗하고 고요하고 평온한 곳이었다. 그 곳에는 우리처럼 야게를 마신 이들이 살고 있는데, 모두가 결국은 그곳으로 간다.

그림 25-1 죽은 이를 집안과 정령 세계에 함께 두기. 불에 그을려 미라로 만든 죽은 어른과 함께 있는 뉴기니의 쿠쿠쿠쿠 족(Kukukuku) 마을의 한 가족.

그런 환각을 천국으로 들어가는 것으로 해석할 수도 있다. 지옥의 환영을 보기도 한다. 유럽 인의 후손인 한 칠레 인은 그 약물을 마신 뒤 이런 경험을 했다. (여기서 호랑이는 남아메리카의 대형 고양이류인 재규어를 가리킨다.)

처음에는 많은 호랑이 얼굴들이 보인다. …… 그러다가 바로 그 호랑이가 나타난다. 가장 크고 가장 힘센 호랑이이다. 나는 호랑이를 따라가야 한다는 것을 안다. (그의 생각을 읽을 수 있으니까.) 고원이 나타난다. 호랑이는 단호하게 곧장 걸어간다. 나는 뒤를 따른다. 하지만 고원 가장자리에 이르러 밝은 휘광을 보는 순간, 더 이상 따라갈 수 없음을 깨닫는다.

그녀가 밑을 내려다보니 불이 물처럼 흐르면서 맴도는 불구덩이가 있다. 사람들이 그 안에서 허우적거리고 있다.

호랑이는 내가 그곳으로 가기를 원한다. 하지만 내려갈 방법이 없다. 나는 호랑이의 꼬리를 움켜쥔다. 호랑이가 뛰어내린다. 뛰어난 근육의 힘으로 호랑이는 우아한 모습으로 천천히 떨어진다. 호랑이는 나를 등에 태운 채 흐르는 불 속을 헤엄친다. …… 기슭에 이르자 나는 호랑이 등에서 일어선다. …… 분화구가 보인다. 잠시 기다리니 엄청난 분출이 시작된다. 호랑이는 내게 분화구로 뛰어들라고 말한다.

이런 생경한 환각들은 세계의 주요 종교들이 근본 진리라고 내세우는 것들과 기괴하다는 점에서 별로 다르지 않다. 신약 성경의 마지막 장인 「요한 계시록」에 실린 성 요한의 증언은 그 점을 잘 보여 준다. 때는 기원후 1세기의 어느 해, 아마 기원후 96년이었을 것이고, 장소는 그리스의 파트모스 섬이었다. 성 요한의 환각에 따르면, 예수는 천국에서 하느님의 오른편에 놓인 옥좌에 앉아 천사를 통해 말하는데, 지상으로 돌아온다는 이야기를 한다. 요한은 기이한 목소리에 놀란다.

그래서 나는 내게 들려오는 그 음성을 알아보려고 돌아섰습니다. 돌아서서 보니, 일곱 금 촛대가 있는데, 그 촛대 한가운데 '인자와 같은 분'이 계셨습니다. 그는 발에 끌리는 긴 옷을 입고, 가슴에는 금띠를 띠고 계셨습니다. 머리와 머리털은 흰 양털과 같이, 또 눈과 같이 희고, 눈은 불꽃과 같고, 발은 풀무불에 달구어 낸 놋쇠와 같고, 음성은 큰 물소리와 같았습니다. 또 오른손에는 일곱 별을 쥐고, 입에서는 날카로운 양날 칼이 나오고, 얼굴은 해가 강렬하게 비치는 것과 같았습니다. (「요한 계시록」 1장 12~16절)

이 재림 예수(그가 요한에게 약속한 재앙을 내리는 재림과는 다른 것이다.)는 화를 내고 있는 것 같다. 그는 촛불이 상징하는 일곱 도시에 모순 감정을 지니며, 자신에게 헌신하는 태도를 버린 그 주민들을 응징하려 한다. 예수는 자신을 '지옥과 죽음의 열쇠'를 지닌 알파이자 오메가라고 말한다. 특히 예수는 니골라당의 행동을 혐오한다. 그리고 니골라 당의 교리에 넘어간 파트모스의 동요하는 교인들에게 강력한 경고를 내린다. "회개하여라. 만일 회개하지 않으면, 내가 속히 너에게로 가서, 내 입에서 나오는 칼을 가지고 그들과 싸우겠다." 성 요한의 증언에 따르면, 예수는 천사들을 통해 휴거, 환란, 신의 최종 승리로 막을 내릴 신과 악마의 군대 사이의 전쟁을 예언한다.

성 요한이 자신의 말처럼 정말로 신의 방문을 받았을 수도 있다. 하지만 그것보다는 당시 유럽 남동부와 중동에서 널리 쓰이던 환각제를 먹고 꿈을 꾸었을 가능성이 훨씬 더 높다. 가장 강력한 환각제는 벨라도나(*Atropa belladonna*), 가지속(*Datura*)의 종들, 맥각(*Claviceps purpurea*, 볏과와 사초과의 식물에서 자라는 곰팡이로서 LSD의 원료), 대마(*Cannabis sativa*)에서 얻은 것들이었다.

마찬가지로 요한이 정신 분열증에 시달리고 있었을 가능성도 있다. 정신 분열증도 요한의 시각에 비슷한 환각을 일으켰을 것이다. 목소리, 대화와 명령처럼 들리는 기이한 소리들. 때로는 안심시키는 아주 설득력 있고 중요한 생각인 양 여겨지다가도 때로는 위협적으로 들리는 목소리들 말이다. 이런 망상은 더 긴 이야기로 펼쳐지기도 하며, 때로는 융합되어 환상을 토대로 한 세계관을 빚어낼 수도 있다.

성 요한의 사례는 매우 중요하다. 신약 성경의 정점이자 결론인 「요한계시록」은 보수적인 복음주의 프로테스탄트에게 지침서 역할을 하기 때문이다. 요한의 꿈은 정신이 지극히 올바로 박히고 책임감 있는 수많은 사람들의 세계관에 깊은 영향을 미쳤고, 적든 많든 그들의 삶을 규정해 왔다. 그의 증언이 진실이라고 생각할 수도 있겠지만, 나는 냉정하게 판단할 때 예수가 악의에 차서 불신자들을 기원후 1세기의 칼로 베는 광경이 신약 성경의 나머지 장들이 보여 주는 흐름에서 너무나 크게 벗어나므로 단순한 생물학적 설명이 더 낫다고 본다.

아무튼 진화론적 관점을 취하고 전통 신학의 초자연적 가정에 구애받지 않는 역사가들을 비롯한 학자들은 현대 종교의 계층적이고 교조적인 구조를 만든 단계들을 꿰어 맞추기 시작했다. 후기 구석기 시대의 어느 시점에서 사람들은 자신이 죽어야 할 운명임을 성찰하기 시작했다. 의식을 올린 흔적이 있는 매장지 중 가장 오래된 것은 9만 5000년 전의 것이다. 당시 또는 그 전에 사람들은 이런 의문을 품었을 것이 분명하다. 이 죽은 사람들은 모두 어디로 가는 것일까? 그들에게는 답이 분명했을 것이다. 이승을 떠난 이들은 여전히 살아 있고, 자신들을 종종 찾아왔다. 꿈속에서 말이다. 꿈에 보이는 정령 세계에서, 약물이 일으키

그림 25-2 고행을 통해 환영을 얻는 방법. 아메리카 만단 족(Mandan) 전사들은 환영을 얻기 위해 꼬챙이로 살을 꿰어 끈에 매달린 뒤 기절할 때까지 빙빙 돌리게 했다.

는 더 생생한 환각 속에서, 죽은 친족들은 동맹자, 적, 신, 천사, 악마, 괴물과 함께 살고 있었다. 나중의 사회들이 알아차렸듯이, 단식, 탈진, 고행도 비슷한 환영을 유도할 수 있다. 당시와 마찬가지로 지금도 모든 사람의 의식은 잠을 자는 동안 자신의 몸을 떠나 뇌의 급격한 신경 활동이 만드는 정령 세계로 들어가고는 한다.

어느 시점에 샤먼이 출현하여 환각의 해석을 담당하게 되었다. 그들은 특히 자신의 환각이 중요하다고 여겼다. 그들은 그 환영이 부족의 운명을 좌우한다고 주장했다. 초자연적 존재들은 살아 있는 사람들과 똑같은 감정을 지닌다고 여겨졌으며, 그 때문에 의식을 통해 존중하고 달래야 했다. 성년식, 혼례식, 장례식 등 통과 의례 때에는 그들을 불러내 작은 공동체에 축복을 내려 달라고 해야 했다. 신석기 혁명이 일어나면서, 특히 교역과 전쟁을 위해 동맹을 맺고 자기 종교의 패권을 위해 부족끼리 싸우면서 국가가 출현하던 시기에는 종종 신들도 공유되었다.

사회가 복잡해짐에 따라, 사회 안정을 유지하기 위해 신들이 맡는 책임도 늘어났고, 그들의 대리인인 성직자들은 위에서 아래로 내리누르는 정치적 통제를 통해 사회 안정을 이룩했다. 이 사회 안정이라는 목표를 위해 정치, 군사, 종교의 지도자들이 협력하면서, 교리는 전통으로 확고히 자리 잡았다.

그림 25-3 만단 족 버팔로불 사회의 지도자.

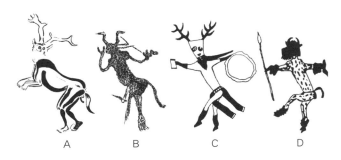

그림 25-4 신비로운 동물 머리 가면을 쓴 선사 시대와 역사 시대 초기의 춤꾼들. (A) 프랑스 트루아 프레르(Trois Fréres)의 구석기 시대 동굴 벽화. (B) 남아프리카 아프발링스코프 (Afvallingskop)의 선사 시대 부시먼 그림, (C, D) 아메리카 대평원 수 족의 그림(C, D).

정치 혁명이 성공하면, 종교 지도자들은 대개 새로운 상황에 순응할 방법을 찾아냈다. 대개 찬탈자의 편을 들고 기존 교리를 완화시키는 식이었다.

훗날 강력한 아브라함의 종교가 될 어떤 것이 이스라엘 인들 사이에서 형성되던 초기에는 아직 여러 신들이 그 선택된 민족을 주관하기 위해 경쟁하고 있었다. 「시편」 86편 8절은 이렇게 말한다. "주님, 신들 가운데 주님과 같은 신이 어디에 또 있습니까? 주님이 하신 일을 어느 신이 하겠습니까?" 세월이 흐르자, 야훼는 이스라엘 민족을 다스릴 절대 권력을 획득했다. 그 후 그는 이스라엘 민족의 호시절에는 이웃 왕국들의 신들에게 관용을 베풀라고 말하고, 쇠퇴기에는 그들을 가혹하게 억압하라는 명령을 내리는 경향을 보였다.

고대와 마찬가지로 오늘날에도 종교 신자들은 대체로 신학에 별 관심이 없으며, 현재의 세계 종교들을 만든 진화 단계에도 전혀 관심이 없다. 그들은 종교적 신앙과 그것이 주는 혜택에 관심을 집중한다. 부족의 단결을 유지하기 위해 심층 역사에서 그들이 알아야 할 것은 창조 신화가 다 설명해 준다. 변화와 위험이 닥칠 때, 그들의 개인 신앙은 안정과 평화를 약속한다. 외부 집단의 위협과 경쟁에 직면할 때, 신화는 신자들에게 신이 보기에 너희들이 더 뛰어나다고 다독인다. 종교적 신앙은 그 집단에 소속됨으로써만 얻는 심리적 안정감을 제공하고, 소속된 자에게 신의 축복을 내린다. 적어도 아브라함의 종교를 믿는 전 세계의 수많은 신자들에게 종교는 사후에 지옥이 아닌 천국에서의 영원한 삶을 약속한다. 특히 택할 수 있는 많은 종파 중에서 올바른 종파를 택하고, 그 의례를 충실히 실천한다고 맹세한다면 말이다.

인간의 마음을 사로잡으며 경외감과 경이감을 불러일으키는 자극들은 모두 시대를 가리지 않고 문학, 시각 예술, 음악, 건축의 걸작들을 통해 종교 신앙에 활용되었다. 야훼는 3,000년 동안 이런 창작 예술들 속에서 그 누구도 따라오지 못할 미학적 힘을 발휘했다. 내게 가장 큰 감명을 준 것은 로마 가톨릭의 예식 중 하나인 '루체르나리움(*Lucernarium*)'이었다. 컴컴한 대성당 안으로 부활절 촛불을 든 행렬이 들어오면서 울려 퍼지는 「그리스도의 빛(*Lumen Christi*)」은 감동적이었다. 혹은 복음주의 프로테스탄트 교회에서 신자들을 제단으로 초대하는 의식이 벌어질 때, 신자들의 행렬을 향해 합창하는 찬송가도 그렇다.

이 은혜를 입으려면 하느님이나 구원자인 예수, 혹은 양쪽 다, 혹은 그가 마지막으로 택한 대변자인 무함마드에게 복종해야 한다. 아주 쉬운 일이다. 공손히 절을 하면서 복종하고 신성한 맹세를 따라하기만 하면 된다. 하지만 솔직히 물어보자. 그런 복종이 정말로 누구를 향한 것일까? 인간의 마음이 닿는 범위 내에서는 아무런 의미도 지니지 못할지도 모를 존재를 향한 것일까? 더 나아가 존재하지 않을 수도 있는 무언가를 향한 것이 아닐까? 물론 정말로 신을 향한 것일 수도 있다. 하지만 아마 그 복종은 창조 신화를 통해 단결된 부족 자체를 향한 것일지 모른다. 후자라면 종교적 신앙은 우리 종이 생물학적 역사를 거치는 동안 피할 수 없었던 보이지 않는 덫으로서 해석하는 편이 더 낫다. 그리고 이 해석이 옳다면, 굴종과 예속 없이도 영적인 만족을 이룰 방법들이 분명히 존재할 것이다. 인류는 더 나은 대접을 받을 자격이 있다.

26장

창작 예술의 기원

창작 예술이 풍성하고 한계가 없는 듯이 보이지만, 각 예술은 인간의 인지 능력이라는 협소한 생물학적 통로를 통해 걸러진 것이다. 우리가 자기 몸 바깥의 현실에 관해 맨 감각을 통해 터득할 수 있는 것, 즉 우리의 감각 세계는 딱할 정도로 작다. 우리의 시각은 전자기 스펙트럼의 좁은 영역에 한정되어 있다. 이 스펙트럼은 위쪽 끝에 놓인 감마선부터 아래쪽 끝에 놓인 어떤 특수한 통신에 쓰이는 저주파에 이르기까지 전 범위의 파장을 가리킨다. 그러나 우리는 전체 중 중간쯤의 작은 영역만을 볼 수 있으며, 그 영역을 '가시 스펙트럼'이라고 말한다. 우리 시각 기구는 이 접근 가능 영역을 색깔이라는 경계가 불분명한 구역으로 세분한다. 파란색 파장 바로 너머에는 자외선이 있다. 곤충은 볼 수 있지만 우리는 볼 수 없는 파장이다. 주변을 떠도는 음파 중에서 우리는 일부만을 듣는다. 박쥐는 너무 높아서 우리는 들을 수 없는 진동수에 해당하는 초음파 메아리로 방향을 잡으며, 코끼리는 아주 낮은 진동수로 웅웅거리는 소리로 대화한다.

열대의 모르미리드(mormyrid) 물고기는 탁한 물에서 전기 신호를 이용하여 방향을 찾고 의사 소통을 한다. 인류는 전혀 쓰지 못하는 감각 패턴을 매우 효율적으로 사용하도록 진화한 것이다. 또 우리는 지구의 자기장을 감지하지 못하지만, 몇몇 철새들은 지구 자기장을 이용해서 방향을 찾는다. 게다가 우리는 하늘 한 귀퉁이에서 비치는 햇빛의 편광을 보지 못하지만, 꿀벌은 구름 긴 날에도 편광을 이용하여 벌집과 꽃밭 사이를 오갈 수 있다.

하지만 우리의 가장 큰 약점은 딱할 정도로 미약한 미각과 후각이다. 미생물에서 동물에 이르기까지 현생 종들의 99퍼센트 이상은 화학 감각을 이용하여 길을 찾는다. 또 그들은 페로몬이라는 특수한 화학 물질로 서로 의사 소통하는 능력을 완벽하게 다듬었다. 대조적으로 인류는 원숭이, 유인원, 조류와 더불어 주로 시각과 청각에 의존하는 드문 생명체에 속하며, 따라서 미각과 후각이 약하다. 우리는 방울뱀이나 블러드하운드에 비하면 멍청이이다. 후각과 미각 능력이 떨어지기에, 우리의 어휘 중에는 화학 감각과 관련된 것이 적다. 그래서 대개 직유를 비롯한 여러 형태의 비유에 의지할 수밖에 없다. 우리는 포도주가 꽃다발처럼 은은하고 꽉 차고 다소 과일 같은 맛이 난다고 표현한다. 그리고 장미나 소나무나 막 내리기 시작한 비와 같은 냄새를 풍긴다고 말한다.

우리는 주로 나무 위 생활에 알맞게 진화한 청각과 시각에 의존하므로, 화학 감각 생물권에서는 화학적으로 곤란을 겪으면서 힘겹게 살아가야 한다. 인류는 과학과 기술을 통해서야만 생물권의 나머지를 이루는 방대한 감각 세계로 진입할 수 있었다. 장치와 기구를 통해서 우리는 나머지 생물들의 감각 세계를 우리 자신의 감각 세계로 번역할 수 있게 되었다. 그리고 그 과정에서 우리는 거의 우주 끝까지 내다보고 시간이 어떻게 시작되었는지 추정하는 법을 터득했다. 우리는 지구 자기장을 감지하여 방향을 잡거나 페로몬으로 노래를 부를 수는 없지만, 존재하는 그 모든 정보를 우리의 자그마한 감각 세계로 가져올 수 있다.

과학과 기술의 힘을 이용하면 인류 역사를 살펴보는 것 말고도 미적 판단의 기원과 본질에 관한 통찰력도 얻을 수 있다. 예를 들어, 신경 생물학적 측정 자료, 특히 추상 도안을 지각할 때 뇌의 알파파가 약해진다는 측정 결과를 가지고, 뇌가 요소들의 중복성이 약 20퍼센트인 패턴, 즉 단순한 미로나 두 바퀴 돈 로그 나선, 비대칭 십자가에서 볼 수 있는 수준의 복잡성을 지닌 패턴을 볼 때 가장 강하게 각성한다는 것을 알 수 있다. 고대 신전의 프리즈(frieze) 장식, 창살문 등의 격자 문양, 판권지의 출판사 로고, 단어 문자, 깃발 도안 등 꽤 많은 예술 작품이 같은 수준의 복잡성을 지닌다는 것은 우연의 일치일 수 있다. (비록 나는 그렇지 않다고 생각하지만.) 그것은 고대 중동과 메소아메리카의 상형 문자뿐만 아니라 현대 아시아의 글자와 그림 문자에서도 다시 나타난다. 이 동일한 수준의 복잡성은 원시 미술과 현대 추상 미술 및 추상 디자인에서 매력적이라고 여겨지는 것의 한 부분을 이룬다. 한 번에 보고 셀 수 있는 대상들의 최대 개수가 7인 것과 마찬가지로, 이 수준의 복잡성이 뇌가 한 번 보고 처리할 수 있는 최대한의 양이라는 데에서 이 미학적 원리가 비롯된 것일 수 있다. 그림이 그것보다 더 복잡할 때, 눈은 단속 운동을 함으로써, 즉 한 구역에서 다음 구역으로 의식적으로 눈을 움직임으로써 내용을 파악한다. 위대한 미술의 특성은 즐거움을 주고 일깨움을 주고 도발을 하는 방식으로 이 부분에서 저 부분으로 주의가 향하도록 인도하

그림 26-1 시각 디자인의 시각적 각성. 컴퓨터로 그린 세 도형 중, 복잡성이 중간 수준인 가운데 도형이 자동적으로 가장 많은 자극을 준다.

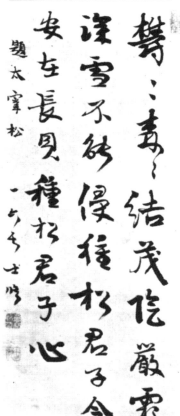

그림 26-2 서예가 표현하는 분위기는 일본 그림 문자의 복잡성을 대할 때 자연스럽게 일어나는 각성을 더 강화한다. 위쪽의 두 글자는 신문 표제와 석각에 쓰이는 굵고 곧고 단순한 예서체의 사례이다. 아래는 20세기 초에 널리 쓰인 부드럽고 우아한 와요(和樣) 서체이다.

ਜੇ ਘਰਿ ਕੀਰਤਿ ਆਖੀਐ
ਕਰਤੇ ਕਾ ਹੋਇ ਬੀਚਾਰੋ ॥ ਤਿਤੁ
ਘਰਿ ਗਾਵਹੁ ਸੋਹਿਲਾ ਸਿਵਰਿਹੁ
ਸਿਰਜਨਹਾਰੋ ॥੧॥ ਤੁਮ ਗਾਵਹੁ ਮੇਰੇ
ਨਿਰਭਉ ਕਾ ਸੋਹਿਲਾ ॥ ਹਉ ਵਾਰੀ
ਜਿਤੁ ਸੋਹਿਲੈ ਸਦਾ ਸੁਖੁ ਹੋਇ ॥੧॥
ਰਹਾਉ ॥ ਨਿਤ ਨਿਤ ਜੀਅੜੇ ਸਮਾ-
ਲੀਅਨਿ ਦੇਖੈਗਾ ਦੇਵਣਹਾਰੁ ॥
ਤੇਰੇ ਦਾਨੈ ਕੀਮਤਿ ਨਾ ਪਵੈ ਤਿਸੁ
ਦਾ ਤੇ ਕਵਣੁ ਸੁਮਾਰੁ ॥੨॥ ਸੰਬਤਿ ਸਾਹਾ
ਲਿਖਿਆ ਮਿਲਿ ਕਰਿ ਪਾਵਹੁ ਤੇਲ
॥ ਦੇਹੁ ਸਜਣ ਅਸੀਸੜੀਆ ਜਿਉ
ਹੋਵੈ ਸਾਹਿਬ ਸਿਉ ਮੇਲੁ ॥੩॥ ਘਰਿ
ਘਰਿ ਏਹੋ ਪਾਹੁਚਾ ਸਦੜੇ ਨਿਤ
ਪਵੰਨਿ ॥ ਸਦਣਹਾਰਾ ਸਿਮਰੀਐ
ਨਾਨਕ ਸੇ ਦਿਹ ਆਵੰਨਿ ॥੪॥੧॥

그림 26-3 많은 언어들이 그렇듯이 펀자브 문자 특유의 아름다움도, 자동적인 각성의 수준을 최대화하도록 기호들을 적음으로써 강화된다.

그림 26-4 '원시' 예술의 복잡성은 대개 최대 각성을 일으키는 수준에 근접해 있다. 사진의 노는 수리남 사람들의 작품이다.

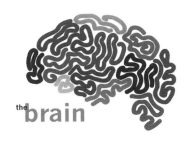

그림 26-5 그래픽 아트의 많은 부분은 자동적인 최대 각성 수준에 근접한 도안들로 이루어진다. 제목 서체, 중앙의 뇌 그림, 왼쪽 아래의 출판사 로고를 보라.

는 능력을 지닌다는 것이다.

시각 예술의 다른 영역에는 바이오필리아(biophilia, '생명 호성'이라고 번역되기도 한다. — 옮긴이)가 있다. 바이오필리아는 사람이 다른 생물, 특히 살아 있는 자연 세계와 관계를 맺으려는 타고난 성향이다. 집이나 사무실을 지을 곳을 원하는 대로 고르라고 하면, 어떤 문화에 속한 사람이든 경관 건축가나 부동산 업자라면 직관적으로 이해할 세 가지 특징을 결합한 환경을 고른다는 것을 연구 결과들은 보여 준다. 사람들은 어느 정도 내려다보이는 높이를 원하고, 나무와 관목 숲이 흩어져 있는 사바나와 비슷한 지형을 선호하며, 강이나 호수나 바다 같은 물가에 있고 싶어 한다. 이 요소들이 전적으로 심미적인 것이어서 기능성은 전혀 없다고 할지라도, 주택 구입자는 그런 경관을 보기 위해 적절한 값을 지불할 것이다.

다시 말해 사람들은 아프리카에서 수백만 년 동안 우리 종이 진화했던 바로 그 환경에서 살기를 원한다. 본능적으로 우리는 식량과 물의 믿음직한 원천이 멀리 내다보이는 안전한 사바나림(초원과 나무가 섞인 지역)과 전이 지대의 숲에 끌린다. 이것을 하나의 생물학적 현상이라고 생각하면, 결코 기이한 연결이 아님을 알 수 있다. 이동성을 가진 모든 동물 종은 생존과 번식의 기회를 가장 많이 제공하는 서식지에 본능적으로 끌린다. 신석기 시대가 시작된 이래로 비교적 시간이 얼마 지나지 않았으므로 인류에게 여전히 그 선사 시대의 욕구가 남아 있다고 해도 전혀 놀랄 일이 아니다.

인문학과 과학을 더 가까이 엮어야 할 이유가 하나 있다면, 다른 생물들에게서 볼 수 있는 것과 대조되는 인간의 감각 세계가 지닌 진정한 본질을 이해할 필요가 있다는 점이다. 하지만 주요 학문 분야 사이에 통섭(統攝, cosilience)을 향한 움직임이 일어나는 더욱 중요한 이유가 있다. 지금은 인간의 사회적 행동이 다층적인 진화를 통해 유전적으로 생긴 것이라고 말할 수 있는 상당한 증거가 쌓여 있다. 이 해석이 옳다면, 그리고 그것을 믿는 진화 생물학자들과 인류학자들이 점점 더 늘고 있기에, 우리는 개체 선택이 선호하는 행동의 요소들과 집단 선택이 선호하는 요소들 사이에 계속 갈등이 빚어질 것이라고 예상할 수 있다. 개체 수준의 선택은 집단 구성원 사이에 경쟁심과 이기적 행동을 빚어내는 경향이 있다. 지위, 짝, 자원 확보 측면에서 그렇다. 반대로 집단 사이의 선택은 더 큰 관용과 이타주의로 표현되는 사심 없는 행동을 빚어내는 경향이 있고, 그 관용과 이타주의는 집단 전체의 결속과 단합을 강화한다.

서로서로 상쇄하며 견제하는 다수준 선택의 힘들은 불가피하게 개인의 마음에 영구적인 모호함을 빚어내며, 그것은 사람들 사이에 유대를 맺고 사랑하고 사귀고 배신하고 공유하고 희생하고 훔치고 기만하고 보복하고 처벌하고 애원하고 심판하는 방식에 관한 무수한 시나리오를 낳는다. 문화적 진화라는 방대한 초구조를 반영하면서 각자의 뇌에 저마다 고유하게 새겨진 이 갈등은 인문학의 수원(水源)이다. 명예와 배신이 얽히고설킨 전쟁에 시달리지 않으며 본능의 엄격한 명령을 통해 얼마 안 되는 감정들을 연쇄적으로 펼쳐 내는 개미 세계의 셰익스피어는 승리의 희곡 한 편과 멸망의 비극 한 편밖에 쓸 수 없을 것이다. 반면에 사람은 비전문가라 할지라도 그런 이야기를 끝없이 다양하게 창작할 수 있고, 무한정 많은 무드를 조성할 수 있는 교향곡을 작곡할 수 있다.

그렇다면 인문학은 정확히 무엇일까? 인문학을 정의하려는 진지한 노력은 1965년에 제정된 미국의 법령에서 찾아볼 수 있다. 미국의 국립 인문학 기금(National Endowment for the Humanities, NEH)과 국립 예술 기금(National Endowment for the Arts, NEA)의 설치를 규정한 법률을 보자.

'인문학'이라는 용어는 다음의 학문을 포함하지만 여기에 한정되지는 않는다. 언어, 현대어와 고전어 둘 다, 언어학, 문학, 역사학, 법학, 철학, 고고학, 비교 종교학, 윤리학, 예술의 역사, 비평, 이론, 인문학 내용을 지니고 인문학 방법론을 쓰는 사회학의 제반 측면들, 우리의 다양한 유산, 전통 역사를 고찰하는 데 특히 관심을 갖고 인간 환경에 인문학을 적용하고 연구하는 분야와 인문학을 국가 생활의 현재 조건과 연관지어 연구하는 분야.

이 법률은 분명 인문학의 범위를 규정하고는 있다. 그러나 여기에는 이 모두를 하나로 엮는 인지 과정을 어떻게 이해해야 하는지는 전혀 암시되어 있지 않으며, 인문학이 인간의 유전적 본성과 어떤 관련이 있는지도, 선사 시대에 그것이 어떻게 기원했는지도 전혀 언급되어 있지 않다. 그런 차원들이 덧붙여져야만 우리는 인문학의 완전한 성숙을 볼 수 있을 것이다.

18세기 말과 19세기 초 사이에 계몽 운동이 쇠퇴한 이래로 인문학과 자연 과학의 통섭은 요지부동의 교착 상태에 빠졌다. 이 상태를 타파하는 한 가지 방법은 문학 활동과 과학 연구에서 이루어지는 창작 과정과 저술 양식을 대조하는 것이다. 언뜻 생각하는 것처럼 그렇게 어렵지는 않을 것이다. 양쪽 분야에서 혁신자는 근본적으로 몽상가이자 이야기꾼이다. 예술과 과학 양쪽에서 창조의 초기 단계에서는 마음속에 있는 모든 것이 한 편의 이야기이다. 상상한 대단원이 있고, 아마 시작도 있을 것이며, 그사이에 이런저런 일화들이 선택되어 결합되어 있을 것이다. 문학 작품이든 과학의 작품이든 어느 부분이나 바뀔 수 있고, 그러면 다른 부분들에 잔물결이 일어날 것이며, 버려지거나 새로 추가되는 부분도 있을 것이다. 살아남을 부분들은 다양하게 결합되거나 나뉘고 옮겨지면서 이야기를 이루게 된다. 한 시나리오가 나오고, 이어서 또 다른 시나리오가 출현한다. 문학에서든 과학에서든 시나리오들은 본래 경쟁하게 마련이다. 새로운 단어와 문장(혹은 방정식이나 실험)이 시도된다. 처음부터 상상할 수 있는 모든 결말이 다 떠오른다. 그것은 경이로운 대단원(혹은 과학적 돌파구)처럼 보인다. 하지만 그것이 가장 나을까? 참일까? 그 결말을 안착시키는 것이 창조적 정신의 목표이다. 그것이 무엇이든, 어디에 있든, 어떻게 표현되든, 그것은 마지막 순간까지도 사라지고 대체될 수 있는 유령으로서 시작된다. 그 주변에는 표현되지 못한 생각들이 어른거린다. 가장 나은 단편들이 확정되어 자리를 잡고 연결되면서, 이야기는 이어져서 상상했던 결말에 이른다. 미국의 작가 메리 플래너리 오코너(Mary Flannery O'Connor, 1925~1964년)는 작가이자 과학자인 우리 모두를 위해 올바르게 질문했다. "내가 말하는 것을 볼 때까지 내 자신이 무엇을 말하고자 하는지 어떻게 알 수 있을까?" 소설가는 "그것이 먹힐까?"라고 말하며, 과학자는 "그것이 참일까?"라고 말한다.

성공하는 과학자는 시인처럼 생각하지만 사서처럼 일한다. 그는 나름대로 업적과 명성을 지닌 '수준 있는' 과학자들이 자신의 발견을 받아들일 것이라고 기대하면서 동료 심사(peer review)를 받을 글을 쓴다. 과학은 비과학자들이 잘 이해하지 못하고 있는 방식으로 발전한다. 학술적 주장의 진리가 동료들의 승인을 받은 만큼 나아간다. 과학자의 삶에서 가장 소중한 것은 평판이다. 배우 제임스 캐그니(James Cagney, 1899~1986년)가 아카데미 평생 공로상을 받았을 때 한 말을 과학자들도 할 수 있다. "이 업계에서는 동료들이 당신을 평하는 만큼만 하면 됩니다."

하지만 장기적으로 과학자에 대한 평판은 진정한 발견을 했는지에 따라 유지되거나 사라질 것이다. 과학자가 내린 결론은 반복적으로 검증받을 것이고, 그때마다 참임이 드러나야 한다. 자료는 의심의 여지가 없어야 하며, 그렇지 않으면 이론은 무너진다. 남들이 실수를 밝혀내면 명성은 무너질 수 있다. 사기를 쳤다는 것이 드러나면 사망 선고를 받은 것이나 다름없다. 자신의 평판, 그리고 경력을 더 쌓을 가능성이 끝장난 것이다. 문학에서는 표절이 그것에 상응하는 중범죄이다. 하지만 거짓말은 범죄가 아니다! 다른 창작 예술에서와 마찬가지로, 소설에서도 상상은 자유로워야 한다. 그리고 심미적으로 즐거움을 주거나, 다른 식으로 환기시킨다는 것이 입증되면, 그 소설은 찬사를 받는다.

문학 양식과 과학 양식의 본질적인 차이는 비유를 쓰느냐의 여부이다. 과학 문헌에서도 비유는 허용된다. 단지 풍자와 자기 비하의 어조를 풍기는 고상한 형태를 취한다면 말이다. 예를 들어, 한 논문의 서문이나 논의 부분에서 다음과 같은 비유를 쓴다면 허용될 것이다. "우리는 이 연구 결과가 입증된다면, 다양한 생산적인 후속 연구로 이어지는 문이 열릴 것이라고 믿는다." 반면에 이런 비유는 허용되지 않는다. "우리는 유달리 얻기 힘들었던 이 연구 결과가 새로운 연구 물줄기들이 많이 흘러들 것이 분명한 유역이 될 것이라고 기대한다."

과학에서 중시하는 것은 발견의 중요성이다. 문학에서 중요한 것은 비유의 독창성과 힘이다. 과학 논문은 물질 세계에 관한 우리 지식에 새롭게 검증된 지식의 단편을 추가한다. 반면에 문학에서 서정적 표현은 작가의 마음에서 흘러나오는 감정을 독자의 마음에 전달하는 장치이다. 과학 논문은 그런 의도를 전혀 지니고 있지 않다. 논문 저자의 목적은 증명과 추론을 통해 발견이 타당하고 중요하다는 점을 독자에게 납득시키는 것이다. 소설에서는 감정을 공유하려는 욕구가 강할수록, 언어는 더 서정적이어야 한다. 극단적으로는 명백히 거짓인 내용을 기술할 수도 있다. 작가와 독자가 그것을 원하기 때문이다. 시인에게 인간 활동의 하루 주기를 주재하면서 동쪽에서 떠서 서쪽으로 지는 태양은 탄생, 인생의 최고점, 죽음, 그리고 재탄생을 상징한다. 비록 태양은 그런 움직임을 전혀 보이지 않음에도 말이다. 우리의 먼 조상들이 천구와 별이 붙박인 하늘을 시각화한 것과 같은 방식이다. 그들은 하늘의 신비를 많은 것들과, 특히 자신들의 인생사와 연관지었고, 그것을 대대로 전해질 신성한 문서와 시로 적었다. 진짜 태양계, 즉 작은 별 주위를 도는 자전하는 행성인 지구가 속한 태양계가 문학에서 비슷한 대접을 받으려면 아주 오랜 시간이 걸릴 것이다.

이 다른 진리, 즉 문학에서 추구하는 특수한 진리를 옹호하기 위해 소설가 에드거 로런스 닥터로(Edgar Lawrence Doctorow, 1931년~)는 이렇게 묻는다.

'진짜' 역사 기록을 읽겠다고 『일리아드』를 내던질 사람이 과연 있을까? 물론 작가는 진지한 해석가로서이든 풍자가로서이든 드러난 진리에 봉사하는 작품을 쓸 책임이 있다. 하지만 우리는 창작의 매개체를 가리지 않고 모든 창작 예술가들에게 그렇게 하라고 요구한다. 소설에서 친숙한 대중적인 인물이 실제로 그랬다는 기록이 전혀 없는 일을 하거나 말하는 장면을 읽는 소설 독자는 자신이 소설을 읽고 있음을 안다. 그는 소설가가 기록 문학으로 할 수 있는 것보다 더 큰 진리를 위해 나름대로 거짓말하는 것임을 안다. 그 소설은 이젤에 놓인 초상화 못지않게 대중적인 인물을 나름대로 해석하여 그려 낸 미학적 표현이다. 소설은 신문을 읽듯이 읽는 것이 아니다. 쓸 때도 그러했듯이, 자유로운 정신으로 읽는 것이다.

파블로 루이스 피카소(Pablo Ruiz Picasso, 1881~1973년)도 같은 생각을 간결하게 표현했다. "예술은 진리를 보도록 돕는 거짓말이다."

창작 예술은 인류가 추상적 사유 능력을 계발했을 때 가능해진 진화적 발전의 한 유형이다. 그 뒤에야 인간의 마음은 모양이나 사물의 종류나 행동에 대한 심적 주형을 형성할 수 있었고, 그 개념의 확고한 표상을 다른 마음에 전달할 수 있었다. 그리하여 임의의 단어와 기호로 구축된 진정한 생산적인 언어가 최초로 탄생했다. 시각 미술, 음악, 춤, 종교 의례와 행사가 그 뒤를 이었다.

그 과정이 정확히 언제 진정한 창작 예술을 낳았는지는 알지 못한다. 일찍이 170만 년 전, 호모 에렉투스 시대일 가능성이 가장 높은데, 그무렵 현생 인류의 조상들은 눈물방울 모양의 엉성한 석기를 만들고 있었다. 아마 그 석기를 손에 쥐고서 식물이나 고기를 저미는 데 썼을 것이다. 아직은 그것이 집단 구성원 사이의 모방을 통해 나온 것인지, 아니면 마음속에 있는 추상적인 개념에서 나온 것인지 알지 못한다.

약 50만 년 전, 호모 에렉투스보다 훨씬 더 영리한 호모 하이델베르겐

시스(*Homo heidelbergensis*), 즉 연대와 해부 구조상 호모 에렉투스와 호모 사피엔스의 중간에 해당하는 종은 더 정교한 손도끼를 썼고, 공들여 다듬은 돌칼과 돌촉을 썼다. 다시 10만 년이 지나기 전에 인류는 나무로 만든 창을 쓰고 있었다. 만드는 데 여러 단계를 거쳐야 했고 며칠이 걸렸을 것이다. 중석기 시대인 이 시기에, 인류의 조상들은 추상 개념을 토대로 한 진정한 문화를 발판으로 삼아 기술을 발전시키기 시작했다.

그다음에 아마도 목걸이에 썼을, 구멍이 뚫린 고둥 껍데기 유물이 출현했고, 잘 만든 뼈 찌르개를 비롯하여 훨씬 더 정교한 도구들이 함께 나타났다. 가장 흥미로운 점은 문양을 새긴 오커 조각이다. 7만 7000년 전에 새겨진 문양 하나는 좌우로 빗금을 그어 9개의 X자 표시를 새긴 것이다. 의미가 있다면 어떤 의미가 있는지는 모르지만, 이 문양이 추상성을 띤다는 점은 분명해 보인다.

매장은 적어도 9만 5000년 전에 시작되었다. 이스라엘의 카프제 동굴(Qafzeh Cave)에서 발굴된 유골 30구가 증거이다. 그중 한 명인 9세 아이의 유골은 다리를 구부리고 사슴뿔을 안은 자세였다. 이것만으로 그들이 죽음이라는 추상 개념을 인식하고 있었을 뿐만 아니라, 어떤 형태의 존재론적 불안을 느끼고 있었음을 짐작할 수 있다. 현대의 수렵 채집인들은 죽음이라는 사건을 의식과 예술을 통해 대처한다.

오늘날 볼 수 있는 창작 예술이 언제 어떻게 시작되었는지는 영구히 알지 못할 수도 있다. 하지만 약 3만 5000년 전에는 그것이 유전적, 문화적 진화를 통해 충분히 자리를 잡았고, 그리하여 그무렵에 유럽에서 '창의성의 폭발'이 시작되었다. 이로부터 2만 년 뒤 구석기 시대 말에 이르기까지, 동굴 미술이 번성했다. 주로 대형 사냥감을 그린 수천 점의 형상들이 프랑스 남서부와 스페인 동북부 전역의 200여 개 동굴에서 발견되었다. 두 지역은 피레네 산맥의 양편에 있다. 세계 다른 지역들에 있는 절벽 그림과 더불어, 이 벽화들은 문명의 여명이 오기 직전에 인류가 어떤 삶을 살았는지를 경이로울 정도로 잘 포착한 스냅 사진이라고 할 수 있다.

구석기 시대의 루브르 미술관이라고 할 곳은 프랑스 남부 아르데슈 지역에 있는 쇼베 동굴(Grotte Chauvet)이다. 여기 그려진 작품들 중 걸작은 한 예술가가 붉은 오커, 목탄, 조각술로 그린 말(당시 유럽의 야생종) 네 마리가 함께 질주하는 장면이다. 말들은 머리만 그려져 있지만, 저마다 개성이 뚜렷하게 나타나 있다. 무리는 밀착되어 있고 방향이 약간 비스듬하다. 마치 왼쪽 약간 위쪽에서 본 듯하다. 주둥이는 더 도드라져 보이도록 가장자리를 끌로 파서 얕은 부조를 했다. 형상들을 자세히 분석하니 여러 예술가들이 머리를 부딪치면서 싸우는 코뿔소 두 마리를 먼저 칠한 뒤에, 다른 곳을 쳐다보는 들소 두 마리를 그렸다는 것이 드러났다. 두 동물 무리 사이에는 빈 공간이 있었다. 그곳에 다른 화가가 들어와서 소규모 말 떼를 그려 넣었다.

코뿔소와 소는 지금으로부터 3만 2000년 전과 3만 년 전 사이에 그린 것이었기에, 말 그림도 그만큼 오래되었을 것이라고 가정해 왔다. 말 그림에 뚜렷이 드러난 섬세함과 기법을 근거로 일부 전문가들은 말 그림이 1만 7000~1만 2000년 전인 막달렌기에 그려졌다고 주장한다. 그러면 프랑스 라스코와 스페인 알타미라의 동굴 벽에 위대한 예술 작품들이 그려진 시기와 맞아떨어진다.

쇼베 동굴의 그림이 그려진 정확한 연대를 알아내는 문제를 떠나서, 동굴 미술의 주된 기능이 무엇인가 하는 문제의 답도 아직 확실하지 않다. 동굴이 원시 교회의 역할, 즉 무리가 모여서 신에게 기도하는 곳이었다고 가정할 이유는 전혀 없다. 동굴 바닥에는 불을 피운 흔적, 동물 뼈 등 장기 주거를 했음을 보여 주는 증거들이 널려 있다. 최초의 호모 사피엔스는 약 4만 5000년 전에 유럽의 동부와 중부 지역으로 들어왔다. 그 시기에 동굴은 유라시아 대륙 전체와 신대륙까지 가로지른 대륙빙 아래쪽으로 드넓게 펼쳐진 초원인 매머드 스텝 지대의 혹독한 겨울을 견딜 수 있도록 해 준 피신처 역할을 했음이 분명하다.

일부 저자들이 주장한 것처럼, 동굴 벽화는 야외에서 사냥꾼들이 짐승을 더 잘 잡도록 공감 주술을 걸기 위한 것일 수도 있다. 그려진 대상의 대다수가 대형 동물이라는 사실이 이 가설을 뒷받침한다. 더군다나 동물 그림 중 15퍼센트는 창이나 화살에 찔린 동물들이다.

유럽 동굴 미술에 주술적인 내용이 담겨 있다는 또 다른 증거는 사슴 머리 장식, 혹은 진짜 사슴의 머리를 쓰고 있는 샤먼일 가능성이 높은 인물의 그림이 발견되었다는 것이다. 또 '사자 인간(lion-man)'의 조각품 세 점도 남아 있다. 사람의 몸에 사자의 머리를 한 조각상이다. 나중에 중동 초기 역사에 등장하는 키메라인 반수반신의 원형인 셈이다. 하지만 우리는 샤먼이 무엇을 했고 사자 인간이 무엇을 나타내는지 검증할 수 있는 개념을 갖고 있지 않다.

야생 동물을 연구하는 생물학자로서 해당 주제를 가장 철저히 파헤친 걸작인 『구석기 미술의 특징(The Nature of Paleolithic Art)』을 쓴 데일 거스리(R. Dale Guthrie)는 동굴 미술의 역할을 정반대로 보는 견해를 내놓았다. 거스리는 거의 모든 동굴 미술이 오리냐크기와 막달렌기 사람들의 일상 생활을 표현한 것이라고 주장한다. 묘사된 동물들은 동굴 거주자들이 정기적으로 사냥한 종들에 속하므로(사자처럼 사람을 사냥했을 수 있는 소수의 동물들은 빼고), 자연히 일상적인 대화와 시각적 의사 소통의 대상이었을 것이다. 또 동굴 미술을 논의할 때에는 대개 언급하지 않는데, 사람의 모습이나 적어도 사람의 해부 구조 중 일부를 그린 것이 더 많았다. 그 인물들은 대개 걷고 있는 모습이다. 거주자들은 종종 벽에 손을

댄 채 입으로 오커 가루를 뿜어서 손가락을 펼친 손바닥 자국을 남기고는 했다. 손의 크기를 보면 대부분 아이들이 그런 짓을 했음을 짐작할 수 있다. 낙서도 꽤 많은데, 무엇인지 모르게 끼적거린 것이나 남녀의 생식기를 엉성하게 표현한 것이 흔하다. 기괴하게 풍만한 여성 인물상들도 있는데, 정령이나 신에게 다산을 빌며 바친 공물일 수도 있다. 소규모 무리는 생식 능력이 있는 구성원을 필요로 했으니 사람을 바칠 수는 없었다. 한편 인물상은 매머드 스텝 지대에서 빈번하게 찾아오는 모진 겨울을 잘 넘길 수 있는 풍만한 여성의 모습을 과장해 표현한 것일 수 있다.

그림과 휘갈긴 흔적들이 일상 생활을 묘사한 것이라는 동굴 미술의 실용주의적 이론은 어느 정도 옳음이 거의 확실하지만, 전적으로 그렇지는 않다. 여기에서 전혀 다른 영역에서 음악이 기원하여 쓰이기 시작했다는 점을 고려한 전문가는 거의 없다. 음악의 기원은 그림과 인물상 중 적어도 일부가 동굴 거주자의 삶에서 주술적인 역할을 담당했다는 독자적인 증거를 제공한다. 소수의 연구자들은 음악에 다윈주의적인 의미가 전혀 없으며, 한 저자의 표현에 따르면 즐거움을 주는 "청각적 치즈케이크"로서 언어에서 파생되었다고 주장한다. 음악 자체의 의미에 관한 증거가 부족하다는 것은 사실이다. 놀랍게도 고대 그리스와 로마의 악보가 남아 있지 않으며, 따라서 기록도 없는 것처럼 말이다. 악기만 남아 있을 뿐이다. 하지만 악기는 창의성의 폭발 초기부터 존재했다. 새의 뼈로 만든 피리는 3만 년 전이나 그것보다 더 오래된 것까지 발굴되어 왔다. 프랑스의 이스투리츠(Isturitz)를 비롯한 여러 지역에서 피리라고 분류되는 유물이 약 225점 발견되었으며, 일부는 진짜 피리임이 확실하다. 그중 최고는 사람 손의 손가락에 맞추려 한 듯이 손가락 구멍들이 시계 방향으로 비스듬히 배열된 것이다. 또 구멍들은 손가락 끝이 딱 들어맞아 막을 수 있도록 비스듬하게 기울어져 있다. 현대 플루트 연주자인 그레이엄 로슨(Graeme Lawson)은 그중 하나의 복제품을 연주하고는 한다. 물론 구석기 시대 악보는 없지만 말이다.

악기라고 해석해도 좋을 또 다른 유물들도 발견되어 왔다. 함께 매달아 놓고 치면 풍경 소리처럼 청아한 소리가 나는 얇은 부싯돌 날도 있다. 또 아마 우연의 일치겠지만, 동굴 벽화가 그려진 벽의 일부에서는 주변에서 나는 소리가 메아리치는 경향이 있다.

음악이 다윈주의적 진화의 산물이었을까? 음악을 이용한 구석기 시대 부족들에게 음악이 생존 가치를 지녔을까? 전 세계의 현대 수렵 채집인 문화들의 풍습을 조사하면, 다른 결론은 도저히 내릴 수 없다. 노래는 거의 보편적으로 존재하며, 대개 춤이 수반된다. 그리고 오스트레일리아 원주민들은 약 4만 5000년 전 선조들이 도착한 이래로 죽 고립되어 있었으며, 그들의 노래와 춤이 다른 수렵 채집인 문화에 있는 것과 비슷한 장르이기에, 그것들이 그들의 구석기 시대 조상들이 썼던 음악 및 춤과 비슷하다고 가정하는 것이 타당하다.

인류학자들은 현대 수렵 채집인의 음악에는 대체로 관심을 거의 갖지 않았으며, 음악 전문가들에게 그 연구를 떠넘겨 왔다. 대신 이 전문가들은 언어학과 민족 식물학(ethnobotany, 부족이 쓰는 식물을 연구하는 분야)도 함께 맡는 경향이 있다. 아무튼 노래와 춤은 모든 수렵 채집인 사회의 주요 요소이다. 더군다나 노래와 춤은 대개 공동체적이며, 인생의 문제들을 감동적으로 제시한다. 상세히 연구된 이누이트 족, 가봉의 피그미 족, 오스트레일리아 아넘랜드 원주민의 노래들은 현대 문명 사회의 노래에 상응하는 수준의 세밀함과 정교함을 보여 준다. 현대 수렵 채집인들의 음악은 대체로 삶에 활기를 불어넣는 도구 역할을 한다. 땅, 식물, 동물에 관한 실용적인 지식뿐만 아니라 부족의 역사와 신화도 노래로 불려진다.

유럽의 구석기 시대 동굴에서 사냥감 동물들이 지닌 의미를 해석할 때 특히 중요하게 고려해야 할 점은 현대 수렵 채집 부족들의 노래와 춤이 주로 사냥에 관한 것이라는 사실이다. 노래와 춤은 다양한 먹이에 관해 말하고, 개를 포함하여 사냥 무기에 힘을 불어넣고, 죽였거나 죽일 동물들을 달래며, 사냥이 이루어지는 땅에 경의를 표한다. 또 과거에 성공했던 사냥을 되새기고 찬미한다. 죽은 자를 기리고 자신들의 운명을 다스리는 정령들에게 호의를 베풀어 달라고 요청한다.

현대 수렵 채집인들의 노래와 춤이 개인 수준과 집단 수준 양쪽에서 그들에게 봉사한다는 것은 자명하다. 그것들은 공동의 지식과 목적을 만들어 냄으로써 부족 구성원들을 단결시킨다. 행동할 열의를 부추긴다. 부족의 목적에 쓰이는 정보의 기억을 자극하고 돕는 기억법이기도 하다. 특히 노래와 춤에 대한 지식은 부족 내에서 그것을 가장 잘 아는 사람에게 권위를 부여한다.

음악을 만들고 연주하는 것은 인간의 본능이다. 그것은 우리 종의 진정으로 보편적인 특징 중 하나이다. 극단적인 사례를 살펴보자. 신경 과학자 아니루드 파텔(Aniruddh D. Patel)은 브라질 아마존 우림에 사는 작은 부족인 피라냐 족(Pirahã)에 대해 이렇게 말한다. "이 문화의 구성원들은 숫자나 셈 개념이 없는 언어로 말한다. 그들의 언어에는 색깔을 가리키는 정해진 용어가 전혀 없다. 그들에게는 창조 신화가 아예 없고, 단순한 선 그림 외에는 그림이라는 것도 없다. 하지만 그들에게 음악은 풍부하다. 노래라는 형태로서 말이다."

파텔은 음악을 "변형 기술(transformative technology)"이라고 부른다. 문해력(文解力, literacy) 및 언어 자체와 같은 수준으로, 음악은 사람들이 세계를 보는 방식을 바꾸어 왔다. 악기를 연주하는 법을 배우면 심지어 뇌의 구조가 바뀐다. 소리 패턴을 암호화하는 피질밑 회로에서 두 대뇌 반구를 연결하는 신경 섬유와 대뇌 피질의 특정 영역에서 회백질 밀도 패턴에 이르기까지 변화가 일어난다. 음악은 인간의 감정과 사건의 해석에 강한 영향을 미친다. 음악을 담당하는 신경 회로는 유달리 복잡하며, 적어도 여섯 가지 뇌 메커니즘에서 감정을 이끌어 내는 듯하다.

음악은 정신 발달 측면에서 언어와 밀접한 관련이 있으며, 몇 가지 면에서 언어에서 파생된 듯하다. 선율이 위아래로 움직이는 식별 패턴이 비슷하기 때문이다. 하지만 언어는 빨리, 그리고 대체로 자동적으로 습득되는 반면, 음악 습득은 훨씬 더 늦게 이루어지며 교육과 연습에 상당히 의존한다. 게다가 언어 학습에는 빠르고 쉽게 기술을 습득하는 결정적 시기가 있는 반면, 음악에서 그런 민감한 시기가 있다는 것이 아직 발견되지 않았다. 하지만 언어와 음악 둘 다 단어, 소리, 화음 같은 개별 요소들을 순서대로 배열해 만드므로 구문론적이다. 음악 인지에 선천적인 결함이 있는 사람들(인구의 2~4퍼센트) 중 약 30퍼센트는 언어에 있는 비슷한 특성인 성조도 인식하지 못한다.

종합하자면, 음악이 인류 진화에서 더 나중에 출현했다고 믿을 만한 이유가 있다. 그것은 언어에서 파생되었을 수 있다. 그렇다고 해서 음악이 단지 언어의 문화적 정교화라고 결론내리는 것은 아니다. 음악에는 언어와 공유하지 않는 특징이 적어도 하나 있다. 바로 박자이다. 게다가 박자는 노래와 춤을 동조시킬 수 있다.

언어의 신경학적 과정이 음악의 선적응 역할을 했으며, 일단 기원하자 음악이 그 자체의 유전적 성향을 획득할 이점을 충분히 지니고 있음이 입증되었다고 생각하고픈 유혹을 느낀다. 이 주제를 깊이 연구한다면 인류학, 심리학, 신경 과학, 진화 생물학을 종합할 수 있을 뿐만 아니라, 더 큰 보상도 얻을 수 있을 것이다.

6 부

우리는 어디로 가는가

27장

새로운 계몽

과학 지식과 기술은 정보가 측정되는 분야에 따라 10~20년마다 두 배씩 증가한다. 이 기하 급수적 성장 때문에 수백 년 또는 수천년은커녕 10년 이후조차 예측할 수 없다. 그래서 미래학자들은 인류가 어디로 가야 하는가 하는 나름의 방향 제시에 천착하는 경향이 있다. 그러나 종으로서의 자기 이해가 딱할 정도로 부족하다는 점을 생각할 때, 지금으로서는 **가지 말아야 할** 방향을 고르는 것이 더 나은 목표일지 모른다. 그렇다면 우리는 무엇을 피해야 할까? 그 문제를 고심하다 보면, 늘 실존적인 질문들 사이를 빙빙 맴돌 수밖에 없다. 우리는 어디에서 왔는가? 우리는 무엇인가? 우리는 어디로 가는가?

인류는 한 이야기의 출연자들이다. 우리는 끝나지 않은 서사시의 성장점이다. 이 실존적인 질문들의 답은 우리가 헤쳐 온 역사 속에 있을 것이 분명하다. 물론 그것은 인문학이 취하는 접근법이다. 하지만 기존의 역사 자체는 연표와 인간이라는 생물에 대한 인식 양쪽으로 뭉툭 잘려 나가 있다. 역사는 선사 시대 없이는 무의미하며, 선사 시대는 생물학 없이는 무의미하다.

인류는 생물 종이다. 우리 몸과 마음의 모든 기능과 모든 수준에서, 우리는 이 행성에서 살아가기 알맞게 절묘하게 잘 적응되어 있다. 우리는 자신이 태어난 생물권에 속해 있다. 비록 여러 면에서 격상되어 있지만, 우리는 여전히 지구의 동물상에 속한 동물 종이다. 우리의 삶은 두 가지 생물학 법칙에 속박되어 있다. 삶의 모든 실체와 과정이 물리학과 화학의 법칙에 따른다는 것, 삶의 모든 실체와 과정이 자연 선택을 통해 진화한다는 것이다.

자신의 물질적 존재 양식을 더 많이 알수록, 가장 복잡한 형태의 인간 행동조차 궁극적으로 생물학적 것임이 더 명백해진다. 그 행동들은 우리 영장류 조상들에게서 수백만 년에 걸쳐 진화한 형질들을 드러낸다. 진화가 새긴 지울 수 없는 각인은 인류의 감각 통로들이 맨 감각 기관을 통해 이루어지는 현실 지각 자체를 협소화하는 색다른 방식에서 뚜렷이 드러난다. 그것은 유전적으로 준비되거나, 그렇지 않은 프로그램들이 마음의 발달을 인도하는 방식을 통해서 확인된다.

하지만 우리는 자유 의지 문제에서 벗어날 수 없다. 일부 철학자들은 여전히 인간만이 자유 의지를 지닌다는 주장을 편다. 자유 의지는 대뇌 피질에 독립된 행동이라는 착각을 일으키는, 뇌의 무의식적 의사 결정 중추의 산물이다. 의식의 물질적 과정이 과학 연구를 통해 더 상세히 규명됨에 따라, 자유 의지라고 직관적으로 꼬리표를 붙일 수 있는 현상은 점점 더 줄어들고 있다. 우리는 독립된 존재로서는 자유롭지만, 우리의 결정은 자신의 뇌와 마음을 만들어 낸 모든 유기적 과정으로부터 자유롭지 못하다. 따라서 자유 의지는 결국 생물학적 문제인 듯하다.

하지만 상상할 수 있는 그 어떤 기준에서 보더라도, 인류는 단연코 생명의 가장 위대한 성취물이다. 우리는 생물권과 태양계의 마음이며, 아마 — 누가 알랴? — 은하계의 마음이기도 할 것이다. 자신을 조사하면서 우리는 자신의 협소한 시각계와 청각계를 다른 생물들의 감각 양식에 비추어 해석하는 법을 배웠다. 우리는 자신을 규정하는 생물학의 생리학적, 화학적 토대를 꽤 많이 알고 있다. 또 머지않아 실험실에서 단순한 생물을 창조할 수 있을 것이다. 우리는 우주의 역사를 파악해 왔으며, 거의 우주 끝까지 내다보고 있다.

우리 조상들은 유기체 다음의 주요 생물학적 조직화 수준인 진사회성을 진화시킨 겨우 20여 가지 동물 계통 중 하나였다. 진사회성을 이룬 집단은 두 세대 이상의 구성원들이 함께 머물면서 협동하고, 새끼를 돌보고, 일부 개체의 번식을 도모하는 방식으로 분업한다. 선행 인류는 진사회성을 이룬 곤충을 비롯한 무척추동물들보다 몸집이 훨씬 컸다. 그들은 처음부터 훨씬 큰 뇌를 지니고 있었다. 때가 되자 그들은 기호를 토대로 한 언어, 읽고 쓰는 능력, 과학을 토대로 한 기술을 발명했다. 결국 우리는 나머지 생물들보다 우위에 서게 되었다. 이제 많은 시간을 유인원처럼 행동하고 유전적으로 한정된 수명 때문에 괴로워하는 것을 빼면, 우리는 신처럼 보인다.

우리를 이렇게 높은 지위로 올려놓은 역동적인 힘은 무엇일까? 이 질문은 우리의 자기 이해에 대단히 중요하다. 답은 다수준 자연 선택임이 분명해 보인다. 서로 연관된 두 생물학적 조직화 수준 중 높은 쪽에서는 집단끼리 경쟁하면서 한 집단의 구성원 사이에서 협동하는 사회적 형질이 선호된다. 낮은 쪽 수준에서는 한 집단의 구성원들이 서로 경쟁하면서 자기 자신에게 봉사하는 행동이 나타난다. 자연 선택의 두 수준 사이의 대립으로 개인은 일종의 키메라 같은 유전형을 지니게 되었다. 그 결과 우리 각자는 성인의 모습과 죄인의 모습을 함께 지니고 있다.

인류에게 가해진 선택압들에 관해 내가 최근의 연구를 토대로 이 책에서 제시한 해석은 포괄 적합도 이론과 반대된다. 나는 다수준 자연 선택에 적용되는 집단 유전학의 표준 모형으로 그것을 대체한다. 포괄 적합도는 혈연 선택을 토대로 한다. 혈연 선택은 혈연 관계가 얼마나 가까운가에 따라 개체들이 서로 협동하거나 하지 않는 경향을 보인다고 말한다. 이 선택 양상은 범위를 충분히 넓히면, 고도의 사회 조직화를 비롯하여 모든 형태의 사회적 행동을 설명할 수 있다고 여겨져 왔다. 그것을 반박하는 설명은 포괄 적합도 이론을 수학적으로 비판한 연구를 포함하여 2004년과 2010년 사이에 완성되었다.

그 주제가 학술적으로 복잡하고 중요하다는 점을 생각할 때, 새 관점이 촉발한 논쟁은 앞으로 여러 해 동안, 아마 내가 새 자료를 이해할 능력을 잃은 뒤로도 오랫동안 이어질 것이라고 예상할 수 있다. 그러나 포괄 적합도 이론이 계속 널리 쓰인다고 해도, 집단 선택을 우리를 여기까지 데려왔고 앞으로 어디론가 나아가게 할 추진력으로 보는 관점은 유지되어야 한다. 포괄 적합도 이론가들은 혈연 선택이 집단 선택으로 번역될 수 있다고 주장해 왔다. 그 믿음이 현재 수학적으로 반증되었음에도 말이다. 더 중요한 점은 집단 선택이 분명히 고도의 사회적 행동을 빚어낸 과정이라는 것이다. 또 거기에는 진화에 필요한 두 가지 요소가 들어 있다. 첫째, 협동, 공감 능력, 관계망 패턴을 비롯한 집단 수준의 형질들은 인류에게서 유전될 수 있음이 밝혀졌다. 즉 사람마다 어느 정도 유전적으로 차이를 보인다. 둘째, 협동과 통합은 경쟁하는 집단들의 생존에 명백히 영향을 미친다.

더 나아가 집단 선택을 진화의 주요 추진력으로 보는 관점은 인간 본성의 가장 전형적인, 그리고 당혹스러운 특성들과 잘 들어맞는다. 또 사회 심리학, 고고학, 진화 생물학처럼 다른 측면에서는 전혀 별개의 분야들에서 나온, 인간이 본래 대단히 부족주의적이라는 증거와도 일치한다. 인간 본성의 한 가지 기본 요소는 사람들이 집단에 소속되고자 하는 욕구를 느끼며, 집단에 합류하면 그 집단이 경쟁 집단보다 우월하다고 생각한다는 것이다.

또 다수준 선택(집단 선택과 개체 선택의 조합)은 행동의 동기들이 상충되는 이유를 설명한다. 정상적인 사람이라면 누구나 양심에, 비겁한 행위보다 영웅적 행위에, 기만보다 진실에, 발뺌보다는 헌신에 더 끌린다. 우리가 태어난 위험하고 성가신 세계를 매일 이리저리 헤쳐 나가면서 크고 작은 딜레마에 시달리는 것이 우리의 운명이다. 우리는 모순 감정을 지닌다. 이 행동 경로가 옳은지 저 행동 경로가 옳은지 확신하지 못한다. 우리는 결정적인 실수를 저지르지 않을 만큼 현명하면서 위대한 사람이나 부패하지 않을 만큼 숭고한 조직 같은 것은 결코 없음을 잘 안다. 우리, 그리고 우리 모두는 갈등과 충돌 속에서 살아간다.

다수준 자연 선택에서 비롯되는 투쟁은 인문학과 사회 과학이 깃드는 곳이기도 하다. 인간은 다른 인간에게 매료되며, 다른 모든 영장류도 자기 종을 향해 시선을 돌린다. 우리는 전혀 질리지 않고 친척, 친구, 적을 지켜보고 분석하는 일을 끝없이 이어 간다. 수렵 채집인들의 야영지에서 궁정에 이르기까지 모든 사회에서 수다와 험담은 언제나 사람들이 좋아하는 소일거리였다. 자신의 삶에 영향을 미치는 사람들의 의도와 신뢰성을 가능한 한 정확히 헤아리는 것은 지극히 인간적이면서 고도로 적응성을 띤 행동이다. 남의 행동이 집단 전체의 복지에 미치는 영향을 판단하는 것도 마찬가지로 적응성을 띤다. 우리는 남의 의도를 읽는 데 천재적이며, 남들도 매시간 자신의 선하고 악한 측면들을 붙들고 씨름하느라 바쁘다. 민법은 우리가 불가피하게 겪는 실패의 피해를 완화하기 위한 수단이다.

혼란을 가중시키는 것은 인류가 대체로 정령이 출몰하는 신화적인 세계에서 산다는 사실이다. 그 세계는 우리의 초기 역사에서 유래했다. 우리의 먼 조상들은 10만 년 전과 7만 5000년 전 사이에 자신이 죽어야 할 운명임을 제대로 인식했을 때, 자신이 누구이며 자신이 곧 떠나야 할 세계가 어떤 의미를 지니는지를 설명할 방법을 모색했다. 그들은 분명 질문도 했을 것이다. 죽으면 대체 어디로 갈까? 많은 이들은 영혼의 세계로 간다고 믿었다. 그렇다면 어떻게 해야 그들을 다시 볼 수 있을까? 꿈, 약물, 주술, 자기 학대와 고행을 통해 언제든 볼 수 있었다.

초기 인류는 자기 세력권과 교역망 너머의 세계는 전혀 알지 못했다. 그들은 해, 달, 별이 붙박여서 움직이는 천구의 안쪽 표면 너머의 우주는 전혀 알지 못했다. 자기 존재의 수수께끼를 설명하기 위해, 그들은 다른 면에서는 자신과 비슷하지만 자신보다 우월한 존재, 석기와 거주지뿐만 아니라 우주 전체를 만든 신성한 존재를 믿었다. 군장 사회와 이어서 국가가 진화했을 때, 사람들은 자신들이 따르는 지상의 통치자 외에 초자연적인 통치자가 틀림없이 있을 것이라고 상상했다.

초기 인류는 자신들에게 일어나는 중요한 일들을 한데 엮은 이야기를 필요로 했다. 의식적인 마음은 자신의 존재 의의를 말해 주는 이야기나 설명 없이는 작동할 수 없기 때문이다. 우리 선조들이 존재 자체를 그럭저럭 설명할 수 있었던 최선의 방식이자 유일한 방식은 창조 신화였다. 그리고 모든 창조 신화는 예외 없이 그것을 창작한 부족이 다른 모든 부족보다 우월하다고 말했다. 그렇게 여겼기에 모든 종교 신자는 자신을 선택된 사람이라고 보았다.

조직 종교와 그 종교들의 신은 대부분 현실 세계에 대한 무지 속에서 창시되었지만 불행히도 역사 시대 초기에 확고히 자리를 잡아 버렸다. 초창기에 세계 어디에서든 종교와 신은 아직 부족주의의 한 가지 표현 형태였으며, 그것을 통해 구성원들은 초자연적인 세계와 특별한 관계를 맺고 자신의 정체성을 확립했다. 종교의 교리는 신자가 망설이지 않고 절대적으로 받아들일 수 있는 행동 규칙들을 담고 있었다. 신성한 신화에 의문을 품는 것은 그것을 믿는 이들의 정체성과 가치에 의문을 품는 것이었다. 그것이 바로 불합리한 다른 신화를 믿는 이들을 포함한 회의주의자들에게 혐오감을 드러내는 것이 지극히 정당한 이유이다. 일부 국가에서 그런 사람들은 투옥되거나 목숨을 잃을 위험에 처한다.

하지만 우리를 무지의 수렁에 빠뜨린 바로 그 생물학적, 역사적 상황은 한편으로 인류에게 잘 봉사해 왔다. 조직 종교는 출생부터 성숙에 이르기까지, 혼인부터 죽음에 이르기까지 다양한 통과 의례들을 주재한다. 한 부족이 제공해야 할 최상의 것을 제공한다. 진심 어린 정서적 지원, 환대, 용서를 제공하는 헌신적인 공동체를 말이다. 유일신이든 여러 신들이든 신에 대한 믿음은 지도자 임명, 법 준수, 선전 포고 등 공동체의 행동을 신성화한다. 불멸성과 신의 궁극적인 심판에 대한 믿음은 가치를 따질 수 없는 위안을 제공하고, 어려운 시기에 결단력과 용기를 심어 준다. 수천 년 동안 조직 종교는 최고의 창작 예술 작품 중 상당수의 원천이 되어 왔다.

그렇다면 신과 조직 종교의 신화에 공공연히 의문을 제기하는 것이 왜 현명하다는 것일까? 그것들이 어리석음과 불화를 조장하기 때문이다. 개별 종교는 나름대로 진실일 가능성을 가지고 서로 경쟁하는 수많은 시나리오 중 단지 한 판본에 불과하기 때문이다. 그것들은 무지를 부추기고, 현실 세계의 문제를 인정하지 못하게 사람들의 주의를 딴 데로 돌리고, 종종 잘못된 방향으로 인도하여 끔찍한 행동을 일으키고는 하기 때문이다. 생물학적 기원에 충실하게, 조직 종교는 구성원들 내의 이타주의를 열정적으로 부추기고, 외부인에게까지 체계적으로 확대한다. 대개 개종이라는 부가적인 목적을 지니기는 하지만 말이다. 종교적 편협성은 그 정의상 특정한 신앙에 몰두하는 것이다. 어떤 프로테스탄트 선교사도 신도들에게 로마 가톨릭이나 이슬람이 더 우월할 수도 있는 대안일지 모른다고 조언하지 않는다. 그는 암암리에 그것들이 더 열등하다고 선언해야 한다.

하지만 조직 종교의 깊은 뿌리를 당장이라도 뽑아 버리고 도덕을 추구하는 합리적인 열정으로 대체할 수 있다고 본다면 어리석은 생각이다. 그것보다는 유럽에서 현재 일어나고 있듯이, 진행 중인 다른 몇 가지 추세들과 함께 서서히 이루어질 가능성이 더 높다. 이 추세 중 가장 강력한 것은 종교 신앙을 진화 생물학적인 산물로서 점점 더 상세히 과학적으로 재구성하는 것이다. 재구성한 내용을 창조 신화 및 그것에 대한 과도한 신학적 해석의 정반대편에 놓았을 때, 조금이라도 열린 마음을 지닌 사람이라면 그것을 설득력 있는 것으로 받아들일 것이다. 종교적 편협성이라는 불행에 맞선 또 하나의 추세는 인터넷의 성장과 그것을 이용하는 기관들과 사람들의 세계화이다. 최근에 나온 분석에 따르면, 사람들이 세계적으로 점점 더 긴밀하게 연결될수록 세계주의적 태도가 강화된다고 한다. 동일시의 원천으로서의 민족, 지역, 국가의 역할이 점점 약해지면서 그렇게 되고 있다. 그것은 두 번째 추세인 인종과 민족 사이의 상호 혼인을 통한 인류의 유전적 균질화를 강화한다. 그러면 창조 신화와 종파적 교리에 대한 믿음 역시 불가피하게 약해질 것이다.

억압적인 유형의 부족주의에서 인류를 해방시키는 첫 단계로 좋은 것은 신을 위해 일한다거나 자신이 신의 대변자라거나 신의 신성한 의지를 자신만이 알고 있다고 말하는 권력자의 주장을 점잖게 거부하는 것이다. 신학적 나르시시즘의 전파자에는 자칭 예언자, 신흥 종교의 교주, 열정적인 복음 전도사, 아야톨라, 모스크의 이맘, 최고 랍비, 예시바 (유대교 학교) 학장, 달라이 라마, 교황이 포함된다. 그들의 권위는 좌익이든 우익이든 감히 도전할 수 없는 가르침을 토대로 한다. 특히 조직 종교의 교리를 통해 정당화되는 교조적인 정치 이데올로기도 마찬가지로 다른 정치적 입장들을 강하게 배격한다. 거기에는 경청할 만한 직관적인 지혜가 들어 있을 수도 있다. 그 지도자가 선의를 갖고 행동할 수도 있다. 하지만 인류는 잘못된 예언자들이 말한 매우 부정확한 역사 때문에 충분히 고통받아 왔다.

오래전에 한 의용 곤충학자가 서아프리카에서 공주진드기속 (*Ornithodorus*)의 진드기가 옮기는 재귀열에 관해 해 준 이야기가 생각난다. 그는 재귀열이 극심해지면 사람들이 해당 마을에서 새 지역으로 이주하고는 했다고 말했다. 어느 날 또 그런 이주가 이루어지고 있을 때, 그는 한 노인이 어떤 집의 더러운 바닥에서 거미의 아주 먼 친척인 진드기 몇 마리를 집어서 작은 상자에 담는 것을 보았다. 왜 그렇게 하느냐고 묻자, 노인은 새 이주지로 그것들을 가져가려 한다고 대답했다. "그들의 영혼이 열병을 막아 주거든."

새로운 계몽 운동이 필요하다는 또 다른 논거는 어떤 이유를 갖다 붙이든 어떤 식으로 이해하든 간에 이 행성에서 우리만이 그렇게 할 수 있고, 따라서 우리만이 종으로서의 자기 행동에 책임을 질 수 있다는 것이다. 우리가 정복해 온 행성은 저 너머 어떤 다른 차원에 있는 더 나은 세계로 나아가기 위해 잠시 들른 정류장 같은 게 아니다. 우리가 태어난 곳이자, 앞으로도 인류의 유일한 고향일 곳을 파괴하는 일을 중단해야 한다는 것이 우리 모두가 동의할 수 있는 도덕 교훈 중 하나임은 분명하다. 산업 오염이 주된 원인이 되어 기후 온난화가 일어나고 있다는 증거는 이제 압도적이다. 또 언뜻 살펴보아도 열대림과 열대 초원을 비롯하여 생물 다양성의 대부분을 차지하는 서식지들이 빠르게 사라지고 있다는 것도 분명한 사실이다. HIPPO, 즉 서식지 파괴(Habitat destruction), 침입종(Invasive species), 오염(Pollution), 인구 과잉(Overpopulation), 과수확(Overhavesting)으로 일어나는 지구 규모의 변화를 완화시키지 않는다면, 금세기 말에는 동식물 종의 절반이 멸종하거나 '빈사 상태(living dead, 멸종 직전 상태)'에 빠질 수 있다. 우리는 선조로부터 물려받은 황금을 쓸데없는 잡동사니로 바꾸고 있으며, 그 때문에 후손들로부터 경멸을 당할 것이다.

살아 있는 세계에서 생물 다양성이 사라지는 현상은 기후 변화, 대체 불가능한 자원의 고갈, 그밖의 물리적 환경 변화에 비해 훨씬 더 많이 주목받아 왔다. 여기서 다음의 원리에 주목하는 편이 현명할 것이다. 우리가 살아 있는 생명의 세계를 구한다면, 자동적으로 물질 세계도 구하게 될 것이다. 첫 번째 것을 이루려면 두 번째 것도 이루어야 하기 때문이다. 하지만 우리의 현재 태도가 보여 주는 것처럼 물질 세계만을 구하려 한다면, 우리는 결국은 둘 다 잃고 말 것이다. 비행하는 모습을 두 번 다시 보지 못할 많은 새들이 최근까지도 우리 곁에 있었다. 비오는 따뜻한 밤에 울어대던 소리를 두 번 다시 듣지 못하게 된 개구리들도 있다. 수면에 은빛으로 반짝이던 물고기들도 파괴된 호수와 하천에서 사라지고 없다.

객관적 진리 탐구의 진정한 본질을 이해하려면 과학과 종교를 다시 검토하는 것이 유용할 것이다. 과학은 의학이나 공학이나 신학 같은 그저 또 하나의 분야가 아니다. 과학은 우리가 현실 세계에 관해 지닌 모든 지식의 원천이다. 그리고 그 지식은 기존 지식과 대조하고 검증할 수 있다. 과학은 참과 거짓을 구분하는 데 필요한 기술과 수학의 창고이다.

과학은 이 모든 지식을 하나로 엮는 원리와 공식을 정립한다. 과학은 모두의 것이다. 충분한 정보를 갖추었다면 세계의 어느 누구라도 과학의 구성 부분에 도전할 수 있다. 과학을 종교 신앙과 동급에 놓기 위해 과학을 그저 '앎의 또 다른 방식'으로 보자는 주장이 종종 나오기도 하지만, 그렇지 않다. 과학적 지식과 조직 종교의 가르침 사이의 갈등은 화해시킬 수 없다. 둘 사이의 갈라진 틈은 계속 넓어질 것이며, 종교 지도자들이 현실의 초자연적 원인에 관해 뒷받침할 수 없는 주장을 계속 하는 한 충돌은 한없이 일어날 것이다.

지금까지 발견되고 확인된 과학적 증거를 통해 정당화할 수 있다고 내가 믿는 또 하나의 원리는 이 행성 바깥으로는 결코 아무도 이주하지 않으리라는 것이다. 국지적인 규모인 태양계에서 단순한 형태의 외계 생명체를 찾겠다고 화성이나 그 너머 목성의 위성인 얼음으로 뒤덮인 유로파나 토성의 위성인 뜨거운 엔켈라두스로 살아 있는 우주 비행사를 보내는 일은 물론이고 달까지 유인 비행을 계속하는 것도 거의 무의미한 일이다. 로봇을 이용해서 우주를 탐사하는 것이 훨씬 더 값싸고, 사람의 목숨이 위험할 일도 없다. 현장에서 판단을 내리고 최고 품질의 영상과 자료를 지구로 전송하는 것을 포함하여 우주 비행사보다 더 많은 일을 할 수 있는 로봇을 보낼 로켓 기술, 로봇 공학, 원격 분석 기술, 정보 전송 기술 들은 이미 잘 발달해 있다. 먼 과거에 미지의 대륙에 발을 디딘 탐험가처럼 인류가 다른 어떤 천체 위를 걷는다는 생각에 우리가 우쭐해지는 것은 당연하다. 하지만 진정한 전율은 다른 천체 위에 가상의 발을 딛고 서서 그곳이 어떻게 보이는지를 상세히 알아보고, 가상의 손으로 토양과 혹시나 있을 생물을 떠서 분석할 때 느낄 수 있을 것이다. 우리는 저 바깥에 무엇이 있는지 자세히 알게 될 것이다. 우리는 이 모든 것을 해 낼 수 있다. 그것도 곧 말이다. 로봇 대신에 사람을 보내는 것은 대단히 비용이 많이 들고 위험하며 비효율적이다. 그리고 그것은 그저 보여 주기 위한 서커스나 다를 바 없다.

마찬가지로 다른 행성계를 개척한다는 역시 이루지 못할 꿈이 될 것이다. 우주로의 이주가 우리가 이 행성을 온전히 고갈시켰을 때 취할 해결책이라고 본다면, 더욱 위험한 망상이다. 이제 생물권의 35억 년에 걸친 역사 동안 우리 행성을 방문한 외계인이 왜 전혀 없었는지 그 이유를 진지하게 생각할 때가 되었다. (하늘에 흐릿하게 빛나는 UFO 불빛과 생생한 악몽을 꾸는 동안 침실을 방문하는 외계인들을 제외하고 말이다.) 그리고 오랜 세월 은하를 탐색해 온 세티(SETI) 연구자들이 태양계 밖 외부 우주에서 메시지 한 통 받지 못한 이유는 무엇일까 생각해 봐야 한다. 그런 접촉은 이론적으로 가능하며, 계속 추구해야 한다. 하지만 은하계의 거주 가능 영역에 있는 수십억 개의 항성계 중 한 곳에 출현한 고도 문명이 은하 생활권을 확대하겠다고 다른 항성계를 정복하러 나선다고 상상해 보라. 그런 사건은 지금으로부터 10억 년 전에 얼마든지 일어났을 수 있다. 다른 쓸모 있는 행성에 도달하기까지 100만 년이 걸리고, 그다음 탐사 범위를 넓혀서 다시 100만 년에 걸쳐 쓸모 있는 몇몇 행성을 찾아 개척 함대를 보내는 식으로 정복의 역사가 진행되었다면, 정복에 나선 외계 지적 생명체(ET)는 오래전에 은하계의 거주 가능 영역을 모두 차지했을 것이다. 우리 태양계까지 포함해서 말이다.

물론 그 수십억 년이라는 세월 내내 은하계 전역에 우리만이 있었기 때문에 외계인이 오지 않은 것이라고 설명하는 시나리오도 있다. 우리만이 우주 여행을 할 수 있게 되었고, 따라서 은하수 은하가 지금 우리의 정복을 기다리고 있다는 것이다. 그러나 이 시나리오는 설득력이 거의 없다.

나는 다른 가능성이 더 마음에 든다. 아마 외계 지적 생명체가 우리

은하 어딘가에 살고 있고 발전했을 것이다. 아마 그들은 진화하는 자신들의 문명이 종교적 신앙, 이데올로기, 호전적인 국가 사이의 경쟁 때문에 해결할 수 없는 엄청난 문제들을 안고 있다는 점을 깨달았을 것이다. 그들은 거대한 문제는 파벌들이 어떤 식으로 나뉘어 있든 모두의 협동을 통해서 합리적으로 도출할 수 있는 거대한 해결책을 요구한다는 것을 깨닫지 않았을까? 거기까지 이르렀다면, 그들은 다른 태양계를 개척할 필요가 전혀 없음을 깨달았을 것이다. 자신들의 고향 행성에 머문 채 거기에서 이룰 수 있는 무한한 가능성들을 탐구하고 있을 것이다.

그러니 이제 내가 지닌 맹목적인 믿음을 고백해야겠다. 우리가 몹시 원한다면, 22세기쯤이면 지구는 인류의 영원한 낙원이 되거나 적어도 그 초입에 도달할 것이라는 믿음 말이다. 거기에 이르기까지 우리는 자기 자신과 다른 모든 생물들에게 훨씬 더 많은 피해를 입히겠지만, 서로에게 예의를 차려야 한다는 소박한 윤리관, 이성을 가차 없이 적용해야 한다는 지적 태도, 우리가 진정 무엇인지를 있는 그대로 받아들이는 자세를 갖게 된다면, 우리의 꿈은 마침내 이곳 지구에서 실현될 것이다.

그렇다면 고갱이여, 당신은 왜 그림에 그런 글귀를 써 넣었나요? 물론 제가 생각하는 답이 있습니다. 당신이 누군가가 요점을 놓칠 때를 대비하여, 타히티 전경에 묘사한 다양한 인간 활동들이 무엇을 상징하는지를 명확히 하고자 했다는 것이지요. 하지만 저는 그 이상의 무언가가 있었다고 느낍니다. 아마 당신은 자신이 거부하고 떠난 문명 세계에도, 평화를 얻기 위해 택한 원시 세계에도 답이 없다는 것을 말하기 위해 그런 식으로 세 가지 질문을 적어 놓은 것이 아닌지요. 혹은 당신이 한 만큼보다 미술이 더 이상은 나아갈 수 없다는 뜻으로 쓴 것은 아닐까요. 모든 노력을 하고 난 뒤에 당신이 개인적으로 할 수 있는 일이라고는 그저 그 골치 아픈 질문들을 적는 것밖에 없지 않았을까요. 하지만 당신이 우리에게 그 수수께끼를 남긴 또 다른 이유를 하나 제시할까 합니다. 방금 말한 다른 추측들과 반드시 충돌하는 것은 아닙니다. 나는 당신이 적은 글귀가 승리의 외침이라고 봅니다. 당신은 멀리 여행을 하고, 시각 미술의 새로운 양식을 찾아내고 받아들였으며, 그 질문들을 새로운 방식으로 묻고, 그 모든 것으로부터 진정으로 독창적인 작품을 만들어 낼 만큼 열정적인 삶을 살았습니다. 그런 의미에서 당신은 대단한 삶을 산 것입니다. 결코 헛산 것이 아닙니다. 우리는 지금 합리적 분석과 예술을 통합하고 과학과 인문학을 동등하게 결합함으로써 당신이 추구한 답에 더 가까이 다가가고 있습니다.

우리는 어디에서 왔는가, 우리는 무엇인가, 우리는 어디로 가는가

（D'où Venons Nous / Que Sommes Nous / Où Allons Nous）

폴 고갱(Paul Gauguin, 1848~1903년)

캔버스에 유화, 매사추세츠, 보스턴 박물관 소장

감사의 말

  이 책을 쓰면서 뛰어난 편집자인 로버트 웨일(Robert Weil)의 조언과 격려, 오랜 세월 함께한 저작권 대리인 존 테일러 윌리엄스(John Taylor Willams)의 영감 어린 지원, 캐슬린 호턴(Kathleen M. Horton)의 탁월한 자료 조사와 원고 정리 능력의 도움을 받았으니, 나는 정말로 운 좋은 사람일 것이다.

옮기고 나서

세월의 흐름과 맞선다는 것

　사실 이 책을 처음 보았을 때는 그저 노학자(老學者)가 쓸 법한 책이라고 생각했다. 삶을 정리할 나이쯤 되면, 전체를 한번 아우르고 싶은 마음이 드는 것이 당연지사가 아닌가. 곤충 연구에서 시작하여 인간사 쪽으로 조금씩 진출해 왔으니, 이제 윌슨도 인간의 역사를 본격적으로 살펴볼 때가 되지 않았나? 다윈이 『종의 기원』에서 변죽만 울리다가, 10여 년 뒤에야 『인간의 유래』를 본격적으로 다루었듯이 말이다.

　그런데 중반쯤 들어갔을 때에야 비로소 처음에 다윈의 사례를 떠올린 것이 너무나 적절한 비유임을 알아차렸다. 다윈이 인간의 유래를 설명한 것이 인생을 정리한다는 의미로 쓴 것이 아니라는 점을 깜박 잊고 있었다. 그 책은 자신이 원래 세웠던 원대한 계획의 한 부분이었다는 사실을 왜 놓치고 왜곡시켜 해석하고 있었던 것일까?

옮긴이가 어쭙잖은 태도를 보이든 말든 간에, 윌슨은 이 책에서 다시 한번 학계에 큰 논란을 불러일으킬 논지를 펼치고 있었다. 수십 년 동안 학계의 정설로 굳어져 있던 혈연 선택 개념이 틀린 것이라고 과감하게 내치고 있었다.

물론 정설로 자리를 잡도록 하는 데 자신이 큰 기여를 한 개념을 훗날 철저히 내던진다는 것이 진정한 연구자임을 평가하는 유일한 기준이 될 수는 없다. 그렇지 않은 대가들도 많으니까 말이다. 하지만 이 책을 읽다 보면 진정한 과학자란 어떤 사람인지를 저절로 깨닫게 된다. 설령 우리가 혈연 선택이 옳은지 오랜 세월 과학자들이 틀렸다고 내쳤던 집단 선택이 옳은지 판단할 깜냥이 되지 않는다고 할지라도, 연구 결과가 아니라고 말한다면 자신이 지지했던 개념도 버려야 한다고 굳게 믿는 진실한 과학자의 모습을 엿볼 수 있는 점에서 이 책은 감명을 준다.

옮긴이는 사실상 윌슨의 책을 통해 번역을 직업으로 삼게 되었다. 그 뒤로 윌슨의 책과는 인연이 닿지 않다가 이제야 비로소 다시 그의 책을 접하게 되었다. 그리고 이 책은 당연히 세월의 흐름을 느낄 수 있는 책이 겠지 했던 지레짐작을 한순간에 날려 버렸다. 세상에는 세월의 흐름을 이기는 정신의 소유자도 있다는 사실을 새삼스럽게 깨달았다.

2013년 가을

이한음

학문의 정복자, 에드워드 윌슨

2005년 6월 1일부터 5일까지 미국 텍사스의 오스틴에서 열린 인간 행동 진화학회(Human Behavior and Evolution Society) 제17회 컨퍼런스는 당대 진화학계의 거물들이 총출동했던 매우 특별한 행사였다. 기조 강연을 맡은 스티븐 핑커를 비롯하여 나폴레온 쇄그넌(Napoleon Shagnon), 리처드 알렉산더(Richard Alexander), 더글러스 모크(Douglas Mock), 데이비드 버스(David Buss), 로버트 트리버스, 에드워드 윌슨 등 기라성 같은 학자들이 다양한 주제의 특별 강연을 했다. 에드워드 윌슨 교수가 특별 강연을 하는 날이었다. 서둘러 찾은 강연장은 이미 빈자리가 몇 개 남지 않을 정도로 꽉 차 있었다. 뒤에서 몇 줄 앞에 겨우 자리를 잡고 앉았다. 그때만 해도 나는 그 자리가 학자로 살아온 내 인생에서 가장 불편한 자리가 될 줄은 미처 몰랐다.

　언제나 그랬듯이 윌슨 교수는 차분하지만 단호한 어조로 강연을 이어 갔다. 그의 강연이 중반을 넘어서며 강연장은 술렁이기 시작했다. 윌슨 교수는 그 강연에서 그동안 그 누구보다도 열렬하게 지지했던 윌리엄 해밀턴의 혈연 선택 이론을 버리고 학문적으로 거의 뇌사 상태에 이른 집단 선택의 품으로 귀의하겠다고 선언한 것이었다. 그 컨퍼런스에 모인 거의 모든 사람이 이를테면 '해밀턴교'의 광신도들인데 윌슨 교수가 그 소굴 한복판에서 나름의 개종 선언을 한 것이었다. 1990년대 초반 미시건 대학교에서 함께 지냈던 알렉산더 교수가 고개를 돌려 나를 바라보며 서양 사람들이 어이가 없을 때 하는, 어깨를 치켜세우는 몸짓을 해 보였다. 전혀 준비가 되어 있지 않았던 나 역시 똑같은 몸짓으로 답할 수밖에 없었다. 강연을 끝낸 윌슨 교수는 자신이 투척한 폭탄에 초토화된 현장을 그대로 둔 채 조용히, 그러나 황급히 뒷문을 열고 퇴장했다. 그러자 마치 닭 쫓던 개들 같았던 사람들은 애꿎은 내게 몰려들었다. 사실 나 역시 그들 못지않게 당황한 상태였다. 윌슨 교수는 사실 그해 봄, 그러니까 불과 한두 달 전 《사회 연구(Social Research)》라는 사회 과학 학술지 제72호에 「이타주의의 핵심으로서 혈연 선택 그 성공과 쇠락」이라는 논문을 발표한 바 있지만 그가 이렇게까지 전면전으로 나올 줄은 아무도 예상하지 못했기 때문에 충격은 실로 대단했다.

　『지구의 정복자』는 윌슨 학문에서 방점과 같은 저술이다. 『곤충 사회들』(1971년)과 『사회 생물학』(1975년)에서 『인간 본성에 대하여』(1979년), 『통섭, 지식의 대통합(Consilience: The Unity of Knowledge)』(1998년), 『초유기체: 곤충 사회들의 아름다움, 우아함, 그리고 기이함(The Superorganism: The Beauty, Elegance, and Strangeness of Insect Societies)』(2009년)에 이르기까지 그가 일관되게 추구해 온 사회성 진화에 관한 그의 이론을 지구 생태계에서 가장 화려하게 성공한 인간과 사회성 곤충에 적용하여 지구의 역사를 재구성한 역작이다. 그러다 보니 어찌 보면 자연스러울 수도 있는 자기 표절마저도 절대로 용납하지 못하겠다는 독자들은 내용의 일부가 이전에 출간된 윌슨의 다른 저술에서 읽은 듯하다는 느낌이 들 수 있다. 그러나 이 점을 진취적으로 받아들이고 나면 『지구의 정복자』는 윌슨 사상의 처음과 끝을 두루 음미할 수 있는 완벽한 책이다. 이런 멋진 책을 소개하며 내가 2005년 인간 행동 진화학회 참관 경험을 자못 장황하게 서술한 까닭은 이른바 '선택의 단위'에 관한 그의 갑작스러운 전향이 바로 이 책 전반을 꿰뚫는 핵심 개념이기 때문이다. 이런 관점에서 나는 이 책을 오래전에 출간된 그의 자서전적 저서 『자연주의자(Naturalist)』(1994년)와 함께 읽을 것을 권한다.

2012년 8월 19일부터 25일까지 대구에서 제24회 세계 곤충학 대회(International Congress of Entomology)가 열렸다. 나는 '사회성 곤충 생물학의 최근 연구 발전(Recent Advances in the Biology of Social Insects)'이라는 제목의 심포지엄에 특별 강연자로 초대받아 「'아사회성'에서 '진사회성'으로(From 'subsocial' to 'eusocial')」라는 논문을 발표했다. 세계 각국에서 모여든 사회성 곤충을 연구하는 학자들에게 나는 왜 윌슨 교수가 뒤늦게 혈연 선택에 대한 그의 지지를 철회하게 되었는지에 관한 나 나름의 분석을 내놓았다. 이 글에서 나는 그 논문의 핵심 내용을 다시 한번 정리하여 설명하려 한다.

『자연주의자』 16장 「사회 생물학을 이룩하다」에는 윌슨 교수가 해밀턴의 이론을 받아들이는 과정이 아주 상세하게 적혀 있다. 윌슨 교수는 그가 혈연 선택에 귀의하는 과정을 이렇게 시작한다. (워낙 오래전에 번역된 책이라 그대로 옮기기보다 최근의 감각에 맞게 내가 다시 번역했다. 고딕체로 표시한 곳은 윌슨 교수가 자신도 모르게 자신의 심경을 적나라하게 드러낸 부분들이다.)

사회 생물학의 이론을 이루는 요소들은 여러 곳에서 나왔다. 그러나 그중에서도 제일 중요한 것이 등장했을 때 **처음에 나는 전력을 다해 저항했다**. 윌리엄 해밀턴은 1964년에 그 유명한 혈연 선택 이론을 「사회 행동의 유전학적 진화(The genetical evolution of social behavior)」라는 제목으로 두 편의 논문에 발표하였다. (315쪽)

윌슨 교수는 처음 해밀턴의 이론을 접했을 때 받아들이고 싶지 않았다고 분명하게 얘기하고 있다. 그러나 결국 받아들일 수밖에 없었던 학문적 깨달음의 과정을 마치 고해성사를 하는 신도처럼 상세하고 어떤 의미에서는 극적으로 토로했다. 다소 긴 감이 있지만 여기 다시 소개한다.

나는 해밀턴의 논문을 1965년 봄 보스턴에서 마이애미로 가는 기차에서 읽었다. …… 1965년 그날 뉴헤이븐 근처를 지날 때 나는 해밀턴의 논문을 꺼내 조급하게 읽어 내려갔다. 나는 어서 그가 주장하는 요점을 파악하고 내가 보다 익숙하고 잘 아는 부분으로 넘어가려 했다. 그의 글은 복잡했고 본격적인 수학적 논증은 난해했지만, 나는 반수배수체와 군체 생활에 대한 그의 요점은 퍽 빠르게 이해했다. **나의 첫 번째 반응은 부정적이었다. 그럴 수가 없다고 생각했다. 그것은 결코 맞는 말일 수가 없었다. 너무 단순했다. 그는 사회성 곤충에 대해 많이 알지 못하는 게 분명하다고 생각했다.** 그러나 그 생각은 그날 오후 일찍 뉴욕의 펜실베이니아 역에서 실버 미티어 호로 갈아탈 무렵까지도 나를 계속 괴롭혔다. 기차가 뉴저지 늪을 지나 남쪽으로 달리기 시작할 때 나는 그 논문을 다시 한번 읽기 시작했다. 이번에는 더 꼼꼼하게 반드시 있어야 할 **결정적 결함을 찾으려 노력하면서**. 나는 간간이 눈을 감고 벌목에 사회 생활이 지배적으로 존재하며 일개미들이 모두 암컷인 이유를 더 확실하게 설명할 수 있는 대안을 생각해 내려 노력했다. 확실히 나는 무언가를 생각해 낼 만큼 여러 가지를 충분히 알고 있었다. 나는 전에도 이런 식의 탐색을 통해 비판을 성공적으로 수행한 바 있었다. 기차가 버지니아로 들어선 저녁 식사 무렵 **나는 나 자신에게 실망하고 화가 나기 시작했다. 해밀턴, 그가 누구이든 이 어려운 고르디오스의 매듭**(Gordian knot)**을 잘라내다니.** 어쩌면 애당초 고르디오스의 매듭이란 없었던 것일까? 나는 그저 많은 우연적 진화와 대단한 자연사가 있을 뿐이라고 생각했다. 그리고 나는 내가 아마 사회성 곤충에 관한 한 세계적인 권위자일 것이라고 생각했기 때문에 **다른 사람이 그들의 기원에 대해 설명할 수 있으리라고, 적어도 이처럼 단숨에 해치울 수 있으리라고는 생각하지 않았다.** 다음날 아침 웨이크로스를 거쳐 잭슨빌에 들어설 무렵 나는 좀 더 노력해 보았다. 그러나 이른 오후 마이애미에 도착했을 때 **나는 포기했다. 나는 개종하고 말았다. 나를 해밀턴의 손에 맡겼다. 나는 과학사 학자들의 표현을 빌리면 이른바 인식 체계의 대전환을 겪은 것이었다.** (319~320쪽)

윌슨 교수는 이처럼 절절한 간증을 털어놓았다. 그러나 그의 번민은 끝나지 않았다. 이어진 다섯 쪽의 글에는 그가 어떻게 공개적으로 해밀턴의 이론을 지지하고 전파했는지에 관한 그의 업적이 상세하게 적혀 있다. 그러나 326쪽에 이르면 그의 불편함이 또다시 드러난다.

1971년부터 1974년까지 그 화려한 5년 동안 트리버스는 사회 생물학 이론의 새로운 길들을 열어젖혔다. …… **해밀턴 논리의 결함을 찾아낸** 사람이 바로 트리버스였다. (326쪽)

윌슨 교수는 이어서 트리버스가 찾아냈다는 그 결함의 내용을 다소 지나치다 싶을 정도로 상세히 소개한다. 나는 여기서 내심 기다리고 기다리던 동반자의 약점을 발견하고 나서 머금는 야릇한 미소를 보는 것

같아 마음이 편하지 않았다. 아프리카 초원에 사는 소등쪼기새(oxpecker)는 평소에는 얼룩말이나 코뿔소 같은 큰 동물의 몸에서 기생충을 잡아먹으며 공생 관계를 유지하고 살지만, 때로 동물의 몸에서 상처를 발견하면 집요하게 후벼 피를 빨기도 한다. 무명의 학자 해밀턴을 하루아침에 세계적인 스타로 만든 장본인인 윌슨 교수에게 이러한 비유를 쓴다는 것이 너무 가혹한 게 사실이지만, 그의 변심은 이처럼 극적이었다. 그리고 트리버스가 찾아냈다는 결함은 사실 결함이라기보다는 보완이라고 보는 게 더 타당할 것이다. 트리버스의 보완으로 해밀턴의 이론은 더욱 탄탄해졌다.

이러한 오해의 빌미는 존 메이너드 스미스(John Maynard Smith)로부터 시작되었다고 생각한다. '혈연 선택'이라는 표현은 해밀턴 박사가 고안한 것이 아니다. 그가 포괄 적합도 개념으로 설명한 다분히 복잡하고 난해한 이론의 핵심을 간명하게 표현하기 위해 메이너드 스미스가 해밀턴의 의도와 상관없이 붙인 용어가 혈연 선택이었다. 그런데 이 혈연 또는 친족을 뜻하는 'kin'이라는 용어가 피로 맺어진 가족이라는 공동체, 즉 집단(group)을 지칭하는 것 같은 불필요한 오해를 불러일으킨 것이었다. 어머니인 여왕개미와 그의 딸들인 일개미들로 구성된 개미 군체(colony)를 연구해 온 윌슨 교수에게 kin이란 그저 하나의 독특한 group의 일종에 지나지 않았다. 그래서 윌슨 교수는 『곤충 사회들』을 비롯하여 해밀턴의 이론을 소개한 그의 모든 저술에서 조금도 주저하지 않고 "혈연 선택은 집단 선택의 일종이다."라고 적고 있다. 그는 또한 혈연 선택은 다윈의 개체 선택을 적용하기 어려운 상황에서나 사용할 수 있는 독특하고 복잡한 종류의 자연 선택이라는 입장을 견지했다. 리처드 도킨스는 1979년 그의 「혈연 선택의 열두 가지 오해들(Twelve misunderstadings of kin selection)」이라는 제목의 논문에서 이 두 문제를 각각 오해 1과 2로 지목

했다. 도킨스에게는 너무도 명백한 오류일지 모르지만 사회성 곤충의 군체를 그저 확장된 개체, 즉 '초유기체'로 이해하는 윌슨 교수에게는 오해의 여지조차 없는 전혀 다른 관점의 명백한 문제일 수도 있다. 도킨스를 비롯한 많은 학자들은 윌슨 교수가 오해하고 있다고 주장하지만, 정작 윌슨 교수는 나름 매우 정연한 논리를 갖고 있을 수도 있다.

평소의 온화한 언동과 달리 윌슨 교수는 사실 논쟁의 한복판에 서는 걸 두려워하지 않는다. 1975년 그가 『사회 생물학』을 출간한 이후에 겪었던 거의 인신 공격 수준의 비난은 근대 학술사에 유래를 찾기 어려운 일이었다. 최근에 우리말로 출간된 존 올콕(John Alcock)의 『다윈 에드워드 윌슨과 사회 생물학의 승리(The Triumph of Sociobiology)』(김산하, 최재천 옮김, 동아시아, 2013년)에 소개된 물세례 일화는 유명하다. 1978년 2월 15일 윌슨 교수가 미국 과학 진흥회의 연례 총회에서 연설 차례를 기다리며 단상에 앉아 있는데 한 젊은 여성이 다가와 그의 머리 위에 얼음물 한 주전자를 쏟아 부었다. 그리고 한 무리의 선동자들이 무대 위로 뛰어올라 "너는 완전히 잘못 짚었다."라는 뜻으로 "윌슨, 당신 쫄딱 젖었어.(Wilson, you're all wet.)"라는 말을 되풀이해 외치며 플래카드를 흔들어댔다. 논쟁은 일상이지만 좀처럼 물리적인 폭력은 일어나지 않는 학계에서 하버드 대학교 교수를 상대로 벌어진 매우 이례적인 사건이었다. 윌슨 교수는 그 후에도 종교인들과의 논쟁도 마다하지 않았고, 1998년에는 『통섭: 지식의 대통합』을 출간하며 인문학자들과 사회학자들로부터 '생물학 제국주의자'라는 비난을 한몸에 받기도 했다.

윌슨 교수는 평생 집단 선택의 부활만을 위해 살았다고 해도 과언이 아닐 또 다른 윌슨, 즉 데이비드 슬론 윌슨(David Sloan Wilson)과 손잡고 2007년에는 《뉴 사이언티스트(New Scientist)》와 《쿼터리 리뷰 오브 바이올로지(Quarterly Review of Biology)》, 그리고 2008년에는 《아메리칸 사이언

티스트(*American Scientist*)》에 잇달아 논문을 발표하더니, 드디어 2010년에
는 하버드 대학교 수학과의 노왁 교수와 타르니타 박사와 함께 혈연 선
택의 수학적 논리 자체를 공격하는 논문을 세계적인 과학 저널《네이처
(*Nature*)》에 게재하기에 이르렀다. 그러자 그동안 개별적으로 반론을 제
기해 온 몇몇은 물론 다수의 진화학자들이 집단 행동을 하기 시작했다.
무려 156명의 이 시대의 대표 진화학자들이《네이처》에 반박 논문들을
게재했다. 사회 생물학은 거의 35년 만에 또다시 대규모 논란의 중심에
서게 되었다.

　개인적으로 나는 이번 논쟁을 지켜보며 두 가지 아쉬움을 느낀다. 첫
째는 윌슨 교수가 왜 좀 더 일찍 이 문제를 공론화하지 않았는가 하는
점이다. 앞에서 지적한 대로 그는 거의 20여 년 전인 1994년 『자연주의
자』를 출간할 당시에도 이미 해밀턴 박사와 그의 혈연 선택에 대한 불편
한 감정을 갖고 있었다. 나는 그가 해밀턴 박사가 사망하기 전에 이 논쟁
을 시작했더라면 하는 아쉬움을 거둘 수가 없다. 해밀턴 박사는 2000년
3월 7일 에이즈 바이러스의 기원을 밝히기 위해 아프리카에서 침팬지
분변을 채집하던 중 급성 말라리아에 걸려 런던으로 후송되었으나 끝
내 65세의 나이로 요절하고 말았다. 반면, 이번에 윌슨 교수에게 쏟아지
는 온갖 비난의 형태를 보며 1970년대 후반에 그가 겪어야 했던 수난과
모양새가 그리 다르지 않다는 점이 못내 아쉽다. 그러나 잊지 말아야 할
것이 있다. 울리카 시거스트롤(Ullica Segerstrale)이 『진실의 방어자들: 사
회 생물학 논쟁(*Defenders of the Truth: The Sociobiology Debate*)』(2001년)에서 확실
하게 정리한 대로 사회 생물학 논쟁의 승자는 단연 윌슨 교수였다. 학문
적 논쟁에 관한 한 그는 무서울 정도로 치밀한 기획자이며 용맹스러운
전사이다. 이번에도 비록 절대 다수의 학자들이 그를 공격하는 편에 섰
지만 결과는 아무도 장담하지 못한다.

혈연 선택이냐 집단 선택이냐? 이 논쟁은 어쩌면 영원히 끝나지 않을 수도 있다. 왜냐하면 논쟁의 핵심을 이루는 적합도와 근친도 개념은 수많은 학자들의 오랜 노력에도 불구하고 여전히 정의조차 하기 어려운 개념으로 남아 있고, 자연 선택의 작동 역시 단위, 결과, 또는 수준 중에서 어디에 초점을 맞추느냐에 따라 상당히 다른 그림이 그려질 수 있기 때문이다. 한편 철학자 데이비드 헐(David Hull)은 이 문제가 궁극적으로는 개체와 집단이 지니는 정의의 태생적 모호함에 기인한다고 설명한다. 나는 최근에 출간한 『다윈 지능』(사이언스북스, 2012년)에서 이 문제에 대해 엘리엇 소버(Eliot Sober)의 '선택 장난감' 유비로 이 문제를 설명해 보았다.

원통형으로 되어 있는 이 장난감에는 맨 위층으로부터 아래층으로 내려갈수록 점점 작은 크기의 구멍이 뚫려 있다. 만일 가장 작은 구슬들의 색깔이 녹색이라면 맨 아래층에는 결국 녹색 구슬들만 모일 것이다. 하지만 이 과정에서 우리는 제일 작은 구슬을 선택한 것이지 녹색 구슬을 선택한 것은 아니다. 선택의 대상(selection of)은 작은 구슬이었는데 결과적으로(selection for) 작은 구슬들의 색깔인 녹색도 선택된 것이다. 자연 선택은 표현형에 작동하고, 그 결과로 후세에 전달되는 것은 유전자이다.

나는 선택의 대상, 단위, 그리고 결과와는 별개로 선택의 수준은 유전자로부터 세포, 유기체, 친족, 집단, 심지어는 종에 이르기까지 다양할 수 있다고 생각한다. 선택의 수준에 관한 논의는 단연코 유전자 선택(genic selection)에서 출발해야 한다고 믿지만, 유전자도 결국 자기가 몸담고 있는 개체의 번식을 통해서만 자신의 복사체를 퍼뜨릴 수 있다는 현실을 놓고 볼 때 유전자의 운명은 상당 부분 개체에 달려 있음을 부정하기 어렵다. 이 점에 관한 설명으로 나는 『개미와 공작(*The Ant and the*

Peacock)』(1993년)에 있는 헬레나 크로닌(Helena Cronin)의 설명이 가장 압권이라고 생각한다.

유전자들은 스스로 발가벗고 자연 선택의 심판을 기다리지 않는다. 그들은 꼬리나 가죽, 또는 근육이나 껍질을 내세운다. 그들은 또 빨리 달릴 수 있는 능력이나 기막힌 위장술, 배우자를 매료시키는 힘, 훌륭한 둥지를 만드는 능력 등을 내세운다. 유전자들의 차이는 이러한 표현형의 차이로 나타난다. 자연 선택은 표현형적 변이에 작용함으로써 유전자에 작용한다. 따라서 유전자들은 그들의 표현형적 효과의 선택 가치(selective value)에 비례하여 다음 세대에 전파된다.

『지구의 정복자』는 우리 인간이 이미 수백만 년 전 침팬지와 공통 조상으로부터 분화되었지만 현생 인류는 불과 수십만 년 전에 출현하여 지난 6만 년 동안에 지구 전역으로 퍼져 가며 농경을 개발하고 고도로 조직화된 사회를 구성하며 언어를 기반으로 한 독특한 문화를 발전시킨 대서사를 기록하고 분석한 대작이다. 사고의 깊이와 범주는 통섭을 주창한 학자답게 우리가 다루는 거의 모든 학문의 경계를 넘나든다. 앞에서 내가 길게 논의한 선택 논쟁에 관한 내용은 언뜻 이 책의 일부에서만 구체적으로 논의되는 주제인 듯 보이지만 사실은 윌슨 교수가 이 책에서 다루는 실로 다양한 모든 주제의 기저에 흐르는 기본 개념이다. 어찌 보면 하나의 주제만 분석한 듯 보이는 나의 다분히 편협한 이 글이 윌슨의 저술을 처음 접하는 독자는 물론 오랫동안 그의 학문 궤적을 함께 추적해 온 독자들에게도 도움이 되었으면 한다.

거의 10년간 그를 지근지지(至近之地)에서 관찰해 온 나는 윌슨 교수가 사람들이 흔히 생각하는 그런 천재가 아니라는 걸 잘 알고 있다. 그는 순발력이 특별히 좋아 현장에서 주위 사람들로부터 감탄을 자아내는 그런 천재가 아니다. 생물학계 내에서 비교한다 해도 그는 결코 홀데인이나 하버드 대학교 같은 학과의 동료 교수 리처드 르원틴(Richard Lewontin)과는 매우 다른 스타일의 학자이다. 홀데인은 물리학자들이 뉴턴, 아인슈타인, 파인만 등 누구나 인정하는 천재들을 앞세워 윽박지를 때 우리 생물학자들이 제일 자주 내세우는 전설의 인물이다. 대학가의 술집에서 사람들과 대화를 나누는 자리에서 그가 던졌다는 촌철살인의 어록들이 지금도 전설처럼 구전되고 있다. 르원틴 교수는 내가 직접 본 사람들 중에서 가장 명석한 두뇌를 가진 사람이었다. 사회 생물학 논쟁에서 윌슨 교수를 공격하는 선봉장이었던 그였지만 그의 수업과 더불어 그 유명한 그의 연구실 점심 세미나에서 보여 준 그의 지적 걸출함은 말로 표현하기 어려웠다. 그의 점심 세미나에 초대된 연사가 아무리 낯선 주제에 대해 강의를 하더라도 그저 1시간 만 듣고 나면 수십 년 연구한 연사보다 더 정확한 분석과 예리한 통찰을 보여 주던 그였다. 그에 비하면 윌슨 교수는 토론을 거의 의식적으로 회피한다는 느낌까지 들 지경이었다. 토론의 열기가 막 고조될 즈음이면 어느새 슬그머니 자리를 피하는 그를 나는 여러 번 보았다. 때로 질문을 직접 받더라도 종종 농담 수준의 답을 흘리며 분위기를 부드럽게 만든 다음 양해를 구하며 자리를 뜨고는 했다. 그러나 그는 여전히 설전을 벌이느라 여념이 없는 우리를 떠나 연구실 문을 닫고 논문과 책을 쓰기 시작한다. 얼마 후 저술로 만나는 그는 그저 한마디씩 탁월함을 뽐내던 우리 모두가 한몸에 들어앉은 듯한 최고의 지성으로 우뚝 선다. 내가 관찰한 그는 순간적인 분석력이 예리한 사람은 아니다. 그러나 조용히 홀로 앉아 주어진 문제를 여러 각도에서 조망하고 다양한 학문의 관점을 통틀어 종합하는 능력은 내가 아는 한 그 누구와도 견줄 수 없다. 세상에는 사실 다양한 천재가 있는 법이다. 그는 그가 설파한 그대로 말하자면 통섭형 인재의 전형이다. 이 책은 현존하는 최고의 통섭형 학자가 그의 학문 여정의 정점에 다가서며 내놓은 걸작이다. 너덜너덜해질 때까지 읽고 또 읽고 또 읽을 책이다. 건설적인 비판의 눈은 부릅뜨고 말이다.

2013년 가을

최재천(국립 생태원 초대 원장)

참고 문헌

들어가는 말 고갱의 그림 앞에서
폴 고갱의 삶과 예술. Belinda Thomson, ed., *Gauguin: Maker of Myth* (Washington, DC: Tate Publishing, National Gallery of Art, 2010).

2장 정복의 두 경로
진사회성 곤충 집단의 지질학적 기원. 흰개미: Jessica L. Ware, David A. Grimaldi, and Michael S. Engel, "The effects of fossil placement and calibration on divergence times and rates: An example from the termites (Insecta: Isoptera)," *Arthropod Structure and Development* 39: 204~219 (2010). **개미:** Edward O. Wilson and Bert Hölldobler, "The rise of the ants: A phylogenetic and ecological explanation," Proceedings of the National Academy of Sciences, U.S.A. 102(21): 7411~7414 (2005). **벌:** Michael Ohl and Michael S. Engel, "Die Fossilgeschichte der Bienen und ihrer nächsten Verwandten (Hymenoptera: Apoidea)," *Denisia* 20: 687~700 (2007).
구대륙 유인원의 초기 진화. Iyad S. Zalmout et al., "New Oligocene primate from Saudi Arabia and the divergence of apes and Old World monkeys," Nature 466: 360~364 (2010).

3장 진화 미로의 모퉁이들
호모 사피엔스 계통 전체의 개체수. 지질학적 기간 전체를 10^8년이라고 보고, 호모 사피엔스 계통에서 번식하는 동물의 평균 수명을 10년으로 잡으면, 총 10^7세대가 되고, 한 세대는 10^4개체라고 추론했다.
주먹 보행 대 직립 보행. Tracy L. Kivell and Daniel Schmitt, "Independent evolution of knuckle-walking in African apes shows that humans did not evolve from a knuckle-walking ancestor," *Proceedings of the National Academy of Sciences, U.S.A.* 106(34): 14241~14246 (2009).
끈질긴 추적 사냥. Louis Liebenberg, "Persistence hunting by modern hunter-gatherers," *Current Anthropology* 47(6): 1017~1025 (2006).
손 파운드의 장거리 달리기. Bernd Heinrich, *Racing the Antelope: What Animals Can Teach Us about Running and Life* (New York: HarperCollins, 2001).
선적응으로서의 물체를 던지는 능력. Paul M. Bingham, "Human uniqueness: A general

theory," *Quarterly Review of Biology* 74(2): 133~169 (1999).

크고 작은 포유동물들의 멸종 속도. Lee Hsiang Liow et al., "Higher origination and extinction rates in larger mammals," *Proceedings of the National Academy of Sciences, U.S.A.* 105(16): 6097~6102 (2008).

사회 집단의 분열. Guy L. Bush et al., "Rapid speciation and chromosomal evolution in mammals," *Proceedings of the National Academy of Sciences, U.S.A.* 74(9): 3942~3946 (1977); Don Jay Melnick, "The genetic consequences of primate social organization," *Genetica* 73: 117~135 (1987).

4장 도약의 거점

호모 하빌리스. Winfried Henke, "Human biological evolution," in Franz M. Wuketits and Francisco Ayala, eds., *Handbook of Evolution*, vol. 2, *The Evolution of Living Systems (Including Humans)* (Weinheim: Wiley-VCH, 2005), 117~222쪽.

기후 변화와 초기 사람과 진화. Elisabeth S. Vrba et al., eds., Paleoclimate and Evolution, with Emphasis on Human Origins (New Haven: Yale University Press, 1995).

침팬지의 땅파기 도구. R. Adriana Hernandez-Aguilar, Jim Moore, and Travis Rayne Pickering, "Savanna chimpanzees use tools to harvest the underground storage organs of plants," *Proceedings of the National Academy of Sciences, U.S.A.* 104(49): 19210~19213 (2007).

커다란 새들의 지능. Daniel Sol et al., "Big brains, enhanced cognition, and response of birds to novel environments," *Proceedings of the National Academy of Sciences, U.S.A.* 102(15): 5460~5465 (2005).

육식 동물의 뇌 크기와 사회 조직화. John A. Finarelli and John J. Flynn, "Brain-size evolution and sociality in Carnivora," *Proceedings of the National Academy of Sciences, U.S.A.* 106(23): 9345~9349 (2009).

고대의 도구. J. Shreeve, "Evolutionary road," *National Geographic* 218: 34~67 (July 2010).

육식으로의 진화. David R. Braun et al., "Early hominin diet included diverse terrestrial and aquatic animals 1.95 Ma in East Turkana, Kenya," *Proceedings of the National Academy of Sciences, U.S.A.* 107(22): 10002~10007 (2010); Teresa E. Steele, "A unique hominin menu dated to 1.95 million years ago," *Proceedings of the National Academy of Sciences, U.S.A.* 107(24): 10771~10772 (2010).

보노보의 포식. Martin Surbeck and Gottfried Hohmann, "Primate hunting by bonobos at LuiKotale, Salonga National Park," *Current Biology* 18(19): R906~R907 (2008).

대형 동물 사냥꾼으로서의 네안데르탈인. Michael P. Richards and Erik Trinkaus, "Isotopic evidence for the diets of European Neanderthals and early modern humans," *Proceedings of the National Academy of Sciences, U.S.A.* 106(38): 16034~16039 (2009). 네안데르탈인은 다양한 식물도 먹었다. Amanda G. Henry, Alison S. Brooks, and Dolores R. Piperno, "Microfossils in calculus demonstrate consumption of plants and cooked foods in Neanderthal diets (Shanidar III, Iraq; Spy I and II, Belgium)," *Proceedings of the National Academy of Sciences,*

U.S.A. 108(2): 486~491 (2011).

6장 사회성 진화의 원동력

인류 진화에서 혈연 선택. 1970년대에 나도 『사회 생물학: 새로운 종합』(1975년)과 『인간 본성에 대하여』(1978년)를 통해 혈연 선택이 진사회성의 기원과 인류 진화에서 핵심 역할을 했다고 옹호했다. 지금은 그것을 역설한 만큼 내가 오류를 저질렀다고 믿는다. Edward O. Wilson, "One giant leap: How insects achieved altruism and colonial life," *BioScience* 58(1): 17~25 (2008); Martin A. Nowak, Corina E. Tarnita, and Edward O. Wilson, "The evolution of eusociality," *Nature* 466: 1057~1062 (2010).

사회성 곤충에서의 여왕 대 여왕의 선택을 비롯한 진사회성 진화의 새 이론. Martin A. Nowak, Corina E. Tarnita, and Edward O. Wilson, "The evolution of eusociality," *Nature* 466: 1057~1062 (2010).

7장 인간 본성에 새겨진 부족주의

운동 경기에서 승리했을 때의 기쁨. Roger Brown, *Social Psychology* (New York: Free Press, 1965; 2nd ed. 1985), 553쪽.

본능으로서의 내집단 형성. Roger Brown, *Social Psychology* (New York: Free Press, 1965; 2nd ed. 1985), 553쪽; Edward O. Wilson, *Consilience: The Unity of Knowledge* (New York: Knopf, 1998).

집단 형성에서 모어 선호 경향. Katherine D. Kinzler, Emmanuel Dupoux, and Elizabeth S. Spelke, "The native language of social cognition," *Proceedings of the National Academy of Sciences, U.S.A.* 104(30): 12577~12580 (2007).

뇌 활성화와 공포 조절. Jeffrey Kluger, "Race and the brain," Time, 59쪽 (20 October 2008).

8장 전쟁, 유전된 저주

전쟁에 관한 윌리엄 제임스의 말. William James, "The moral equivalent of war," *Popular Science Monthly* 77: 400~410 (1910).

소련과 나치스 독일의 전쟁과 대량 학살. Timothy Snyder, "Holocaust: The ignored reality," *New York Review of Books* 56(12) (16 July 2009).

신이 전쟁을 이용한다는 마르틴 루터의 말. Martin Luther in *Whether Soldiers, Too, Can Be Saved* (1526), trans. J. M. Porter, *Luther: Selected Political Writings* (Lanham, MD: University Press of America, 1988), 103쪽.

아테네 인의 멜로스 정복. William James, "The moral equivalent of war," *Popular Science Monthly* 77: 400~410 (1910); Thucydides, *The Peloponnesian War*, trans. Walter Banco (New York: W. W. Norton, 1998).

선사 시대 전쟁의 증거. Steven A. LeBlanc and Katherine E. Register, *Constant Battles: The Myth of the Peaceful, Noble Savage* (New York: St. Martin's Press, 2003).

불교와 전쟁. Bernard Faure, "Buddhism and violence," *International Review of Culture & Society* no. 9 (Spring 2002); Michael Zimmermann, ed., *Buddhism and Violence*

(Bhairahana, Nepal: Lumbini International Research Institute, 2006).

전쟁의 영속성. Steven A. LeBlanc and Katherine E. Register, *Constant Battles: The Myth of the Peaceful, Noble Savage* (New York: St. Martin's Press, 2003).

집단 선택의 초기 모형. Richard Levins, "The theory of fitness in a heterogeneous environment, IV: The adaptive significance of gene flow," *Evolution* 18(4): 635~638 (1965); Richard Levins, *Evolution in Changing Environments: Some Theoretical Explorations* (Princeton, NJ: Princeton University Press, 1968); Scott A. Boorman and Paul R. Levitt, "Group selection on the boundary of a stable population," *Theoretical Population Biology* 4(1): 85~128 (1973); Scott A. Boorman and P. R. Levitt, "A frequency-dependent natural selection model for the evolution of social cooperation networks," *Proceedings of the National Academy of Sciences, U.S.A.* 70(1): 187~189 (1973). 이 논문들에 대한 필자의 서평. Edward O. Wilson, *Sociobiology: The New Synthesis* (Cambridge, MA: Belknap Press of Harvard University Press, 1975), 110~117쪽.

인류와 침팬지의 폭력성. Richard W. Wrangham, Michael L. Wilson, and Martin N. Muller, "Comparative rates of violence in chimpanzees and humans," *Primates* 47: 14~26 (2006).

인류와 침팬지의 공격성 비교. Richard W. Wrangham and Michael L. Wilson, "Collective violence: Comparison between youths and chimpanzees," *Annals of the New York Academy of Science* 1036: 233~256 (2004).

침팬지의 전쟁. John C. Mitani, David P. Watts, and Sylvia J. Amsler, "Lethal intergroup aggression leads to territorial expansion in wild chimpanzees," *Current Biology* 20(12): R507~R508 (2010). 이 내용을 탁월하게 다루면서 평한 기사. Nicholas Wade, "Chimps that wage war and annex rival territory," *New York Times*, D4 (22 June 2010).

개체군 조절. 최소 제한 요인이라는 개념은 1828년 카를 필리프 스프렝겔(Carl Philipp Sprengel, 1787~1859년)이 농업에 처음 도입했고, 나중에 유스투스 리비히(Justus Liebig, 1803~1873년)가 정립했다. 그래서 '리비히의 최소량 법칙'이라고 부르고는 한다. 리비히는 작물의 생장은 양분의 총량이 아니라, 가장 희소한 양분에 따라 정해진다고 했다.

인구학적 충격과 동맹 형성. E. A. Hammel, "Demographics and kinship in anthropological populations," *Proceedings of the National Academy of Sciences, U.S.A.* 102(6): 2248~2253 (2005).

인구 크기와 지역적 한계. R. Hopfenberg, "Human carrying capacity is determined by food availability," *Population and Environment* 25: 109~117 (2003).

9장 탈주

호모 에렉투스의 발자국. "World Roundup: Archaeological assemblages: Kenya," *Archaeology*, 11쪽 (May/June 2009).

현생 호모 사피엔스의 출현. G. Philip Rightmire, "Middle and later Pleistocene hominins in Africa and Southwest Asia," *Proceedings of the National Academy of Sciences, U.S.A.* 106(38): 16046~16050 (2009).

아프리카 인의 유전체. Stephan C. Schuster et al., "Complete Kohisan and Bantu genomes from southern Africa," *Nature* 463: 943~947 (2010).

10장 창의성의 폭발

인류 이주에서 연속 창시자 효과. Sohini Ramachandran et al., "Support from the relationship of genetic and geographic distance in human populations for a serial founder effect originating in Africa," *Proceedings of the National Academy of Sciences, U.S.A.* 102(44): 15942~15947 (2005).

나일 강으로 향한 이주자들의 유전적 변화. Henry Harpending and Alan Rogers, "Genetic perspectives on human origins and differentiation," *Annual Review of Genomics and Human Genetics* 1: 361~385 (2000).

기후 변화와 탈아프리카. Andrew S. Cohen et al., "Ecological consequences of early Late Pleistocene megadroughts in tropical Africa," *Proceedings of the National Academy of Sciences, U.S.A.* 104(42): 16428~16427 (2007).

호모 사피엔스의 유럽 진출과 네안데르탈인의 멸종. John F. Hoffecker, "The spread of modern humans in Europe," *Proceedings of the National Academy of Sciences, U.S.A.* 106(38): 16040~16045 (2009); J. J. Hublin, "The origin of Neandertals," *Proceedings of the National Academy of Sciences, U.S.A.* 106(38): 16022~16027 (2009).

새 사람족인 '데니소바인'의 발견. David Reich et al., "Genetic history of an archaic hominin group from Denisova Cave in Siberia," *Nature* 468: 1053~1060 (2010).

구대륙에서 호모 사피엔스의 확산. Peter Foster and S. Matsumura, "Did early humans go north or south?" *Science* 308: 965~966 (2005); Cristopher N. Johnson, "The remaking of Australia's ecology," *Science* 309: 255~256; Gifford H. Miller et al., "Ecosystem collapse in Pleistocene Australia and a human role in megafaunal extinction," *Science* 309: 287~290 (2005).

인류의 신대륙 진출. Ted Goebel, Michael R. Waters, and Dennis H. O'Rourke, "The Late Pleistocene dispersal of modern humans in the Americas," *Science* 319: 1497~1502 (2008); Andrew Curry, "Ancient excrement," Archaeology, 42~45쪽 (July/August 2008).

문화적 혁신의 불연속성. Francesco d'Errico et al., "Additional evidence on the use of personal ornaments in the Middle Paleolithic of North Africa," *Proceedings of the National Academy of Sciences, U.S.A.* 106(38): 16051~16056 (2009).

인류의 확산에 따라 진화 속도가 증가한다. John Hawks et al., "Recent acceleration of human adaptive evolution," *Proceedings of the National Academy of Sciences, U.S.A.* 104(52): 20753~20758 (2007).

최근 인류 진화에서의 적응적 진화. Jun Gojobori et al., "Adaptive evolution in humans revealed by the negative correlation between the polymorphism and fixation phases of evolution," *Proceedings of the National Academy of Sciences, U.S.A.* 104(10): 3907~3912 (2007).

돌연변이 유전자의 빈도 변화. Jun Gojobori et al., "Adaptive evolution in humans revealed by the negative correlation between the polymorphism and fixation phases of evolution," *Proceedings of the National Academy of Sciences, U.S.A.* 104(10): 3907~3912 (2007).

인간 인지 능력의 진화와 유전자. Ralph Haygood et al., "Contrasts between adaptive coding and noncoding changes during human evolution," *Proceedings of the National Academy of Sciences, U.S.A.* 107(17): 7853~7857 (2010).

마음 형질들의 유전. B. Devlin, Michael Daniels, and Kathryn Roeder, "The heritability of IQ," *Nature* 388: 468~471 (1997). 다양한 연구들은 IQ의 유전 가능성이 0.4~0.7라고 추정하며, 낮은 값일 가능성이 가장 높다.

터크하이머의 제1법칙. E. Turkheimer, "Three laws of behavior genetics and what they mean," *Current Directions in Psychological Science* 9(5): 160~164 (2000).

사회 관계망 형성의 유전적 요소. James Fowler, Christopher T. Dawes, and Nicholas A. Christakis, "Model of genetic variation in human social networks," *Proceedings of the National Academy of Sciences, U.S.A.* 106(6): 1720~1724 (2009).

신석기 시대 또는 그 이전에 창안된 개념들. Dwight Read and Sander van der Leeuw, "Biology is only part of the story," *Philosophical Transactions of the Royal Society* B 363: 1959~1968 (2008).

재배 식물의 기원. Colin E. Hughes et al., "Serendipitous backyard hybridization and the origin of crops," *Proceedings of the National Academy of Sciences, U.S.A.* 104(36): 14389~14394 (2007).

현생 인류에게서의 자연 선택. Steve Olson, "Seeking the signs of selection," *Science* 298: 1324~1325 (2002); Michael Balter, "Are humans still evolving?" *Science* 309: 234~237 (2005); Cynthia M. Beall et al., "Natural selection on EPAS1 (H1F2*a*) associated with low hemoglobin concentration in Tibetan highlanders," *Proceedings of the National Academy of Sciences, U.S.A.* 107(25): 11459~11464 (2010); Oksana Hlodan, "Evolution in extreme environments," *BioScience* 60(6): 414~418 (2010).

11장 문명을 향한 질주

무리에서 국가로 문명의 질주. Kent V. Flannery, "The cultural evolution of civilizations," *Annual Review of Ecology and Systematics* 3: 399~426 (1972); H. T. Wright, "Recent research on the origin of the state," *Annual Review of Anthropology* 6: 379~397 (1977); Charles S. Spencer, "Territorial expression and primary state formation," *Proceedings of the National Academy of Sciences, U.S.A.* 107: 7119~7126 (2010).

사이먼의 위계 구조 원리. Herbert A. Simon, "The architecture of complexity," *Proceedings of the American Philosophical Society* 106: 467~482 (1962).

부르키나파소에서의 성격 다양성. Richard W. Robins, "The nature of personality: genes, culture, and national character," *Science* 310: 62~63 (2005).

문화 내 그리고 문화별 성격 다양성. A. Terraciano et al., "National character does not reflect mean personality trait levels in 49 cultures," *Science* 310: 96~100 (2005).

국가 기반의 문명이 기원한 시점. Charles S. Spencer, "Territorial expansion and primary state formation," *Proceedings of the National Academy of Sciences, U.S.A.* 107(16): 7119~7126 (2010).

초기 국가의 기원 시점. Charles S. Spencer, "Territorial expansion and primary state formation," *Proceedings of the National Academy of Sciences, U.S.A.* 107(16): 7119~7126 (2010).

하와이에서 단기간에 이루어진 초기 국가 출현. Patrick V. Kirch and Warren D. Sharp, "Coral230Th dating of the imposition of a ritual control hierarchy in precontact Hawaii," *Science* 307: 102~104 (2005).

알껍데기 조각. Pierre-Jean Texier et al., "A Howiesons Poort tradition of engraving ostrich eggshell containers dated to 60,000 years ago at Diepkloof Rock Shelter, South Africa," *Proceedings of the National Academy of Sciences, U.S.A.* 107(14): 6180~6185 (2010).

아프리카 최초의 예술과 무기. Constance Holden, "Oldest beads suggest early symbolic behavior," *Science* 304: 369 (2004); Christopher Henshilwood et al., "Middle Stone Age shell beads from South Africa," *Science* 304: 404 (2004).

괴베클리테페의 고대 사원. Andrew Curry, "Seeking the roots of ritual," *Science* 319: 278~280 (2008).

글쓰기의 기원. Andrew Lawler, "Writing gets a rewrite," *Science* 292: 2418~2420 (2001); John Noble Wilford, "Stone said to contain earliest writing in Western Hemisphere," *New York Times*, A12 (15 September 2006).

고대 문헌의 의미. Barry B. Powell, *Writing: Theory and History of the Technology of Civilization* (Malden, MA: Wiley-Blackwell, 2009).

신석기 시대의 기원과 문화 진화. Jared Diamond, *Guns, Germs, and Steel: The Fates of Human Societies* (New York: W. W. Norton, 1997); Douglas A. Hibbs Jr. and Ola Olsson, "Geography, biogeography, and why some countries are rich and others are poor," *Proceedings of the National Academy of Sciences, U.S.A.* 101(10): 3715~3720 (2004).

12장 진사회성의 발명

아마존 우림의 사회성 곤충. H. J. Fittkau and H. Klinge, "On biomass and trophic structure of the central Amazonian rainforest ecosystem," *Biotropica* 5: 2~14 (1973).

13장 사회성 곤충을 진화시킨 발명들

이주성 개미와 흡즙 곤충 무리. U. Maschwitz, M. D. Dill, and J. Williams, "Herdsmen ants and their mealybug partners," *Abhandlungen der Senckenbergischen Naturforschenden Gesellschaft Frankfurt am Main* 557: 1~373 (2002).

14장 진사회성의 희소성 딜레마

진사회성의 진화적 기원. Edward O. Wilson and Bert Hölldobler, "Eusociality: Origin and consequences," *Proceedings of the National Academy of Sciences, U.S.A.* 102(38): 13367~13371 (2005); Charles D. Michener, The Bees of the World (Baltimore: Johns Hopkins University Press, 2007); Bryan N. Danforth, "Evolution of sociality in a primitively eusocial lineage of bees," *Proceedings of the National Academy of Sciences, U.S.A.* 99(1): 286~290 (2002); Bert Hölldobler and Edward O. Wilson, The Superorganism: The

Beauty, Elegance, and Strangeness of Insect Societies (New York: W. W. Norton, 2009).

딱총새우의 진사회성. J. Emmett Duffy, C. L. Morrison, and R. Ríos, "Multiple origins of eusociality among sponge-dwelling shrimps (*Synalpheus*)," *Evolution* 54(2): 503~516 (2000).

독특한 진화적 사건. Geerat J. Vermeij, "Historical contingency and the purported uniqueness of evolutionary innovations," *Proceedings of the National Academy of Sciences, U.S.A.* 103(6): 1804~1809 (2006).

조류 둥지의 조력자. B. J. Hatchwell and J. Komdeur, "Ecological constraints, life history traits and the evolution of cooperative breeding," *Animal Behaviour* 59(6): 1079~1086 (2000).

15장 곤충의 이타성과 진사회성이 규명되다

곤충 사회의 기원. William Morton Wheeler, *Colony Founding among Ants, with an Account of Some Primitive Australian Species* (Cambridge, MA: Harvard University Press, 1933); Charles D. Michener, "The evolution of social behavior in bees," *Proceedings of the Tenth International Congress in Entomology, Montreal* 2: 441~447 (1956); Howard E. Evans, "The evolution of social life in wasps," *Proceedings of the Tenth International Congress in Entomology, Montreal*, 2: 449~457 (1956).

혈연 선택의 대안. Martin A. Nowak, Corina E. Tarnita, and Edward O. Wilson, "The evolution of eusociality," *Nature* 466: 1057~1062 (2010). A later account is provided by Martin A. Nowak and Roger Highfield in *SuperCooperators: Altruism, Evolution, and Why We Need Each Other to Succeed* (New York: Free Press, 2011).

곤충의 진사회성을 향한 단계들. Edward O. Wilson, "One giant leap: How insects achieved altruism and colonial life," *BioScience* 58: 17~25 (2008).

천연 자원과 곤충의 초기 진사회성. Edward O. Wilson and Bert Hölldobler, "Eusociality: Origin and consequences," *Proceedings of the National Academy of Sciences, U.S.A.* 102(38): 13367~13371 (2005).

독립 생활 막시류. James T. Costa, *The Other Insect Societies* (Cambridge, MA: Belknap Press of Harvard University Press, 2006).

진사회성 딱정벌레류. D. S. Kent and J. A. Simpson, "Eusociality in the beetle *Austroplatypus incompertus* (Coleoptera: Curculionidae)," *Naturwissenschaften* 79: 86~87 (1992).

진사회성 총채벌레류와 진딧물류. Bernard J. Crespi, "Eusociality in Australian gall thrips," *Nature* 359: 724~726 (1992); David L. Stern and W. A. Foster, "The evolution of soldiers in aphids," *Biological Reviews of the Cambridge Philosophical Society* 71: 27~79 (1996).

진사회성 딱총새우. J. Emmett Duffy, "Ecology and evolution of eusociality in sponge-dwelling shrimp," in J. Emmett Duffy and Martin Thiel, eds., *Evolutionary Ecology of Social and Sexual Systems: Crustaceans as Model Organisms* (New York: Oxford University Press, 2007).

인위적으로 유도한 진사회성 벌 군체. Shoichi F. Sakagami and Yasuo Maeta, "Sociality, induced and/or natural, in the basically solitary small carpenter bees (*Ceratina*)," in Yosiaki

Itô, Jerram L. Brown, and Jiro Kikkawa, eds., *Animal Societies: Theories and Facts* (Tokyo: Japan Scientific Societies Press, 1987), 1~16쪽; William T. Wcislo, "Social interactions and behavioral context in a largely solitary bee, *Lasioglossum (Dialictus) figueresi* (Hymenoptera, Halictidae)," *Insectes Sociaux* 44: 199~208 (1997); Raphael Jeanson, Penny F. Kukuk, and Jennifer H. Fewell, "Emergence of division of labour in halictine bees: Contributions of social interactions and behavioural variance," *Animal Behaviour* 70: 1183~1193 (2005).

곤충의 분업에서 고정된 문턱 모형. Gene E. Robinson and Robert E. Page Jr., "Genetic basis for division of labor in an insect society," in Michael D. Breed and Robert E. Page Jr., eds., *The Genetics of Social Evolution* (Boulder, CO: Westview Press 1989), 61~80쪽; E. Bonabeau, G. Theraulaz, and Jean-Luc Deneubourg, "Quantitative study of the fixed threshold model for the regulation of division of labour in insect societies," *Proceedings of the Royal Society* B 263: 1565~1569 (1996); Samuel N. Beshers and Jennifer H. Fewell, "Models of division of labor in social insects," *Annual Review of Entomology* 46: 413~440 (2001).

16장 곤충의 대도약

보금자리 방어의 가치. J. Field and S. Brace, "Pre-social benefits of extended parental care," *Nature* 427: 650~652 (2004).

벌의 사회성 진화와 역행. Bryan N. Danforth, "Evolution of sociality in a primitively eusocial lineage of bees," *Proceedings of the National Academy of Sciences, U.S.A.* 99(1): 286~290 (2002).

계절 변화는 사회적 행동을 촉진한다. James H. Hunt and Gro V. Amdam, "Bivoltinism as an antecedent to eusociality in the paper wasp genus *Polistes*," *Science* 308: 264~267 (2005).

개미의 날개 없는 일개미 기원. Ehab Abouheif and G. A. Wray, "Evolution of the gene network underlying wing polyphenism in ants," *Science* 297: 249~252 (2002).

열마디개미에게서 여러 여왕의 기원. Kenneth G. Ross and Laurent Keller, "Genetic control of social organization in an ant," *Proceedings of the National Academy of Sciences, U.S.A.* 95(24): 14232~14237 (1998).

열마디개미의 유전자와 진사회적 행동. M. J. B. Krieger and Kenneth G. Ross, "Identification of a major gene regulating complex social behavior," *Science* 295: 328~332 (2002).

사회성 말벌의 유전학과 발달. James H. Hunt and Gro V. Amdam, "Bivoltinism as an antecedent to eusociality in the paper wasp genus Polistes," *Science* 308: 264~267 (2005).

독립 생활 벌의 협동. Shoichi F. Sakagami and Yasuo Maeta, "Sociality, induced and/or natural, in the basically solitary small carpenter bees (*Ceratina*)," in Yosiaki Itô, Jerram L. Brown, and Jiro Kikkawa, eds., *Animal Societies: Theories and Facts* (Tokyo: Japan Scientific Societies Press, 1987), 1~16쪽.

원시적인 진사회성 벌에서 여왕들의 협동. Miriam H. Richards, Eric J. von Wettberg, and Amy C. Rutgers, "A novel social polymorphism in a primitively eusocial bee," *Proceedings of the National Academy of Sciences, U.S.A.* 100(12): 7175~7180 (2003).

진사회성을 향한 기본 계획 순서의 역행. Gro V. Amdam et al., "Complex social behaviour from maternal reproductive traits," *Nature* 439: 76~78 (2006); Gro V. Amdam et al., "Variation in endocrine signaling underlies variation in social life-history," *American Naturalist* 170: 37~46 (2007).

진사회성 진화에서 돌아올 수 없는 지점. Edward O. Wilson, *The Insect Societies*(Cambridge, MA: Belknap Press of Harvard University Press, 1971); Edward O. Wilson and Bert Hölldobler, "Eusociality: Origin and consequence," *Proceedings of the National Academy of Sciences, U.S.A.* 102(38): 13367~13371 (2005).

17장 자연 선택은 어떻게 사회적 본능을 빚어내는가
다윈과 유전적 적응으로서의 본능. 다윈의 명저들. 『인간과 동물의 감정 표현』(1873년), 『비글호 항해기(*Voyage of the Beagle*)』(1838년), 『종의 기원』(1859년), 『인간의 유래』(1872년).

18장 사회성 진화의 힘
혈연 선택과 해밀턴. William D. Hamilton, "The genetical evolution of social behaviour, I, II," *Journal of Theoretical Biology* 7: 1~52 (1964).

홀데인의 혈연 선택 정의. J. B. S. Haldane, "Population genetics," *New Biology* (Penguin Books) 18: 34~51 (1955).

반수배수성 가설의 실패. Edward O. Wilson, "One giant leap: How insects achieved altruism and colonial life," *BioScience* 58(1): 17~25 (2008).

개미 군체에서 유전적 다양성의 이점. Blaine Cole and Diane C. Wiernacz, "The selective advantage of low relatedness," *Science* 285: 891~893 (1999); William O. H. Hughes and J. J. Boomsma, "Genetic diversity and disease resistance in leaf-cutting ant societies," *Evolution* 58: 1251~1260 (2004).

유전적으로 다양한 개미 계급. F. E. Rheindt, C. P. Strehl, and Jürgen Gadau, "A genetic component in the determination of worker polymorphism in the Florida harvester ant *Pogonomyrmex badius*," Insectes Sociaux 52: 163~168 (2005).

사회성 곤충 집의 온도 조절. J. C. Jones, M. R. Myerscough, S. Graham, and Ben P. Oldroyd, "Honey bee nest thermoregulation: Diversity supports stability," *Science* 305: 402~404 (2004).

개미 군체에서 분업의 유전적 요소. T. Schwander, H. Rosset, and M. Chapuisat, "Division of labour and worker size polymorphism in ant colonies: The impact of social and genetic factors," *Behavioral Ecology and Sociobiology* 59: 215~221 (2005).

순차적 다수준 이론. 이 이론은 여러 분야의 연구에 빚을 지고 있지만, 주로 다음의 논문들을 통해 발전했다. 각 논문의 저자는 나름의 기여를 했다. Edward O. Wilson, "Kin selection as the key to altruism: Its rise and fall," *Social Research* 72(1): 159~166 (2005); Edward O. Wilson and Bert Hölldobler, "Eusociality: Origin and consequences," *Proceedings of the National Academy of Sciences, U.S.A.* 102(38): 13367~13371 (2005); David Sloan Wilson and Edward O. Wilson, "Rethinking the theoretical foundation of sociobiology," *Quarterly Review of Biology* 82(4): 327~348 (2007); Edward O. Wilson, "One giant leap: How insects achieved altruism and colonial life," *BioScience* 58(1): 17~25 (2008); David Sloan Wilson and Edward O. Wilson, "Evolution 'for the good of the group,' " *American Scientist* 96: 380~389 (2008); and finally and definitively, Martin A. Nowak, Corina E. Tarnita and Edward O. Wilson, "The evolution of eusociality," *Nature* 466: 1057~1062 (2010). 본문 내용은 주로 마지막 문헌을 토대로 했다.

사회성 곤충의 성비 투자. Robert L. Trivers and Hope Hare, "Haplodiploidy and the evolution of the social insects," *Science* 191: 249~263 (1976); Andrew F. G. Bourke and Nigel R. Franks, *Social Evolution in Ants* (Princeton, NJ: Princeton University Press, 1995).

사회성 곤충의 지배 행동과 치안 유지. Francis L. W. Ratnieks, Kevin R. Foster, and Tom Wenseleers, "Conflict resolution in insect societies," *Annual Review of Entomology* 51: 581~608 (2006).

사회성 곤충 여왕의 교미 횟수. William O. H. Hughes et al., "Ancestral monogamy shows kin selection is key to the evolution of eusociality," *Science* 320: 1213~1216 (2008).

포괄 적합도 이론의 공헌. Edward O. Wilson, "One giant leap: How insects achieved altruism and colonial life," *BioScience* 58: 17~25 (2008); Bert Hölldobler and Edward O. Wilson, *The Superorganism: The Beauty, Elegance, and Strangeness of Insect Societies* (New York: W. W. Norton, 2009).

포괄 적합도 이론에 쓰인 혈연 개념. 이 설명과 18장의 내용은 주로 다음 문헌을 토대로 했다. Martin A. Nowak, Corina E. Tarnita, and Edward O. Wilson, "The evolution of eusociality," *Nature* 466: 1057~1062 (2010).

혈연의 다양한 정의. Raghavendra Gadagkar, *The Social Biology of Ropalidia marginata: Toward Understanding the Evolution of Eusociality* (Cambridge, MA: Harvard University Press, 2001); Barbara L. Thorne, Nancy L. Breisch, and Mario L. Muscedere, "Evolution of eusociality and the soldier caste in termites: Influence of accelerated inheritance," *Proceedings of the National Academy of Sciences, U.S.A.* 100: 12808~12813 (2003); Abderrahman Khila and Ehab Abouheif, "Evaluating the role of reproductive constraints in ant social evolution," *Philosophical Transactions of the Royal Society B* 365: 617~630 (2010).

사회성 이론에서 해밀턴 부등식의 실패. Arne Traulsen, "Mathematics of kin- and group-selection: Formally equivalent?," *Evolution* 64: 316~323 (2010).

포괄 적합도 이론 비판. Martin A. Nowak, Corina E. Tarnita, and Edward O. Wilson, "The evolution of eusociality," *Nature* 466: 1057~1062 (2010); Martin A. Nowak and Roger Highfield, *SuperCooperators: Altruism, Evolution, and Why We Need Each Other to Succeed* (New York: Free Press, 2011).

사회성 진화에서 약한 선택. Martin A. Nowak, Corina E. Tarnita, and Edward O. Wilson, "The evolution of eusociality," *Nature* 466: 1057~1062 (2010).

사회성 진화의 대안 이론들. Martin A. Nowak, Corina E. Tarnita, and Edward O. Wilson, "The evolution of eusociality," *Nature* 466: 1057~1062 (2010).

미생물의 집단 선택. 진사회성 미생물의 진화 원동력. 반대 이론의 제시와 서평. David Sloan Wilson and Edward O. Wilson, "Rethinking the theoretical foundations of sociobiology,"

Quarterly Review of Biology 82(4): 327~348 (2007).

일부일처제와 혈연 선택. W. O. H. Hughes et al., "Ancestral monogamy shows kin selection is key to the evolution of eusociality," *Science* 320: 1213~1216 (2008).

사회성 곤충에서 중복 짝짓기와 큰 군체. Bert Hölldobler and Edward O. Wilson, *The Superorganism: The Beauty, Elegance, and Strangeness of Insect Societies* (New York: W. W. Norton, 2009).

혈연 선택은 사회성 곤충의 치안 활동을 전제로 한다. Francis L. W. Ratnieks, Kevin R. Foster, and Tom Wenseleers, "Conflict resolution in insect societies," *Annual Review of Entomology* 51: 581~608 (2006).

사회성 곤충의 성비 투자. Robert L. Trivers and Hope Hare, "Haplodiploidy and the evolution of the social insects," *Science* 191: 249~263 (1976).

성비 투자 분석. Andrew F. G. Bourke and Nigel R. Franks, *Social Evolution in Ants*(Princeton, NJ: Princeton University Press, 1995).

아사회성 거미. J. M. Schneider and T. Bilde, "Benefits of cooperation with genetic kin in a subsocial spider," *Proceedings of the National Academy of Sciences, U.S.A.* 105(31): 10843~10846 (2008).

조류 둥지의 조력자. Stuart A. West, A. S. Griffin, and A. Gardner, "Evolutionary explanations for cooperation," *Current Biology* 17: R661~R672 (2007).

조류의 성체 사망률과 조력자 현상. B. J. Hatchwell and J. Komdeur, "Ecological constraints, life history traits and the evolution of cooperative breeding," *Animal Behaviour* 59(6): 1079~1086 (2000).

19장 새로운 진사회성 이론

초보적인 사회 집단의 형성. J. W. Pepper and Barbara Smuts, "A mechanism for the evolution of altruism among nonkin: Positive assortment through environmental feedback," *American Naturalist* 160: 205~213 (2002); J. A. Fletcher and M. Zwick, "Strong altruism can evolve in randomly formed groups," *Journal of Theoretical Biology* 228: 303~313 (2004).

흰개미의 원시적인 사회 조직화. Barbara L. Thorne, Nancy L. Breisch, and Mario L. Muscedere, "Evolution of eusociality and the soldier caste in termites: Influence of accelerated inheritance," *Proceedings of the National Academy of Sciences, U.S.A.* 100: 12808~12813 (2003).

로봇으로서의 일개미. Martin A. Nowak, Corina E. Tarnita, and Edward O. Wilson, "The evolution of eusociality," *Nature* 466: 1057~1062 (2010).

집단 선택과 초유기체. Bert Hölldobler and Edward O. Wilson, *The Superorganism: The Beauty, Elegance, and Strangeness of Insect Societies* (New York: W. W. Norton, 2009).

20장 인간 본성이란

유전자-문화 공진화 이론 소개. Charles J. Lumsden and Edward O. Wilson, "Translation of epigenetic rules of individual behavior into ethnographic patterns," *Proceedings of* the *National Academy of Sciences, U.S.A.* 77(7): 4382~4386 (1980); "Gene-culture translation in the avoidance of sibling incest," *Proceedings of the National Academy of Sciences, U.S.A.* 77(10): 6248~6250 (1980); *Genes, Mind, and Culture: The Coevolutionary Process* (Cambridge, MA: Harvard University Press, 1981); Edward O. Wilson, *Biophilia* (Cambridge, MA: Harvard University Press, 1984).

유전자-문화 공진화 이론의 확장. Charles J. Lumsden and Edward O. Wilson, *Promethean Fire: Reflection on the Origin of the Mind* (Cambridge, MA: Harvard University Press, 1983).

유전자와 문화. Luigi Luca Cavalli-Sforza and Marcus W. Feldman, *Cultural Transmission and Evolution: A Quantitative Approach* (Princeton, NJ: Princeton University Press, 1981); Robert Boyd and Peter J. Richerson, *Culture and the Evolutionary Process* (Chicago: University of Chicago Press, 1985). Marcus W. Feldman and Luigi L. Cavalli-Sforza, "Cultural and biological evolutionary processes, selection for a trait under complex transmission," *Theoretical Population Biology* 9: 238~259 (1976); "The evolution of continuous variation, II: Complex transmission and assortative mating," *Theoretical Population Biology* 11: 161~181 (1977). 뒤의 두 논문은 '숙련'과 '비숙련' 두 상태가 나타날 때, 각각의 확률은 부모의 표현형과 자식의 유전형에 따라 정해진다고 분석한다. 이 형질은 일반적인 능력의 한 사례이다. 하지만 나중에 드러났듯이, 이 분석은 인간의 인지에 후성 규칙들이 관여함을 보여 주는 많은 자료들에 전혀 주목하지 않았다. 유전자-문화 공진화와 관련된 이 초기 연구들의 역사는 다음 문헌에 요약되어 있다. Charles J. Lumsden and Edward O. Wilson, *Genes, Mind, and Culture: The Coevolutionary Process* (Cambridge, MA: Harvard University Press, 1981), 258~263쪽.

성인 젖당 내성의 진화. Sarah A. Tishkoff et al., "Convergent adaptation of human lactase persistence in Africa and Europe," *Nature Genetics* 39(1): 31~40 (2007).

유전자-문화 공진화와 식단의 확대. Olli Arjama and Tima Vuoriselo, "Gene-culture coevolution and human diet," *American Scientist* 98: 140~146 (2010).

인류 식단의 진화. Richard Wrangham, *Catching Fire: How Cooking Made Us Human* (New York: Basic Books, 2009).

유전자-문화 공진화와 근친상간 회피. 근친상간 회피를 다룬 본문 내용은 주로 다음 책을 토대로 최신 연구 내용들을 보강한 것이다. Edward O. Wilson, *Consilience: The Unity of Knowledge* (New York: Knopf, 1998).

웨스터마크 효과의 증거. Arthur P. Wolf, *Sexual Attraction and Childhood Association: A Chinese Brief for Edward Westermarck* (Stanford, CA: Stanford University Press, 1995); Joseph Shepher, "Mate selection among second generation kibbutz adolescents and adults: Incest avoidance and negative imprinting," *Archives of Sexual Behavior* 1(4): 293~307 (1971); William H. Durham, *Coevolution: Genes, Culture, and Human Diversity* (Stanford, CA: Stanford University Press, 1991).

근친 교배로 생기는 병. Jennifer Couzain and Joselyn Kaiser, "Closing the net on common disease genes," *Science* 316: 820~822 (2007); Ken N. Paige, "The functional genomics of inbreeding depression: A new approach to an old problem," *BioScience* 60: 267~277 (2010).

족외혼과 웨스터마크 효과. 근친상간 회피에서 비롯된 족외혼의 여러 문화적 의미들을 주제로 한 논문. Bernard Chapais, *Primeval Kinship: How Pair-Bonding Gave Rise to Human Society* (Cambridge, MA: Harvard University Press, 2008).

웨스트마크 효과의 대안 설명. William H. Durham, Coevolution: *Genes, Culture, and Human Diversity* (Stanford, CA: Stanford University Press, 1991).

'후성적' 및 '후성 규칙'의 정의. Charles J. Lumsden and Edward O. Wilson, *Genes, Mind, and Culture: The Coevolutionary Process* (Cambridge, MA: Harvard University Press, 1981); Tabitha M. Powledge, "Epigenetics and development," *BioScience* 59: 736~741 (2009).

색깔 지각. 본문의 색깔 지각과 색 이름 설명은 주로 다음 책을 토대로 최신 연구 내용을 보강한 것이다. Edward O. Wilson, *Consilience: The Unity of Knowledge* (New York: Knopf, 1998), updated and with additional references.

범문화적 색깔 분류 방식. Brent Berlin and Paul Kay, *Basic Color Terms: Their Universality and Evolution* (Berkeley: University of California Press, 1969).

뉴기니의 색깔 분류 실험. Eleanor Rosch, Carolyn Mervis, and Wayne Gray, *Basic Objects in Natural Categories* (Berkeley: University of California, Language Behavior Research Laboratory, Working Paper no. 43, 1975).

색깔 지각과 그 범주. Trevor Lamb and Janine Bourriau, eds., *Colour: Art & Science* (New York: Cambridge University Press, 1995); Philip E. Ross, "Draining the language out of color," *Scientific American* 46~47쪽 (April 2004); Terry Regier, Paul Kay, and Naveen Khetarpal, "Color naming reflects optimal partitions of color space," *Proceedings of the National Academy of Sciences, U.S.A.* 104(4): 1436~1441 (2007); A. Franklin et al., "Lateralization of categorical perception of color changes with color term acquisition," *Proceedings of the National Academy of Sciences, U.S.A.* 105(47): 18221~18225 (2008).

색깔 지각에 관한 후속 연구. Paul Kay and Terry Regier, "Language, thought and color: Recent developments," *Trends in Cognitive Sciences* 10: 53~54 (2006).

언어와 색깔 지각. Wai Ting Siok et al., "Language regions of brain are operative in color perception," *Proceedings of the National Academy of Sciences, U.S.A.* 106(20): 8140~8145 (2009).

색깔 지각의 진화. André A. Fernandez and Molly R. Morris, "Sexual selection and trichromatic color vision in primates: Statistical support for the preexisting-bias hypothesis," *American Naturalist* 170(1): 10~20 (2007).

21장 문화의 문턱

문화의 정의. Toshisada Nishida, "Local traditions and cultural transmission," in Barbara B. Smuts et al., eds., *Primate Societies* (Chicago: University of Chicago Press, 1987), 462~474쪽; Robert Boyd and Peter J. Richerson, "Why culture is common, but cultural evolution is rare," *Proceedings of the British Academy* 88: 77~93 (1996).

동물 문화와 인류 문화의 특성. Kevin N. Laland and William Hoppitt, "Do animals have culture?," *Evolutionary Anthropology* 12(3): 150~159 (2003).

침팬지의 문화 형질 학습. Andrew Whiten, Victoria Horner, and Frans B. M. de Waal, "Conformity to cultural norms of tool use in chimpanzees," *Nature* 437: 737~740 (2005). 다른 침팬지의 움직임을 흉내 내는 것인가 아니면 인공물이 작동하는 방식을 지켜보는 것인가. Michael Tomasello as quoted by Greg Miller, "Tool study supports chimp culture," *Science* 309: 1311 (2005).

돌고래의 도구 이용. Michael Krützen et al., "Cultural transmission of tool use in bottlenose dolphins," *Proceedings of the National Academy of Sciences, U.S.A.* 102(25): 8939~8943 (2005).

조류와 개코원숭이의 기억력. Joël Fagot and Robert G. Cook, "Evidence for large long-term memory capacities in baboons and pigeons and its implications for learning and the evolution of cognition," *Proceedings of the National Academy of Sciences, U.S.A.* 103(46): 17564~17567 (2006).

작업 기억의 특성. Michael Baltar, "Did working memory spark creative culture?," *Science* 328: 160~163 (2010).

유전자와 뇌 발달. Gary Marcus, *The Birth of the Mind: How a Tiny Number of Genes Creates the Complexity of Human Thought* (New York: Basic Books, 2004); H. Clark Barrett, "Dispelling rumors of a gene shortage," *Science* 304: 1601~1602 (2004).

추상적 생각과 구문 언어의 기원. Thomas Wynn, "Hafted spears and the archaeology of mind," *Proceedings of the National Academy of Sciences, U.S.A.* 106(24): 9544~9545 (2009); Lyn Wadley, Tamaryn Hodgskiss, and Michael Grant, "Implications for complex cognition from the hafting of tools with compound adhesives in the Middle Stone Age, South Africa," *Proceedings of the National Academy of Sciences, U.S.A.* 106(24): 9590~9594 (2009).

네안데르탈인의 뇌 성장 속도. Marcia S. Ponce de León et al., "Neanderthal brain size at birth provides insights into the evolution of human life history," *Proceedings of the National Academy of Sciences, U.S.A.* 105(37): 13764~13768 (2008).

네안데르탈인의 역사. Thomas Wynn and Frederick L. Coolidge, "A stone-age meeting of minds," *American Scientist* 96: 44~51 (2008).

문화 지능 가설. Michael Tomasello et al., "Understanding and sharing intentions: The origins of cultural cognition," Behavioral and Brain Sciences 28(5): 675~691; commentary 691~735 (2005); Michael Tomasello, *The Cultural Origins of Human Cognition* (Cambridge, MA: Harvard University Press, 1999).

침팬지와 인간 아이의 지능. Esther Herrmann et al., "Humans have evolved specialized skills of social cognition: The cultural intelligence hypothesis," *Science* 317: 1360~1366 (2007).

고등한 사회적 지능의 특성. Eörs Szathmáry and Szabolcs Számadó, "Language: a social history of words," *Nature* 456: 40~41 (2008).

22장 언어의 기원

언어의 선행자로서의 지향성 논증. Michael Tomasello et al., "Understanding and sharing intentions: The origins of cultural cognition," *Behavioral and Brain Sciences* 28(5): 675~691;

commentary 691~735 (2005); Michael Tomasello, *The Cultural Origins of Human Cognition* (Cambridge, MA: Harvard University Press, 1999).

인간 언어의 특이성. D. Kimbrough Oller and Ulrike Griebel, eds., *Evolution of Communication Systems: A Comparative Approach* (Cambridge, MA: MIT Press, 2004).

간접 언어. Steven Pinker, Martin A. Nowak, and James J. Lee, "The logic of indirect speech," *Proceedings of the National Academy of Sciences, U.S.A.* 105(3): 833~838 (2008).

대화 순서 교대가 이루어지는 속도의 문화별 차이. . Tanya Stivers et al., "Universals and cultural variation in turn-taking in conversation," *Proceedings of the National Academy of Sciences, U.S.A.* 106(26): 10587~10592 (2009).

비언어 발성의 문화별 차이. Disa A. Sauter et al., "Cross-cultural recognition of basic emotions through nonverbal emotional vocalizations," *Proceedings of the National Academy of Sciences, U.S.A.* 107(6): 2408~2412 (2010).

촘스키의 스키너 비판. Noam Chomsky, " 'Verbal Behavior' by B. F. Skinner (The Century Psychology Series), viii쪽, 478, New York: Appleton-Century-Crofts, Inc., 1957," *Language* 35: 26~58 (1959).

촘스키의 문법 인용문. Steven Pinker, *The Language Instinct: The New Science and Mind* (New York: Penguin Books USA, 1994), 104쪽.

문법에서 제약과 변이. Daniel Nettle, "Language and genes: A new perspective on the origins of human cultural diversity," *Proceedings of the National Academy of Sciences, U.S.A.* 104(26): 10755~10756 (2007).

따뜻한 기후와 음향 효율성. John G. Fought et al., "Sonority and climate in a world sample of languages: Findings and prospects," *Cross-Cultural Research* 38: 27~51 (2004).

언어에서 유전자와 음의 높낮이 차이. Dan Dediu and D. Robert Ladd, "Linguistic tone is related to the population frequency of the adaptive haplogroups of two brain size genes, *ASPM and Microcephalin*," *Proceedings of the National Academy of Sciences, U.S.A.* 104(26): 10944~10949 (2007).

신생 언어. Derek Bickerton, *Roots of Language* (Ann Arbor, MI: Karoma, 1981); Michael DeGraff, ed., *Language Creation and Language Change: Creolization, Diachrony, and Development* (Cambridge, MA: MIT Press, 1999).

알사이드 베두인 족 수화. Wendy Sandler et al., "The emergence of grammar: Systemic structure in a new language," *Proceedings of the National Academy of Sciences, U.S.A.* 102(7): 2661~2665 (2005).

비언어적 표상의 자연스러운 순서. Susan Goldin-Meadow et al., "The natural order of events: How speakers of different languages represent events nonverbally," *Proceedings of the National Academy of Sciences, U.S.A.* 105(27): 9163~9168 (2008).

언어 모듈의 부재. Nick Chater, Florencia Reali, and Morten H. Christiansen, "Restrictions on biological adaptation in language evolution," *Proceedings of the National Academy of Sciences, U.S.A.* 106(4): 1015~1020 (2009).

23장 문화적 차이의 진화

판돈 분산과 가소성 진화. Vincent A. A. Jansen and Michael P. H. Stumpf, "Making sense of evolution in an uncertain world," *Science* 309: 2005~2007 (2005).

발달의 단백질 유전자와 조절 유전자. Rudolf A. Raff and Thomas C. Kaufman, *Embryos, Genes, and Evolution: The Developmental-Genetic Basis of Evolutionary Change* (New York: Macmillan, 1983; reprint, Bloomington: Indiana University Press, 1991); David A. Garfield and Gregory A. Wray, "The evolution of gene regulatory interactions," *BioScience* 60: 15~23 (2010).

개미 계급의 발달 가소성과 수명. Edward O. Wilson, *The Insect Societies* (Cambridge, MA: Harvard University Press, 1971); Bert Hölldobler and Edward O. Wilson, *The Superorganism: The Beauty, Elegance, and Strangeness of Insect Societies* (New York: W. W. Norton, 2009).

24장 도덕과 명예의 기원

황금률의 생물학적 토대. Donald W. Pfaff, *The Neuroscience of Fair Play: Why We (Usually) Follow the Golden Rule* (New York: Dana Press, 2007).

협동 행동의 수수께끼. Ernst Fehr and Simon Gächter, "Altruistic punishment in humans," *Nature* 415: 137~140 (2002).

집단 선택과 협동의 진화적 수수께끼. Robert Boyd, "The puzzle of human sociality," *Science* 314: 1555~1556 (2006); Martin Nowak, Corina Tarnita, and Edward O. Wilson, "The evolution of eusociality," *Nature* 466: 1059~1062 (2010).

간접 호혜성. Martin A. Nowak and Karl Sigmund, "Evolution of indirect reciprocity," *Nature* 437: 1291~1298 (2005); Gretchen Vogel, "The evolution of the Golden Rule," *Science* 303: 1128~1131 (2004).

유머의 복잡한 역할. Matthew Gervais and David Sloan Wilson, "The evolution and functions of laughter and humor: A synthetic approach," *Quarterly Review of Biology* 80: 395~430 (2005).

인류의 진정한 이타주의. Robert Boyd, "The puzzle of human sociality," *Science* 314: 1555~1556 (2006).

집단 선택과 이타주의. Samuel Bowles, "Group competition, reproductive leveling, and the evolution of human altruism," *Science* 314: 1569~1572 (2006).

소득 차이와 삶의 질. Michael Sargent, "Why inequality is fatal," *Nature* 458: 1109~1110 (2009); Richard G. Wilkinson and Kate Pickett, *The Spirit Level: Why More Equal Societies Almost Always Do Better* (New York: Allen Lane, 2009).

이타적 처벌. Robert Boyd et al., "The evolution of altruistic punishment," *Proceedings of the National Academy of Sciences, U.S.A.* 100(6): 3531~3535 (2003); Dominique J.-F. de Quervain et al., "The neural basis of altruistic punishment," *Science* 305: 1254~1258 (2004); Christoph Hauert et al., "Via freedom to coercion: The emergence of costly punishment," *Science* 316: 1905~1907 (2007); Benedikt Herrmann, Christian Thöni, and

Simon Gächter, "Antisocial punishment across societies," *Science* 319: 1362~1367 (2008); Louis Putterman, "Cooperation and punishment," *Science* 328: 578~579 (2010).

25장 종교의 기원

과학자들의 신앙. Gregory W. Graffin and William B. Provine, "Evolution, religion, and free will," *American Scientist* 95(4): 294~297 (2007).

미국과 유럽의 종교. Phil Zuckerman, "Secularization: Europe — Yes, United States — No," *keptical Inquirer* 28(2): 49~52 (March/April 2004).

이신론과 궁극적 창조. Thomas Dixon, "The shifting ground between the carbon and the Christian," *Times Literary Supplement*, 3~4쪽 (22 and 29 December 2006).

보편 윤리와 도덕 법칙. Paul R. Ehrlich, "Intervening in evolution: Ethics and actions," *Proceedings of the National Academy of Sciences, U.S.A.* 98(10): 5477~5480 (2001); Robert Pollack, "DNA, evolution, and the moral law," *Science* 313: 1890~1891 (2006).

종교 신앙의 인지적 성향. Pascal Boyer, "Religion: Bound to believe?," *Nature* 455: 1038~1039 (2008).

뇌 활동과 상상. J. Allan Cheyne and Bruce Bower, "Night of the crusher," *Time*, 27~29쪽 (19 July 2005). 종교 창시자와 예언자를 비롯한 사람들의 초자연적인 존재에 대한 믿음과 뇌 기능을 철저히 다룬 문헌. *Neurotheology: Brain, Science, Spirituality, Religious Experience*, ed. Rhawn Joseph (San Jose, CA: University of California Press, 2002).

아야와스카 꿈. Frank Echenhofer, "Ayahuasca shamanic visions: Integrating neuroscience, psychotherapy, and spiritual perspectives," in Barbara Maria Stafford, ed., *A Field Guide to a New Meta-Field: Bridging the Humanities-Neurosciences Divide* (Chicago: University of Chicago Press, 2011). 에헨호퍼가 인용한 꿈들은 원래 인류학자 밀시아데스 차베스(Milciades Chaves)와 정신과 의사 클라우디오 나란호(Claudio Naranjo)가 기록한 것이다.

환각제와 종교 예언자. Richard C. Schultes, Albert Hoffmann, and Christian Rätsch, *Plants of the Gods: Their Sacred, Healing, and Hallucinogenic Powers*, rev. ed. (Rochester, VT: Healing Arts Press, 1998).

현대 종교로 이어진 진화 단계들. Robert Wright, *The Evolution of God* (New York: Little, Brown, 2009).

26장 창작 예술의 기원

시각 도안의 최적 각성도. Gerda Smets, *Aesthetic Judgment and Arousal: An Experimental Contribution to Psycho-Aesthetics* (Leuven, Belgium: Leuven University Press, 1973).

바이오필리아와 인간의 서식지 선호. Gordon H. Orians, "Habitat selection: General theory and applications to human behavior," in Joan S. Lockard, ed., *The Evolution of Human Social Behavior* (New York: Elsevier, 1980), 49~66쪽; Edward O. Wilson, *Biophilia* (Cambridge, MA: Harvard University Press, 1984); Stephen R. Kellert and Edward O. Wilson, eds., *The Biophilia Hypothesis* (Washington, DC: Island Press, 1993); Stephen R. Kellert, Judith H. Heerwagen, and Martin L. Mador, eds., *Biophilic Design: The Theory, Science, and Practice* *of Bringing Buildings to Life* (Hoboken, NJ: Wiley, 2008); Timothy Beatley, *Biophilic Cities: Integrating Nature into Urban Design and Planning* (Washington, DC: Island Press, 2011).

진실로서의 허구. E. L. Doctorow, "Notes on the history of fiction," *Atlantic Monthly* Fiction Issue, 88~92쪽 (August 2006).

창작 예술의 여명기. Michael Balter, "On the origin of art and symbolism," *Science* 323: 709~711 (2009); Elizabeth Culotta, "On the origin of religion," *Science* 326: 784~787 (2009).

구석기 시대 동굴 미술의 의미. R. Dale Guthrie, *The Nature of Paleolithic Art* (Chicago: University of Chicago Press, 2005); William H. McNeill, "Secrets of the cave paintings," *New York Review of Books*, 20~23쪽 (19 October 2006); Michael Balter, "Going deeper into the Grotte Chauvet," *Science* 321: 904~905 (2008).

구석기 시대 악기. Lois Wingerson, "Rock music: Remixing the sounds of the Stone Age," *Archaeology*, 46~50쪽 (September/October 2008).

사냥꾼과 채집인의 노래와 춤. Cecil Maurice Bowra, *Primitive Song* (London: Weidenfeld & Nicolson, 1962); Richard B. Lee and Richard Heywood Daly, eds., *The Cambridge Encyclopedia of Hunters and Gatherers* (New York: Cambridge University Press, 1999).

언어와 음악의 관계. Aniruddh D. Patel, "Music as a transformative technology of the mind," in Aniruddh D. Patel, *Music, Language, and the Brain* (Oxford: University of Oxford Press, 2008).

27장 새로운 계몽

포괄 적합도 이론을 둘러싼 논쟁. Martin A. Nowak, Corina E. Tarnita, and Edward O. Wilson, "The evolution of eusociality," *Nature* 466: 1059~1062 (2010); 비판하는 측의 답변은 다음 온라인 판 참조, *Nature*, March 2011.

세계화와 개인이 동일시하는 집단의 범위 확대. Nancy R. Buchan et al., "Globalization and human cooperation," *Proceedings of the National Academy of Sciences, U.S.A.* 106(11): 4138~4142 (2009).

도판 저작권

그림 3-2. From Mary Roach, "Almost Human," *National Geographic*, April 2008, p. 128. Photograph by Frans Lanting. Frans Lanting / National Geographic Stock.

그림 3-3. From W. C. McGrew, "Savanna chimpanzees dig for food," *Proceedings of the National Academy of Science, U.S.A.* 104(49): 19167-19168 (2007). Photograph by Paco Bertolani, Leverhulme Centre for Human Evolutionary Studies.)

그림 3-4. From Jamie Shreeve, "The evolutionary road," *National Geographic*, July 2010, pp. 34~67. Painting by Jon Foster. Jon Foster / National Geographic Stock.)

그림 3-5. The interpretation is by R. Dale Guthrie in *The Nature of Paleolithic Art* (Chicago: University of Chicago Press, 2005).

그림 3-6. From Stephan C. Schuster et al., "Complete Khoisan and Bantu genomes from southern Africa," *Nature* 463: 857, 943-947 (2010). Photo © Stephan C. Schuster.

그림 3-7. From E. O. Wilson, *Sociobiology* (Cambridge, MA: Harvard University Press, 1975), pp. 510~511. Drawing by Sarah Landry.

그림 4-1. © John Sibbick. From *The Complete World of Human Evolution*, by Chris Stringer and Peter Andrews (London: Thames and Hudson, 2005), p. 119.

그림 4-2. © John Sibbick. From *The Complete World of Human Evolution*, by Chris Stringer and Peter Andrews (London: Thames & Hudson, 2005), p. 133.

그림 4-3. © John Sibbick. From *The Complete World of Human Evolution*, by Chris Stringer and Peter Andrews (London: Thames & Hudson, 2005), p. 137.

그림 4-4. Modified from Terry Harrison, "Apes among the tangled branches of human origins," *Science* 327: 532~535 (2010). Reprinted with permission from Harrison (2010). © *Science*.

그림 4-5. From Winfried Henke, "Human biological evolution," in Franz M. Wuketits and Francisco J. Ayala, eds., *Handbook of Evolution*, vol. 2, *The Evolution of Living Systems* (Including Hominids) (New York: Wiley-VCH, 2005), p. 167. After D. S. Strait, F. E. Grine, and M. A. Moniz, in *Journal of Human Evolution* 32: 17~82 (1997).

그림 4-6. Modified from a display in the Exposition Cerveau, Muséum d'Histoire Naturelle de Marseille, France, 22 September to 12 December 2004. © Patrice Prodhomme, Muséum d'Histoire Naturelle d'Aix-en-Provence, France.

그림 8-1. From Thomas Hayden, "The roots of war," *U.S. News & World Report*, 26 April 2004, pp. 44~50. Photograph by Enrico Ferorelli, computer reconstruction by Doug Stern. National Geographic Stock.

그림 8-2. Provided with permission to reproduce by Napoleon A. Chagnon.

그림 8-3. From R. Dale Guthrie, *The Nature of Paleolithic Art* (Chicago: University of Chicago Press, 2005).

표 8-1. From Samuel Bowles, "Did warfare among ancestral hunter-gatherers affect the evolution of human social behaviors," *Science* 324: 1295 (2009). Primary references are not included in the table reproduced here.

그림 9-1. © John Sibbick. From *The Complete World of Human Evolution*, by Chris Stringer and Peter Andrews (London: Thamers & Hudson, 2005), p. 171.

그림 10-1. From Steven Mithen, "Did Farming arise from a misapplication of social intelligence?" *Philosophical Transactions of the Royal Society* **B** 362: 705~718 (2007).

표 11-1. Modified from Charles S. Spencer, "Territorial expansion and primary state formation," *Proceedings of the National Academy of Sciences, U.S.A.* 107(16): 7119~7126 (2010).

그림 12-1. From Edward O. Wilson, *Success and Dominance in Ecosystems: The Case of the Social Insects* (Oldendorf/Luhe, Germany: Ecology Institute, 1990).

그림 12-2. From Edward O. Wilson, *Success and Dominance in Ecosystems: The Case of the Social Insects* (Oldendorf/Luhe, Germany; Ecology Institute, 1990). Based on E. J. Fittkau and H. Klinge, "On biomass and trophic structure of the central Amazonianrain forest ecosystem," Biotropica 5(1): 2~14 (1973).

그림 12-3. From Edward O. Wilson, "One cubic foot," David Liittschwager *National Geographic*, February 2010, pp. 62-83. Photographs by David Liittschwager. David Liittschwager / National Geographic Stock.

그림 12-4. Illustration © Margaret Nelson.

그림 12-5. Modified from Edward O. Wilson, *The Insect Societies* (Cambridge, MA: Harvard University Press, 1971). Based on research by Martin Lüscher.

그림 12-6. From Bert Holldobler and Edward O. Wilson, *The Leafcutter Ants: Civilization by Instinct* (New York: W. W. Norton, 2011).

그림 12-7. From Bert Hölldobler and Edward O. Wilson, *The Superorganism: The Beauty, Elegance, and Strangeness of Insect Societies* (New York: W. W. Norton, 2009). Photo by Bert Hölldobler.)

그림 12-8. From George F. Oster and Edward O. Wilson, *Caste and Ecology in the Social Insects* (Princeton, NJ: Princeton University Press, 1978). Painting by Turid Hölldobler.

그림 13-1. From Edward O. Wilson and Bert Holldobler, "The rise of the ants: A phylogenetic and ecological explanation," *Proceedings of the National Academy of Science, U.S.A.* 102(21): 7411~7414 (2005).

그림 13-2. From Edward O. Wilson, *The Insect Societies* (Cambridge, MA: Harvard

University Press, 1971). Drawing by Turid Hölldobler.

그림 14-1. From Conrad C. Labandeira, "Plant-insect associations from the fossil record," *Geotimes* 43(9): 18~24 (1998). Drawing by Mary Parrish.

그림 14-2. From Conrad C. Labandeira and John Sepkoski Jr., "Insect diversity in the fossil record," *Science* 261: 310~315 (1993). Illustration prepared by Finnegan Marsh.

그림 14-3. From Charles Lumsden and Edward O. Wilson, *Promethean Fire: Reflections on the Origin of Mind* (Cambridge, MA: Harvard University Press, 1982).

그림 15-1. David P. Cowan, "The solitary and presocial Vespidae," in Kenneth G. Ross and Robert W. Matthews, eds., *The Social Biology of Wasps* (Ithaca, NY: Comstock Pub. Associates, 1991).

그림 15-2. J. T. Costa, *The Other Insect Societies* (Cambridge, MA: Harvard University Press, 2006); J. Emmett Duffy, "Ecology and evolution of eusociality in sponge-dwelling shrimp," in J. Emmett Duffy and Martin Thiel, eds., *Evolutionary Ecology of Social and Sexual Systems: Crustaceans as Model Organisms* (New York: Oxford University Press, 2007); S. F. Sakagami and K. Hayashida, "Biology of the primitively social bee, *Halictus duplex* Dalla Torre II: Nest structure and immature stages," *Insectes Sociaux* 7: 57~98 (1960).

그림 16-1. From Edward O. Wilson, *The Insect Societies* (Cambridge, MA: Harvard University Press, 1971). Drawing by Sarah Landry, based on an illustration by Kunio Iwata in Sakagami, 1960.

그림 17-1. From Carl Zimmer, *The Tangled Bank: An Introduction to Evolution* (Greenwood Village, CO: Roberts, 2010), p. 33.

그림 17-2. From Theodosius Dobzhansky, *Evolution, Genetics, and Man* (New York: Wiley, 1955).

그림 20-1. From Charles J. Jumsden and Edward O. Wilson, *Promethean Fire: Reflections on the Origin of Mind* (Cambridge, MA: Harvard University Press, 1983).

그림 20-2. Based on David H. Hubel and Torsten N. Wiesel, "Brain mechanisms of vision," *Scientific American*, September 1979, p. 154.

그림 20-3. From Charles J. Lumsden and Edward O. Wilson, *Promethean Fire: Reflections on the Origin of Mind* (Cambridge, MA: Harvard University Press, 1983).

그림 20-4. Paul Klee, *New Harmony (Neue Harmonie)*, 1936, oil on canvas, $36^{7/8}$ x $26^{1/8}$ inches (93.6 x 66.3 cm), Solomon R. Guggenheim Museum, New York, 71. 1960.

그림 21-1. From Steven Mithen, "Did farming arise from a misapplication of social intelligence?" *Philosophical Transactions of the Royal Society* **B** 362: 705~718 (2007).

그림 21-2. From Steven Mithen, "Did farming arise from a misapplication of social intelligence?" *Philosophical Transactions of the Royal Society* **B** 362: 705~718 (2007).

그림 21-3. From Scott H. Frey, "Tool use, communicative gesture and cerebral asymmetries in the modern human brain," *Philosophical Transactions of the Royal Society* **B** 363: 1951~1957 (2008).

그림 21-4. Jonah Lehrer, "Blue brain," *Seed*, no. 14, pp. 72~77 (2008). From research by

Henry Markham et al., École Polytechnique Fédérale de Lausanne.

표 21-1. Based on the summary by Mary Roach, "Almost Human," *National Geographic* (April 2008), pp. 136~137.

그림 21-5. "The Oneiric Autumn," from *Arctic Sanctuary: Images of the Arctic National Wildlife Refuge* (Fairbanks: University of Alaska Press, 2010), p. 115. Photographs by Jeff Jones, essays by Laurie Hoyle.

그림 23-1. Modified from a mathematical model by Charles J. Lumsden and Edward O. Wilson, "Translation of epigenetic rules of individual behavior into ethnographic patterns," *Proceedings of the National Academy of Sciences U.S.A.* 77(7): 4382~4386 (1980); also, Charles J. Lumsden and Edward O. Wilson, *Genes, Mind, and Culture: The Coevolutionary Process* (Cambridge, MA: Harvard University Press, 1981), p. 130.

그림 24-1. From Nicholas Christakis and James M. Fowler, *Connected: The Surprising Power of Our Social Networks* (New York: Little, Brown, 2009).

그림 25-1. From Vernon Reynolds and Ralph Tanner, *The Biology of Religion* (New York: Longman, 1983).

그림 25-2. From Vernon Reynolds and Ralph Tanner, *The Biology of Religion* (New York: Longman, 1983).

그림 25-3. From Joseph Campbell, with Bill Moyers, *The Power of Myth* (New York: Doubleday, 1988). Painting by Karl Bodmer, 1834.

그림 25-4. From R. Dale Guthrie, *The Nature of Paleolithic Art* (Chicago: University of Chicago Press, 2005).

그림 26-1. Based on Gerda Smets, *Aesthetic Judgment and Arousal: An Experimental Contribution to Psycho-Aesthetics* (Leuven, Belgium: Leuven University Press, 1973).

그림 26-2. From Yūjiro Nakata, *The Art of Japanese Calligraphy* (New York: Weatherhill, 1973).

그림 26-3. From Adi Granth, the first computation of the Sikh scriptures, in Kenneth Katzner, *The Languages of the World*, new ed. (New York: Routledge, 1995).

그림 26-4. From Sally and Richard Price, *Afro-American Arts of the Suriname Rain Forest* (Berkeley: University of California Press, 1980).

그림 26-5. Reproduced by permission of the American Academy of Arts and Sciences.

옮긴이 이한음

실험실을 배경으로 한 과학 소설 『해부의 목적』으로 1996년 《경향신문》 신춘문예에 당선되었다. 전문적인 과학 지식과 인문적 사유가 조화를 이룬 대표 과학 전문 번역자이자 과학 전문 저술가로 활동하고 있다. 저서로 『위기의 지구 돔을 구하라』 등이 있다. 옮긴 책으로는 에드워드 윌슨의 『지구의 절반』, 『인간 본성에 대하여』와 『지구의 정복자』, 『인간 존재의 의미』를 비롯해 『유전자의 내밀한 역사』, 『인간 이후』, 『마인드 체인지』, 『악마의 사도』, 『기술의 충격』, 『공생자 행성』, 『살아 있는 지구의 역사』, 『DNA: 생명의 비밀』 등 다수가 있다.

사이언스 클래식 23

지구의 정복자

1판 1쇄 펴냄 2013년 11월 14일
1판 11쇄 펴냄 2024년 10월 15일

지은이 에드워드 윌슨
옮긴이 이한음
펴낸이 박상준
펴낸곳 (주)사이언스북스

출판등록 1997. 3. 24.(제16-1444호)
(06027) 서울특별시 강남구 도산대로1길 62
대표전화 515-2000, 팩시밀리 515-2007
편집부 517-4263, 팩시밀리 514-2329
www.sciencebooks.co.kr

한국어판 ⓒ (주)사이언스북스, 2013. Printed in Seoul, Korea.

ISBN 978-89-8371-620-0 93400